教育中国·院士精品系列

 石油和化工行业"十四五"规划教材

 教育部国家级一流本科课程建设成果教材

荣获中国石油和化学工业优秀教材一等奖

BIOENGINEERING EQUIPMENT

生物工程设备

第二版

郑裕国　主编　薛亚平　副主编

 化学工业出版社

·北京·

内容简介

本书内容包括了在生物过程工程中从原料处理、生物反应到生物产品提取纯化等一系列操作过程设备，重点介绍了各种设备的原理、构造、设计、应用、参数检测、放大、控制等工程方面的基本知识。本书将理论问题工程化，复杂结构核心化，单元设备集成化，最新发展实用化，突出重点，力求反映生物工程设备的国内外最新进展。本书有助于培养生物工程类高级技术人才，解决生物过程中的技术瓶颈，促使更多的生物技术实现工业应用。

本书有配套的多媒体课件，对一些生物工程设备进行更直观、生动的介绍，以便读者更容易地了解、掌握本书内容。

本书可作为普通高等院校生物工程本科专业教材，也可作为生物技术、食品工程、生物制药、制药工程等本科专业的教材或教学参考书。对于广大从事生物、制药、食品、发酵、化工、轻工、环境等领域的科研、生产、管理的专业人员，也是一本有价值的参考书。

图书在版编目（CIP）数据

生物工程设备/郑裕国主编. —2版. —北京：化学工业出版社，2021.12（2024.1重印）
（名师名著院士精品系列）
ISBN 978-7-122-39613-6

Ⅰ.①生… Ⅱ.①郑… Ⅲ.①生物工程-设备-高等学校-教材 Ⅳ.①Q81

中国版本图书馆CIP数据核字（2021）第149398号

责任编辑：赵玉清
文字编辑：周 偲
责任校对：边 涛
装帧设计：李子姮

出版发行：化学工业出版社
　　　　　（北京市东城区青年湖南街13号　邮政编码100011）
印　　装：大厂聚鑫印刷有限责任公司
880mm×1230mm　1/16　印张25　字数665千字
2024年1月北京第2版第3次印刷

购书咨询：010-64518888
售后服务：010-64518899
网　　址：http://www.cip.com.cn
凡购买本书，如有缺损质量问题，本社销售中心负责调换。

定　价：69.00元　　　　　　　　　　版权所有　违者必究

随着各学科的交叉融合与各项技术的发展，生物工程技术取得重大突破，广泛应用于农业、工业、医学、药学、能源、环保、冶金等多个领域，与人类生产生活息息相关，对人类社会的政治、经济、军事和生活等方面产生了巨大的影响，为解决全人类共同面临的资源、环境和健康等重大问题提供了高效的解决途径，为我国经济社会的高质量发展提供了重要助力。

本书以习近平新时代中国特色社会主义思想为引导，作为面向生物工程、生物技术及相关专业的教学用书，本书工程特色显著，在强调知识先进性和科学性同时，注重知识结构的系统性、完整性，将基础知识、学科前沿、工程应用有机结合，贴近实际应用需求，为学生今后工程实践提供扎实的知识储备。第一版教材自 2007 年 6 月出版以来，已重印 12 次，在全国高校中得到广泛应用。作者主讲的"生物工程设备"课程，先后被评为"浙江省精品课程""国家精品课程""国家精品资源共享课程"等，2020 年入选国家首批"一流线下本科课程"建设。

凝炼作者团队数十年的课程改革成果，秉承"有趣、有用、有启发、终身受益"的编写思想，着眼知识实际应用，经过系统梳理、归纳、总结，在化学工业出版社的鼓励、帮助和支持下修订完成。

为促进学习过程，引导学生开阔思路、积极思考、主动参与教学与讨论，培养创新型人才，本书力争突出以下特色：

- 增加兴趣引导、问题导向和学习目标。以问题为导向，阐述学习本章知识实际意义，将学生的注意力集中在应该学到的知识上。

- 学习过程中，针对性设置概念检查和案例教学及信息化教学内容，帮助检测学生对知识的理解程度，更好地激发学习兴趣。

- 提炼知识点，加强课后练习。章后总结学习要素，梳理知识点、重要名词、概念、公式、工艺流程、技术指导与应用等，力争调动学生思考的同时，进一步提高对知识的理解和应用。

- 设置工程设计问题，锻炼学生解决复杂问题的能力以及探究科学的思维习惯，进一步加强对能力和技巧的培养。

- 提供学生学习（二维码链接）和教师参考（www.cipedu.com.cn）两类数字化资源，学生通过扫码可以自我检查；与国内外生物工程设备企业合作，共建优质素材资源库。方便学习的同时，更有助于学生对所学知识的理解与应用。

　　本书共分为十三章，由郑裕国教授组织编写和统稿，薛亚平教授、王远山教授、徐建妙正高级工程师、牛坤副教授、程峰副教授、汤晓玲副教授、贾东旭副教授、吴哲明博士、金利群教授承担修订编写。在此向所有关心、指导、帮助和支持本书出版的前辈、同仁和朋友们表示深深的谢意！

　　由于作者水平和经验有限，书中难免有疏漏和不妥之处，敬请广大读者批评指正。

作　者

于浙江工业大学

2021 年 6 月

绪论

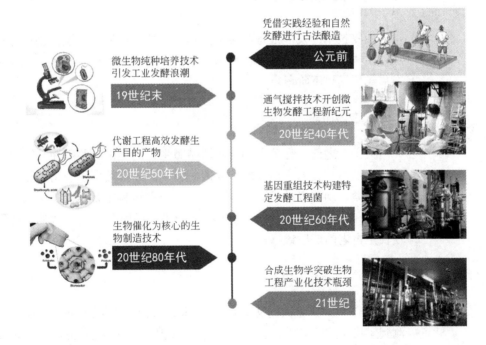

生物技术的发展与生物工程设备的工程科学和设计制造等技术紧密相连!

一、生物工程设备在现代生物技术领域的地位和重要性

1982 年，国际经济合作及发展组织（OECD）提出了能广泛接受的生物技术定义，即"生物技术是应用自然科学及工程学原理，依靠生物作用剂（biological agent）的作用将物料进行加工以提供产品为社会服务的技术"。这里的生物作用剂是指酶、整体细胞或生物体，一般也称生物催化剂。由此可见，生物技术的最终目的是生产出能为人类利用的各类产品，创造经济效益和社会效益。2010—2019 年，我国生物技术产业规模增长了 3.03 倍。利用生物技术手段将原料转化为产品，包含了一系列的生物反应过程、化学反应过程和物理操作过程。这些反应过程和操作过程具有不同的生产工艺条件，需要在不同的反应设备和操作设备中进行，按照不同的方式进行排列、组合构成不同的生物技术生产流程。因此，随着生物技术的迅猛发展，离不开生物工程设备的研究、开发；生物工程设备的发展又可以极大地促进生物技术产品的开发和生产。可以说，生物工程设备在现代生物技术产业中具有十分重要的地位，对生物技术的发展有巨大的促进和推动作用。

二、生物工程设备的发展历程

生物技术的发展过程与生物工程设备的工程科学和设计制造等技术紧密相连，生物工程设备的发展历程与生物技术的发展历程相一致。生物工程设备的发展经历了以下阶段。

1. 自然发酵阶段

数千年之前，尽管人们还不清楚微生物的存在，并不懂得微生物与发酵的关系，然而，凭着生活经历和实践经验，已经将微生物应用于日常生活中，掌握了酿酒、制醋等技术。这一时期，人们只知其然而不知其所以然，靠的是实践经验和自然发酵，因此，将其称为自然发酵阶段。这一时期，所用到的设备仅仅是古老的坛坛罐罐。

2. 纯种培养技术阶段

1667 年，荷兰人列文虎克（Antony Van Leowen Hoek）发明了显微镜，观测到了微生物的存在。1857 年，法国人巴斯德（Louis Pasteur）通过实验首次证明了酒精发酵是由酵母菌引起的，而且不同的微生物可以引起不同的发酵过程。随着微生物筛选、分离技术的进步，纯种培养技术逐步被建立，开创了纯种培养技术时期的新局面。从 19 世纪末到 20 世纪 30 年代，多种工业发酵过程陆续建立，啤酒、葡萄酒、酒精、丙酮、丁醇、柠檬酸等发酵产品相继上市。

这一阶段的生物技术发展具有工艺过程和设备简单、生产规模较小、产品化学结构简单且属于微生物初级代谢产物等特点。

3. 通气搅拌好氧培养技术阶段

20 世纪 20 年代末，英国人弗莱明（Flemming）发现了青霉素。40 年代初，建立了青霉素的深层液体发酵工艺，有效提高了青霉素的发酵效价，开创了微生物发酵工程的新纪元，极大促进了生物技术的发展。人们从经济要求出发，利用微生物的生物合成，通过通气搅拌好氧培养技术的运用，各种抗生素、有机酸、酶制剂、维生素、激素等生物技术产品相继被规模化生产。这一时期，人工管理微生物的特征尽管还是依赖外界环境因素的控制，然而已经从分解代谢转到合成代谢。由于化学工程技术人员参与了生物反应过程的开发，在理论和实践相结合的基础上，诞生了反映生物过程和化工过程相交叉的一门新学科——生物化学工程。与通气搅拌好氧培养技术相关联的生物工程新设备不断出现，要求不断提高，生产规模逐渐扩大。

4. 代谢控制发酵技术阶段

随着微生物遗传学和生物化学的发展，在 20 世纪 50 ～ 60 年代，逐步建立了氨基酸、核苷酸微生物工业，通过遗传突变有目的地控制微生物的一系列代谢反应途径，这标志着代谢控制发酵技术时期的到来。这一时期，生物工程设备也得到了长足进步，通气搅拌生物反应器的结构进一步得到改进，规模扩大，具有低能耗、结构简单、空气搅拌等特点的气升式生物反应器开始出现，用于生物反应产物分离的新型介质被研制和使用。该阶段的主要特点是：对纯种培养要求更为严格，生物工程设备的规模巨大，生物技术产品品种增加，次级代谢产物大量出现，生物工程设备配套技术发展迅速。

5. 基因重组技术发展阶段

随着分子生物学的发展，建立了基因操作技术，人们可以按照特定的目的对基因进行重组，基因工程菌被构建。同时，细胞融合技术、固定化技术、生物催化技术的发展赋予生物过程以新的生命力，由此推动了生物工程设备的提高和发展，如针对大多数基因工程菌的表达产物在胞内的特点，超声细胞破碎和高压匀浆等新技术相继出现。

6. 生物催化工程发展阶段

20 世纪 80 ～ 90 年代，化学品的生物催化工业生产技术相继被研究开发。生物催化法生产的丙烯酰胺成功上市，开创了我国利用生物催化技术生产大宗化学品的先河。1999 年底美国出版了一本题为《新生物催化剂：21 世纪化学工业的基本工具》专门性书籍。由此，以生物催化为核心内容的工业生物技术在支撑 21 世纪社会进步与经济发展的技术体系中的地位已经被提到空前的战略高度，被誉为"生物技术的第三个浪潮"。工业生物催化技术的发展，为解决当代资源、能源、环境等诸多问题提供了有效手段，成为当前优先发展的高科技产业之一。以生物催化为核心的生物制造技术将是人类社会的一个重大技术革命，其深度、广度和长远的影响可以与工业革命相匹敌。一系列生物催化的新型设备及设备流程在工业生产中得到应用。

7. 合成生物学技术发展阶段

近年来，在"分子生物学"和"基因组学"革命基础上，通过引入工程学理念，形成了"合成生物学"。通过基因组编辑、基因模块的挖掘、计算机模拟与设计，科学家们实现了一系列底层创新。利用合成生

物学应对人类健康安全、资源与能源安全、生态与环境安全、食品与粮食安全等方面的重大挑战，已经写入多国的合成生物学发展路线图，合成生物学被广泛认为是改变未来的颠覆性科学技术，与之相适应的新型生物工程设备将会大量涌现。

三、生物工程设备的要求

生物技术产品的产业化实施过程，包含了优良菌株的选育或基因重组构建、工艺过程优化、工程开发等几个环节。工艺过程优化和工程开发都离不开相应设备的选型、设计，即实现生物技术过程都是通过一定的设备来进行的。但设备必须为实现特定的生物工艺过程服务，必须满足生物工艺过程的基本要求。

1. 工程学和工程理念的要求

利用适当的生产设备，按照合理的方式，生产为人类利用的不同产品，获得经济效益和社会效益。在这生产过程中，需要研究工业生产过程的系统规律，合理安排生产设备，最优化组建设备流程，这些都是工程学的研究范畴。对于生物工程设备，需要满足工程学和工程理念上的要求，即在将原料转化为产品的过程中，需要考虑理论上的正确性、技术上的可行性、操作上的安全性、经济上的合理性，通过质量衡算、动量衡算、热量衡算达到物料和能量的有效集成，体现工程学要求的反应速率、最优化、技术经济指标等问题。

2. 生物过程特点对生物工程设备的要求

利用生物体或其组成部分所具有的活性进行物质的转换，生产人类需要的各种产品，这样的生物过程的特点在于生物催化剂参与了反应。由于生物催化剂的存在，生物反应过程与化学反应过程相比，具有反应条件温和、反应机理复杂、生物体动态变化等特点。以生物反应器为核心，可以将生物生产过程分为上游、中游、下游三个部分。

上游生物技术的主要任务是生物催化剂（包括菌体、酶等）的制备。虽然这方面的工作通常由生物学领域的科学家承担和完成，但作为生物工程领域的工程师也必须掌握生物催化剂的生理生化特性和培养条件，解决工业生物催化剂的大规模制备技术，建立生物催化剂无菌转接等装备。上游生物加工中，还包括原材料的物理和化学以及生物处理、培养基制备和灭菌等问题，这里包含了物料破碎、混合、输送等多种化工单元操作及热量传递、灭菌动力学等工程技术、设备问题。

中游生物技术是整个生物生产过程的关键，是实现生物技术产业化的必由之路，生物反应器更是其关键工程设备。生物反应器为特定的细胞提供适宜的生长、繁殖、代谢的场所，或为酶提供进行特定生化反应的条件，它的结构、控制和操作方式与产品的产量、质量和生产过程的能耗等有着密切的关系。生物反应器中存在着物料的流动和混合、传质和传热等大量的化学工程问题，也存在着氧和基质的供需和传递、细胞生长繁殖、生化反应动力学、产物代谢等大量的生物工程问题，需要对生物反应器进行检测和控制。随着生物技术的发展，对中游生物加工过程提出了更高的要求，研究开发新型生物反应器显得十分重要和迫切。

生物生产过程的下游是对目的产物的提取和精制。由于生物反应液中目的产物的浓度较低，同时其与其他杂质存在着结构相似性，而且一些具有生物活性的产品对温度、酸碱度存在着敏感性，下游过程往往是步骤多、工序长、要求高。采用的分离、纯化手段包括一些典型的化工单元操作，如离子交换、色层分离、电泳、过滤、萃取、吸附、蒸发、沉淀、结晶、干燥等，其中所用到的一些生物工程设备与化工设备存在着相似性，但必须根据生物产品的特点对这些设备进行相应的调整和改进。开发新型生物分离设备，对生物技术的发展具有十分重要的作用。

当前，我国生物技术产业发展迅速，生物工程设备的性能和技术都有了很大的进步，今后将会以大规模、连续化、智能化等设备升级为新的"指标"，并进一步探索市场发展空间。

四、课程内容和任务

"生物工程设备"是生物工程专业的一门主干专业课程，它是从生物工程的研究内容和范畴出发，根据生物工程设备共性技术，阐述生物生产过程中主要设备的作用原理、设计方法。生物工程设备是从事生物工程技术领域的研究开发人员都应当了解、掌握的一门学科。学习"生物工程设备"课程的主要任务是使学生在已学习微生物学、生物化学、物理化学、化工原理和生物工艺学等课程的基础上，研究生物过程工程及设备的相关问题，进一步了解国内外生物技术和生物工程的研究前沿，认识原料处理设备、生物反应设备、生物分离设备的应用与研究开发现状及发展趋势，掌握生物过程设备流程、主要设备的结构、设计计算、工程放大、优化控制等技术，使学生能够独立地解决生物工业生产、实验研究及技术开发方面的设备问题。

第一章　生物质原料前处理设备

石磨是用于把米、麦、豆等粮食加工成粉、浆的一种机械。开始用人力或畜力，到了晋代，中国劳动人民发明了用水作动力的水磨。

传统粉碎设备——石磨

随着对传统石磨粉碎原理的认识，逐渐开发出众多机械粉碎设备，如图所示的立式辊式磨，还有常用的盘磨机、球磨机、超微粉碎设备等。

立式辊式磨

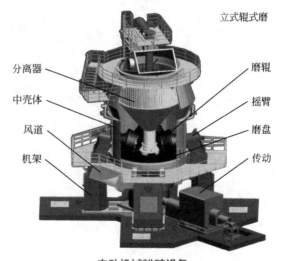

分离器

中壳体

风道

机架

磨辊

摇臂

磨盘

传动

电动机械粉碎设备

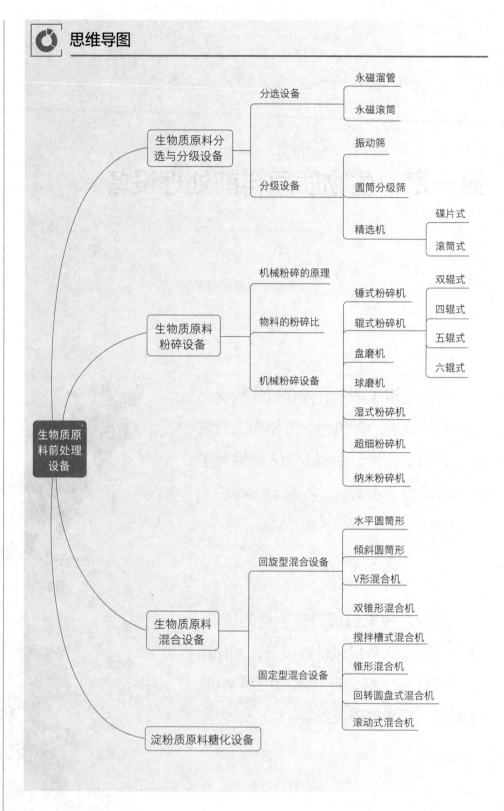

❈　**为什么要进行生物质原料的前处理?**

　　生物工程产品工业化生产过程中所用原料主要有两种：一种是淀粉或淀粉加工品；另一种是以初级粮食为原料，如大米、玉米、瓜干、大麦等。这些原料在进行生物反应之前需进行处理，包括分级、除杂、粉碎等，而这些预处理设备包括哪些？同时，淀粉类生物质不能被多数微生物直接利用，必须经过一定的前处理，将其降解为葡萄糖后才能被微生物利用，在前处理过程中又涉及哪些设备？

👁　**学习目标**

○　生物质不同预处理阶段所使用的设备结构及其工作原理。
○　生物质原料粉碎过程中所受到的作用力形式。
○　生物质原料前处理的主要手段及目的、处理方式及工艺。
○　淀粉质原料的蒸煮与糖化工艺及设备。

第一节　生物质原料分选与分级设备

　　生物质原料中的杂物大体上可分为三大类：一类是纤维较长的物质，如麻绳、草屑、庄稼秸秆等；一类是颗粒状的物质，如沙子、石子、木块、土块等；一类是铁磁性物质，如铁钉、铁丝、螺丝钉等。在进行加工前，必须先将原料中的杂物除去，防止上述杂物影响成品质量或对后续加工带来困难。

　　分选的主要目的是除杂，即清除物料中的异物及杂质。

　　分级是对分选后的物料按其尺寸、形状、密度、颜色或品质等特性分成等级。分级有利于降低原料损耗，提高原料利用率；有利于保证产品的规格和质量；有利于生产的连续化和自动化，提高生产效率；有利于改善工作环境。

一、磁力除铁器

　　磁力除铁器（磁选设备）的主要作用是利用磁性除去原料中的含铁杂质，其主要部件是磁体。磁体有永久磁体和电磁体两种。磁选设备分永磁溜管和永磁滚筒。

1.永磁溜管

　　永磁溜管（图1-1）的永久磁铁装在溜管上边的盖板上。一般在溜管上设置2～3个盖板，每个盖板上装有两组前后错开的磁铁。工作时，原料从溜管上端流下，磁性物体被磁铁吸住。工作一段时间后进行清理，可依次交替地取下盖板，除去磁性杂质。

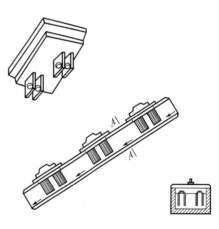

$A—A$

图1-1　永磁溜管

2.永磁滚筒

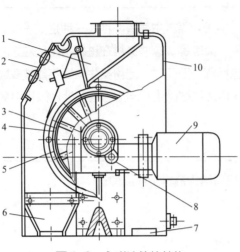

图1-2 永磁滚筒的结构

1—进料斗；2—观察窗；3—滚筒；4—磁芯；5—隔板；6—出口；7—铁杂质收集盒；8—变速机构；9—电动机；10—机壳

永磁滚筒（图1-2）主要由进料装置、滚筒、磁芯、机壳和传动装置等部分组成。磁芯由锶钙铁氧体永久磁铁和铁隔板按一定顺序排列成圆弧形并安装在固定的轴上，形成多极头开放磁路。磁芯圆弧表面与滚筒内表面间隙小而均匀（一般小于2mm），滚筒由非磁性材料制成，外表面敷有无毒而耐磨的聚氨酯涂料作保护层，以延长使用寿命。滚筒通过蜗轮蜗杆结构由电动机带动旋转，而磁芯固定不动。永磁滚筒能自动排除磁性杂质，除杂效率达98%以上，特别适合于除去粒状物料中的磁性杂质。

二、筛选设备

1.振动筛

筛选是谷物等生物质原料清理除杂最常用的方法。应用最广的筛选设备为振动筛，它是一种筛选与风选结合的清理设备，多用于清除小及轻的杂质。振动筛主要由进料装置、筛体、吸风除尘装置和支架等部分组成，如图1-3所示。

进料装置由进料斗和流量控制活门构成，按其构造有喂料辊和压力进料装置两种，进料量可以调节。进料装置可使进入筛面的物料流量稳定并沿筛面均匀分布，提高清理效率。图1-3所示振动筛进料装置为压力进料，它以自重压开进料压力门。

筛体是振动筛的主要工作部件，它由筛框、筛子、筛面清理装置、吊杆、限振机构等组成。筛体内有三层筛面，第一层是接料筛面，筛孔最大，筛上物为大

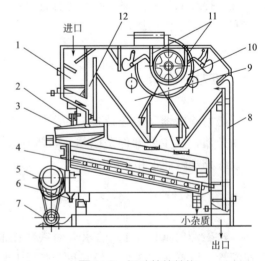

图1-3 振动筛的结构

1—进料斗；2—吊杆；3—筛体；4—筛格；5—自衡振动器；6—弹簧限振器；7—电动机；8—后吸风道；9—沉降室；10—风机；11—风门；12—前吸风道

型杂质，筛下物为粮粒及小型杂物，筛面反向倾斜，以使筛下物集中落到第二层的过程中筛条的棱对料产生切割作用，厚度约为筛孔的 1/4，一层料及其中的细粒被棱切割而被筛下。筛的分级粒度大致是筛孔尺寸的 1/2，但随着筛条棱的磨损，通过筛孔的粒度将减少。

　　振动筛是一种平面筛，常用的有两种：一种是由金属丝（或其他丝线）编织而成的；另一种是冲孔的金属板。筛板开孔率一般为 50%～60%，开孔率越大，筛选效率越高，但开孔率过大会影响筛子的强度。目前使用的筛选机，筛宽在 500～1600mm 之间，振幅通常取 4～6mm，频率可在 200～650 次/min 范围内选取。

2. 圆筒分级筛

　　圆筒分级筛是生物加工厂常用的筛分设备，可用于大麦精选后的分级。

　　圆筒分级筛如图 1-4 所示。圆筒用厚 1.5～2.0mm 的钢板冲孔后卷成筒状筛，筛筒直径与长度之比为 1 :(4～6)，筛筒的倾斜角度为 3°～5°。整个圆筒往往分成几节筒筛，布置不同孔径的筛面，筒筛之间用角钢连接作加强圈。圆筒用托轮支承在用角钢或槽钢焊接的机架上，圆筒一般以齿轮传动，圆周速度约为 0.7～1.0m/s，速度太快，粒子反而难以穿过筛孔，使生产率下降。筛分的原料由分设在下部的两个螺旋输送机分别送出，未筛出的一级大麦从最末端卸出。

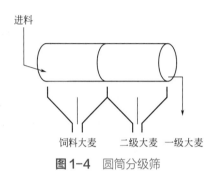

图 1-4　圆筒分级筛

三、精选机

　　颗粒状的生物质原料（如大麦、小麦）等必须进行精选和分级，以除去不必要的杂粒。常用的精选机有滚筒式和碟片式两种，都是以按颗粒长度进行分级的原理利用带有袋孔或窝眼的工作面来分离杂粒，袋孔或窝眼中嵌入长度不同的颗粒，被带升至不同高度而分离。精选机的工作情况如图 1-5 所示。

1. 碟片式精选机

　　在金属碟片的平面上制出许多袋形的凹孔，孔的大小和形式视除杂条件而定。碟片在粮堆中运动时，短小的颗粒嵌入袋孔被带到较高的位置才会落下，因此只要把收集短粒的斜槽放在适当位置上，就能将短粒分出来，如图 1-6 和图 1-7 所示。

　　碟片式精选机的特点是工作面积大，转速高，产量比滚筒式精选机大；而且为除去不同品种杂质所需要的不同袋孔可用于同一机器中，即在同一台机器上安装不同袋孔的碟片；碟片损坏可以部分更换，还可分别检查碟片每次的除杂效果，因此碟片式精选机是比较优越的精选机。缺点是碟片上的袋孔容易磨损，功率消耗较大。

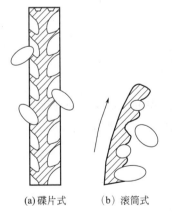

(a) 碟片式　　(b) 滚筒式

图 1-5　精选机的工作情况

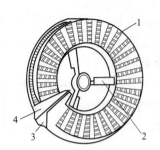

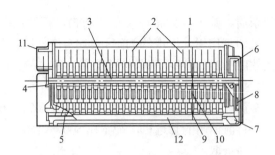

图1-6　碟片的工作情况

1—碟片；2—叶片；3—短粒出口；
4—盛物槽

图1-7　碟片式精选机结构

1—进料口；2—碟片；3—轴；4—轴承；5—绞龙；
6—大链轮；7—小链轮；8—链条；9—隔板；
10—孔；11—长粒物料出口；12—淌板

2. 滚筒式精选机

图1-8为滚筒式精选机工作示意图。袋孔2开在筛转圆管1的内表面，长粒大麦依靠进料位差和滚筒本身的倾斜度，沿滚筒长度方向流动由另一端流出，而短粒大麦嵌入袋孔的位置较深，被带到较高位置而落入中央槽4之中由螺旋输送机3送出。

根据滚筒转速差别又分为高速滚筒式精选机和低速滚筒式精选机，两者结构基本相似，但由于高速时颗粒的离心力增大，中央槽、斜槽和螺旋输送机的位置高于低速。此外，低速滚筒式精选机的安装应与水平线成$5°\sim10°$角，颗粒原料向出口运动速度约为$0.03\sim0.05$m/s，平均生产率为$100\sim140$kg/$(h\cdot m^2$❶$)$。而高速滚筒式精选机可接近水平安装，其生产率可达500kg/$(h\cdot m^2)$。

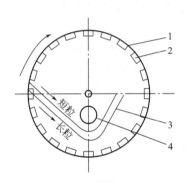

图1-8　滚筒式精选机工作情况

1—筛转圆管；2—袋孔；3—螺旋输送机；
4—中央槽

第二节　生物质原料粉碎设备

生物质原料的表面积影响反应速度，较大的表面积可以加快反应速度，使反应更完全，提高物料的利用率，缩短生产过程。因此，生物质原料的粉碎也是生物加工过程的必要步骤。

一、物料粉碎的工作原理

将大块固体物料破碎成小块物料的操作，通常称为破碎；而使小块物料进

❶指袋孔面积。

一步粉碎为粉末状物料，则称为磨碎或研磨，两者统称为粉碎。

粉碎机械有多种类型，机械粉碎主要有以下几种方式：

（1）挤压粉碎　固体原料放在两挤压面之间，当挤压面施加的挤压力达到一定值后，物料即被粉碎。大块物料往往先以这种方式破碎。

（2）冲击粉碎　物料受瞬时冲击力而被粉碎。这种方式特别适用于脆性物料的破碎。

（3）磨碎　物料在两相对运动的硬质材料平面或各种形状的研磨体之间，受到摩擦作用而被研磨成细粒。这种方式多用于小块物料的细磨。

（4）劈碎　物体放在一带有齿的面和一平面间受挤压即劈裂而粉碎。

（5）剪碎　物料在两个破碎工作面间，如同承受载荷的两支点（或多支点）梁，除了在外力作用点受剪力外，还发生弯曲折断。多用于较大块的长或薄的硬、脆性物料的粉碎。

上述作用力示意图如图 1-9 所示。

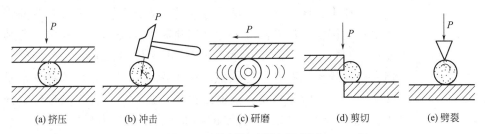

图 1-9　物料粉碎受力示意图

 概念检查 1-1　　

○　在本章开始的图片中，石磨粉碎物料的过程中所涉及的主要作用力是什么？

二、物料的粉碎比

固体物料的粉碎，可按粉碎物料和成品的粒度大小，分类如下：

（1）粗碎　原料粒度范围为 40～1500mm，成品粒度为 5～50mm。

（2）中、细碎　原料粒度范围为 5～50mm，成品粒度为 0.1～5mm。

（3）微粉碎　原料粒度范围为 5～10mm，成品粒度小于 100μm。

（4）超微粉碎　原料粒度范围为 0.5～5mm，而成品粒度小于 25μm。

物料粉碎前后平均粒径之比称为粉碎比或粉碎度，它表示粉碎操作中物料粒度变小的比例。对于一次粉碎后的粉碎比，粗碎约为 2～6，中、细碎为 5～50，微粉碎为 50 以上。总粉碎比常经几次粉碎步骤后才能达到，合理地选用粉碎比和粉碎级数可以大大地减少用电消耗。

无论采用何种粉碎方式，粉碎物料性质如何，以及所需粉碎度大小如何，所选用的粉碎机都应满足以下要求：

（1）粉碎后的物料颗粒粒径均匀；

（2）达到粉碎度的物料应及时排出粉碎机；

（3）操作满足自动化要求，如能不断地自动卸料等；

（4）易磨损的部件更换方便；

（5）降低粉尘污染；

（6）操作发生故障时，应有保险装置及时自动停车；

（7）单位产品消耗能量尽可能小。

三、粉碎设备

1.锤式粉碎机

锤式粉碎机是很多行业前期生产的一种必需设备，尤其是制药、饲料、食品、涂料、化工行业。它具有广泛的通用性，能调节粉碎细度，具有生产效率高、能耗小、使用安全、维修方便等优点，得到了各行各业的青睐。锤式粉碎机是利用快速运转的锤刀对物料进行冲击粉碎，广泛用于各种中等硬度的物料，如薯干、玉米等生物质原料的中碎与细碎作业，尤其适用于脆性物料。但锤式粉碎机也存在一些缺点，如工作部件易磨损，物料含水量过高（超过10%～15%）时易堵塞，因而维修工作量大，另外在其运转时振动、噪声较大，这就对转子的安装有较高的要求，保证锤刀均衡运转。

锤式粉碎机主要是靠冲击作用来破碎物料的。物料进入锤式粉碎机中，遭受到高速回转的锤刀的冲击而粉碎，粉碎了的物料，从锤刀处获得动能，高速冲向架体内挡板、筛面，与此同时物料相互撞击，遭到多次破碎，小于筛孔的物料，从孔中排出，个别较大的物料，在筛面上再次经锤头的冲击、研磨、挤压而破碎，最终达到粉碎度的物料从筛孔中排出，获得所需粒度的产品。

锤式粉碎机的结构如图1-10所示，它比较简单，更换锤刀和筛面操作方便。

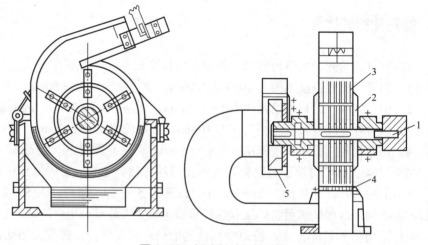

图 1-10 锤式粉碎机的结构

1—轴；2—转毂；3—锤刀；4—栅栏；5—抽风机

（1）锤式粉碎机的主要构件

① 锤刀　其主要部件是一个转动的圆筒，它装在轴上。锤式粉碎机利用

许多锤刀做圆周运动来锤碎原料。锤刀的形式一般有矩形、带角矩形和斧形，由高碳钢片制成，如图1-11 所示。

原料的粉碎主要是由于锤刀的撞击作用，因此锤刀磨损很快，经常要更换，否则会降低粉碎效果，而经常调换新的锤刀，则钢板耗用量大。为了充分有效使用锤刀，可以对锤刀的装置进行改进，如图1-12 所示，在圆形的转子距离中心轴不同的位置上，对称地开多个孔，锤刀磨损后，可把磨损锤刀的刀角切平，装在离中心轴较远的孔上。这样既保证了锤刀顶端到筛面的距离，也可节省制造新锤刀的钢材。

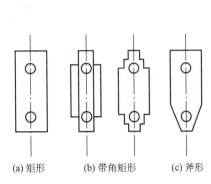

(a) 矩形　　(b) 带角矩形　　(c) 斧形

图 1-11　锤刀的形式

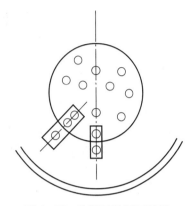

图 1-12　改进后的锤刀装置

② 筛面　筛面采用铁板冲制，用来控制粉碎程度。

③ 筛孔　筛面上有许多筛孔，筛孔直径根据产品粒度来确定。筛面上的孔有圆形或长条形，细粉碎机的筛孔多为圆形，粗粉碎机的筛孔多为长条形。

筛板表面与锤刀顶端间隙对产品粒度有影响，产品粒度越小，间隙也越小，一般为 5 ～ 10mm。

（2）提高粉碎机效率的方法　锤式粉碎机的粉碎效果主要是由粉碎细度、粉碎单位时间的产量和粉碎过程的单位能耗等三项指标来进行评定，这些指标取决于被粉碎物料的物理性能、粉碎机的结构、粉碎室的形状、锤刀的数量及厚度和线速度、筛孔的形状及其孔径、锤片与筛面的间隙等因素。提高粉碎机效率的方法，一般有以下几种。

① 采用密闭循环法。为了减少磨损，能较快地把大小不同的物料颗粒分开，将没有达到要求的颗粒与已达到要求的细粉一起通过筛面，再在粉碎机外部用单独的筛子，把不合要求的物料分离开来，重新回到粉碎机中进行粉碎。如此密闭循环，可提高生产能力达 45% ～ 70%。

② 增加吸风装置。增加吸风机后，可以加速粉料离开筛孔，把粉碎机内已经粉碎好的细粉抽出来，提高粉碎机的工作效率。

③ 采用鳞状筛代替平筛。

④ 采用湿式粉碎。含水分较高的原料，会给粉碎带来困难，使锤碎机的筛孔堵塞，粉碎效果显著降低，电耗也会增大，这时可采用湿式粉碎来解决。

2. 辊式粉碎机

辊式粉碎机是一种最古老的粉碎设备。它的构造简单，结构紧凑，运行平稳，广泛用于破碎黏性和湿物料块。啤酒厂粉碎麦芽和大米都是用辊式粉碎机，但这种粉碎机占地面积大、生产能力较低。

常用的有双辊式、四辊式、五辊式和六辊式等。

（1）双辊式粉碎机　双辊式粉碎机主要工作机构为两个圆柱形辊筒。工作时两个平行的圆辊做相对旋转，由于物料和辊子之间的摩擦作用，将给入的物料卷入两辊所形成的破碎腔内而被压碎。破碎的产品在

重力作用下，从两个辊子之间的间隙处排出。该间隙的大小即决定破碎产品的最大粒度。双辊式粉碎机通常都用于物料的中、细碎。

双辊式粉碎机依照装配结构可分为：一个辊筒的轴承座可沿导轨滑移，另一辊筒轴承座固定，如图1-13（a）所示；两个辊筒轴承座均可沿导轨滑移，如图1-13（b）所示。

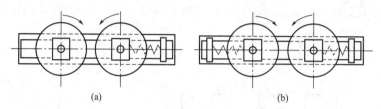

图1-13　双辊式粉碎机辊筒的装配结构

图1-14为一台双辊式粉碎机，其中一个辊筒轴承座为可移动的。作为粉碎作业工作部件的两个辊筒相对转动。固定辊筒的轴承座装在机架上，可移动

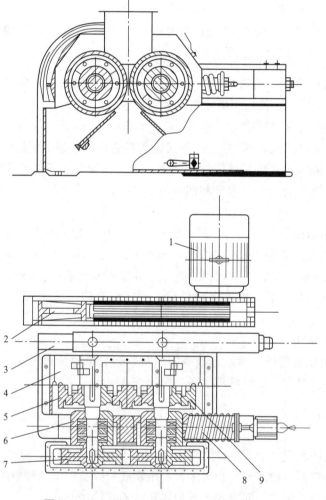

图1-14　ϕ400mm×250mm 双辊式粉碎机

1—电动机；2—V带传动装置；3—机架；4—安全罩；5—固定破碎辊筒；6—滚动轴承座；
7—加长齿齿轮；8—保险弹簧；9—可移动粉碎辊筒

的辊筒的轴承座由弹簧压紧，在承受载荷过大时，弹簧被压缩，轴承座可沿导轨滑移。两轴承之间装有支承架及可拆装的钢垫片，增减垫片厚度可调节两辊间的间隙。

当辊筒间隙内落入不能粉碎的硬物时，可移动辊筒使弹簧压缩而向后滑移，硬物通过后，借弹簧力恢复到原来位置。辊间的挤压力可由调节螺母及弹簧压板来调整。辊筒外表面装配有耐磨护套，护套材料大多用锰钢。为延长护套使用寿命，也有在护套表面焊一层耐磨硬质合金的。两辊筒下侧设有刮刀，用于刮除黏附在辊面上的物料。

（2）四辊式粉碎机　四辊式粉碎机由两对辊筒和一组筛子组成，如图1-15所示。原料经第一对辊筒粉碎后，由筛选装置分离出皮壳排出，粉粒再进入第二对辊筒粉碎。

（3）五辊式粉碎机　该粉碎机前三个辊筒是光辊，组成两个磨碎单元；后两个辊筒是丝辊，单独成一磨碎单元。通过筛选装置的配合，可以分离出细粉、细粒和皮壳，如图1-16所示。该机性能很好，在啤酒加工过程中应用时通过调节可以应用于各种麦芽。

（4）六辊式粉碎机　该粉碎机性能与五辊式相同。它由三对辊筒组成，前两对用光辊，主要以挤压作用粉碎原料，可以使得生物质原料的皮壳不致粉碎得太细而影响后一工序的操作，如啤酒厂的麦芽汁过滤。第三对辊筒用丝辊，将筛出的粗粒粉碎成细粉和细粒，以利于糖化时有用物质充分浸出。该机的构造如图1-17所示。

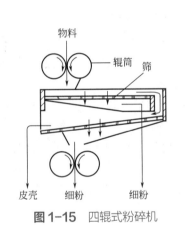

图1-15　四辊式粉碎机

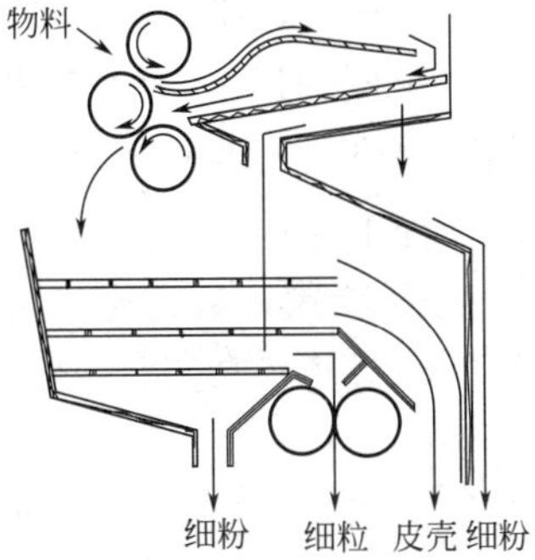

图1-16　五辊式粉碎机

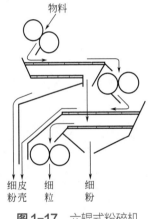

图1-17　六辊式粉碎机

3.盘磨机

盘磨机，又称圆盘机或圆盘磨浆机，是广泛使用的磨浆设备，用以粉碎小麦、玉米、大豆、大米等。主要包括铸铁机壳和一对表面带有沟纹的圆盘，一个和轴一起转动，另一个固定在机壳上，物料由料斗进入圆盘中心，在离心力作用下，从两个圆盘缝隙中向外甩出，受到圆盘的研磨和剪切作用而被粉碎。两圆盘之间间隙可调，若两圆盘同时反向旋转，则研磨剪切作用更强。

4.球磨机

球磨机是目前工业上广泛应用的粉磨机械。它有一圆形筒体，筒体两端装有端盖，端盖的轴颈支承在轴承上，电动机通过减速箱拖动装在筒体上的齿圈使球磨机回转。

球磨机筒体内装有研磨体，筒体回转时，其中的物料与研磨体在摩擦力和离心力作用下，贴在筒体内壁上与筒体一起回转。当提升到一定高度后，由于重力作用，研磨体发生自由卸落或抛落现象，从而

对筒内物料进行冲击、研磨和挤压，物料逐渐被粉碎。当达到粉磨要求后，将物料排出。

通常，球磨机的合适转速可按下式求得：

$$n = \frac{32}{\sqrt{D}} \tag{1-1}$$

式中　n ——球磨机转速，r/min；

　　　D ——筒体直径，m。

筒内研磨体一般为钢球，由硬质耐磨材料制成，如锰钢、辉绿岩等，也可用钢柱、钢棒或卵石。圆球最大直径 d_{max} 与转筒内径 D（cm）的关系为：$d_{max} = \left(\frac{1}{24} \sim \frac{1}{18}\right)D$。球磨机生产能力取决于许多因素，主要有原料种类、粒度及细磨程度、磨机类型、长径比、仓数、各仓长度比、衬板形式及筒体转速；研磨体种类、大小及充填程度；加料均匀性及装料程度，磨机操作方式等。目前还没有全面考虑影响因素的计算生产能力的公式，生产能力的精确确定只能依靠实验方法来完成。

5. 湿式粉碎机

湿式粉碎是将固体物料和水一起加入粉碎机中进行粉碎。湿式粉碎机主要包括输料装置、加料器、粉碎机和加热器等几部分。粉碎可采用一级或二级粉碎（两台粉碎机串联使用）。从粉碎机出来的粉浆进入加热器，利用蒸煮工段放出的二次蒸汽预热至一定温度后备用。

湿式粉碎过程主要是分散微粒化的过程，可分为把颗粒团破碎、解集、润湿、分散和稳定等步骤。湿式粉碎机除了用于生物行业中，还广泛应用于染料、涂料、颜料、医药、农药、合成纤维、皮革化工及化妆品、电子、食品等行业。

湿式粉碎机有盘式砂磨机、双轴立式砂磨机、环隙式磨机、双筒式磨机、超微湿式粉碎机等，不同机型兼有多种粉碎形式。

为了适应产品超微细化的要求，各国努力开发超微粒的砂磨机，德国DRAISWERKE 公司推出的 PM-DCP 型砂磨机为双筒式超微砂磨机，其结构如图 1-18 所示。PM-DCP 型砂磨机主要由转子、定子、分离装置、传动装置及液压系统、控制系统组成。

（1）转子　转子是一倒置的筒形结构，在筒壁内外侧有序地排列着许多圆柱形销棒，转子与传动系统相连，向介质及物料传送能量。

（2）定子　定子呈双层筒形结构，两相对内壁也排列着销棒，与转子交错布置。

（3）分离装置　分离装置设在砂磨机内中心处，以分离浆料的大颗粒和研磨介质。

转子将定子腔分成内外两个环形空间，故

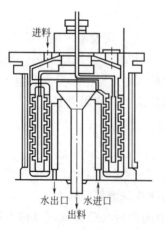

图 1-18　PM-DCP 型砂磨机

称内研磨室和外研磨室。两研磨室在底部和上部设有通道，进料口在外研磨室上方，出料口在内研磨室上方。

工作原理：悬浮状物料和研磨介质在研磨室内混合，由于转子的高速旋转，转子销棒、定子销棒向研磨介质传递大量的能量。砂磨机的特殊结构，使研磨室里具有很高的能量密度，对物料产生强烈的、相对平均的撞击力，使物料在短时间内得到粉碎。由于连续进料，物料从外研磨室自上向下经底部通道进入内研磨室，在内研磨室自下向上流动，最后经过滤后出料。操作时，物料在泵的作用下从上部进料口均匀连续进料，迅速投入研磨介质，进入正常工作阶段。研磨介质主要集中在外研磨室，外研磨室是研磨的主要区域。

PM-DCP 型砂磨机的特点：砂磨机巧妙运用了离心力作用，分离物料时很少带出研磨介质；设备能量密度高，产品粒度分布均匀；生产能力大，可实现小设备大生产；定子磨室可升降、转动，操作方便。

第三节 生物质原料混合设备

在生物加工过程中，固体间的混合也是操作单元之一。

固体粒子在混合器内混合时，会发生对流、剪切、扩散三种不同运动形式，形成三种不同的混合。

混合设备有两种：一种是可以转动的回旋型混合机；另一种是不能转动的固定型混合机。

一、回旋型混合机

有水平圆筒形、倾斜圆筒形、V 形、双锥形、立方体形等，如图 1-19 所示。

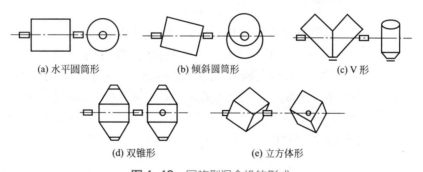

(a) 水平圆筒形　　(b) 倾斜圆筒形　　(c) V 形

(d) 双锥形　　(e) 立方体形

图 1-19　回旋型混合机的形式

1. 水平圆筒形混合机与倾斜圆筒形混合机

水平圆筒形混合机过去使用较多，仅靠扩散作用混合，故混合速度较低。由于其剪切作用混合效率也较低，为提高其混合性能有时加入些球体以加强粉碎混合作用，但又会引起细粉末的粘壁作用和降低粒子的流动性。最适宜转速可取临界转速的 70%～90%，最适宜的容量比约为 30%，高于 50% 或低于 10% 的容量混合程度均较低。

采用倾斜圆筒形混合机可改善水平圆筒形混合机的性能。有两种倾斜方式：一种是圆筒的轴心与旋转轴的轴心重合，但轴心与水平面倾斜一个角度，一般为 14°左右，粒子呈螺旋状移动；另一种是旋转轴水平放置，但圆筒的轴心倾斜安装，粒子在其中呈复杂的环状移动。

2. V形混合机

该混合机由2个圆筒V形交叉结合而成，圆筒的直径与长度之比一般为0.8左右。两圆筒的交角为80°左右，减小交角可提高混合程度。V形混合机主要靠粒子反复地分离与合一而达到混合作用。最适宜转速为临界转速的30%～40%，最适宜容量比为30%。V形混合机比水平圆筒形混合机混合效果更好。有时为了防止物料在容器内部结团，在容器内装一个逆向旋转的搅拌器。

3. 双锥形混合机

由一个短圆筒两端各与一个锥形圆筒结合而成，旋转轴与容器中心线垂直。最大混合度、混合时间等与V形混合机相似。

二、固定型混合机

1. 搅拌槽式混合机

这种混合机的槽形容器内部有螺旋带状搅拌器，如图1-20所示，搅拌器可将物料由外向中心集中，又将中心的物料推向两端。这种混合机的混合程度曲线与V形混合机大致相似。

2. 锥形混合机

在这种混合机内有1～2个螺旋推进器，螺旋推进器的轴线与容器锥体的母线平行，如图1-21所示。螺旋推进器在容器内既有公转又有自转，自转速度大约60r/min，公转速度大约2r/min。容器的圆锥角约35°，充填量约30%。粒子在混合机中的运动状态，一是受螺旋推进器的自转作用自底部上升；另一种是在公转作用下全范围内产生旋涡和上下循环运动。一般2～8min即可达到最大混合程度。

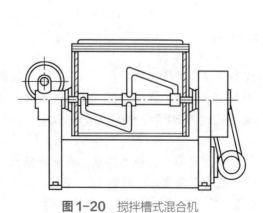

图1-20　搅拌槽式混合机

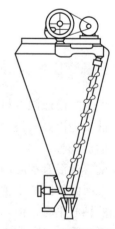

图1-21　锥形混合机

3. 回转圆板式混合机

如图 1-22 所示，被混合的固体粒子加到高速旋转的圆板上，由于离心力的作用粒子被散开、被混合。混合后的粒子由排出口排出。回转圆板的转速达 1500 ～ 5400r/min。这种混合机处理量大，且处理量随圆板大小而变。物料的加入可通过加料器加以调节。

4. 流动式混合机

图 1-23 所示为流动式混合机。混合室内有高速回转的搅拌叶（500 ～ 1500r/min）。物料由顶部加入，受到搅拌叶片的剪切与离心作用，在整个混合室内产生对流混合。一般在 2 ～ 3min 内即可完成，混合好后，粒子由排出口排出。

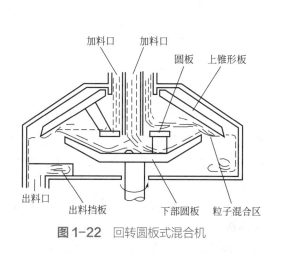

图 1-22　回转圆板式混合机

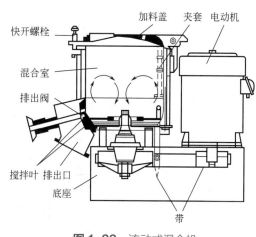

图 1-23　流动式混合机

第四节　淀粉质原料的前处理

很多微生物自身不含有淀粉酶和糖化酶，因此不能利用淀粉质原料，在发酵生产时必须先将这类原料进行蒸煮与糖化，使之水解为葡萄糖，再进一步被微生物所利用。

一般工业生产中首先将淀粉质原料进行蒸煮，把颗粒状态的淀粉变成溶解状态的可溶性淀粉，如果这时的可溶性淀粉还不能被细胞直接利用，则还必须添加糖化剂，如麸曲、液体曲、糖化酶等，将醪液中的淀粉、糊精转化为可发酵性糖等物质，作为微生物细胞发酵的碳源。将可溶性淀粉、糊精转化为糖的过程，生产中就叫糖化。淀粉糖化是通过糖化酶将淀粉、糊精进行水解。糖化的作用也就是把溶解状态的淀粉、糊精转化为能够被生物细胞利用的可发酵性物质（一般为葡萄糖，当然也有不发酵性物质生成，这主要是转移葡萄糖苷酶等的作用），降低醪液的黏度，有利于微生物的发酵和料液的输送。

一、连续蒸煮糖化工艺流程及设备

连续蒸煮糖化工艺过程中，料液连续流动，在不同的设备中完成加料、蒸煮、糖化、冷却等不同工艺操作，整个过程连续化。连续蒸煮糖化一般不需加水，它的浓度就能满足工艺的要求。糖化时间略短，

大约为 20 ～ 30min，糖化效率为 28% ～ 40%。

连续蒸煮糖化工艺流程如图 1-24 所示。

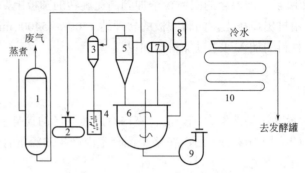

图 1-24　连续蒸煮糖化工艺流程

1—后熟罐；2—喷射器；3—混合冷凝器；4—水密封池；5—真空蒸发罐；6—糖化锅；
7—硫酸罐；8—液曲罐；9—转料泵；10—喷淋冷却器

连续蒸煮糖化设备有罐式、管式和柱式三种形式。

1. 罐式连续蒸煮设备

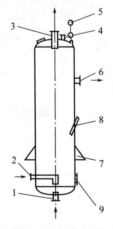

图 1-25　蒸煮罐

1—粉浆入口；2—加热蒸汽管；3—糊化醪出口；4—安全阀接口；5—压力表；6—制液体曲醪出口；7—罐耳；8—温度计测温口；9—人孔

罐式连续蒸煮设备蒸煮温度较低，可节省能耗，容易控制，结构简单，制造方便，为大、中型工厂广泛采用。

图 1-25 为蒸煮罐，它是由长圆筒形、球形或碟形封头焊接而成。

蒸煮罐或后熟器的直径不宜太大，因醪液从罐底中心进入后做返混运动，罐体直径过大不能保证醪液先进先出，致使受热不均匀，可能有部分醪液蒸煮不透就过早排出，而另有局部醪液过热而焦化。长圆筒形后熟器圆筒部分的直径和高之比为 1：3 ～ 1：5。罐数也不能太少，宜采用 3 ～ 6 个，但罐数过多会导致压力降过大，后熟器压力过低，以致醪液压不到最后一个后熟器。薯干类原料蒸煮压力较低，宜采用 3 ～ 4 个；玉米类原料蒸煮压力较高，可采用 5 ～ 6 个。

用粉浆加热器提高醪液的蒸煮温度，可使蒸煮过程得到改善，使连续蒸煮设备生产能力提高 10% ～ 15%。蒸煮时仅在粉浆加热器或蒸煮罐底部通入蒸汽，其后各罐均为后熟器，不再通入蒸汽。后熟器的作用是在一定温度下，维持一定时间，使糊化醪进一步煮透。糊化醪随着流动而压力下降，产生二次蒸汽，由最后一个后熟器分离出来，可供粉浆罐预热粉浆，故最后一个后熟器也称为汽液分离器（图 1-26）。

蒸煮罐和各后熟器几乎是充满醪液的，只有最后一个后熟器上部需留有足够的自由空间，以分离二次蒸汽。汽液分离器内的液位可用自动控制，也可用液位指示器指示液位，用手动控制醪液出口阀门，把醪液控制在 50% 左右的位置上。

2. 管式连续蒸煮设备

管式连续蒸煮是通过加热器和管道来完成的，物料先通过加热器在较高的温度和压力下，与蒸汽在短时间内充分混合，完成热交换，然后混合的高温物料再通过管道转弯处产生压力的间歇上升和下降，使醪液发生收缩和膨胀、减压汽化、冲击等使淀粉软化和破碎，进行快速蒸煮。

管式连续蒸煮的主要特点是高温、快速、糊化均匀、糖分损失少、设备紧凑、易于实现机械化和自动化操作。但由于蒸煮温度高，加热蒸汽消耗量大，并形成大量的二次蒸汽，因而只有在充分利用二次蒸汽的条件下，才能提高其经济效益。又由于蒸煮时间短，蒸煮质量不够稳定，生产上操作难度大，不易控制，有时在管道上还会出现阻塞现象。

管式连续蒸煮设备流程如图 1-27 所示。其主要工艺流程包括：原料粉碎→搅拌和加热预煮→加热器→蒸煮管道→后熟器→蒸汽分离器→送至糖化工序。

3. 柱式连续蒸煮设备

柱式连续蒸煮设备是在管式连续蒸煮设备的基础上改进而得的，它的流程如图 1-28 所示，其流程中主要设备为加热器和柱子。

柱式连续蒸煮的特点是高温快速蒸煮，预热后的粉浆经泵送入加热器，被高压蒸汽从相对方向喷射进行瞬间高温蒸煮，然后流入缓冲器，再均匀地流入后面几根柱子内，在一定温度下继续蒸煮。第一根柱子内装有锐孔，第二根柱子内装有挡板，料液经过锐孔和挡板缺口时流速增快，压力发生骤变，原料细胞膜突然膨胀而部分破裂，细胞内容物流出，得到充分蒸煮。但柱子容积不大，料液在里面维持的时间不长，为使原料的淀粉糊化，一般在柱子后面再连接 1 ～ 2 个后熟器，使料液在一定温度下继续维持一定时间，保证淀粉充分糊化。

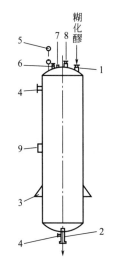

图 1-26　最后一个后熟器（汽液分离器）

1—糊化醪入口；2—糊化醪出口；
3—耳架；4—自控液位仪表接口；
5—压力表；6—二次蒸汽出口；
7—人孔；8—安全阀；9—液位指示器

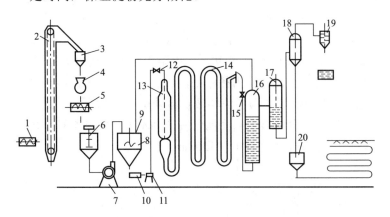

图 1-27　管式连续蒸煮设备流程

1，5—螺旋输送机；2—斗式提升机；3—储料斗；4—锤式粉碎机；6—粉浆罐；
7—泵；8—预热锅；9—进料控制阀；10—过滤器；11—泥浆泵；12—单向阀；
13—三套管加热器；14—蒸煮管道；15—压力控制阀；16—后熟器；
17—蒸汽分离器；18—真空冷却器；19—冷凝器；20—糖化锅

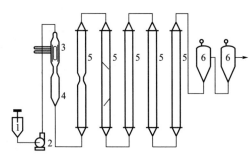

图 1-28　柱式连续蒸煮流程

1—粉浆罐；2—泵；3—加热器；4—缓冲器；
5—柱子；6—后熟器

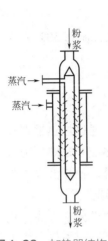

图1-29　加热器结构

（1）加热器　加热器的主要作用是利用高压蒸汽加热粉浆，使汽液相对喷射，紧密接触，使粉浆在短时间内达到较高的温度。其结构如图1-29所示，它由三层直径不同的套管组成，内层和中层管壁上都钻有许多小孔，各层套管都用法兰连接，以便拆卸。高压蒸汽从内、外层管进入，穿过小孔向粉浆液流两旁喷射。由于高压蒸汽从侧面喷射，接触均匀，加热比较全面，故能在很短时间内就达到蒸煮温度（145～150℃）。

加热器管壁上小孔开法有三种方式：一种是平开；一种是向上倾斜45°；一种是向下倾斜45°。孔向上倾斜能使蒸汽向上喷射与粉浆形成对流，缺点是增大了输送泵的阻力；孔向下倾斜，则蒸汽与粉浆并流，好处是降低了泵的阻力；平开则加工容易。一般都采取平开或向下倾斜，小孔直径为3～5mm，小孔分列若干排，每排4～8个，均匀分布于管壁四周，排与排之间的距离没有硬性规定，有的取等距，有的前密后稀。

加热器内管两端呈锥形或球形，主要是为了减少液流阻力。上端接进汽管固定在中层管壁上，下端则固定在支架上，这样通汽时才不致摆动。内管底部开3～4个小孔，用以排除积水。

加热器管壁上小孔分布区叫"有效加热段"。粉浆在"有效加热段"停留时间一般很短，为15～25s。为了在短时间内能达到要求的温度，粉浆在此区域内的流速一般不超过0.1m/s。

加热器的设计主要包括：计算"有效加热段"的长度、各层管子的直径、小孔孔径、小孔个数和小孔布置。

（2）柱子　柱子为长圆筒形，直径450～550mm，高约10m，一般用大直径无缝钢管或铸铁管制造，两端锥顶，锥高约400mm。柱子一般为3～5根，每根柱子分若干节，每节长约1m，节与节之间用法兰连接。第一根柱子内有1～2处管径缩小（节与节之间连接处装2个锥形帽，形成锐孔，锐孔直径100～120mm）。第二根柱子内装2块倾斜的圆缺形挡板，这两块挡板交错排列，一个向左倾斜30°，一个向右倾斜30°，板距为柱子全高的1/3。挡板为切去弓形的圆缺板，板的直径比柱子内径略小，切去弓形的宽度约为板直径的1/4。柱子里装置锐孔和挡板都是为了使料液在流动中突然缩小和扩大，以促使细胞膜部分破裂，得到充分混合。后面两个柱子则不装。柱子与柱子用圆弯管并联，柱子两端出、入口直径为100～120mm。

二、间歇蒸煮糖化工艺流程及设备

与连续蒸煮糖化工艺相比，间歇蒸煮糖化的整个过程始终处于一个设备中，一锅一锅地糖化。图1-30为间歇锥形蒸煮锅，这种形式的蒸煮锅是从锥形底部引入蒸汽，并可利用蒸汽循环搅拌原料，因此蒸煮醪的质量很均匀，比较适宜于对整粒原料的蒸煮，例如薯干、薯丝、粉碎后的野生植物等。同时由于下部是锥形，蒸煮醪排出比较方便。

目前我国酒精工厂常采用间歇加压蒸煮和添加淀粉酶液化后间歇加压蒸煮两种方法。

1. 间歇加压蒸煮工艺流程

其流程为：加水（入蒸煮锅）→投料→升温→蒸煮→吹醪。

由于原料种类及其物理状态不同，所采用的工艺条件有差异，但其工艺流程基本相同。

① 加水。间歇蒸煮是在一个蒸煮锅内进行的，在蒸煮整粒原料时先加入温水（一般是车间内用循环蒸汽加热的热水，或者是由蒸馏车间冷却后的废热水），水温要求在80℃左右，如果是采用粉状原料进行蒸煮，水温一般要求在50℃左右。先要在搅拌桶内搅成粉浆后，再送入蒸煮锅内，这是因为原料与高温水接触时，如来不及混合均匀，粉状原料会部分糊化而结块。原料不同，所采用的加水比也不一样，一般粉状原料与水的比例为1:4，薯干原料与水的比例为1:3.2～1:3.4，谷物原料与水的比例为1:2.8～1:3。

② 投料。按照原料不同情况，投料方式也不同，整粒原料蒸煮时，当原料投入完毕后，即可关闭加料盖，进汽，或者可以在投料过程中同时通入少量蒸汽，用蒸汽冲击原料，使其上下翻动起搅拌作用。若采用粉状原料，先在调浆桶内调匀，送入蒸煮锅，以防原料由于产生粉粒结块，导致蒸煮不彻底。投料时间根据锅的容量大小和投料方法而异，一般为15～20min。此外在投料过程中或者在投料结束以后，工厂还常采用压缩空气进行搅拌，以防原料结块，影响蒸煮质量。

③ 升温。加水投料后，立即把加料口盖关闭紧密，打开排汽阀，同时通入蒸汽，把锅中的冷空气赶尽，以防锅内有冷空气存在而产生冷压力。判断冷空气排尽的方法是：当蒸汽通入锅内，从排汽阀口有蒸汽排出，即表示冷空气已排尽，即可关闭排汽阀，使蒸汽压力慢慢升到规定压力，升温时间一般为40min左右。有的工厂为了能达到充分吸水的目的，在升温前先把原料浸泡30min左右，使原料能大量地均匀吸水。

④ 蒸煮。蒸汽压力升到规定值时，应保压维持一定的时间，使原料达到彻底糊化。原料不同，所用的压力和蒸煮时间也不同。在蒸煮过程中，为了使原料受热均匀和彻底糊化，采用循环的方法，利用蒸汽来搅拌锅内的原料。如果蒸煮时不进行循环搅拌，虽然在蒸煮初期通入了大量的蒸汽，但锅内原料并不翻动，或者翻动得不彻底，从而使在锅上部的原料糊化不透。因此在蒸煮过程中，循环操作是提高蒸煮醪质量的重要措施之一。由于要进行循环搅拌，所以，装醪量约为锅容量的75%～80%，在醪液面上要留有空间。

⑤ 吹醪。蒸煮完毕的醪液，利用蒸煮锅的压力从蒸煮锅排出，并送入糖化锅内。在吹醪过程中，原料的淀粉颗粒由于压力突然降低，受绝热膨胀的影响，原料内的植物细胞彻底破坏。从理论上来分析，吹醪速度越快越好，但是吹醪速度太快，则醪液易从糖化锅喷出，容易引起烫伤事故。吹醪时间要按照蒸煮锅的容量大小来确定，一般不得少于10～15min。

2. 加淀粉酶加压蒸煮工艺流程

随着酶制剂工业的发展，近几年来，我国有一些工厂采用先加细菌淀粉酶液化后，再进行加压蒸煮，

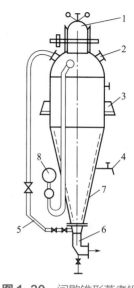

图1-30 间歇锥形蒸煮锅

1—加料口；2—排汽口；3—锅耳；4—取样器；5—加热蒸汽管；6—排醪管；7—衬套；8—压力表

这样，蒸煮压力可以降低，蒸煮时间也可缩短。淀粉酶用量大约是粉碎原料的 0.1%～0.2%。

把粉碎原料按照规定的加水比放到混合池拌匀，调整温度至 50～60℃，然后加入细菌淀粉酶，搅拌均匀，再加石灰水调整 pH 到 6.9～7.1。将调整好的淀粉液输送到蒸煮锅中，通入压缩空气进行搅拌，并通蒸汽升温到 93℃，保持 60min。取样化验其液化程度，达到标准后，则停止通压缩空气，继续升温至 130℃，保持 30min，即可吹醪送至糖化锅。

3.间歇糖化法工艺流程

间歇糖化法在整个糖化过程中主要有前冷却、糖化、后冷却以及将糖醪送入发酵罐等操作。间歇糖化的生产操作是在一个具有搅拌和冷却装置的糖化锅内完成的，因此设备利用率低，冷却用水量与动力消耗都较大。

间歇糖化法的工艺流程为：蒸煮醪→糖化锅＋加水＋冷却（120℃→60℃）＋加酸＋加曲＋糖化＋冷却（60℃→30℃）→发酵罐（或酒母罐）。

① 加水量　一般采用间歇蒸煮的工厂也采用间歇糖化。从目前生产实际来看，间歇蒸煮后的蒸煮醪中，含水量较连续蒸煮后的蒸煮醪含水量要少，醪液浓度较高，如不添加水就直接加曲糖化，则不利于糖化酶的糖化和酵母的发酵。所以，在糖化前要加入一定量的水稀释醪液，其加水量应为干原料的 3.0～4.0 倍，使糖化后的醪液能保持在 14～16°Bx 之间，也可根据所用菌种的抗渗透压能力，略为提高或降低 1～2°Bx。此外，还可按酵母发酵中实际耐酒精的能力，确定发酵醪的浓度，计算糖化时的加水量。

② 温度　间歇糖化的温度是糖化工艺控制的关键数据。当加曲、加水、加酸拌匀后，可使糖化醪温度保持在（60±1）℃，如果采用黑曲霉 AS3.4309 液体曲时，可把糖化温度控制在 58～60℃。

③ 糖化时间　间歇糖化时间从加完曲拌匀后开始计算，用于培养酒母的糖化醪，大约需 1.5～2h，很多工厂采用 1～1.5h。但在大生产中的发酵用糖化醪，一般为 25～45min。

④ 糖化效率　如果是用于培养酒母的糖化醪，糖化率可控制在 50%～60%；用于大生产中的糖化醪，通常在 35%～50% 之间较好。有的工厂采用控制还原糖的办法，一般情况下，使糖化醪中的还原糖为 3%～4.5%。在糖化过程中，不宜使糖化效率和还原糖过高，否则会产生糖抑制，影响后糖化和酵母的生长。

 总结

○ 生物质原料在应用于生物加工过程之前第一步预处理过程是进行分选和分级处理，分选的主要目的是除杂，清除物料中的异物及杂质；分级是对分选后的物料分成等级，降低原料损耗，提高原料利用率。

- 分选分级设备包括：磁力除铁器（永磁溜管、永磁滚筒）、振动筛、圆筒分级筛、精选机（碟片式精选机、滚筒式精选机）。
- 生物质原料预处理还包括物料的粉碎过程，机械粉碎的原理包括挤压、冲击、磨碎、劈碎和剪碎。
- 机械粉碎设备包括以下几种：锤式粉碎机、辊式粉碎机（双辊式、四辊式、五辊式和六辊式）、盘磨机、球磨机、湿式粉碎机等。
- 生物质原料混合设备包括回转型混合设备和固定型混合设备两大类。其中回转型混合设备又分为：①水平圆筒形混合机与倾斜圆筒形混合机；②Ｖ形混合机；③双锥形混合机。固定型混合设备包括：①搅拌槽式混合机；②锥形混合机；③回转圆板式混合机；④流动式混合机等。
- 淀粉质原料的前处理主要是淀粉质原料的糖化过程，连续蒸煮糖化工艺流程中所涉及的设备包括：罐式连续蒸煮设备、管式连续蒸煮设备、柱式连续蒸煮设备。间歇式蒸煮糖化工艺流程中主要设备为锥形蒸煮锅。

✎ 课后练习

1. 为何要进行原料预处理？
2. 原料预处理设备包括哪些？
3. 生物质原料常用的混合设备有哪些？
4. 淀粉质原料糖化工艺及设备有哪些？

| 题1答案 | 题2答案 | 题3答案 | 题4答案 |

第二章　无菌培养基制备设备

　　在微生物受热死亡过程中，其死亡速率与任一瞬时残留的活菌数成正比，符合对数残留定律，例如大肠杆菌在不同温度下的死亡曲线如图中所示。

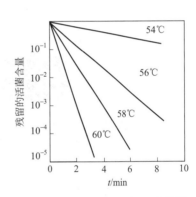

大肠杆菌在不同温度下的死亡曲线

　　根据对微生物死亡定律的认识以及无菌培养基营养成分的要求，常用的方式就是高温瞬时灭菌，如图中所示为工业中常用的管式高温瞬时灭菌设备。

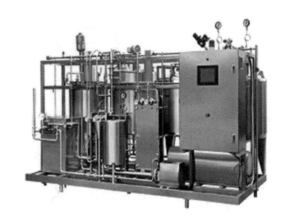

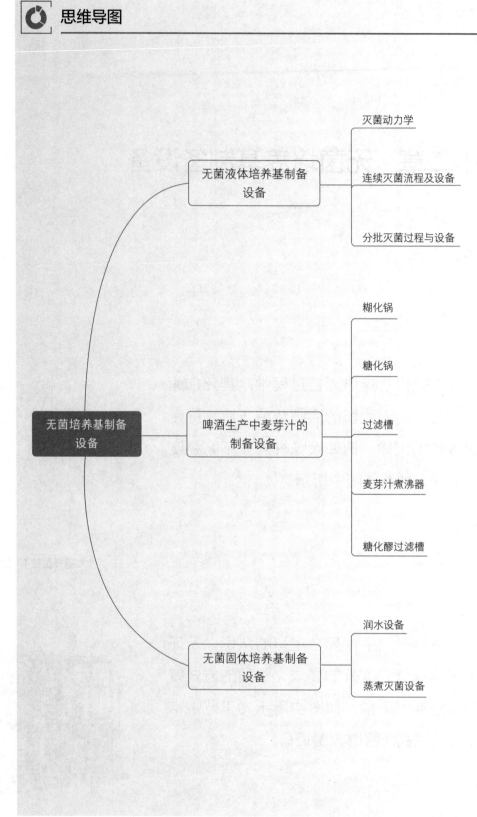

✿ **为什么学习无菌培养基制备设备?**

培养基是提供细胞营养并促使细胞增殖的基础物质,通常含有丰富的营养,易受杂菌污染,导致细胞生产能力下降。杂菌的代谢产物还会改变培养基的某些理化性质,导致发酵产物提取困难,造成收率降低,产品质量下降乃至生产失败。所以除去培养基中的杂菌,并尽可能不破坏其有效成分是生物细胞培养基制备过程的重点,在该过程中所需要的设备包括哪些?

◉ **学习目标**

○ 培养基灭菌的概念、原理及分类。
○ 影响培养基灭菌效果的主要因素。
○ 液体培养基连续灭菌的主要流程和设备。
○ 液体培养基分批灭菌的主要流程及设备。
○ 啤酒生产中麦芽汁制备过程及设备。
○ 固态发酵培养基灭菌设备。

第一节 无菌液体培养基制备设备

培养基是提供细胞营养并促使细胞增殖的基础物质。生物工程产业中多数利用纯种培养技术,这就要求对培养基中已有的杂菌进行去除或杀灭。

灭菌是指利用物理或化学方法杀灭或除去物料及设备中一切生物的过程。一般可采用热处理或化学药品;也可用机械方法,如过滤等方式;还可用 X 射线、β 射线、紫外线、电磁波、超声波、微波等对物料进行灭菌。

发酵工业自从采用纯种培养以后,产物的产量和质量都有了很大的提高,同时对防止染菌的要求也更高了。目前的各种培养过程往往都要求在没有杂菌污染的条件下进行,由于培养过程中通常含有比较丰富的营养物质,且培养基中常常带有各种微生物,因此很容易受到杂菌的污染,进而会产生各种不良后果。

(1)由于杂菌的污染,使生物反应中的基质或产物因杂菌的消耗而损失,造成生产能力的下降。

(2)由于杂菌所产生的一些代谢产物,或在染菌后改变了培养液的某些理化性质,使产物的提取和分离变得困难,造成收率降低或使产品的质量下降。

(3)杂菌会大量繁殖,会改变反应介质的 pH 值,从而使生物反应发生异常变化。

(4)杂菌可能会分解产物,从而使生产过程失败。

(5)发生噬菌体污染,微生物细胞被裂解,导致生产失败。

由此可见,为了保证培养过程的正常进行,防止染菌的发生,对大部分微生物的培养,包括实验室操作和工业生产,均需要进行严格的灭菌。

在发酵工业中,对培养基和发酵设备的灭菌,广泛使用湿热灭菌法。湿热灭菌是指用蒸汽直接将物料升温到 115 ~ 140℃并保持一定时间,以杀死各种微生物。微生物发酵培养基常采用湿热灭菌,条件是

121℃，20 ~ 30min。因为高温蒸汽可以与培养基直接混合，其冷凝时可释放出大量冷凝热，且穿透力强。同时，蒸汽容易获得，控制操作方便，是一种简单而又价廉、有效的灭菌方法。

用湿热灭菌的方法处理培养基，其加热温度和受热时间与灭菌程度和营养成分的破坏都有关系。营养成分的减少将影响菌种的培养和产物的生成，所以灭菌程度和营养成分的破坏成为灭菌工作中的主要矛盾，恰当掌握加热温度和受热时间是灭菌操作的关键。

一、灭菌动力学

微生物受热而破坏是指其生活能力丧失，微生物热死灭原因是细胞内的反应。

1. 对数残留定律

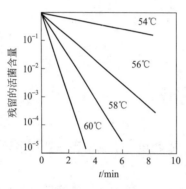

图 2-1　大肠杆菌在不同温度下的死亡曲线

微生物受热死亡的原因，主要是因高温使微生物体内的一些重要蛋白质，如酶等，发生凝固、变性，从而导致微生物无法生存而死亡。微生物受热而丧失活力，但其物理性质不变。在一定温度下，微生物的受热死亡遵照分子反应速率理论。在灭菌过程中，活菌数逐渐减少，其减少量随活菌数的减少而递减，即微生物的死亡速率与任一瞬时残留的活菌数成正比。如图 2-1 所示，大肠杆菌的死亡曲线为线性关系，称之为对数残留定律，反映为一级化学反应动力学为：

$$-\frac{\mathrm{d}N}{\mathrm{d}t} = KN \tag{2-1}$$

式中　N——残存的活菌数；

　　　t——灭菌时间，s；

　　　K——灭菌速率常数（s^{-1}），也称反应速率常数或比死亡速率常数，此常数的大小与微生物的种类及加热温度有关；

　　　$\dfrac{\mathrm{d}N}{\mathrm{d}t}$——活菌数瞬时变化速率，即死亡速率。

上式通过积分可得：

$$\frac{N_t}{N_0} = \mathrm{e}^{-kt}$$

$$t = \frac{1}{K}\ln\frac{N_0}{N_t} = \frac{2.303}{K}\lg\frac{N_0}{N_t} \tag{2-2}$$

式中　N_0——开始灭菌（$t=0$）时原有活菌数；

　　　N_t——经时间 t 后残存活菌数。

上式是计算灭菌的基本公式，灭菌速率常数 K 是判断微生物受热死亡难易程度的基本依据。各种微生物在同样的温度下 K 值是不同的，K 值越小，则此微生物越耐热。

若要求灭菌后绝对无菌，即 $N_t=0$，则由式（2-2）可知其灭菌时间为无限长，这是不可能的，故灭菌后，以在培养基中还残留一定活菌数进行计算。工程上，通常以 $N_t=10^{-3}$ 个/罐，即杂菌污染降低到被处理的每 1000 罐中只残留 1 个活菌的程度，即可满足生产要求。

式（2-2）是理论灭菌时间的对数残存规律公式，但实际上蒸汽加热灭菌时间以工厂的经验数据来确定，通常高温连续灭菌流程中灭菌时间约为 15～30s，然后根据发酵类型不同在维持罐中维持 8～25min。

90% 死灭时间：所定条件为活的微生物 90% 死灭所需的时间 D，也称 1/10 衰减时间。

从公式（2-2）得：

$$D = 2.303 \frac{1}{K} \lg \frac{100}{100-90}$$

则

$$D = \frac{2.303}{K} \tag{2-3}$$

当反应物的浓度为单位浓度时，则反应速率常数在数值上等于反应速率。故反应速率常数 K 的大小表示微生物对热的抵抗能力的强弱，也说明微生物死灭的难易。K 值越小，则该微生物越耐热。细菌孢子（芽孢）对热的抵抗力远高于营养细胞。即使对于同一微生物，也受微生物的生理状态、生长条件及灭菌方法等多种因素的影响，其营养细胞和芽孢的比死亡速率也有极大的差异。

2. 温度对死亡速率的影响

微生物营养细胞的受热死亡过程满足一级反应动力学，其灭菌速率常数 K 与温度之间的关系可用阿伦尼乌斯公式表示：

$$K = A \exp \left(-\frac{\Delta E}{RT} \right) \tag{2-4}$$

或

$$\ln K = \ln A - \frac{\Delta E}{RT} \tag{2-5}$$

式中　A——频率常数，也称阿伦尼乌斯常数，s^{-1}；

　　　R——气体常数，8.314J/（mol·K）；

　　　T——热力学温度，K；

　　　ΔE——培养基成分分解所需能量，J/mol。

该式可绘成图 2-2。

在灭菌时，温度 T 和时间 t 是两个重要参数，一般而言，提高温度或者延长时间，均可增加对杂菌的杀灭。通常采用提高温度的措施，这主要是由于在培养基加热灭菌过程中，常会出现这样的矛盾，即加热时杂菌固然被杀死，但培养基中的营养成分也

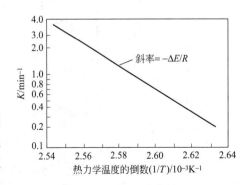

图 2-2 K 与温度的关系

随之遭到分解和破坏，这是发酵生产中所不希望的。那么，如何既可达到灭菌要求，同时又不破坏或少破坏培养基中的有用成分呢？办法就是采用高的温度和短的时间来进行灭菌。

 概念检查 2-1

○ 如何既可达到灭菌要求，又不破坏或少破坏培养基中的有用成分？

将式（2-5）进行微分，可得：

$$\mathrm{d}\ln K = -\frac{\Delta E}{R}\mathrm{d}\left(\frac{1}{T}\right) \tag{2-6}$$

式（2-6）表明 ΔE 越大，同样的 $\mathrm{d}\left(\dfrac{1}{T}\right)$ 便得到大的 $\mathrm{d}\ln K$，这表明，K 随温度的变化大。所以，ΔE 是反映微生物热死或营养物受热分解，对温度敏感性的度量。已知微生物在受热死亡时的活化能，一般要比营养成分热分解的活化能大得多，为此，这就意味着当温度升高时，虽然营养物的受热破坏也要增大，但是，微生物死亡速率的增加，要比营养成分破坏速率的增加大得多。基于这一事实，我们便可实现既达到规定的灭菌程度，同时又尽量减少营养成分损失的两全其美的方法，这就是高温、瞬时灭菌法——HTST 灭菌法。

生产实践证明，灭菌温度较高而时间较短比温度较低而时间较长要好。据此，可以在灭菌时选择较高的温度、较短的时间，这样既可达到需要的灭菌程度，同时又可减少营养物质的损失。

二、连续灭菌流程及设备

培养基灭菌应尽量采用高温短时间的连续灭菌。培养基经连续加热、维持和冷却后进入发酵罐。

培养基的连续灭菌也叫连消法，是指将配制好的培养基在向发酵罐输送的同时即进行加热、保温和冷却三个过程。图 2-3 为连续灭菌过程中温度的变化情况。由图 2-3 可以看出，连续灭菌时，培养基可在短时间内加热到保温温度，并且能很快地冷却，因此可在比间歇灭菌更高的温度下进行灭菌，而由于灭菌温度很高，保温时间就相应地可以很短，极有利于减少培养基中营养物质的破坏。

连续灭菌具有如下的优点：

（1）提高产量。与分批灭菌相比培养液受热时间短，可缩短发酵周期，同时培养基成分破坏较少。

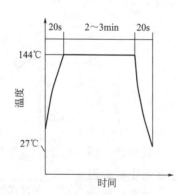

图 2-3　培养基连续灭菌过程中温度的变化

（2）产品质量较易控制。

（3）蒸汽负荷均衡，锅炉利用率高，操作方便。

（4）适宜采用自动控制。

（5）降低劳动强度。

在连续灭菌过程中，蒸汽用量虽平稳，但气压一般要求高于 0.5 MPa（表压）。连消设备比较复杂，投资较大。采用连续灭菌时，发酵罐应在连续灭菌开始前先进行空消，以容纳经过灭菌的培养基。加热器、维持罐和冷却器也应先进行灭菌，然后才能进行培养基连续灭菌。组成培养基的耐热性物料和不耐热性物料可在不同温度下分开灭菌，以减少物料受热破坏的程度；也可将糖和氮源分开灭菌，以免醛基与氨基发生反应而生成有害物质。对于黏度过高或固体成分较多的培养基要实现连消困难较多，主要是灭菌的均匀度问题。设计这类物料的连消设备必须避免管道过长，或尽可能将淀粉质物料先行液化。

以下介绍几种国内外较为常用的连续灭菌流程，由于灭菌过程是加热和冷却的过程，所以这些设备所组成的流程并不是固定的。如采用喷射加热器加热而采用真空冷却有困难，也可采用其他冷却方式（如喷淋冷却器或板式换热器等）。

（一）连消塔－喷淋冷却流程

图 2-4 是一种连消塔、维持罐、喷淋冷却的连续灭菌流程。待灭菌的料液由泵送入连消塔底端，料液在此被加热蒸汽立即加热到灭菌温度 110～130℃，然后，料液由顶部流出，进入维持罐，维持 8～25min，后经喷淋冷却器冷却到生产要求温度。连续灭菌的基本设备一般包括：①配料预热罐，将配好的料液预热到 60～70℃，以避免灭菌时由于料液与蒸汽温度相差过大而产生水汽撞击声；②连消塔，连消塔的作用主要是使高温蒸汽与料液迅速接触混合，并使料液的温度很快升高到灭菌温度；③维持罐，连消塔加热的时间很短，光靠这段时间的灭菌是不够的；④冷却管，从维持罐出来的料液要经过冷却管进行冷却，生产上一般采用冷水喷淋冷却，冷却到 40～50℃后，输送到预先已经灭菌过的罐内。

（二）喷射加热－真空冷却流程

图 2-5 所示连续灭菌流程由喷射加热、管道维持和真空冷却三部分组成。培养基（生培养液）用泵打

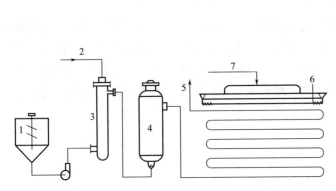

图 2-4　连消塔－喷淋冷却连续灭菌设备流程

1—配料预热罐（拌料罐）；2—蒸汽入口；3—连消塔；4—维持罐；
5—培养基出口；6—喷淋冷却；7—冷却水

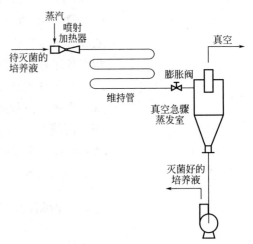

图 2-5　喷射加热－真空冷却
连续灭菌流程

入喷射加热器，以较高速度自喷嘴喷出，借高速流体的抽吸作用与蒸汽混合后进入管道维持器（维持管），经一定维持时间后通过一膨胀阀进入真空闪急蒸发室，因真空作用使水分急骤蒸发而冷却到 70～80℃，再进入发酵罐冷却到接种温度。这个流程的优点是：加热和冷却在瞬间完成，营养成分破坏最少，可以采用高温灭菌，把温度升高到 140℃而不致引起培养基营养成分的严重破坏。设计得合适的管道维持器能保证物料先进先出，避免过热。但如维持时间较长时，维持管的长度就很长，给安装使用带来不便，所以酒精厂的醪液蒸煮等大多仍采用维持罐。

灭菌温度取决于喷射加热器中加入蒸汽的压力和流量，要保持灭菌温度恒定就需要使蒸汽的压力和流量以及培养基的流量稳定，故宜设置自动控制装置。如果自动控制的滞后较大，也会引起操作不稳定而产生灭菌不透或过热现象。

另外，由于真空的影响，在蒸发室下面要安装一台出料泵，或将蒸发室置于离发酵罐液面 10m 以上的高处，否则物料就不能流进发酵罐而进入真空系统，这就带来了不方便，尤其是对于已经灭菌好的培养基来说，出料泵的密封要求很高才能避免污染。这个问题也许是目前很多工厂不采用真空冷却的原因之一。

（三）板式换热器灭菌流程

图 2-6 为板式换热器连续灭菌流程，流程中采用了薄板换热器作为培养液的加热和冷却器，培养液在设备中同时完成预热、灭菌及冷却过程。蒸汽加热段使培养液的温度升高，经维持段保温一段时间，然后在薄板换热器的另一段冷却，从而使培养基的预热、加热灭菌及冷却过程可在同一设备内完成。虽然利用板式热交换器进行连续灭菌时，加热和冷却培养液所需要的时间比使用喷射式连续灭菌稍长，但灭菌周期则较间歇

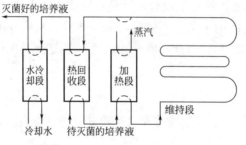

图 2-6 板式换热器连续灭菌流程

灭菌短得多。由于待灭菌培养液的预热过程同时为灭菌培养液的冷却过程，所以节约了蒸汽及冷却水的用量。

培养基连续灭菌的优点是灭菌的温度较高，灭菌时间较短，培养基的营养成分受破坏的程度较低，从而保证了培养基的质量，同时由于连续灭菌过程不在发酵罐等设备中进行，提高了发酵罐等设备的利用率。与间歇灭菌过程相比，连续灭菌过程的不足之处是过程所需的设备较多，操作较为麻烦，染菌机会也相应较多。

（四）设备构造和计算

1. 连消塔

又称加热器，是培养基与蒸汽混合加热至灭菌温度的设备。要求在 20～

30s 或更短的时间内将料液加热至 130～140℃。生产中一般用 0.5～0.8MPa 的蒸汽与预热后的料液直接接触而加热。

连消塔用内外两根管子套合组成（图 2-7），内管开有 45°向下倾斜的小孔。靠近蒸汽入口的位置的孔距要大，随后孔距减小，使蒸汽均匀加热。为防止喷孔被堵塞，孔径不宜太小，一般为 6mm。为了加工方便，也可向水平方向开孔。培养基由外管下部侧面进入，在两管间向上流动被内管小孔中喷出的蒸汽加热到 110～113℃，由外管上部侧面流出。培养基在管间的高温灭菌时间为 15～30s，流动速度要小于 0.1m/s。

这种连消塔比较高大，钻孔、加工、安装等均不便，改进后的连消器如图 2-8 所示。培养基以较高流速从中间管喷入，蒸汽从管外环隙同时喷入，在器内进行混合，为了增加混合效果，器内设置一块弧形挡板。与近 3m 高的连消塔比较，连消器尺寸大为减小，其高度仅为 0.5m 左右，使用效果也很好。此种形式的连消器实际上已接近于喷射加热器。

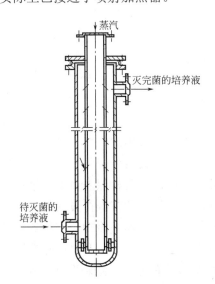

图 2-7　连消塔的构造

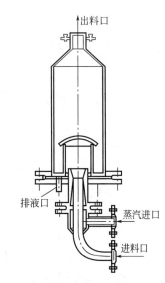

图 2-8　改进后的连消器的构造

连消塔计算：

培养液在管间流动，线速度为 w，则：

$$w = \frac{G}{3600 \times \frac{\pi}{4}(D^2 - d^2)} \tag{2-7}$$

式中　w——培养液流速，m/s；

　　　G——培养液流量，m³/h，蒸汽冷凝量使培养液量增加，但对灭菌设备中有关因素的影响很小，可以忽略不计；

　　　D——外管直径，m；

　　　d——内管直径，m。

则塔高：

$$H = \tau w \tag{2-8}$$

式中　H——连消塔高，m；

　　　τ——灭菌时间，s。

内管蒸汽喷孔总面积和孔数计算：

根据蒸汽消耗量（m³/h）等于从小孔喷出的蒸汽量（m³/h）得：

$$Fw = \frac{V}{3600}$$

则：

$$F = \frac{V}{3600w} \tag{2-9}$$

式中　F——蒸汽喷孔的总面积，m³；

　　　w——蒸汽喷孔的速度，m/s，通常采用 25～40m/s；

　　　V——加热蒸汽消耗量，m³/h。

加热蒸汽喷孔数 n 为：

$$n = \frac{F}{0.785d_1^2} \tag{2-10}$$

式中　n——喷孔数，个；

　　　d_1——喷孔直径，m。

2. 维持罐

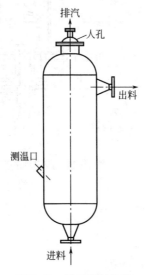

图 2-9　维持罐的构造

灭菌系统中的维持设备，主要是使加热后的培养基在维持设备中保温一段时间，以达到灭菌的目的，因此，也可称保温设备。维持设备一般不需另行加热，但必须在维持设备的外壁用绝热材料进行绝热，以免培养基冷却。维持罐为长圆筒形，高为直径的 2～4 倍，上下封头为球形，如图 2-9 所示。罐顶部设有人孔，进料管由圆筒上部侧面伸入后，在罐内通至下部，使料液自下向上流动，至上部侧面接管流出。要防止进料管上部弯头处受料液磨损而使料液短路，引起低温灭菌时间不够而染菌。罐上部留有空间，以便安装压力表和排汽管。压力表管安装成向下弯，以免管内冷凝污水落入维持罐内而污染料液，同时便于观察压力。圆筒中部有温度计测温孔。罐的有效容积应能满足维持时间为 8～25min 的需要。停止操作时，料液由出料管排尽。维持罐容积由下式计算：

$$V = \frac{v\tau}{60\phi} \tag{2-11}$$

式中　V——维持罐容积，m³；

　　　v——料液体积流量，m³/h；

　　　τ——维持时间，min，取经验数据为 8～25min，不同类型的发酵维持时间不同；

　　　ϕ——充满系数，取 0.85～0.9。

3. 喷射加热器

图 2-10 为喷射加热器结构示意图，料液进入加热器后由侧面进入的蒸汽完成瞬间加热，加热后的物料由喷口喷出。该过程可以使料液瞬间加热，并使蒸汽和料液在加热器内充分混合。工厂中较常见的是一种在下游具有扩大管的喷射加热器。此种加热器的喷嘴部分与一般喷嘴不同，料液从中间进入，蒸汽则从周围环隙中进入，同时下游有一个扩大管以使料液在进入加热器时的流速约为 1.2m/s，蒸汽喷口的环隙面积约为喷嘴外径的一倍，扩大管长度一般为 1m 左右。此种加热器结构简单，轻巧省料，且在操作过程中无噪声。

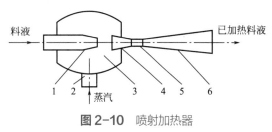

图 2-10 喷射加热器

1—喷嘴；2—吸入口；3—吸入室；4—混合喷嘴；
5—混合段；6—扩大管

4. 冷却设备

培养基经过灭菌后，可通过各种冷却设备进行冷却，常用的冷却设备有喷淋冷却器、套管冷却器、真空冷却器等。

喷淋冷却器是将水通过喷淋装置均匀地淋在水平的排管上，以冷却管内的培养基。培养基一般由排管下部进入，而由上部排出，流体在管内的流速约为 0.3m/s。它具有结构简单、清洗方便的优点，且由于部分淋下的水滴在管表面被高温的管壁所汽化，其传热效率较高，传热系数为 300kcal❶/(m²·h·℃) 左右，被广泛地用于连续灭菌过程中。

套管冷却器是一种内管走热培养基、内外管间的管隙中走冷却水的冷却器。操作时，冷热两流体流向相反，以提高平均温度差，节约用水。若将所制培养基代替冷却水，则培养基可获得预热的作用。此种冷却器与喷淋冷却器相比，消耗钢材较多，且内管有漏洞时不易被发现而引起严重污染，但其热利用较合理，传热系数较高，一般可达 400kcal/(m²·h·℃)。

三、分批灭菌过程与设备

培养基的分批灭菌也称实罐灭菌，是指将培养基置于发酵罐中用蒸汽加热，达到预定灭菌温度后维持一定时间，然后冷却到发酵温度，接种发酵。

规模较小的发酵罐往往采用分批灭菌的方法。这种方法不需要其他设备，操作简单易行，故获得较普遍采用。其缺点是加热和冷却所需时间较长，增加了发酵前的准备时间，也就相应地延长了发酵周期，使发酵罐的利用率降低。所以大型发酵罐采用这种方法在经济上是不合理的。同时，分批灭菌无法采用高温短时间灭菌，因而不可避免地使培养基中营养成分遭到一定程度的破坏。但是对于极易发泡或黏度很大难以连续灭菌的培养基，仍需采用分批灭菌的方法。

（一）分批灭菌操作要点

培养基的分批灭菌质量优劣判别标准有四点：培养基灭菌后达到无菌要求；营养成分破坏少；灭菌

---

❶ 1cal=4.1868J。

后培养基体积与计料体积相符；泡沫要少。

确保设备的严密度是防止染菌的重要因素。因此，在空罐或实罐灭菌前，发酵罐及附属设备必须全面进行严密度检查，在确实无渗漏情况下才开始灭菌。灭菌时应注意温度与气压是否对应。培养基及发酵设备的灭菌包括分批灭菌（也称实罐灭菌或实消）、空罐灭菌（空消）、连续灭菌（连消）和过滤器及管道灭菌等。

分批灭菌不需要专门的灭菌设备，投资少，对设备要求简单，对蒸汽的要求也比较低，且灭菌效果可靠，因此分批灭菌是中小型生产工厂经常采用的一种培养基灭菌方法。

要保证分批灭菌的成功，必须有：①内部结构合理（主要是无死角）、焊缝及轴封装置可靠、蛇管无穿孔现象的发酵罐；②压力稳定的蒸汽；③合理的操作方法。

（二）分批灭菌的操作

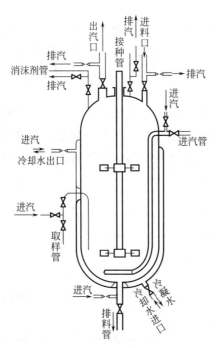

图2-11　通用型发酵罐的管道配置

图2-11是通用型发酵罐的管道配置示意图。在培养基灭菌之前，通常应先将与罐相连的分空气过滤器用蒸汽灭菌并用无菌空气吹干。实罐灭菌时，先将输料管路内的污水放掉冲净，然后将配制好的培养基泵送至发酵罐（种子罐或料罐）内，同时开动搅拌器进行灭菌。灭菌前先将各排汽阀打开，将蒸汽引入夹套或蛇管进行预热，待罐温升至80～90℃，将排汽阀逐渐关小。接着将蒸汽从进汽口、排料口、取样口直接通入罐中，使罐温上升到118～120℃，罐压维持在0.09～0.1MPa（表压），并保持30min左右。各路进汽要畅通，防止短路逆流，罐内液体翻动要激烈；各路排汽也要畅通，但排汽量不宜过大，以节约用汽量。在保温阶段，凡进口在培养基液面以下的各管道都应进汽，凡开口在液面之上者均应排汽。无论与罐连通的管路如何配置，在实消时均应遵循"不进则出"的原则。这样才能保证灭菌彻底，不留死角。保温结束后，依次关闭各排汽、进汽阀门，待罐内压力低于空气压力后，向罐内通入无菌空气，在夹套或蛇管中通冷却水降温，使培养基的温度降到所需的温度，进行下一步的发酵和培养。在引入无菌空气前，应注意罐压必须低于过滤器压力，否则物料将倒流入过滤器内，后果严重。灭菌时，总蒸汽管道压力要求不低于0.3～0.35MPa，使用压力不低于0.2MPa。

空罐灭菌（空消）即发酵罐罐体的灭菌。空消时一般维持罐压0.15～

0.2MPa，罐温 125 ～ 130℃，保持 30 ～ 45min；要求总蒸汽压力不低于 0.3 ～ 0.35MPa，使用汽压不低于 0.25 ～ 0.3MPa。

（三）分批灭菌的计算

分批灭菌的计算主要是确定灭菌的时间。如果把微生物的热死亡动力学公式与阿伦尼乌斯公式相结合，则可得：

$$\nabla_{\text{总}} = \ln \frac{N_0}{N} = \int_0^t A \exp\left(-\frac{\Delta E}{RT}\right) \mathrm{d}t \tag{2-12}$$

式中，$\nabla_{\text{总}}$ 是对灭菌过程的灭菌要求，称为对数灭菌度，是一设计标准。如果杂菌的初始浓度等于 N_0（个 /mL），发酵液总体积为 V_{T}（mL），那么，$\nabla_{\text{总}}$ 有时也可写成：

$$\nabla_{\text{总}} = \ln \frac{N_0 V_{\text{T}}}{N V_{\text{T}}} \tag{2-13}$$

式中，$N_0 V_{\text{T}}$ 为每批发酵液内的初始杂菌总数，该值随操作条件而定，可由 N_0 和 V_{T} 确定；$N V_{\text{T}}$ 则是灭菌后的残余数量，通常定义 $N V_{\text{T}}$ 为 10^{-3} 或 1/1000。这是整个分批灭菌周期内的总灭菌度。但是，分批灭菌是由加热、保温（或称维持）和冷却等不同阶段组成，这些不同的阶段，均能起到灭菌作用。可是，每阶段所起作用的大小并不相等，作为设计标准 $\nabla_{\text{总}}$ 应为各阶段所作贡献的总和，即：

$$\nabla_{\text{总}} = \nabla_{\text{加}} + \nabla_{\text{保}} + \nabla_{\text{冷}} \tag{2-14}$$

其中各阶段的贡献分别是：

$$\nabla_{\text{加}} = \ln \frac{N_0}{N_1} = A \int_0^{t_1} \exp\left(-\frac{\Delta E}{RT}\right) \mathrm{d}t \tag{2-15}$$

$$\nabla_{\text{保}} = \ln \frac{N_1}{N_2} = A \int_0^{t_2} \exp\left(-\frac{\Delta E}{RT}\right) \mathrm{d}t \tag{2-16}$$

$$\nabla_{\text{冷}} = \ln \frac{N_2}{N} = A \int_0^{t_3} \exp\left(-\frac{\Delta E}{RT}\right) \mathrm{d}t \tag{2-17}$$

式中　N_0——是初始杂菌总数；

　　　N_1——加热到灭菌温度时杂菌的总数；

　　　N_2——灭菌保温后的杂菌总数；

　　　N——从灭菌温度冷却至发酵温度时杂菌的总数；

t_1，t_2，t_3——分别为加热、保温和冷却所需的时间。

其中的 $\nabla_{\text{保}}$ 因此时温度恒定，故把有关参数（如 A、ΔE 及 T 等）代入式（2-16）后，便可方便地获得。可是，其中的加热和冷却阶段，因是不稳定过程，温度随时间而异，而且温度 - 时间的关系又相当复杂，故通常难以解决。

Richards 提出了一种简捷算法，可求取加热、冷却阶段内的贡献 $\nabla_{\text{加}}$ 和 $\nabla_{\text{冷}}$。

Richards 捷算法是假定当温度超过 100℃时，细菌芽孢开始被破坏，并且该破坏程度是随温度升高而增大。经实践证实，这一方法具有较大的准确性，并可使计算大为简化。基于这些假定，Richards 提出嗜热脂肪芽孢杆菌被致死的 $\nabla_{\text{加}}$ 或 $\nabla_{\text{冷}}$（表 2-1 所示）。表 2-1 数据适用于温度 101 ～ 130℃范围，并且，表中数据是根据每分钟温度变化为 1℃时获得的。因此，如果温度变化符合这一条件，那么由表 2-1 便可直接查得 $\nabla_{\text{加}}$ 或 $\nabla_{\text{冷}}$。

表 2-1 嗜热脂肪芽孢杆菌在加热和冷却时的 ▽

$T/℃$	▽	$T/℃$	▽
100	—	116	3.989
101	0.044	117	5.034
102	0.076	118	6.341
103	0.116	119	7.973
104	0.168	120	10.010
105	0.233	121	12.549
106	0.316	122	15.708
107	0.420	123	19.638
108	0.553	124	24.518
109	0.720	125	30.574
110	0.932	126	38.080
111	1.199	127	47.373
112	1.535	128	58.867
113	1.957	129	73.067
114	2.488	130	90.591
115	3.154		

第二节 啤酒生产中麦芽汁的制备设备

啤酒是生物加工产业中的一个典型产品，我国的啤酒生产已位于全世界第一位。麦芽汁是啤酒酵母的培养基，其制备是影响啤酒产量和质量的关键因素之一。

啤酒糖化设备的组合方式是随着生产规模的不断扩大而变化的。根据组成糖化系统设备的数目，可分为以下几种组合方式：①二器组合常见于小型啤酒厂，由一只糖化过滤槽和一只糊化煮沸锅构成一套单式糖化系统，每天可糖化2次左右。②四器组合常见于中型啤酒厂，由糊化锅、糖化锅、过滤槽和煮沸锅4只专用设备构成一套复式糖化系统，每天可糖化4次左右。该套组合的特点是设备分工明确，利用率极不均衡。③五器组合常见于中型啤酒厂的技术改造中。在四器组合的基础上，增加一只暂贮罐，用于暂贮过滤后的麦芽汁，以此缩短等待煮沸锅的时间，提高整个系统的生产效率，使每天的糖化能力增加到6次。④六器组合常见于大型啤酒厂。随着发酵工艺技术的不断发展，对糖化工艺的要求也越来越高。在单批产量一定的前提下，须实现尽可能多的日糖化批次，才能满足发酵工艺技术要求。因此，在四器组合的基础上，再添一只过滤槽和一只煮沸锅就构成了一套六器组合的双元糖化系统，每天可糖化8次左右。该套组合的特点是糊化锅与糖化锅的利用率已达到极限。

一、糊化锅

糊化锅的主要作用是用于煮沸大米粉和部分麦芽粉醪液，使淀粉糊化和液化。

1. 糊化锅的构造

糊化锅是用来糊化辅助原料（一般为大米粉和麦芽粉）和对部分糖化醪加热煮沸的，如图 2-12 所示。锅底为球形蒸汽夹套，为了把煮沸而产生的水蒸气排出室外，盖顶也需做成球形，盖中心有升汽管。辅助原料（大米粉）和热水分别从 1 和 2 进入，与糖化锅放过来的麦芽粉混合，借助于旋桨式搅拌器 3 搅拌，在锅壁上还装有 3 个挡板，改变流型，使醪液浓度和温度均匀，保证醪液中较重颗粒的悬浮，防止靠近传热面处醪液的局部过热。为了均匀地分布加热蒸汽，设有以 4 个短管与蒸汽夹套相通的环形蒸汽管，蒸汽冷凝水以几个短管排出，不凝性气体从蒸汽夹套上方的导出管，用旋塞间歇地放出。当将糊化醪输送到糖化锅去时，可经底部的管子用泵压送。锅体有 4 个耳架，借以安装在楼层的横梁上。糖化醪从顶盖侧面管口流入。升汽管的下部有环形槽，以收集从升汽管壁流下来的污水，然后由污水排出管排出锅外。升汽管根部还有风门，根据需要，在醪升温时，关小风门，煮沸时开大风门，并调节其开闭程度。顶盖侧面有 2 个带有拉门的观察孔（人孔）。糊化锅圆筒和蒸汽夹套外部有保温层。糊化锅的材料多采用不锈钢制作，要特别注意蒸汽夹套部分钢板的厚度，以免向内鼓起，也可用钢板或紫铜板制造。

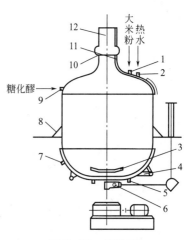

图 2-12　糊化锅

1—大米粉进口；2—热水进口；3—搅拌器；
4—加热蒸汽进口；5—蒸汽冷凝水出口；
6—糊化醪出口；7—不凝性气体出口；8—耳架；9—麦芽粉液或糖化醪入口；10—环形槽；
11—污水排出管；12—风门

从图 2-13 可以看出球形锅底对流体传热循环的影响。靠近锅倾斜壁有液柱 h_2，但有较大的加热面积 f_2，而中心部位具有较深的液柱 h_1，但加热面积 f_1 较小，因此在锅底部周围较快发生气泡，将液体向上推，而形成中心的液体向下的自然循环，因而能节省搅拌动力消耗。锅底最好做成球形，能够促进液体循环。球形锅底有便于清洗和液体排尽的优点。

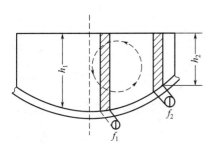

图 2-13　球形锅底麦芽汁的循环

2. 糊化锅的容积

糊化锅的容积决定于加入的原料量。对于辅助原料大米粉加得多的地区，应加大糊化锅容积，以便提高产量。对每 100kg 投料（包括大米粉和麦芽粉）加水 420 ～ 450kg，则锅的有效容积为 0.5 ～ 0.55m³。如兼作麦芽汁煮沸锅，则其容积应大于糖化锅容积。

为了有利于液体的循环和有更大的加热面积，糊化锅的直径与圆筒之比为 2∶1，升汽管面积为料液面积的 1/50 ～ 1/30。

3. 加热面积的计算

蒸汽在垂直壁上冷凝时，冷凝液靠重力作用向下流动，假定为层流流动，热量以导热的方式穿过液膜传向壁面。显然，给热系数的大小取决于冷凝液膜的厚度和热导率。根据理论推导，得垂直壁上蒸汽冷凝的给热系数为：

$$\alpha_1 = 0.943 \sqrt[4]{\frac{\rho^2 g \lambda^3 \gamma}{\mu L(t_n - t_{cm})}} \tag{2-18}$$

式中　α_1——垂直壁上蒸汽冷凝的给热系数，W/（m²·K）；

ρ——冷凝液密度，kg/m³；

g——重力加速度，m/s²；

λ——冷凝液热导率，W/（m·K）；

μ——冷凝液黏度，Pa·s；

γ——汽化热，kJ/kg；

t_{n}——蒸汽的温度，K；

t_{cm}——器壁的温度，K；

L——长度，即糊化锅蒸汽夹套高度，m。

其中 ρ、λ、μ 取冷凝液平均温度之值。γ 取在 t_{n} 时之值。冷凝液平均温度为：

$$t_{cp} = 0.5(t_{n} + t_{cm}) \tag{2-19}$$

蒸汽夹套应考虑由于器壁倾斜，膜厚增加，α_{1} 值降低。设斜角为 ϕ，同理可以从理论推导得蒸汽在斜壁上冷凝时的给热系数为：

$$\alpha_{倾} = 0.943 \sqrt[4]{\frac{\rho^{2} g \lambda^{3} \gamma \sin\phi}{\mu L(t_{n} - t_{cm})}} \tag{2-20}$$

式中　$\alpha_{倾}$——斜壁上蒸汽冷凝的给热系数，W/(m²·K)；

ϕ——倾斜角，取 45°。

对于垂直管或垂直板，由于实际上液膜表面出现波纹，实验得到的给热系数为：

$$\alpha_{1} = 1.33 \sqrt[4]{\frac{\rho^{2} g \lambda^{3} \gamma}{\mu L(t_{n} - t_{cm})}} \tag{2-21}$$

实验得到的 α_{1} 比理论推导的值大 20%。

蒸汽夹套加热面至糖化料液的给热系数，当具有搅拌器的强烈对流传热的情况下，可根据下列方程式计算：

$$Nu = 0.36 Re^{2/3} Pr^{1/3} \left(\frac{\mu}{\mu_{p}}\right)^{0.14} \tag{2-22}$$

式中　Nu——努塞尔数；

μ——液体平均温度时的黏度，Pa·s；

μ_{p}——液体给热面壁温时的黏度，Pa·s；

Pr——普兰特数；

Re——雷诺数。

在雷诺数 Re 中：

$$w = \pi d n \tag{2-23}$$

式中　d——搅拌桨叶的直径，m；

n——搅拌桨叶的转速，r/s。

求得蒸汽冷凝的给热系数 α_{1} 和加热面到糖化料液的给热系数 α_{2} 后，就可算出总传热系数和传热面积。

在糊化锅操作过程中，糊化锅加热面的传热量是不平衡的，计算时必须采用最大传热量 Q。在二次糖化法中，最大传热量在第二次煮沸时，即由 343K 升到 373K 的时间里。

二、糖化锅

糖化锅的用途是使麦芽粉与水混合，并保持一定温度进行蛋白质分解和淀粉糖化。现时糖化锅的材料广泛采用不锈钢制作，也可用碳钢或铜钢制造。其外形和构造与糊化锅大致相同。为保持糖化醪在一定温度下浸渍和糖化，一般在锅底周围设置一两圈通蒸汽的蛇管或设有蒸汽夹套。为保持醪液浓度和温度均匀，避免固形物下沉，保持流动状态以便酶的作用，锅内装有螺旋桨搅拌器。现时有的在锅内壁装有挡板，以改变流型，提高搅拌效果。有效容积的大小与加水量有关，一般糖化锅容积比糊化锅大约一倍。锅底可做成平的，也有做成球形蒸汽夹套的。在六锅式糖化设备中，做成糖化、糊化两用锅，以提高糖化锅的利用率。锅体直径与高之比为 2∶1，升汽管截面积为锅圆筒截面积的 1/50 ～ 1/30。

三、过滤槽

过滤槽用于过滤糖化后的麦醪，使麦芽汁与麦糟分开而得到清亮的麦芽汁。

（一）型式与构造

过滤槽是一具有不锈钢圆柱形槽身和平底及紫铜板弧形顶盖的容器，具体结构如图 2-14 所示。在平底上面约 12mm 处有一层与平底平行的过滤筛板，筛板是用 3.5 ～ 4.5mm 厚的磷青铜板或不锈钢制成。为了便于安装与操作，筛板不宜过大，每块筛板的面积一般约 0.75m²。筛板上开有条形筛孔，一般采用 (0.4 ～ 0.7)mm×(30 ～ 50)mm 或直径 0.8mm 的圆孔。为了减少阻力、便于清洗，在孔的下面应铣为喇叭开口状，其有效面积占筛板总面积的 4% ～ 8%。每块筛板的底面有筋条和支脚撑住，支脚的分布应考虑到当人站在过滤板上时不致弯曲。

过滤槽的平底上平均分布有澄清麦芽汁导出管，一般导出管的直径为 25 ～ 45mm，每 1.25 ～ 1.5m² 底面上有一管；平底上还有出糟孔，槽体内设有耕糟装置，目的是使过滤介质疏松。耕糟装置的横梁以其中心固定在中央垂直转轴上，横梁上垂直排列着一排耕刀，耕刀间距为 200mm 左右。耕糟装置的转动是用电动机带动齿轮变速箱及蜗轮减速箱两级变速，耕糟转速为 0.4r/min。耕刀刀尖与筛板的距离可用升降指示机构来调节。耕刀的刀面可用手柄通过拉杆改变其方向，以适应耕糟和出糟的需要。为了均匀地喷水，在槽身中央轴上有一喷射器，喷射器上装有喷水管，

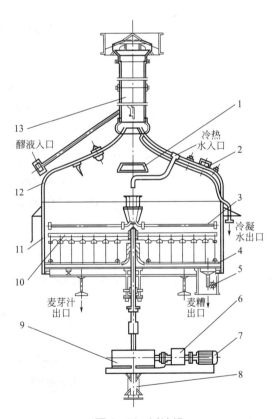

图 2-14　过滤槽

1—人孔单拉门；2—人孔双拉门；3—喷水管；4—滤板；5—出糟门；6—变速箱；7—电动机；8—油压缸；9—减速箱；10—耕糟装置；11—槽体；12—槽盖；13—排汽管

长度比槽的内径稍短，两端封闭，管上开有若干直径为 2mm 的小孔，水从小孔中喷出，利用水的反作用力，使喷水管旋转。其他如醪液入口、麦芽汁回流及冷热水的入口均在弧形顶盖上开孔，顶盖部分之结构与其他锅相同。

（二）有关参数

1.麦糟层厚度

麦糟层的厚度不宜太厚或太薄，太厚会延长过滤时间；太薄则麦芽汁滤出太快，麦芽汁澄清度降低，麦糟容易冷却，使过滤效能减弱。根据实践，一般麦糟层厚度取 0.3 ～ 0.4m 较为适宜。

2.过滤面积的确定

每 100kg 干麦芽需配置 180 L 含水的滤糟，最适宜的糟层厚度若取 0.35m，则 100kg 干麦芽所需的过滤面积为 0.5 ～ 0.6m²。

3.过滤槽容积的确定

1m² 槽底面积所能容纳的麦芽量约为125 ～ 250kg，一般计算取200kg，则：

$$G = 200F \tag{2-24}$$

式中　G——每次糖化所用的麦芽量，kg；
　　　F——所需槽底的面积，m²。

4.过滤槽内耕糟的转速

（1）耕糟时，为避免麦糟层扬起，一般转速约 0.25 ～ 0.4r/min，圆周速度 0.04 ～ 0.07m/s。

（2）出糟时的转速，根据实践约4 ～ 5r/min，圆周速度0.4 ～ 0.7m/s。太快，反而达不到出糟目的；太慢，会延长出糟时间。

5.过滤槽槽底与筛板的间距

至少应大于槽底管口直径的 1/4，其关系可参考表 2-2。

表 2-2　过滤槽槽底与筛板的间距和槽底管口直径的关系

过滤麦芽汁管径 d/mm	28 ～ 32	36 ～ 40	44 ～ 48
过滤板与槽底的间距 /mm	1/4d+(4 ～ 5)	1/4d+(5~8)	1/4d+(8 ～ 10)

四、麦芽汁煮沸锅

用于麦芽汁的煮沸和浓缩，蒸发掉多余的水分，使麦芽汁达到一定的浓度。并加入酒花，使酒花中所含的苦味及芳香物质进入麦芽汁中。

（一）型式与结构

麦芽汁煮沸锅的结构型式与糊化锅基本相同，只因麦芽汁煮沸锅需要容纳全部麦芽汁，故其容积较大，在锅顶上也与糊化锅一样开两个人孔拉门，一个人孔单拉门，一个人孔双拉门。为了观察麦芽汁量，锅内设有液量标尺，在锅身上部还有一圈开有小孔的喷水管，便于清洗锅壁。其他与糊化锅相同，其主要结构如图 2-15 所示。

（二）容积计算

麦芽汁煮沸锅的形状与糊化锅相似，故其容积计算也与糊化锅相同。先求出圆柱部分和球底部分或椭圆底部分的体积，两者相加就是其全容积 V。其有效容积的计算也与糊化锅相同。

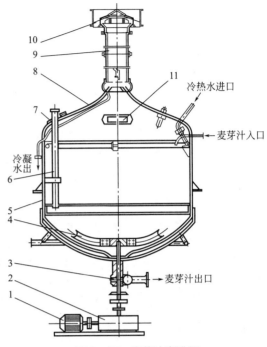

图 2-15　麦芽汁煮沸锅

1—电动机；2—减速箱；3—出料阀；4—搅拌装置；
5—锅体；6—液量标尺；7—人孔双拉门；8—锅盖；
9—排汽管；10—筒形风帽；11—人孔单拉门

（三）有关参数

① 麦芽汁煮沸锅的容量以过滤后进入锅中的麦芽汁量为准，如果以 100kg 麦芽需要量作为计算单位，则麦芽汁煮沸锅容量约需 800 ～ 900L，再加上 25% ～ 30% 作为麦芽汁运动的空间。

② 麦芽汁煮沸锅内液柱高与直径之比为 1∶2，一般不大于此比例，如表面积过小，液柱过高，对液体对流不利，影响蒸发量，也影响凝结蛋白质的析出。

③ 麦芽汁煮沸锅为了有助于煮沸，同样装有搅拌器，其搅拌叶的转速约为 20 ～ 35r/min，圆周速度为 3m/s 左右。

④ 排汽管的截面积为锅内液体表面积的 1/50 ～ 1/30。即：

$$\frac{d^2}{D^2} = \frac{1}{50} \sim \frac{1}{30}$$

式中　d——排汽管的直径，m；

　　　D——麦芽汁煮沸锅的直径，m。

⑤ 根据实践，每小时可以蒸发水量相当于锅中物料量的 8% ～ 10%，故在一般条件下需煮沸约 1.5 ～ 2 h。

五、糖化醪过滤槽

糖化醪过滤槽是啤酒厂获得澄清麦芽汁的一个关键设备，主要用于醪液的糖化和麦芽汁的过滤。

糖化醪过滤槽的结构与过滤槽基本相同，见图 2-16。由于本设备除了完成过滤的任务之外，还用于醪液的糖化，所以通过一个三速齿轮变速箱来达到耕槽、出槽及糖化三种转速，这是与过滤槽不同之处。另外在槽底设有两只阀门，一只用于进料，一只用于出料。在弧形顶盖上，加设下粉筒，其他与过滤槽相同。

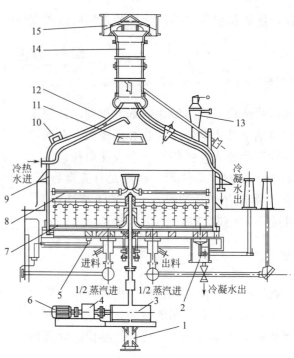

图 2-16 糖化醪过滤槽

1—油压缸；2—出糟口；3—减速箱；4—变速箱；5—耕槽装置；6—电动机；7—滤板；8—射水槽；9—槽体；
10—人孔双拉门；11—人孔单拉门；12—槽盖；13—下粉筒；14—排汽管；15—筒形风帽

第三节　无菌固体培养基制备设备

　　发酵的类型按培养基的种类来分，有固体发酵和液体（深层）发酵两种。微生物在具有一定温度和湿度的固体表面进行生长和繁殖就称为固体发酵。固体发酵所用的培养基为固体培养基。固体发酵和液体发酵相比，具有以下优点：①操作简单，适应性强，原料来源广，价格低廉，可以利用很多其他发酵工艺无法利用的粮食加工下脚料或废料进行生产；②固体发酵仅需空气自然对流或小量通风即可，能耗较低；③固体发酵的产物提取一般步骤少，费用也省，有些产物，如饲料或饲料添加剂和食品添加剂，不需要分离步骤，全部物质可以作为产品；④发酵工艺全过程无废水或很少，可以减少环境污染。固体发酵是一门具有悠久历史的发酵生物技术，其具有简单易行、投资省等特点，在制造酶制剂、菌肥、发酵饲料、饲料添加剂、食品添加剂以及一些发酵食品中广泛采用。但是，固体发酵也存在着一些缺点，主要体现在固体发酵生物反应器方面，现行的反应器普遍采用箱式发酵，占地面积大，劳动强度高，传热传质困难，参数（如 pH、温度等）检测难，染菌机会多，只适用于细胞内渗透压较高的霉菌，而对细菌、放线菌发酵较难适用。因此，固体发酵由于生物反应器的问题，受到了很大限制，产品规模、产品质量也较难保证。所以，研制一种新型的固体发酵生物反应器，并研究固体发酵工艺，克服现有反应器的缺点,可以将固体发酵推上一个新的台阶,促进我国生物技术的发展,具有十分重要的意义。

随着科技的进步,固体发酵生物反应器引起了多国专家和学者的关注。俄罗斯、日本及中国的科技工作者,曾经研制了固定箱式、移动箱式、多层箱式、多层圆盘式、旋转圆盘式等多种形式的固体发酵生物反应器。但综观各类固体发酵生物反应器,都存在着占地面积大、机械化程度低、劳动强度大、杂菌污染机会多等缺点,难以实现无污染接种、密闭发酵等工艺过程。为此,研制新型的全密闭固体发酵生物反应器并对工艺进行研究,将其应用到酶制剂的发酵生产上去,必将产生巨大的经济效益,对生物工程产业具有巨大的推动作用。

固体原料发酵是我国首创,具有悠久历史和独特风格,过去固体原料发酵都是手工操作,工人体力劳动强度大,20世纪50年代以来有了改革,部分操作实现了机械化或半机械化,大大地减轻了劳动强度,提高了劳动效率,现今一些酒厂、酱油厂仍用固体培养基制曲。

固体培养基的碳源主要来自小麦、麸皮、玉米、碎米、大麦、高粱、米糠等淀粉质原料,氮源主要来自大豆、豆粕、豆饼、花生饼、蚕豆、豌豆等蛋白质原料。

原料先经过粉碎设备粉碎后,在混合机中充分混合,蒸煮灭菌,冷却后接入固体或液体种,再进行充分混合,最后在一定温度、pH及适度搅拌等条件下进行固体发酵培养。其制备工艺流程如下:

从上述工艺流程可以看出,固体培养基制备的主要设备有粉碎设备、润水设备、混合设备、蒸煮灭菌设备、冷却设备等。下面选择几种关键设备进行介绍。

一、润水设备

润水的目的一方面是使原料中蛋白质含有适量水分,以便在蒸料时迅速使蛋白质适度变性(即蒸熟);另一方面是使原料中淀粉吸水膨胀易充分糊化,以便溶出菌种生长所需的营养物质。而且润水还能够供给菌种生长繁殖所需要的水分。

(1)最简单的润水设备是在蒸锅附近用水泥砌一个平地,四周砌一砖高围墙,以防拌水时水分流失,水泥平地稍向一方倾斜,以便冲洗排水。润水方法像拌水泥一样,在固体粉碎原料中加入50~80℃热水,用钉耙与煤铲靠人工翻拌,使主、辅料混合均匀。该法劳动强度大,除了内地小厂尚保留外,大中城市中已被淘汰。

(2)利用螺旋输送机(俗称绞龙),如图2-17所示。将粉碎后的主、辅料不断送入绞龙,一面加入50~80℃的热水,一面通过螺旋输送进入蒸锅达到润水的目的。绞龙的底部外壳,要求制成一边可以脱卸型,便于润水完毕清洗干净,以免细菌污染而发臭。

(3)目前国内多数工厂采用 N.K 式旋转蒸煮锅,如图2-18所示。原料经真空管道吸入蒸锅,或用提升机将原料送入蒸锅,直接喷入 50~80℃的热水,开启旋转锅,翻拌润水,操作简便,省力,安全卫生。

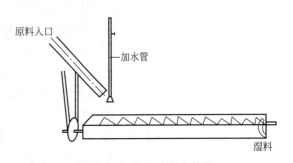

图 2-17 绞龙式润水装置

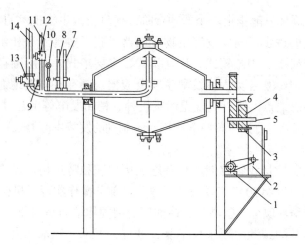

图 2-18 N.K 式旋转蒸煮锅

1—电动机；2—蜗轮蜗杆减速箱；3—减速箱齿轮；4—过桥中齿轮；5—过桥小齿轮；6—旋转锅正齿轮；7—水管；8—蒸汽管；9—安全阀；10—压力表；11—排汽管；12—排汽阀；13—闸阀；14—冷却管

二、蒸煮灭菌设备

1. 蒸煮的目的

固体培养基也和液体培养基一样，要进行蒸煮灭菌。蒸煮的目的主要有以下三个方面：

① 对固体培养基进行灭菌，可杀死固体原料上存在的一些虫卵。

② 使培养基中的蛋白质完成适度变性，消除培养基中生大豆等物质所含的酶阻遏物质，成为酶容易作用的状态。未经变性的蛋白质，一般很难为酶所分解。

③ 蒸煮使淀粉原料先是吸水膨胀，随着温度的上升，淀粉粒的体积逐渐增大，分子链之间的联系削弱，达到颗粒解体的程度，这样淀粉就发生糊化，变成淀粉糊和糖分，这些成分更利于菌体的生长。

2. 蒸煮灭菌设备形式

蒸煮灭菌设备，主要有以下几种形式：

① 常压蒸煮锅。

② 加压蒸煮锅。加压蒸煮锅为能承受一定压力的圆筒形钢板蒸煮锅。

操作时，先开蒸汽，排除冷凝水，待冒汽后，缓慢将润水后的原料洒入，洒料要均匀疏松，随着蒸汽的冒出，逐步洒入，切忌进料太快把蒸汽"压死"，造成蒸汽不透。进料完毕，待面层冒汽后加盖旋紧元宝螺钉，升温，当压力升至 4.9×10^4 Pa 时，关蒸汽，开启锅盖上的排汽阀，排尽锅内余汽，继续开蒸汽，关闭排汽阀，当压力上升到 11.77×10^4 Pa 左右时，保持 15min，关闭蒸汽再焖 15min 后排尽余汽，打开锅盖，出锅。

③ 集搅拌、蒸煮、冷却于一体的蒸煮灭菌设备。

a. N.K式旋转蒸煮锅是一个既能受压加热又能减压冷却的容器。在润水蒸料时，可以360°旋转运动。旋转蒸煮锅由锅身、支柱、旋转装置、配水力喷射泵真空冷却及真空泵吸料投料口和出料口等部分组成。国内旋转蒸煮锅不断改进，目前罐体以立式双头锥形为主，也有球形的，容量一般为5～6m³。N.K式旋转蒸煮锅（脱压抽冷）布置图如图2-19所示。

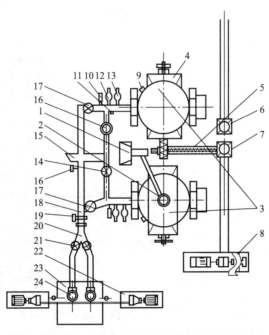

图2-19 N.K式旋转蒸煮锅（脱压抽冷）布置图

1—原料提升斗；2—活络落料管；3—5m旋转蒸煮锅；4—熟料斗；5—熟料输送绞龙；6—菌种接种斗；7—风机进料斗；8—串联式风机；9—温度计；10—压力表；11—安全闸；12—蒸汽管；13—进水管；14—75mm排汽阀；15—排汽管；16—真空表；17—125mm闸阀；18—抽冷管；19—止回阀；20—75mm抽冷管；21—75mm闸阀；22—3BA9离心水泵；23—5m水箱；24—BSB-60玻璃钢喷射器

b. 转鼓式蒸煮灭菌机，其设备结构如图2-20所示。转鼓式蒸煮灭菌机有一转鼓，用钢板焊制而成，能承受一定压力。转鼓中心有空心横轴，转鼓固定在轴上，轴则装在支架两端的轴承中，由齿轮传动。转鼓两端有原料进出口，装料后应旋紧进出口盖。转鼓转速为0.5～1r/min，培养基在转鼓内得到翻动，同时蒸汽沿轴中心通入转鼓内，加热固体培养基，加热到一定温度后，进行保温灭菌。灭菌完毕，用真空泵沿空心横轴抽真空，降低转鼓内压力，热培养基得到迅速冷却。冷却时转鼓仍照常旋转，冷却后，将固体培养基卸出。

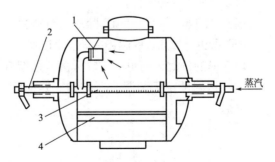

图2-20 转鼓式蒸煮灭菌机

1—吸气口；2—真空管；3—空心横轴；4—搅拌叶

④ 连续蒸煮设备。连续蒸煮设备（图 2-21）是将 N.K 式旋转蒸煮法连续化处理，即粉碎的固体原料进入螺旋输送机中润水，用提升机将原料送至蒸煮管上部由导管送入蒸煮管，当原料经过高压螺旋输送机（慢慢运行）时就得到了蒸煮处理，并经脱压小室排出。这个装置的特点是：蒸煮均匀，不黏结成团，原料连续处理，操作简便。

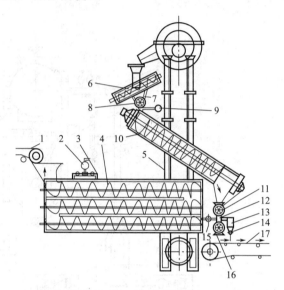

图 2-21　连续蒸煮设备

1—原料输送带；2—流量表；3—浸渍水喷头；4—浸渍螺旋输送机；
5—提升机；6—输入管；7—输入管抽气器；8—输入旋转阀；9—输入蒸
汽阀；10—蒸汽管；11—脱压旋转阀；12—脱压小室；13—真空泵；
14—除粒阀；15—排汽阀；16—排出旋转阀；17—输送传送带

📄 总结

○ 灭菌是指利用物理或化学方法杀灭或除去物料及设备中一切有生命物质的过程。

○ 湿热灭菌是指用蒸汽直接将物料升温到 115 ～ 140℃，保持一定时间，即可以杀死各种微生物。

○ 培养基的连续灭菌也叫连消法，是指将配制好的培养基在向发酵罐输送的同时即进行加热、保温和冷却三个过程。

○ 培养基的分批灭菌也称实罐灭菌，是指将培养基置于发酵罐中用蒸汽加热，达到预定灭菌温度后维持一定时间，然后冷却到发酵温度，接种发酵。

课后练习

1. 灭菌概念及主要的灭菌方法，湿热灭菌的概念。

2. 连续灭菌的基本设备有哪些？

3. 在工厂实际的蒸汽加热灭菌中（反应物的浓度为单位浓度），A 菌 90% 的死灭时间为 4min，B 菌 90% 的死灭时间为 6min，请计算 A 和 B 的反应速率常数。

题1答案　　　　　题2答案　　　　　题3答案

第三章　物料输送过程与设备

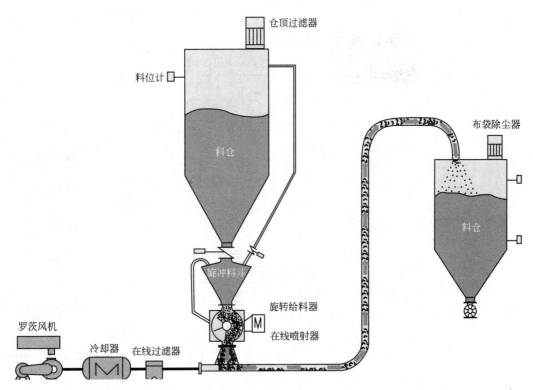

在生物工业生产过程中涉及原料或成品的输送问题，如图所示为可以输送原料的高压仓泵气力输送系统。该系统为密相输送系统，使用空压机作为气源，利用压缩空气输送物料。

思维导图

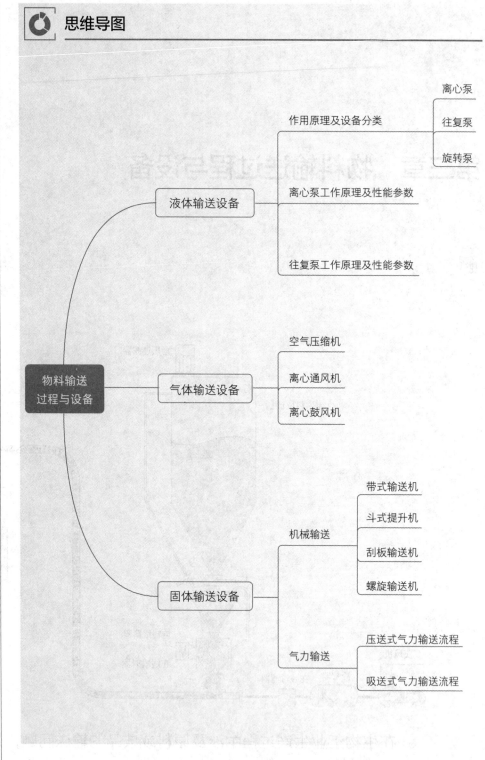

为什么学习物料输送设备？

　　在生物质原料被处理好之后还涉及运输的问题。与化工过程不同的是，生物加工过程在多数情况下为纯培养过程，在纯培养过程有空气、液体培养基、固相物料等气液固三相的输送。不同性质的物料，其输送过程也不同，因此本章需要在了解物料输送基本原理的情况下，掌握不同的输送方式，为后续生物加工过程生产线的设计提供一定的帮助。

学习目标

- ○ 液体输送机械的要求。
- ○ 泵的分类及其工作原理。
- ○ 离心泵、往复泵等不同类型的液体输送设备及应用场合。
- ○ 气体输送设备的分类及应用。
- ○ 气力输送系统及设备。
- ○ 稀相气流输送流程，包括吸送式输送流程、压送式输送流程。

第一节　液体输送设备

　　在生产过程中，由于工艺上的要求，常需要把液体从一个设备通过管道输送到另一个设备中去，这就需要装置液体输送机械。被输送的液体性质各异，有的黏稠，有的稀薄，有的有挥发性，有的对金属有腐蚀性。而且在输送过程中，根据工艺条件要求，各种液体的压头与流量又各不相同，因此生产上需要采用不同结构、不同材质的液体输送机械。

　　液体输送机械中，主要是各种类型的泵。根据其作用原理，大致可分为离心泵、往复泵、旋转泵等类型。

一、离心泵

（一）离心泵装置及其结构

　　离心泵是应用最广泛的一种液体输送机械。图3-1为离心泵装置简图。它由泵、吸入系统和排出系统三部分组成。吸入系统有吸入贮槽、吸入管、底阀、滤网。排出系统有排出贮槽、排出管、逆止阀、调节阀等。

　　吸入系统中的底阀为逆止阀，其作用是防止泵内的液体由吸入管倒流入吸入贮槽。滤网的作用是防止吸入贮槽内杂物进入吸入管和泵内，以免造成堵塞。排出系统的逆止阀是用来防止泵停转时排出贮槽和排出管内的液体倒灌

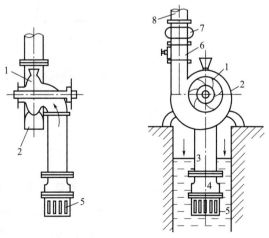

图3-1　离心泵装置

1—叶轮；2—泵壳；3—吸入管；4—底阀；5—滤网；
6—逆止阀；7—调节阀；8—排出管

入泵内，以免造成事故。调节阀是用来调节泵的流量。

（二）工作原理

离心泵在启动之前要先灌满所输送的液体。启动后，叶轮旋转产生离心力，在离心力的作用下，液体从叶轮中心被抛向叶轮外周，压力增高，并以很高的速度流入泵壳，在壳内减速，使大部分动能转化为压力能，然后从排出口进入排出管路。

与此同时，由于叶轮内液体被抛出，叶轮中心形成真空。泵的吸入管路一端与叶轮中心处相通，另一端则浸没在输送的液体内，在液面压力（或大气压）和泵内压力（负压）的压差作用下，液体便经吸入管路进入泵内，填补了被排出液体的位置。这样，叶轮在旋转过程中，一面不断吸入液体，一面又不断给吸入的液体以一定能量并送入排出管。

（三）离心泵的主要性能参数

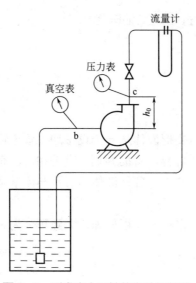

图 3-2　测定离心泵性能参数的装置

表示离心泵工作性能的参数叫泵的性能参数，包括：流量、压头（扬程）、效率、转速、功率、气蚀余量（吸上真空度）等，其中压头、流量、效率为主要性能参数。

1. 压头 H

单位质量液体流过泵后能量的增值称为压头，一般以符号 H 表示，单位为 m。如图 3-2 所示，H 的计算可根据 b、c 两截面间的伯努利方程：

$$\frac{p_b}{\rho g} + \frac{u_b^2}{2g} + H = h_0 + \frac{p_c}{\rho g} + \frac{u_c^2}{2g} + (h_f)_{bc} \quad (3-1)$$

由于两截面间的管长很短，其阻力损失 $(h_f)_{bc}$ 通常可以忽略，两截面间的动压头之差也可以忽略，于是上式可简化为：

$$H = h_0 + \frac{(p_c - p_b)}{\rho g} \quad (3-2)$$

2. 流量 Q

流量又称排量或扬水量，是指泵在单位时间内由泵的排液口排出的液体量，通常以体积流量来表示，单位习惯上用 m³/h 表示。理论流量 Q_T 是指单位时间内流入离心泵做功部件里的液体体积容量。由于泵在工作时不免有内部和外部泄漏，因此，泵的理论流量与流量之间有如下关系：

$$Q_T = Q + \sum q \quad (3-3)$$

式中　$\sum q$——单位时间内泵的泄漏量，它既包括所有不经过排液管而漏到泵体外部泄漏，也包括从泵做
　　　　　　功部件出来后仍漏回泵吸液处的内部泄漏，m^3/h。

3. 轴功率、有效功率和效率

根据泵的压头 H 和流量 Q 算出的功率是泵所输出的有效功率，以 N_e 表示：

$$N_e = HQ\rho g \tag{3-4}$$

而实际测得的轴功率 N 要大于有效功率 N_e，这是因为泵轴输入的功率有一部分要被消耗。泵的效率反映泵的轴功率的利用程度，用 η 来表示。一般小型水泵的效率为 50% ～ 70%，大型泵效率可达 90%。而油泵、耐腐蚀泵的效率比水泵低，杂质泵的效率更低。

离心泵的轴功率可直接利用效率 η 计算：

$$N = HQ\rho g / \eta \tag{3-5}$$

式中　N——泵的轴功率，W；

　　　H——泵的压头，m；

　　　Q——泵的流量，m^3/h；

　　　ρ——液体密度，kg/m^3；

　　　η——效率。

（四）离心泵特征曲线

离心泵的主要性能参数——压头 H、轴功率 N 和效率 η 与流量 Q 之间是有一定联系并有内部规律的。通常把表示泵的主要性能参数间的内部规律的曲线称为离心泵的特征曲线，由泵的生产部门提出，以便于设计、使用部门选择和操作时参考。

图 3-3 为某一型号离心泵的特征曲线图，它由以下曲线组成：

（1）H-Q 曲线，表示压头与流量的关系；

（2）N-Q 曲线，表示轴功率与流量的关系；

（3）η-Q 曲线，表示效率与流量的关系。

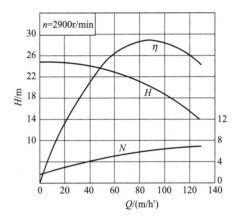

图 3-3　4B-20 型离心泵的特征曲线

 概念检查 3-1

○ 从离心泵的特征曲线可以获取哪些信息？

各种型号的离心泵各有其特征曲线，形状基本上相似，其共同点为：

（1）压头随流量的改变而改变，流量增大，压头下降，这是离心泵的一个重要特征。

（2）功率随流量的增大而上升，故离心泵在启动前应关闭出口阀，使流量为零而功率最小，以减小电动机的启动电流，避免电动机因负荷大而受损。

（3）效率开始随流量的增大而上升，达到一最大值后随流量的增大而下降。而泵在与最大效率对应的流量和压头下工作最为经济，所以在选择离心泵时，应使泵在最大效率点附近操作。

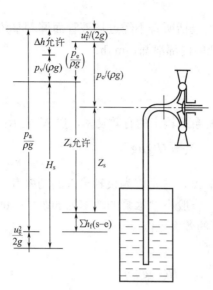

图3-4　离心泵的安装高度

（五）离心泵的气蚀现象

离心泵能吸上液体是由于在泵的叶轮进口形成了低压，如果提高泵的安装高度，将导致泵内压力降低，当压力降至被输送液体的饱和蒸气压时，将发生沸腾，所生成的气泡随液体从泵入口向外周流动中，又因压力迅速加大而急剧冷凝。使液体以很大速度从周围冲向气泡中心，产生频率很高、瞬时压力很大的冲击，这种现象就称为气蚀现象。发生气蚀现象时，会发出噪声，使泵体震动，严重时可使泵根本无法工作，而且使泵的寿命大大降低。

为了防止气蚀现象，就要求泵的安装高度不超过某一定值，使泵入口处 e 的压力 p_e 应高于液体的饱和蒸气压 p_v，即气蚀余量 Δh 大于泵刚好发生气蚀时的最小气蚀余量 Δh_{min}。如图3-4所示。

$$\Delta h = \left(\frac{p_e}{\rho g} + \frac{u_e^2}{2g} \right) - \frac{p_v}{\rho g} \tag{3-6}$$

$$\Delta h_{min} = \left(\frac{p_e}{\rho g} \right)_{min} + \frac{u_e^2}{2g} - \frac{p_v}{\rho g} \tag{3-7}$$

式中　p_e——泵入口压力，Pa；

$\qquad u_e$——泵入口管的液体流速，m/s；

$\qquad p_v$——液体的饱和蒸气压，Pa；

$\qquad \rho$——液体的密度，kg/m³。

其中 $\left(\dfrac{p_e}{\rho g} \right)_{min}$ 是刚达气蚀时泵入口处的最小压头。

（六）离心泵的吸入高度 H_s

吸入高度是指离心泵吸入口离液面所允许的最大距离。若在液面与吸入口之间列出伯努利方程式，则：

$$H_s = \frac{p_a - p_e}{\rho g} - \frac{u_e^2}{2g} - \sum h_f \tag{3-8}$$

式中　p_a——大气压，Pa；

$\qquad p_e$——泵入口压力，Pa；

$\qquad u_e$——泵入口管的液体流速，m/s；

$\qquad \sum h_f$——管道压力损失，m。

由于 p_a 和 p_e 均受一定条件限制，故吸入高度亦受到一定限制，特别是受液体温度的限制。一般离心泵的吸入高度可参考表3-1所列的经验数据。

表 3-1　各种水温下的吸入高度

温度/℃	10	20	30	40	50	60	65
吸入高度/m	6	5	4	3	2	1	0

（七）离心泵的选择

选择离心泵时，可根据所输送液体的性质及操作条件确定所用的类型，再根据所要求的流量与压头确定泵的型号。可查阅泵产品的目录或样本，其中列有离心泵的特征曲线或性能表，按流量和压头与所要求相适应的原则，从中可确定泵的型号。

若生产中流量 Q 有变动，则以最大流量为准，压头应以输送系统在最大流量下的压头为准。若是没有一个型号的 H 和 Q 与所要求相符，则在附近型号中选用 H 和 Q 都稍大的一个。若是有几个型号都满足要求，则除了考虑 H 和 Q 比较接近所需的数值之外，还应考虑那个型号的效率 η 在该条件下比较大。为了保证操作条件得到满足并具有一定的潜力，所选的泵可稍大一些，但若选得过大，其在远离最高效率点工作，在设备费和操作费两方面都会造成不必要的浪费。

图 3-5 为各种 BA 型离心泵（即悬臂式离心泵）系列特征曲线，图中的扇形表示该泵的高效率区。根据系统所需的扬程与流量就可以很方便地在图上选得合适的离心泵型号。

二、往复泵

往复泵属于容积泵，其结构如图 3-6 所示。

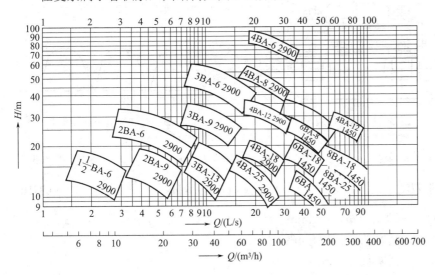

图 3-5　各种 BA 型离心泵系列特征曲线

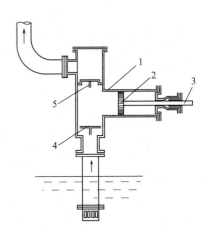

图 3-6　往复泵装置简图
1—泵体；2—活塞；3—活塞杆；
4—吸入阀；5—排出阀

泵体 1 内有活塞 2，通过活塞杆 3 与传动机械相连接。当活塞杆 3 由于外力作用向右移动时，泵缸内密闭的工作室容积变大，压力降低，吸入池的液体在大气压的作用下，顶开单向吸入阀 4 进入泵缸，这时单向排出阀 5 因受排出管中液体的压力而关闭。当活塞移到最右端时，工作室的容积为最大，吸入的

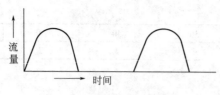

图 3-7 单动泵的流量曲线

液体量也最大。此后活塞便开始向左移动，使泵缸内密闭工作室容积变小，压力升高，排出阀 5 被顶开，吸入阀 4 自动关闭，将缸内液体排出泵外。当活塞移到最左端时，排液完毕，完成一个工作循环。然后，活塞重复上述循环过程，液体不断被吸入和排出。

由于这种泵的活塞往复一次，只吸入和排出液体各一次，所以称为单动泵。单动泵的排液是间断的，在吸液的时候是不能排液的。其流量曲线见图3-7。

如图 3-8 所示是双动泵，这种泵的活塞左右两侧都装有阀室，在每个工作循环中，吸液和排液各两次，并且在整个循环中吸液和排液可同时进行，从而使液体的输送连续性。其特征曲线如图 3-9 所示。

如前所述，往复泵的流量是波动的，一般我们所说的往复泵流量是指其平均流量，其理论流量 Q 为：

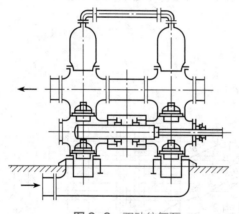

图 3-8 双动往复泵

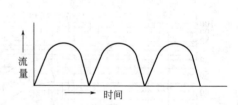

图 3-9 双动往复泵的流量曲线

对于单动泵：
$$Q = Fsn = \frac{\pi}{4}D^2 sn \tag{3-9}$$

对于双动泵：
$$Q = [Fs + (F - f)s]n \tag{3-10}$$

式中 Q——理论流量，m³/min；

F——活塞的截面积，m²；

D——活塞直径，m；

s——活塞冲程，m；

n——每分钟活塞往复的次数；

f——活塞柱的截面积，m²。

从以上两式可以看出，往复泵的流量由活塞截面积、活塞冲程及活塞往复次数所决定，而与系统所需压头无关，即流量与压头无关，这是往复泵的一大特点。要调节往复泵的流量，可采用改变往复次数 n 或改变冲程 s 或采用支路调节的方法来实现。

当被输送的液体为腐蚀性液体或是含固体颗粒的悬浮液时，为了不使活塞受到损伤，可采用隔膜泵，如图 3-10 所示。隔膜泵采用一弹性薄膜将活动柱与被输送的液体隔开。薄膜一般用耐腐蚀的橡皮制成，隔膜一侧接触液体的部分，均由耐腐蚀材料制成。隔膜的另一侧，则充满水或油。当活塞往复运动时，隔膜交替地向两边弯曲，使腐蚀性液体在隔膜一侧轮流地被吸入和压出。

往复泵的效率一般都在 70% 以上，最高可超过 90%，它适用于所需压头较高的液体输送，也适用于输送黏度较大的液体，但往复泵不适用于输送腐蚀性的液体和有固体颗粒的悬浮液。

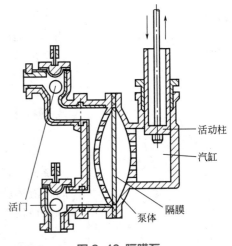

图 3-10　隔膜泵

三、其他类型的泵

除了上述的离心泵、往复泵外，尚有其他类型的泵，它们各有特点，在生物加工生产的某些场合使用。

1. 旋涡泵

旋涡泵的结构和作用原理与离心泵相类似，它的主要部分为泵壳 3 和叶轮 1，叶轮上有许多径向的叶片 2，叶片间有凹槽，吸入口 6 和压出口 7 由隔板 5 隔开，如图 3-11 所示。当叶轮以高速旋转时，由于离心力的作用，叶片凹槽内的液体以很高的速度甩向流道 4，由于流道截面较宽，液体流速减慢，一部分动能就转变成为静压能而被压入管道。

旋涡泵在启动前，也应先灌满工作液体，它的流量与压头之间的关系也和离心泵相类似。但旋涡泵的调节应采取支路调节方法，而且在启动时出口阀不能关闭。

旋涡泵的特点为流量小而压头高，泵体结构简单而紧凑，但效率较低，一般要低于 40%。

2. 齿轮泵

齿轮泵是旋转泵（转子泵）的一种，也要用支路调节流量。

齿轮泵的结构简图如图 3-12 所示。主要构件为泵壳和一对相互啮合的齿轮。其中一个为主动轮，另

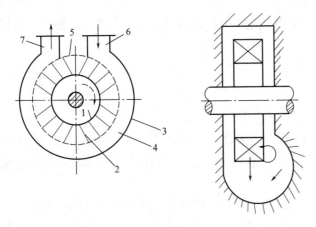

图 3-11　旋涡泵示意图

1—叶轮；2—叶片；3—泵壳；4—流道；5—隔板；6—吸入口；7—压出口

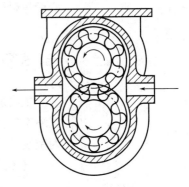

图 3-12　齿轮泵示意图

一个为被动轮。齿轮转动时，在进口处形成低压而吸入液体，液体在两齿轮的齿隙中随齿轮的转动而前进并在出口处形成高压而排出。

齿轮泵的特点为流量较小，但压头较高。在生产上常用来输送黏稠性液体和作为板框压滤机的加料泵。

3. 螺杆泵

螺杆泵也称螺条泵，是转子泵的一种。主要结构为泵壳和一个螺杆（或几个螺杆）组成，在泵壳内有橡皮螺腔。当螺杆在螺腔中旋转做复杂的行星运动时，液体就在螺杆与螺腔的间隙中呈螺旋状前进，同时增高了静压头，最后从排出口挤出。图 3-13 为螺杆泵结构图。

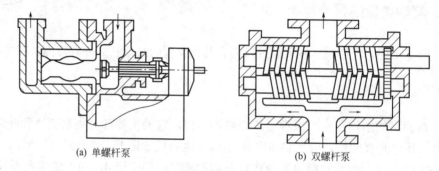

(a) 单螺杆泵　　　　　　　　　(b) 双螺杆泵

图 3-13　螺杆泵

第二节　气体输送设备

气体输送机械与液体输送机械大体相同。但气体具有可压缩性，因此在气体输送过程中，当气体的压强发生变化，其体积和温度也将随之发生变化。因此气体的输送涉及热力学性质。但一般工程计算中，除了高压气体压缩机外，均按一般流体输送问题处理。

在生物加工生产中，常用的气体输送设备为空气压缩机、离心通风机和离心鼓风机等。

一、空气压缩机

生物加工生产（特别是抗生素生产）中要求提供 2 ～ 3kgf/cm²❶（表压）的压缩空气供发酵罐通气之用，故常用涡轮空压机或经过改装的往复式空压机作为空压站的主要设备。

气体的输送和压缩过程中，常以"压缩比"来表示气体的压缩强度，若 p_1 与 p_2 分别作为空压机中进口与出口时的气体绝对压强，则其压缩比为 $\dfrac{p_2}{p_1}$ 。我

❶ 1kgf/cm²=98.0665kPa。

国常用的往复式低压空压机的压缩比一般为 3，而二级空压机的排气压力通常为 8kgf/cm²（表压）。

1. 涡轮式空压机

涡轮式空压机一般由电动机通过增速装置直接带动涡轮高速旋转，将空气吸入并使之获得较高的离心力，甩向叶轮外圆周，部分动能转变为静压能，由压出管排出。从结构上看，涡轮式空压机犹如一台多级串联的离心压缩机，如图 3-14 所示，通常都在 10 级以下。涡轮式空压机的特点为供气量大，出口压强稳定，输出的压缩空气不含油雾。与往复式空压机相比，功率消耗较小，结构紧凑，占地面积较小，但其技术管理要求较高。

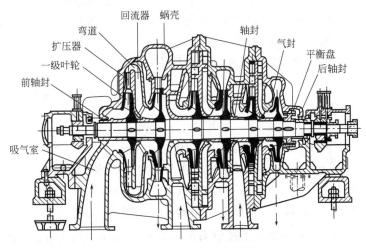

图 3-14　涡轮式空气压缩机

用于抗生素发酵的是低压涡轮式空压机，其出口压强为 2.5 ～ 5.5kgf/cm²（表压），容量一般都大于100m³/min，每分钟压缩 1 m³ 空气时，配备的电机功率约为 3.5 ～ 5kW。

国产的涡轮式空压机的型号有 DA 型和 SA 型，符号"D"表示单吸，"S"代表双吸，"A"表示涡轮式空压机，其后的数字分别代表供气量与出口压强以及设计序号。如 DA350-41，即为单吸涡轮式空压机，供气量为 350m³/min（公称），出口压强为 4kgf/cm²（绝对压）。

2. 往复式空压机

往复式空压机的结构和工作原理类似于往复泵，但因操作时气体受压发热，故在汽缸外需有冷却装置。冷却装置有水冷和风冷之分，一般需连续供气的场合，都选水冷式空压机。往复式空压机的优点是容量范围广，价格比较低廉，操作与维修比较方便；其缺点是出口流量不稳定，而且压出气体中夹带油雾，给后道工序——空气除菌带来一些困难。

往复式空压机按其汽缸的排列不同，可分为 V 型、W 型、L 型等；按其排气压强分，可分为高压（80 ～ 100at❶）、中压（10 ～ 80at）与低压（低于 10at）三类。国内目前生产的低压往复式空压机大多为双缸二级压缩，在抗生素生产中使用 L 型空压机较为普遍。如 4L-20/8 型号的空压机，就表示两个汽缸呈 L 形排列，额定排气量为 20m³/min，排气压强为 8kgf/cm²（表压），L 前面的数字"4"表示该系列空

---

❶ 1at=98066.5Pa。

压机的序号。由于二级空压机的出口压强为8kgf/cm（表压），对抗生素发酵来讲，这个压强过高了。为此，一些抗生素工厂常将二级空压机进行改装，把原来两个串联的汽缸改为并联汽缸，即同时吸气与排气，这样空气排气压强可降到2kgf/cm²左右，而空压机的排气量可增加30%～40%。有些空压机制造厂为了适应发酵工业的需要，制成了两个低压汽缸并联的压缩机，排气压强为2.5kgf/cm²（表压）左右，而排气量比原型号差不多要增加一倍，如4L-40/2.5（4L-20/8的改进型号）。

为了解决往复式空压机的出口空气中含有油雾的缺点，目前有些工厂采用含有二硫化钼的氟塑料制成的活塞环，代替空压机中原来的金属环作无油润滑，使用效果甚好，既有利于以后的空气净化，又节约了润滑油。但由于氟塑料的弹性不及金属活塞环，故汽缸中气体的泄漏量增加，改装后的空压机排气量一般要减少10%左右。

空气压缩机所需消耗理论功率可用下式表示：

$$N = \frac{m}{m-1}10000\,p_1 V_1 \left[\left(\frac{p_2}{p_1} \right)^{\frac{m-1}{m}} - 1 \right] \tag{3-11}$$

式中　N——理论功率，kg·m/min；

p_1，p_2——分别为压缩前后的空气压强，kgf/cm²；

V_1——空压机的吸气量，m³/min；

m——空气多变指数，$m=1.25 \sim 1.30$。

实际功率消耗值为$N_a = \dfrac{N}{\eta}$，效率η一般为0.6～0.7，同时在配备电机时，一般还需增加5%～15%的安全因素。

二、离心通风机

（一）离心通风机的结构

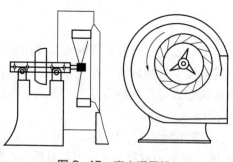

图3-15 离心通风机

按出口压力的不同，离心通风机可分为低压（1kPa以下）、中压（1～3 kPa）、高压（3～15kPa）三种。如图3-15所示，离心通风机的结构和单级离心泵有相似之处，由机壳、叶轮、轴等部件组成。它的机壳也是蜗壳形，壳内气体通道和出口的截面通常为矩形，它直接与矩形截面的气体管道连接。

通风机叶轮上叶片数目比较多，叶片比较短。叶片有平直、后弯、前弯几种，如图3-16所示。由于通风机的送气量比较大，用前弯叶片有利于减小叶轮及风机的直径。

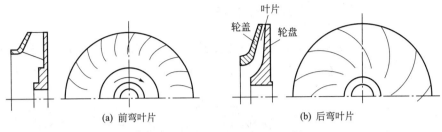

(a) 前弯叶片   (b) 后弯叶片

图 3-16 通风机叶轮叶片形状

（二）离心通风机的主要性能参数

离心通风机的主要性能参数包括风压、风量、功率和效率等。

1. 风压

离心泵的静压头是泵出口与进口之间的静压头之差，当风机直接从大气抽入空气时，泵进口的静压头可以看作为零，即泵出口的静压头就是泵的静压头。加上泵出口的动压头，两者之和就是离心泵的总压头，即：

$$H_t = \frac{p_c}{\rho g} + \frac{u_c^2}{2g} = H_{st} + H_{dy}$$

（3-12）

式中　H_t——总压头，m；

　　　H_{st}——静压头，m；

　　　H_{dy}——动压头，m；

　　　p_c——泵出口压力，Pa；

　　　u_c——出口气体流速，m/s。

由于压头的单位为 m，代表对单位质量流体所提供的机械能。而风机提供的机械能一般都以对单位体积的气体为准，即单位为 Pa，将风机总压头乘以 ρg，得到风压（p_t，Pa）的表达式：

$$p_t = p_c + \frac{u_c^2 \rho}{2}$$

（3-13）

2. 风量

风量 Q 就是气体通过泵进口的体积流率，单位为 m^3/h。气体的体积由进口状况决定。

3. 功率与效率

离心通风机轴功率的计算公式为：

$$N = \frac{Q p_t}{1000 \eta}$$

（3-14）

式中　N——轴功率，kW；

　　　Q——实际风量，m^3/h；

　　　p_t——风压，Pa；

　　　η——全压效率，一般约为 70% ～ 90%。

（三）离心通风机的性能曲线

图 3-17 系离心通风机在某一特定转速下风压 p_t、轴功率 N、全压效率 η 与风量 Q 的关系，此外还有静压 p_c、静压效率 η_{st} 与风量 Q 两条关系曲线。

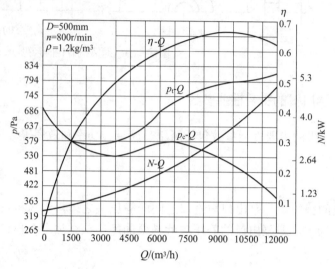

图 3-17　离心通风机的性能曲线

需要注意的是，风机性能曲线中的风量 Q、静压头 H_{st}、风压 p_t 及全压效率 η 与静压效率 η_{st} 均按气体在标准状态下的参数作出。如风机吸入的气体状态不同，性能曲线的形状将有所变化，其相应各参数应换算成标准状态下的参数，便于比较和应用。

（四）离心通风机的选用

选用离心通风机时，应先根据所输送气体的性质与风压范围，确定风机类型，然后再根据所要求的风量与全压，从产品样本或规格目录中的性能曲线或性能表格中查得适宜的类型和机号。

国产离心通风机，常用的有 4-73（4-72）型、9-19 型和 9-26 型。例如 9-19NO14。机号中的数字代表叶轮直径（mm）的 1/100。其他符号说明详见产品样本。

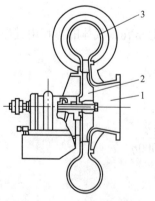

图 3-18　单级离心鼓风机

1—进口；2—叶轮；3—涡形壳

三、离心鼓风机

排气压力为 $(0.1 \sim 3) \times 10^5 Pa$ 的风机，称为鼓风机。鼓风机也是用来压缩和输送气体的机器，同通风机、泵一样，属于通用机械。

离心鼓风机的外形与离心泵相似，如图 3-18 所示。鼓风机的外壳直径与宽度之比较大，叶轮上叶片的数目较多，所以能适应更大的风量，转速亦较高，所以离心鼓风机能达到较大的风压。鼓风机中还有一个固定的导轮，而这个在离心泵中不一定有。单级离心鼓风机的出口表压多在 30kPa 以内，多级离心鼓风机则可达到 0.3MPa。

第三节　固体输送设备

在生物加工工业中，生物质固体原料在生产工序、生产车间之间的输送均依赖各种不同的固体输送设备来实现。为了提高劳动生产率、减轻劳动强度、节约原材料、缩短生产周期，现代化的工业生产中除了采用新型的工艺设备和实现单机自动化外，还要求生产过程按连续流水作业进行，组成生产自动线，即所加工的物品在一组设备上完成某一工序加工后，再由连续运输机械将其输送至另一组设备上进行下一工序的加工，甚至有时直接就在连续运输机上进行各种加工。这就使连续运输机械成为工业生产自动化的一个重要环节。

在工业生产中输送机械还有劳动保护的重要意义。例如酒精厂的原料粉碎工段采用机械输送代替人工搬运，改善了劳动条件，减轻了劳动强度。后来又用气力输送代替机械输送，减少了粉尘，进一步改善了劳动条件，保护了员工的身体健康。

在工业生产中，输送系统的选择关系到工厂的总体布置和结构形式，而输送系统的合理选择又决定于生产工艺过程。所以在考虑生产工艺过程时，应当把工作机构和输送系统设备有机地结合起来。

在目前生物化工工业生产中，输送方式有两种：一种是机械输送，利用机械运动输送物料；另一种是气力输送，借助风力输送物料。这两种方式各有特点，设计时应根据地形、输送距离、输送高度、原材料形状和性质、输送量、输送要求以及操作人员的劳动条件来考虑。

连续机械输送设备种类繁多，目前用于输送固体原料的主要有以下几种：

（1）带式输送机；

（2）斗式提升机；

（3）刮板输送机；

（4）螺旋输送机。

下面就主要机械输送设备进行介绍。

一、带式输送机

（一）带式输送机的结构和应用

带式输送机是连续输送机中效率最高、使用最普遍的一种机型。它广泛应用于食品、酿酒等生物加工行业。它可用来输送散粒物品（谷物、湿粉、麸曲、麦芽等）、块状物品（薯类、酒饼、煤等）。按结构不同带式输送机可分为固定式、运动式、搬移式三类；按用途不同，可分为一般的和特殊的。工厂以采用固定式的带式输送机为多。

带式输送机的主要构件包括输送带、鼓轮、张紧装置、支架和托辊等，有的还附有加料和中途卸载设备。带式输送机的示意图如图 3-19。

在带式输送机中，输送带既是承载构件，又是牵引构件，主要有橡胶带、塑料带、钢带等几种，一般采用多层的橡胶带。它们都是连成环形，套在两个鼓轮上。普通橡胶带上胶层厚度在 3～6mm 之间，

下胶层是输送带和支撑托辊接触的一面，其厚度一般较薄，为1.5mm。卸料端的鼓轮由电动机传动，称主动轮，借摩擦力带动输送带，另一端的鼓轮则称从动轮。鼓轮可以铸造，也可以焊制成鼓形的空心轮，表面稍微凸起，使带运行时能对准中心。为了增加主动轮和带的摩擦，在鼓轮表面包以橡胶、皮革或木条。鼓轮的宽度应比带宽100～200mm。鼓轮直径根据橡胶带的层数确定。由于环形带长又重，若只由两端鼓轮支承而中间悬空，则带必然下垂，所以必须在带的下面装置若干个托辊把带托起来，不使其下垂。托辊多用钢管，长度比带宽100～200mm，两端管口有盖板，板中镶以轴承。环形带回空部分，由于已经卸载，托辊个数可以减少。此外还有张紧装置使输送带有一定的张紧力，以利正常运行。

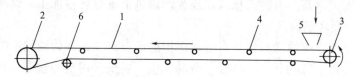

图 3-19 带式输送机

1—带；2—主动轮；3—从动轮；4—托辊；5—加料斗；6—张紧装置

（二）生产能力和功率消耗的计算

1. 输送量的计算

带式输送机的输送量 Q（t/h）由下式决定：

$$Q = \frac{3600qv}{1000} = 3.6qv \qquad (3\text{-}15)$$

式中 q——带上单位长度的负荷，kg/m；

v——带的运行速度，m/s。

2. 功率计算

带式输送机功率可由下式计算：

$$N = K_1 A(0.000545KLv + 0.000147QL) \pm 0.00274QHK_1 \qquad (3\text{-}16)$$

式中 N——带式输送机功率，kW；

H——提升高度，上升为正，下降为负，m；

K——系数，表3-2所示；

L——输送机长度，m；

Q——输送能力，t/h；

v——输送带速度，m/s；

K_1——启动附加系数，$K_1 = 1.3 \sim 1.8$；

A——系数，表3-3所示。

表 3-2　带式输送机轴承的 K 值

K 值 轴承 ＼ 带宽/mm	400	500	600	750	900	1100	1300
滚动轴承	21	26	29	38	50	62	74
滑动轴承	31	38	43	56	75	92	110

表 3-3　带式输送机 A 值

输送机长/m	＜15	15～30	30～45	＞45
A	1.2	1.1	1.05	1

二、斗式提升机

（一）斗式提升机的结构和应用

斗式提升机是将物料连续地由低地提升到高地的运输机械，广泛应用于生物加工工业。所输送的物料为粉末状、颗粒状和块状的，如大麦、大米、谷物、薯粉、瓜干等。

斗式提升机构造如图 3-20 所示。主要由传动的滚轮、张紧的滚轮、环形牵引带或链、斗子、机壳、装料装置、卸料装置等几部分组成。它是一个长的支架，上下两端各安一个滚轮，上端的是启动滚轮，连传动设备，下端的是张紧滚轮，提升机的带或链则围绕在两个滚轮上。提升机的带上每隔一定的距离就装有斗子。

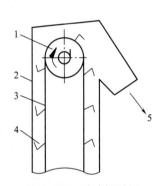

图 3-20　斗式提升机

1—主动轮；2—机壳；3—带；
4—斗子；5—卸料

物料放在斗式提升机的底座内，当提升机运转时，机带随之而被带动，斗子经过底座时将物料舀起，斗子渐渐提升到上部，当斗子转过上端的滚轮时物料便倒入出料槽内流出。

传动滚轮的转速及直径的选择很重要。若选择不当，很可能由于离心力的作用将物料超过卸料槽而抛到很远的地方；或者未到卸料槽口即被抛落于提升机上段的机壳内。传动滚轮的直径与速度的关系：

$$u = (1.8 \sim 2)\sqrt{D} \qquad (3\text{-}17)$$

式中　D——滚轮直径，m；

　　　u——滚轮线速度，m/s。

一般运碎料时，u 不超过 1.2m/s；运小块物料，u 不超过 0.9m/s；运大块而坚硬物料，u 取 0.3m/s。主动轮和从动轮的直径相同，一般为 300～500mm。

盛斗有深斗和浅斗两种。深斗的特征是前方边缘倾斜 65°，浅斗 45°。深斗和浅斗的选择取决于物料的性质和装卸的方式。输送干燥且易流动的粒状和块状物料常用深斗；潮湿和流动性不良的物料，由于浅斗前缘倾斜角小能更好地卸料，故一般采用浅斗。

斗式提升机的装料方法分掏取式和喂入式两种，如图 3-21 所示。

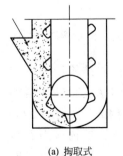
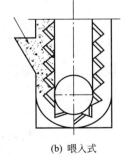

(a) 掏取式　　　　(b) 喂入式

图 3-21　斗式提升机的装料方法

掏取式装料是从提升机下部的加料口处，将物料加进底部机壳里，由运动着的料斗掏取提升。这种方法适用于磨损性小的松散物料，料斗的速度可较高，可与离心式或重力式卸料法相配合。

喂入式装料就是把物料直接加入到运动着的料斗中，料斗宜低速运行，适用于大块和磨损性大的物料，可与导槽式卸料法相配合。

斗式提升机的优点是横断面上的外形尺寸小，有可能将物料提升到很高的地方（可达 30 ~ 50m），生产能力的范围也很大（50 ~ 160m³/h）；缺点是动力消耗较大。

（二）生产能力和消耗功率的计算

1. 生产能力计算

斗式提升机的生产能力 Q（kg/h）由下式计算：

$$Q = 3600 v \rho \varphi \frac{i}{a} \tag{3-18}$$

式中　i——料斗容积，m³；

　　　a——料斗间距，m；

　　　v——运行速度，m/s；

　　　ρ——物料堆积密度，kg/m³；

　　　φ——料斗的充填系数，粉状及细粒干燥物料 φ =0.75 ~ 0.95，谷物 φ=0.70 ~ 0.90。

2. 功率计算

斗式提升机的功率 N（kW）可由下式估算：

$$N = \frac{QH}{367\eta} \tag{3-19}$$

式中　Q——生产能力，t/h；

　　　H——提升高度，m；

　　　η——总效率，0.3 ~ 0.8。

三、螺旋输送机

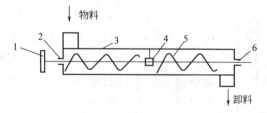

图 3-22　螺旋输送机

1—皮带轮；2—轴承；3—机槽；4—吊架；
5—螺旋；6—轴承

（一）螺旋输送机的结构和应用

螺旋输送机的结构简单，它是由一个旋转的螺旋转轴和料槽以及传动装置构成（如图 3-22）。当轴旋转时，螺旋把物料沿着料槽推动。物料由于重力和对槽壁的摩擦力作用，在运动中不随螺旋旋转，而是以滑动形式沿料槽移动。

螺旋是由转轴与装在轴上的叶片所构成。根据叶片的形状可分为四种：实体式、带式、成型式和叶片式。在这些螺旋中，实体式是常见的，构造简单，效率也高，对谷物和松散的物料较为适宜。黏滞性物料宜采用带式，可压缩及随动的物料宜用叶片式或成型式。

螺旋的轴用圆钢或钢管制成。为减轻螺旋的重量，以钢管为好，一般可用直径 50～100mm 的厚壁钢管。螺旋大都用厚 4～8mm 的薄钢板冲压成型，然后互相焊接或铆接，并用焊接方法固定在轴上。螺旋的直径普遍为 150mm、200mm、300mm、400mm、500mm 和 600mm。螺旋的转数一般为 50～80r/min。螺旋的螺距有两种：实体螺旋的螺距等于直径的 0.8 倍；带式螺旋的螺距等于直径。螺旋与料槽之间要保持一定间隙，一般采取较物料直径大 5～15mm。间隙小，则阻力大；间隙大，则运输效率低。

料槽多用 3～6mm 厚的钢板制成，槽底为半圆形，槽顶有平盖。为了搬运、安装和修理的方便，多用数节连成，每节长约 3m。各节连接处和料槽边焊有角钢，这样便于安装又增加刚性。料槽两端的槽端板，可用铸铁制成，同时也是轴承的支座。

螺旋输送机的优点在于结构简单、紧凑、外形小，便于进行密封及中间卸料，特别适用于输送有毒和尘状物料。它的缺点是能量消耗大，槽壁与螺旋的磨损大，对物料有研磨作用。常用于短距离的水平输送，也可用于倾斜角小于 20℃ 的输送。生物加工过程常用它来输送粉状及小块物料，如麸曲、薯粉、麦芽等，还可用于固体发酵中的培养基混合等。

（二）生产能力和消耗功率的计算

螺旋输送机的生产能力可由下式近似计算：

$$Q = 60 \times \frac{\pi}{4} D^2 sn\rho\varphi c \approx 47 D^2 sn\rho\varphi c \tag{3-20}$$

式中　Q——生产能力，t/h；

　　D——螺旋的直径，m；

　　s——螺距，m；

　　n——螺旋每分钟的转数，r/min；

　　ρ——物料的密度，t/m³；

　　φ——槽的装满系数，φ=0.125～0.4，麦皮、米糠 φ=0.25，粮粒 φ=0.33。

　　c——倾斜系数，0° 时 c=0.9，10° 时 c=0.8，15° 时 c=0.77，20° 时 c=0.65。

螺旋输送机的功率（kW）可由下式计算：

$$N_{轴} = \frac{Q}{367}(LgK + H) \tag{3-21}$$

$$N_{电机} = 1.2N_{轴}/\eta \tag{3-22}$$

式中　Q——生产能力，t/h；

　　L——输送机的长度，m；

　　H——输送高度（水平输送，H=0），m；

　　K——阻力系数，粉料取 1.8，谷物取 1.4；

　　η——传动效率，η=0.6～0.8。

四、气力输送设备

气力输送是利用气流在密闭管道中输送固体物料的一种输送方法，也就是利用具有一定压力和一定速度的气流，来输送固体物料的一种输送装置，气力输送又称为风力输送。

气力输送发明于19世纪后半叶。1883年，在俄国彼得堡出现了第一台用来卸船舱散装粮食的气力吸粮机。1893年英国也出现了固定式吸粮机。后来世界各港口广泛采用气力输送装置来运送粮食。据统计，1925～1926年间荷兰的鹿特丹港的海运粮食中，将近90%是用气力吸粮机，即吸送式气力输送装置来完成输送的，如图3-23所示。

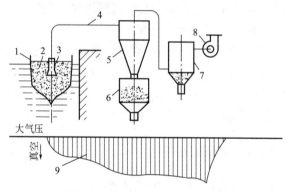

图3-23　吸送式气力输送装置

1—船舱；2—散装料；3—吸嘴；4—输料管；5—旋风分离器；6—料仓；
7—袋式除尘器；8—离心通风机；9—压力变化图

概念检查3-2

○ 举例说明生活中哪些应用类似于吸送式输送？

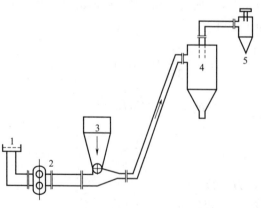

图3-24　压送式气力输送装置

1—空气粗滤机；2—罗茨鼓风机；3—料斗；
4—分离器；5—除尘器

近些年来，气力输送发展很快，在生物加工行业得到广泛应用，生物加工工厂利用气力输送瓜干、大米等固体物料都收到良好的效果。随着输送距离的增长，又发展了压送式气力输送装置，如图3-24所示。

气力输送与其他机械输送相比，具有以下一些优点：

（1）系统密闭，可以避免粉尘和有害气体对环境的污染；

（2）在输送过程中，可同时

进行对输送物料的加热、冷却、混合、粉碎、干燥和分级除尘等操作；

（3）设备简单，操作方便，容易实现自动化、连续化，改善了劳动条件；

（4）占地面积小，可以根据建筑物的结构，比较随意地布置气力输送管道。

当然，气力输送也有不足的地方：一般来讲其所需的动力较大，风机噪声大，一般要求物料的颗粒尺寸限制在30mm以下，对管路和物料的磨损较大，不适于输送黏性和易带静电而有爆炸性的物料。对于输送量少而且是间歇性操作的，亦不宜采用气力输送。

（一）悬浮式气力输送的基本原理

1. 垂直管中颗粒物料气流输送的流体力学条件

颗粒在垂直管内受到气流的影响，有三种力作用到颗粒上：

（1）颗粒（粒子）本身的重力 W；

（2）颗粒受到的浮力 F_a；

（3）颗粒（粒子）与气流相对运动而产生的阻力 F_s。

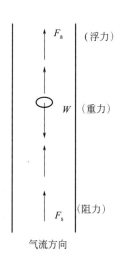

图 3-25　颗粒受力情况

这三个力中，W、F_a 是恒定不变的，是由粒子决定的。只有阻力 F_s 是随气流而变化的。当气流发生变化时，粒子将有三种状态，如图3-25所示。

（1）粒子向下加速运动：阻力方向向上，当 $W > F_a + F_s$ 时，即粒子的重力大于粒子的浮力和阻力之和时，粒子向下运动，随着运动速度的增大，空气对颗粒的阻力也随之增大，最终达到 $W = F_a + F_s$。

（2）粒子相对静止（或匀速直线下落）：当 $W = F_a + F_s$ 时，即粒子的重力等于粒子所受的浮力和阻力之和时，粒子处于相对静止状态，此时的气流速度为一特殊值，是使该粒子静止悬浮的一临界速度，这一临界速度便是该粒子的悬浮速度。显然，这一速度，是指气流所具有的速度，方向是向上的。

根据物理学理论，当 $W = F_a + F_s$ 时，即三力平衡时，粒子也可以以不变的速度在气流中匀速降落，此时称粒子自由沉降，粒子所具有的下降速度称为粒子（颗粒）的沉降速度。显然粒子的沉降速度的方向是向下的，其数值与悬浮速度相等，方向相反。

（3）粒子向上加速运动：此时粒子所受阻力方向向下，粒子的重力与阻力之和小于浮力，即 $W + F_s < F_a$，粒子不再静止悬浮，而是向上做加速运动。这说明此时的气流速度大于粒子的悬浮速度，气流速度迫使粒子向上运动。这就是悬浮流气力输送原理，此时的气流速度即为可输送该物料的气流速度。

所以，在垂直管道中，气流速度大于颗粒的悬浮速度，这就是垂直管中颗粒物料气流输送的流体力学条件。

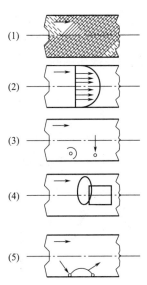
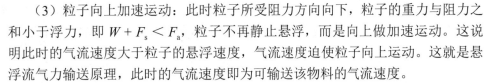

图 3-26　水平管的悬浮作用

2. 颗粒在水平管中的悬浮

颗粒在水平管中的悬浮一般可认为是下列几种力作用的结果，如图3-26所示。

（1）气流为湍流时在垂直方向上的分速度所产生的力。

（2）从流体力学方面得知，沿管截面的气速分布呈抛物线形，即管中心气速最大，越靠近管壁气速越低，由于这个速度差而引起的静压所产生的作用力。

（3）在管中心线下侧的颗粒，由于自身的旋转运动，使颗粒上方的气流局部

加速，颗粒下方的气流局部减速，即在颗粒上下方之间有一个气流速度差，相应产生一个压强差，该压强差形成的作用力方向自管底指向中心。这种作用也称麦格纽斯效应（Magnus effect）。

（4）颗粒与颗粒碰撞或颗粒与管壁碰撞而产生的垂直方向的反作用力。

（5）颗粒与颗粒碰撞或颗粒与管壁碰撞而产生的垂直方向的反作用力。

3. 颗粒在输料管中的运动状态

气流输送中，颗粒在管道中的运动状态与输送气流速度有直接的关系。

在垂直管中，气流速度达到粒子的自由沉降速度时，颗粒在气流中呈变化状态，自由悬浮在气流中；气流速度超过悬浮速度时，进行气流输送，颗粒基本上是均匀分布于气流中的。

在水平管道中，当气流速度很大时，颗粒全部悬浮，均匀分布于气流中，呈现所谓的悬浮流状态。当气流速度降低时，一部分颗粒沉积到管底下部，但没有降落到管壁上，整个管的截面上出现上部颗粒稀薄、下部颗粒密集的所谓两相流动状态，这种状态为悬浮输送的极限状态。当气速进一步降低时，将有颗粒从气流中分离出来沉于管底部，形成"小沙丘"向前推移，产生所谓团块流。

由上述分析看出，要想得到完全悬浮式气流输送，必须有足够的气流速度，以保证气流输送的正常进行。但是，过大的气速也是没有必要的，因为这将造成很大的输送阻力和较大的磨损。

（二）气力输送系统的组成设备

1. 进料装置

（1）吸嘴　吸送式气力输送装置通常采用吸嘴作为供料器。吸嘴有多种不同形式，主要有单筒形、双筒形、固定形三种。

① 单筒形吸嘴　输料管口就是单筒形吸嘴，它可以做成直口、喇叭口、斜口和扁口等多种形式，如图 3-27 所示。由于结构简单，应用较多。其缺点是当管口外侧被大量物料堆积封堵时，空气不能进入管道而使操作中断。

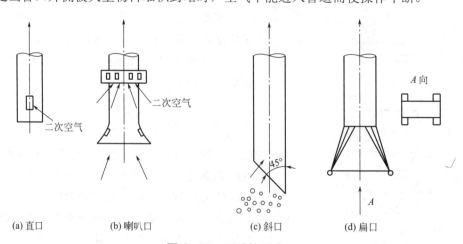

图 3-27　吸嘴的形式

② 双筒形吸嘴　如图 3-28 所示，它由一个与输料管相通的内筒和一个可上下移动的外筒组成。内筒用来吸取物料，其直径与输料管直径相同。外筒与内筒间的环隙是二次空气通道。外筒可上下调节，以获得最佳操作位置。吸嘴长度一般不超过 900mm。

③ 固定形吸嘴　这种吸嘴如图 3-29 所示，物料通过料斗被吸至输料管中，由滑板调节进料量。空气进口应装有铁丝网，防止异物吸入。

（2）旋转加料器　旋转加料器广泛应用在中、低压的压送式气力装置中，或在吸送式气力装置中作卸料用。它具有一定的气密性，适用于输送流动性好、摩擦性小的粉状和小块状的干燥物料。

旋转加料器结构如图 3-30 所示，它主要由圆柱形的壳体及壳体内的叶轮组成。叶轮由六至八片叶片组成，由电动机带动旋转。在低转速时，转速与排料量成正比，当达到最大排料量后，如继续提高转速，排料量反而降低。这是因为转速太快时，物料不能充分落入格腔里，已落入的又可能被甩出来。通常圆周速度在 0.3 ～ 0.6m/s 较合适。

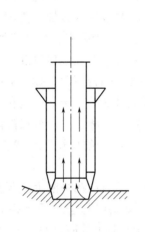

图 3-28　双筒喇叭形吸嘴

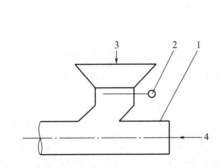

图 3-29　固定形吸嘴

1—输料管；2—滑板；3—物料；4—空气

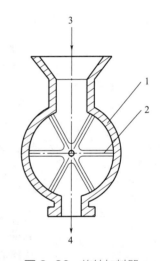

图 3-30　旋转加料器

1—外壳；2—叶片；3—入料；4—出料

叶轮与外壳之间的间隙约为 0.2 ～ 0.5mm，间隙愈小，气密性愈好，但相应的加工精度也就愈高，从而增加制造费用。也可在叶片端部装聚四氟乙烯或橡胶板，以提高其气密性。

旋转加料器的加料量 G，在设计时应满足压送式气力输送装置生产率的要求。G（t/h）可按下式计算：

$$G = 60n\psi(R-r)[\pi(R+r) - \delta Z]\rho L \tag{3-23}$$

式中　　n——叶轮的转数，r/min；

ψ——叶轮格腔的装满系数；

R——格腔外缘半径，m；

r——格腔底部半径，m；

δ——叶片厚度，m；

Z——叶片数；

ρ——被输送物料堆积密度，t/m³；

L——叶轮格腔长度，m。

叶轮格腔的装满系数 Ψ，在合适的转速情况下与物料的种类有关，对粒状和细块状而密度较大

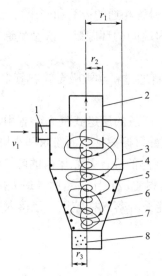

图 3-31 普通旋风分离器

1—入口管；2—排气管；3—圆筒体；
4—空间螺旋线；5—较大粒子；6—圆
锥体；7—反转螺旋线；8—卸料口

的物料可取 Ψ=0.7～0.8，对粉状物料可取 Ψ=0.5～0.6，对细粉状而密度小的物料取 Ψ=0.1～0.2。

此外还有喷射式加料器和螺旋式加料器，它们都可用于压送式气力输送系统。

2. 物料分离装置

物料沿输料管被送达目的地后，必须有一个装置（分离器）将物料从气流中分离出来，然后卸出。常用的分离器有旋风分离器和重力式分离器。

（1）旋风分离器　旋风分离器是利用离心力来分离捕集粉粒体的装置。这种分离器结构简单，加工制造方便，对于大麦、豆类等物料，分离效率可达百分之百，而且进口气速不宜过高，以减轻颗粒对器壁的磨损。如图 3-31 所示，气、固两相流经入口管 1，以切线方向进入圆筒体 3 后，形成下降的空间螺旋线 4 运动，较大粒子 5 借离心惯性力被甩向器壁而分离下沉，经圆锥体 6，由卸料口 8 排出。而较细的粒子和大部分气体，则沿上升的反转螺旋线 7，经排气管 2 排出。

如图 3-32 所示，气、固两相流沿切线方向流入器内，在横断面上做旋转运动。粒子 M 因离心惯性则沿虚线轨迹运动。设某瞬时粒子位于半径 r 处，其离心分离速度为 v_c，重力沉降速度为 v_0，圆围切向速度为 u，由粒子径向运动方程可得：

$$v_c = \frac{v_0 u^2}{gr} \tag{3-24}$$

在旋风分离器中，$\dfrac{u^2}{gr} \gg 1$，所以上式表明旋风分离器比重力沉降更能有效地分离粒子。同时又可知，u 越大，r 越小，则分离速度越高。

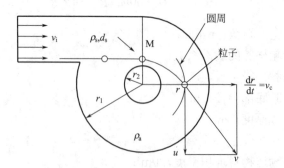

图 3-32 旋风分离器分离原理图

（2）重力式分离器　这类分离器又叫沉降器，有各种结构形式，图 3-33

是其中一种。带有悬浮物料的气流进入分离器后，流速大大降低，物料由于自身的重力而沉降，气体则由上部排出。这种分离器对大麦、玉米等能百分之百地分离。

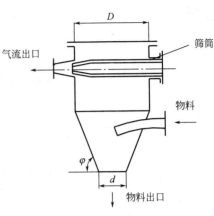

图 3-33 重力式分离器

分离器的圆筒直径 D（m）可按下式计算：

$$D = 1.13\sqrt{\frac{V_a}{au_t}} \qquad (3-25)$$

式中　　V_a——空气流量，m³/s；

　　　　a——系数，$0.03 \sim 0.05$；

　　　　u_t——悬浮速度，m/s。

圆筒高度 $L = (0.1 \sim 2.0)D$，对粒径大于 3mm 的粗颗粒取 $1.0 \sim 1.5$，对中等颗粒取 $1.3 \sim 1.8$，对粉状物料取 $1.5 \sim 2.0$。

圆锥部分的外锥角应大于物料的摩擦角。圆锥高度可按下式计算：

$$H = \frac{(D-d)\tan\varphi}{2} \qquad (3-26)$$

3. 空气除尘装置

由于经分离器出来的气流尚含有较多的微细物料和灰尘，为保护环境，回收气流中有经济价值的粉末并防止粉末进入风机使其磨损，需在分离器后和风机入口前装设除尘器。

除尘器的形式很多，常用的除尘器有离心式除尘器、袋式除尘器和湿式除尘器。

（1）离心式除尘器　普通离心式除尘器又称旋风分离器，其构造与离心式分离器相似，如图 3-34 所示。含尘空气沿除尘器外壳的切线方向进入圆筒的上部，并在圆筒部分的环形空间做向下的螺旋运动，被分离的灰尘沉降到圆锥底部，而除尘后的空气则从下部螺旋上升，并经排气管排出。

离心式除尘器近十几年在结构形式上有很多变化，种类较多，如图 3-35 所示旁路式离心式除尘器，图 3-36 所示扩散式离心式除尘器等。

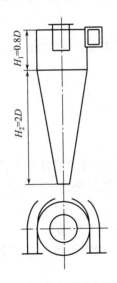

图 3-34 离心式除尘器

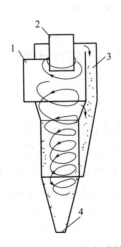

图 3-35 旁路式离心式除尘器

1—切向进口；2—排气管；3—旁路
分离室；4—卸灰口

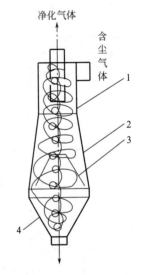

图 3-36 扩散式离心式除尘器

1—圆柱筒体；2—倒锥筒体；
3—反射屏；4—集灰斗

（2）袋式除尘器 袋式除尘器是利用织物袋子将气体中的粉尘过滤出来的净化设备，其结构如图 3-37 所示。含尘气流由进气口进入，穿过滤袋，粉尘被截留在滤袋内，从滤袋透出的清净空气由排气管排出，袋内粉尘借振动器振落到下部排出。

袋式除尘器的总过滤面积 F（m²）按下式估算：

$$F = \frac{Q}{q} \tag{3-27}$$

式中 Q——通过除尘器的含尘风量，m³/h；

q——单位负荷，一般取 q=10～40m³/（m²·h），对手工振打的取小值，对脉冲气流反向吹洗的取大值。

国产袋式除尘器的定型产品，可根据含尘风量由产品目录选用。

（3）湿式除尘器 湿式除尘器就是利用水来捕集气流中的粉尘，有多种不同的结构形式，图 3-38 就是结构较为简单的一种。含尘气体进入除尘器后，经伞形孔板洗涤鼓泡而净化，粉尘则被截留在水中。这种除尘器要定期更换新水，只适用于含尘量较少的气体净化。

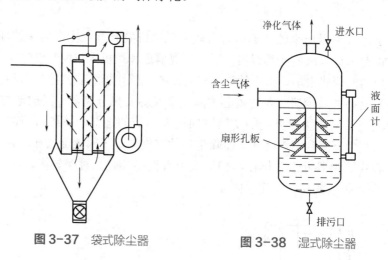

图 3-37 袋式除尘器　　　　图 3-38 湿式除尘器

（三）气力输送装置的设计计算

1. 设计计算程序

（1）根据被输送物料的性质和输送距离及起点和终点具体使用情况，确定气力输送形式（吸送式、压送式），并由要求的输送量确定其输送能力。

（2）确定合适的混合比和空气消耗量。

（3）根据被输送物料的悬浮速度确定最有利的气流速度。

（4）根据输送系统结构、输送距离、输送物料的特性等计算整个装置的总压力损失。

（5）按照计算确定的空气消耗量和输送装置的总压力损失选取定型压气机械，计算风机所需功率并选定配套电动机。

2. 主要参数的计算

（1）气流速度　气力输送装置设计得是否合理，选择合适的气流速度是很关键的。气流速度过低，被输送的物料不能悬浮或不能完全悬浮，容易造成管道阻塞。气流速度过高，则浪费动力，而且加剧了输送装置的磨损和物料的破碎。

根据悬浮气力输送的机理，只要气流速度大于物料的悬浮速度，就能实现气力输送。实际上，由于物料颗粒间的碰撞，颗粒与管道的碰撞，以及气流速度沿管截面上分布的不均匀等因素，要获得良好的气流输送状态，获得完全的悬浮流状态，使用的气流速度远比颗粒的悬浮速度大，超出的系数应通过实验确定。水平管中颗粒的悬浮机理与垂直管中是完全不同的。要较合理地确定气流速度，只能采用实验或经验方法。表 3-4 为生产中使用的气流速度。一般来说，物料的密度越大，粒径越大，则所选用的气流速度就要大。

表 3-4　气流速度

物料	速度 /（m/s）	物料	速度 /（m/s）
大麦	22 ~ 24	大米	24
绿麦芽	24	山芋干	18 ~ 22
麦芽	22	面粉	14 ~ 18

（2）混合比　混合比又称质量浓度，是指在单位时间内所输送的物料质量流量与空气质量流量之比，即：

$$u = \frac{G_S}{G} \tag{3-28}$$

式中　G_S——物料的质量流量，kg/h；

　　　G——空气的质量流量，kg/h；

上式表明每 1kg 空气所能输送的物料量。显然，混合比愈大，每 1kg 空气输送的物料量就愈多。但过高的混合比，易造成管路堵塞，且阻力损失也大，因此需要压力较高的空气。混合比的选择主要取决于输送系统的具体情况和物料特性。吸送式系统混合比可取小些，压送式系统混合比可取大些。输送距离短的混合比可取大些，反之可取小些。松散的颗粒状物料混合比可取大些，粉状物料或较潮湿物料混合比应取小些。一般选取混合比的范围如表 3-5 所示。

表 3-5　混合比值

输送方式	系统内压力 /Pa	混合比 u	输送方式	系统内压力 /Pa	混合比 u
低真空吸送	−0.2×10⁵ 以下	1 ~ 10	低压压送	<0.5×10⁵	1 ~ 10
高真空吸送	（−0.2 ~ −0.5）×10⁵	10 ~ 50	高压压送	（1 ~ 7）×10⁵	10 ~ 50

（3）输送空气量和输送管径计算

输送空气量 V（m³/h）：

$$V = \frac{G_S}{u\rho_s} \tag{3-29}$$

式中　G_S——物料的质量流量，kg/h；

　　　u——混合比；

　　　ρ_s——空气密度，kg/m³。

输送管直径 D(m)：

$$D = \sqrt{\frac{4V}{3600\pi u_a}}$$ (3-30)

式中 u_a——空气流速，m/s。

（4）气力输送系统的总压力损失 Δp 输送系统的总压力损失，是指输料管中各项压力损失和各部件的压力损失之总和。

① 加速段的压力损失 Δp_1（Pa） 物料进入输料管后开始向规定方向运动时，需要靠气流的动能对它进行一段加速的过程，才能达到稳定的输送状态。这段压力损失按下式计算：

$$\Delta p_1 = \frac{(C+u)\rho_s u_a^2}{2}$$ (3-31)

式中 C——供料系数，其值在 $1 \sim 10$ 之间，连续稳定供料取小值，间断供料或从吸嘴吸料时取大值。

对于均匀的粒状物料（如小麦），进入输料管后经约 2s，运动距离约在 10 m 以内，便可加速完毕。加速段内，空气与粒子之间的速度差较大，空气流动阻力显著增加。对于吸送式或低压压送式气流输送系统，加速段虽然距离不长，但其压力损失在总风压中占有较大比例，这就影响到整个系统的输送能力。所以，应尽量采用连续稳定的加料装置，以减少加速段压力损失。

② 输料管中的压力损失 Δp_2 输送管中的压力损失是指以稳定状态输送物料时，输送管中由于物料在管内相互碰撞与管壁碰撞摩擦而引起的压力损失，这部分损失在整个系统的压力损失中占的比例很大，设计时应尽可能减小这项压力损失。当输料管分别由垂直管、水平管和弯管部分组成时，应分别进行计算。

水平输料管中的压力损失 Δp_{2H}（Pa）：

$$\Delta p_{2H} = a_H \lambda_a \frac{L}{D} \times \frac{\rho_s u_a^2}{2}$$ (3-32)

$$\lambda_a = K\left(0.0125 + \frac{0.0011}{D}\right)$$ (3-33)

光滑管：$K = 1.0$，新焊接管：$K = 1.3$，旧焊接管：$K = 1.6$

$$a_H = \sqrt{\frac{30}{u_a}} + 0.2u$$ (3-34)

式中 L——水平输料管长度，m；

  D——输料管内径，m；

  λ_a——空气摩擦系数，一般在 $0.02 \sim 0.04$ 之间；

  a_H——系数。

垂直输料管中的压力损失 Δp_{2V}（Pa）：

$$\Delta p_{2V} = a_V \lambda_a \frac{L}{D} \times \frac{\rho_s u_a^2}{2}$$ (3-35)

$$a_V = \frac{250}{u_a^{1.5}} + 0.15u$$ (3-36)

式中 a_V——系数。

弯管输料管中的压力损失 Δp_{2E}（Pa）：

$$\Delta p_{2E} = \sum \xi_E u \frac{\rho_s u_a^2}{2} \tag{3-37}$$

式中 ξ_E——输料管弯管阻力系数，依表 3-6 选用。

表 3-6 输料管弯管阻力系数

曲率半径比（R/D）	2	4	6	8
ξ_E	1.5	0.75	0.50	0.38

③ 分离器的压力损失 Δp_3

重力式分离器的压力损失 Δp_{3W}（Pa）：

$$\Delta p_{3W} = (1 + 0.8u)\xi_W \frac{\rho_s u_a^2}{2} \tag{3-38}$$

式中 ξ_W——阻力系数，取 $1.0 \sim 2.0$。

旋风分离器的压力损失 Δp_{3S}（Pa）：

$$\Delta p_{3S} = \xi_S \frac{\rho_s u_a^2}{2} \tag{3-39}$$

式中 ξ_S——阻力系数。

④ 空气管的压力损失 Δp_4 空气管内的压力损失是指不带物料的气流管道中纯空气气流的压力损失。在吸送式系统是指从空气吸入口至供料器这段管路；压送式是指从风机至供料器一段的管道，以及气流从分离器出来后的一段气体管路。空气管的压力损失分直管和弯管两部分计算。

直管的压力（Pa）损失：

$$\Delta p_{4R} = \lambda_a \frac{L}{D} \times \frac{\rho_s u_1^2}{2} \tag{3-40}$$

弯管的压力（Pa）损失：

$$\Delta p_{4C} = \xi_b \frac{\rho_s u_1^2}{2} \tag{3-41}$$

式中 u_1——空气在空气管中流速，m/s；

ξ_b——空气管弯管阻力系数，由表 3-7 查取。

所以，气流输送装置的总压力损失 $\Delta p = \Delta p_1 + \Delta p_2 + \Delta p_3 + \Delta p_4$。

表 3-7 空气管弯管阻力系数

曲率半径比（R/D）	ξ_b	曲率半径比（R/D）	ξ_b
1.0	0.26	2.0	0.15
1.5	0.17		

（5）输送功率的计算及风机的选择 计算输送功率，实质就是求取系统所需的风机功率，而风机功率则由系统的总压力损失及所需空气量求得。实际上应考虑排风口的风压、计算的误差等因素，应有一定的余量。所以将 Δp 增加 $10\% \sim 20\%$ 作为选择风机的依据。即风机风压为：

$$p = (1.1 \sim 1.2)\Delta p \tag{3-42}$$

风机的风量 V_a（m³/s）为：

$$V_a = \frac{(1.1 \sim 1.2)V}{3600} \tag{3-43}$$

风机的功率 N（W）为：

$$N = \frac{V_a p}{\eta} \tag{3-44}$$

式中　η——效率，一般取 0.5～0.7；

　　　p——风压，Pa。

风机是气流输送系统的动力设备，选择风机首先是选型。在压力输送系统中，低压压送通常可选用离心式通风机，压力稍高可用罗茨鼓风机或离心式鼓风机，高压压送则可选用空气压缩机。对于真空输送系统，通常可用往复式泵、水环式真空泵或罗茨鼓风机等。此外，在选型时还应考虑到空气的含尘量而选择合适的型号，即风机的结构要适应输送气体的性质。同时要使送入系统的空气尽可能不带油、水和灰尘等。

风机型式确定后，其次是确定其大小（即机号），也就是要满足输送系统对风量和风压的要求。任何一台风机，在一定转速下，只有在某一风量和风压范围内工作，才能有较高的效率。所以选择风机的大小，就是要选择一台在所要求的风量和风压下具有较高效率的风机。

 总结

○ 根据其作用原理，液体输送设备大致可分为离心泵、往复泵、旋转泵等类型。

○ 表示离心泵工作性能的参数叫泵的性能参数，包括：流量、压头（扬程）、效率、转速、功率、气蚀余量（吸上真空度）等，其中压头、流量、效率为主要性能参数。

○ 常用的气体输送设备有：低压空气压缩机、通风机和鼓风机等。

○ 固体物料的输送方式有两种：一种是机械输送，利用机械运动输送物料；另一种是气力输送，借助风力输送物料。

○ 连续机械输送设备种类繁多，目前用于输送固体原料的主要有以下几种：（1）带式输送机；（2）斗式提升机；（3）刮板输送机；（4）螺旋输送机。

○ 在垂直管道中，气流速度大于颗粒的悬浮速度是颗粒物料气流输送的流体力学条件。

○ 在生物加工行业中，固体物料的气力输送根据需要可分为压送式气力输送流程和吸送式气力输送流程。

 课后练习

1.为什么离心泵的安装高度不能超过临界安装高度？

2.几种不同的液体输送设备适合输送的液体性质？

3.垂直管中颗粒物料气流输送的流体力学条件是（　　　）

　　A.气流速度大于悬浮速度

　　B.气流速度小于悬浮速度

　　C.气流速度等于悬浮速度

　　D.不能确定

4.压送式气力输送装置的闭风器应装在（　　　）

　　A.卸料口处　　　　　　　B.加料口处　　　　　　　C.中间部位　　　　　　　D.无论哪里

5.填空题

　　适用于从多处向一处集中输送的输送流程为_____，适合于从一处向多处集中输送的输送流程为_____。

6.判断题

　　吸送式气力输送系统的风机安装在系统尾部，系统在负压下运行。（　　　）

题1答案　　　　　　　　　　题2答案　　　　　　　　　　题3-6答案

第四章　空气供给工程设备

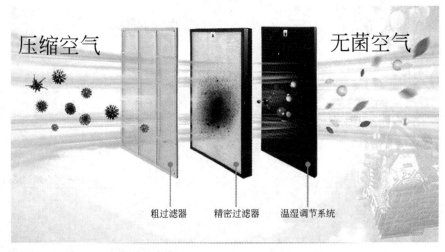

无菌空气的制备及空气调节过程

　　每立方米空气中含有 1000 ～ 10000 个微生物，这些微生物会干扰纯种培养过程的正常进行，降低发酵产量。

　　进入发酵系统空气必须为"无菌空气"，且具有特定的温湿度。

思维导图

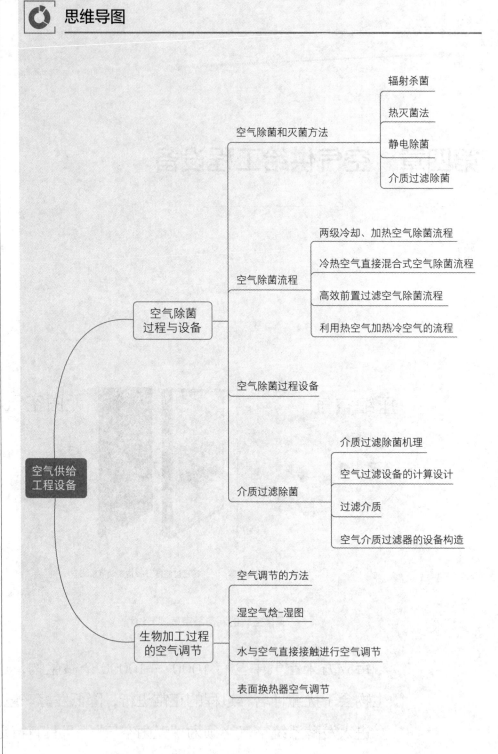

　　和大多数生命体一样，好氧微生物无论是生长还是合成代谢产物都需要消耗氧气以满足自身的需要，这些氧气通常以空气的形式提供。此外，为了实现微生物的纯种培养，进入培养系统的空气必须是无菌的，因为空气中夹带多种不同的微生物，这些微生物如果随空气一起进入培养系统，便会在合适的条件下大量繁殖，与发酵生产中的生产菌竞争营养物，产生各种副产物，从而干扰或破坏纯种培养过程的正常进行，降低产品的得率和发酵产量，甚至使培养过程彻底失败导致倒罐，造成严重的经济损失。因此，空气除菌是生物细胞培养过程中极其重要的一个环节。

　　其次，除了对空气的洁净度有要求外，空气的温度、湿度也是影响生物加工过程的重要因素。例如，进入固态发酵培养基或固态发酵室的空气，其温度和湿度有严格要求；用气流干燥处理产品，需要对空气的温度和湿度进行调节。而针对不同的加工过程，如何正确调节空气的温湿度则是本章需要掌握的内容。

👁 学习目标

- 掌握无菌的空气概念和常用的除菌方法及其流程。
- 了解不同空气除菌设备结构及其工作原理。
- 掌握空气除菌过程中过滤器的选型设计与计算。
- 了解不同空气调节设备的结构及其工作原理。
- 掌握空气调节过程的计算。

第一节　空气除菌过程与设备

一、空气除菌和灭菌方法

　　空气中可以检测到一些细菌及其芽孢、酵母、真菌和病毒，其含菌量随环境的不同而有很大的差异。一般干燥寒冷的空气含菌量较少，而温暖潮湿的空气含菌量较多；人口稠密的城市比人口较少的农村空气含菌量多；地平面又比高空的空气含菌量多。

　　各地空气所悬浮的微生物的种类以及比例各不相同，数量也随条件的变化而异，设计时一般以含量为 $10^3 \sim 10^4$ 个 $/m^3$ 为依据进行计算，或者采用培养法或光学法测定其近似值。

　　生物加工过程中，由于所用菌种的生产能力的强弱、生长速度的快慢、发酵周期的长短、分泌物质的性质、培养基的营养成分和 pH 等的差异，对空气无菌程度有着不同的要求。如面包酵母培养和醋酸发酵生产，前者因为酵母的比生长速率快，利用营养物质的效率较高，酵母细胞会占绝对优势地位，从而抑制其他杂菌的生长；后者因为醋酸的生成导致发酵液的 pH 降低，对杂菌有一定的抵抗能力，对空气的无菌程度要求较低。而氨基酸、抗生素的发酵由于发酵周期长，对空气无菌程度的要求就要高得多。一般说来，生物加工过程中应用的"无菌空气"，是指通过除菌处理使空气中的含菌量降低到某一个水平，从而使杂菌污染的可能性降至极小。根据生物产品的不同，可以按染菌概率 $10^{-3} \sim 10^{-6}$/ 次来表示无菌程度，10^{-3} 染菌率表示 1000 次培养所用的无菌空气只允许 1 次染菌。

概念检查 4-1

○ 何为无菌空气？发酵工业对空气无菌程度的要求是什么？

空气除菌就是除去或杀灭空气中的微生物。常用的除菌方法有介质过滤、辐射、化学药品、加热、静电吸附等。辐射杀菌、化学药品杀菌、干热杀菌等都是将有机体蛋白质变性而破坏其活力，从而杀灭空气中的微生物；介质过滤和静电吸附方法则是利用分离方法将微生物粒子除去。生物加工过程所需的无菌空气要求高，用量大，故要选择运行可靠、操作方便、设备简单、节省材料和减少动力消耗的有效除菌方法。

（一）辐射杀菌

超声波、高能阴极射线、X 射线、γ 射线、β 射线和紫外线理论上都能破坏蛋白质活性而起杀菌作用。但由于具体的杀菌机理不是很清楚，目前应用较广泛的还是紫外线。紫外线波长为 253.7 ～ 265.0nm 时杀菌效力最强，它的杀菌力与紫外线的强度成正比，与距离的平方成反比。辐射灭菌目前仅用于一些表面的以及对流不强情况下有限空间内空气的灭菌，对于在大规模的空气灭菌尚有不少问题亟待解决。

（二）热灭菌法

空气干热杀菌是依靠加热后使微生物体内蛋白质（酶）氧化而致死亡，与培养基灭菌利用蛋白质（酶）的凝固破坏而致菌体死亡在机理上大不相同。热灭菌法虽然是有效、可靠的杀菌方法，但是如果采用蒸汽或电热来加热大量的空气以达到杀菌的目的，则需要消耗大量能源和增设大量的换热设备，从技术经济上来看不是很合理。但利用空气压缩时产生的热量来进行加热保温在生产上有重要的意义，它的实用流程如图 4-1 所示。

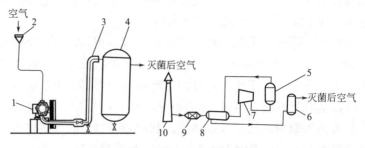

图 4-1 空气热灭菌流程示意图

1—压缩机；2—粗过滤器；3—保温层；4—贮罐；5—保温罐；6—列管式冷却器；
7—涡轮压缩机；8—预热器；9—粗过滤器；10—空气吸入塔

（三）静电除菌

静电除菌是利用静电引力来吸附空气中的水雾、油雾、尘埃、微生物等带电离子，从而达到除尘灭菌的目的。

悬浮于空气中的微生物、微生物孢子大多数带有不同的电荷，没有电荷的微粒进入高压静电场时则会被电离成带电微粒，但对于一些直径很小的微粒，它所带的电荷很小，当产生的引力等于或小于气流对微粒的拖带力或微粒布朗运动的动量时，微粒就不能被吸附而沉降，所以静电除菌对体积很小的微生物效率较低。

静电除菌装置如图 4-2，可以根据对菌体微粒的作用分为电离区和捕集区。空气通过电离区后，它所带的细菌微粒被电离而带正电荷。捕集区由一系列交替排列的高压电极板与接地电极板组成，它们间隔很窄，且平行于气流方向。在高压电极板上加上 5kV 的直流电压，极板间形成一均匀电场，当气流与被电离的微粒流过时，带正电荷的微粒受静电场库仑力的作用，产生一个向负极的加速度向极板移动，最后吸附在极板上。当捕集的微粒积聚到一定厚度时，则极板间的火花放电加剧，极板电压下降，微粒的吸附力减弱甚至随气流飞散，这时除菌效率大幅下降。一般当电极板上尘厚 1mm 时，就应该用喷水管自动喷水清洗，洗净干燥后重新投入使用。由于静电除菌的除菌效率不高，往往需要与高效空气过滤器联合使用。到目前为止，静电除菌在生物过程无菌空气制备中并不多见。

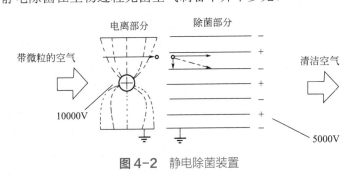

图 4-2　静电除菌装置

（四）介质过滤除菌

过滤除菌是使含菌空气通过过滤介质，以阻截空气流中所含微生物，从而取得无菌空气的方法，是目前生物加工过程中获得大量无菌空气最常用的方法。常用的过滤介质按孔隙的大小可分为两大类：一类是介质间孔隙大于微生物直径，故必须有一定厚度的介质滤层才能达到过滤除菌的目的，这类过滤介质有棉花、活性炭、玻璃纤维、有机合成纤维、烧结材料（烧结金属、烧结陶瓷、烧结塑料）；而另一类介质的孔隙小于细菌，含细菌等微生物的空气通过介质，微生物就被截留于介质上而实现过滤除菌，有时称之为绝对过滤。绝对过滤在生物加工过程中的应用逐渐增多，它可以除去 0.2μm 左右的粒子，故可以把微生物全部过滤除去。从经济性、可操作性、有效性等方面考虑，生物加工过程的无菌空气基本上采用介质过滤的方法进行。

 概念检查 4-2

○ 在新冠疫情蔓延下，为什么要求戴口罩？

二、空气除菌流程

空气除菌流程是按生产对无菌空气要求具备的参数，如无菌程度、空气压力、温度等，并结合吸气环境的空气条件和所用除菌设备的特性而制定的。

要把空气过滤除菌，并输送到需要的地方，首先要提高空气的能量即增加空气的压力，以克服设备和管道的阻力，这就需要使用空气压缩机或鼓风机。而空气经压缩后，温度会升高，冷却后会释出水分，空气在压缩过程中又有可能夹带机器润滑油雾，这些都增加了无菌空气制备的难度。

对于风压要求低、输送距离短、无菌要求不高的场合，如洁净工作室、洁净工作台等，以及具有自吸作用的发酵系统，如转子式自吸发酵罐等，只要数十到数百帕的空气压力就可以满足需要。在这种情况下，可以采用普通的离心式鼓风机增压，具有一定压力的空气通过一个大过滤面积的过滤器，以很低的流速进行过滤除菌，这样气流的阻力损失就很小。由于空气的压缩比很小，空气的温度升高不多，相对湿度变化不大，如果空气过滤效率比较高，经一、二级过滤后就能符合无菌空气的要求。这样的除菌流程比较简单，关键在于离心式鼓风机的增压与空气过滤的阻力损失要配合好，以保证空气过滤后还有足够的压力推动空气在管道和无菌空间中流动。

制备高压无菌空气可以采用空气压缩机。由于空气压缩比大，空气的各种参数变化大，这就需要额外增加一系列附属设备。这种流程的制定应根据所在地的地理位置、气候环境和设备条件等作全面考虑。如在环境污染比较严重的地方，要考虑改变吸风的条件，以降低过滤器的负荷，提高空气的无菌程度；在温暖潮湿的南方，要加强除水设施，以确保过滤器的最大除菌效率和使用寿命；在压缩机耗油严重的流程中要加强油雾的去除。另外，空气被压缩后温度升高，需将其迅速冷却，以减小压缩机的负荷，保证机器的正常运转。空气冷却将析出大量的冷凝水形成水雾，必须将其除去，否则带入过滤器将会严重影响过滤效果。一般要求压缩空气的相对湿度 φ 为 50% ~ 60% 时通过过滤器为好。

要保持过滤器在比较高的效率下进行过滤，并维持一定的气流速度和不受油、水的污染，需要一系列的加热、冷却及分离和除杂设备来保证。空气过滤除菌有多种流程，下面介绍几种较为典型的设备流程。

（一）两级冷却、加热空气除菌流程

两级冷却、加热空气除菌流程是一个比较完善的空气除菌流程，具体流程见图 4-3。

该流程可适应各种气候条件，能充分地分离油水，使空气达到低的相对湿度下进入过滤器，以提高过滤效率。该流程的特点是两次冷却、两次分离、适当加热。两次冷却、两次分离油水的好处是能提高传热系数，节约冷却水，油水分离得比较完全。经第一冷却器冷却后，大部分的水、油都已结成较大的颗粒，且雾粒浓度较大，故适宜用旋风分离器分离。第二冷却器使空气进一步冷

却后析出一部分较小雾粒，宜采用丝网分离器分离，这样发挥丝网能够分离较小直径的雾粒和分离效率高的作用。通常，第一级冷却到 30 ~ 35℃，第二级冷却到 20 ~ 25℃。除水后，空气的相对湿度仍较高，须用加热器加热空气，使其相对湿度降低至 50% ~ 60%，以保证过滤器的正常运行。

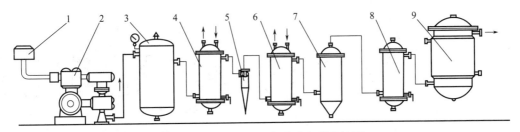

图 4-3　两级冷却、加热空气除菌流程

1—粗过滤器；2—压缩机；3—贮罐；4,6—冷却器；5—旋风分离器；7—丝网分离器；8—加热器；9—过滤器

两级冷却、加热空气除菌流程尤其适用潮湿的地区，其他地区可根据当地的情况对流程中的设备作适当的增减。一些对无菌程度要求比较高的微生物工程产品均使用此流程。

（二）冷热空气直接混合式空气除菌流程

冷热空气直接混合式空气除菌流程如图 4-4 所示。

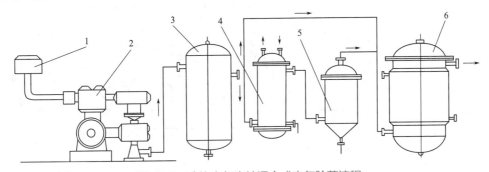

图 4-4　冷热空气直接混合式空气除菌流程

1—粗过滤器；2—压缩机；3—贮罐；4—冷却器；5—丝网分离器；6—过滤器

从流程图 4-4 可以看出，压缩空气从贮罐出来后分成两部分，一部分进入冷却器，冷却到较低温度，经分离器分离水、油雾后与另一部分未处理过的高温压缩空气混合，此时混合空气已达到温度 30 ~ 35℃、相对湿度 50% ~ 60% 的要求，再进入过滤器过滤。该流程的特点是可省去第二次冷却后的分离设备和空气加热设备，流程比较简单，利用压缩空气来加热析水后的空气，冷却水用量少。该流程适用于中等含湿地区，但不适合于空气含湿量高的地区。由于外界空气随季节而变化，冷热空气的混合流程需要较高的操作技术。

（三）高效前置过滤空气除菌流程

图 4-5 为高效前置过滤空气除菌的流程示意图。

该流程采用了高效率的前置过滤设备，利用压缩机的抽吸作用，使空气先经中、高效过滤后，再进入空气压缩机，这样就降低了主过滤器的负荷。经高效前置过滤后，空气的活菌数已经比较低，再经冷

却、分离，进入主过滤器过滤，就可获得无菌程度很高的空气。此流程的特点是采用了高效率的前置过滤设备，使空气经过多次过滤，因而所得的空气无菌程度比较高。

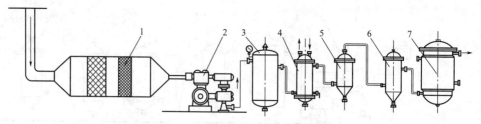

图 4-5　高效前置过滤空气除菌流程

1—高效前置过滤器；2—压缩机；3—贮罐；4—冷却器；5—丝网分离器；6—加热器；7—过滤器

（四）利用热空气加热冷空气的流程

图 4-6 为利用热空气加热冷空气的流程示意图。

它利用压缩后热空气和冷却后的冷空气进行热交换，使冷空气的温度升高，降低相对湿度。此流程对热能的利用比较合理，热交换器还可以兼做贮气罐，但由于气 - 气交换的传热系数很小，加热面积要足够大才能满足要求。

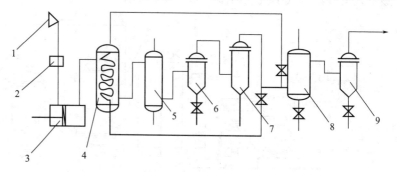

图 4-6　利用热空气加热冷空气的流程示意图

1—高空采风；2—粗过滤器；3—压缩机；4—热交换器；5—冷却器；6,7—析水器；
8—空气总过滤器；9—空气分过滤器

由以上较为典型的无菌空气制备流程可以看出，无菌空气制备的整个过程包括两部分：一是对进入空气过滤器的空气进行预处理，达到合适的空气状态（温度、湿度）；二是对空气进行过滤处理，以除去空气中微生物，满足生物细胞培养需要。

三、空气除菌过程设备

1. 粗过滤器

为保护空气压缩机，延长空气压缩机的使用寿命，常在空气吸入口处设置粗过滤器或前置高效过滤器，捕集较大的灰尘颗粒，防止压缩机受损，同时也可减轻总过滤器负荷。对于这种前置过滤器，要求过滤效率高，阻力小，否则会增加压缩机的吸入负荷和降低压缩机的排气量。通常采用布袋过滤器、填料过滤器、油浴洗涤和水雾除尘装置等。

布袋过滤结构最简单，只要将滤布缝制成与骨架相同形状的布袋，紧套于焊在进气管的骨架上，并缝紧所有会造成短路的空隙。它的过滤效率和阻力损失主要视所选用的滤布结构情况和过滤面积而定。布质结实细致，则过滤效率高，但阻力大。最好采用毛质绒布效果最好，现多采用合成纤维滤布、无纺布。气流速度越大，则阻力越大，且过滤效率也低。气流速度一般为 $2.0 \sim 2.5 m^3/(m^2 \cdot min)$，空气阻力大约为 $600 \sim 1200Pa$。滤布要定期清洗，以减少阻力损失和提高过滤效率。

填料过滤器一般用油浸铁丝网、玻璃纤维或其他合成纤维等作填料，过滤效果稍比布袋过滤好，阻力损失也小，但结构复杂，占地面积也较大，内部填料经常洗换才能保持一定的过滤作用，操作比较麻烦。

油浴洗涤装置如图 4-7 所示。空气进入装置后通过油层洗涤，空气中的微粒被油黏附而逐渐沉降于油箱底部而除去。这种装置的洗涤除菌效果好，阻力也不是很大，但耗油量较多。

水雾除尘装置结构如图 4-8 所示，空气从设备底部进口管吸入，经装置上部喷下的水雾洗涤将空气中的灰尘、微生物颗粒黏附沉降，从装置底部排出，而带有水雾的洁净空气经上部过滤网过滤后进入压缩机。洗涤室内空气流速不能太大，一般在 $1 \sim 2m/s$ 范围内，否则带出水雾太多，会影响压缩机，降低排气量。

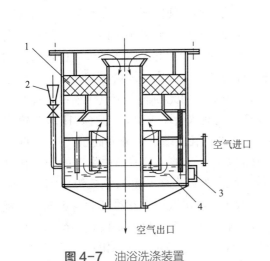

图 4-7 油浴洗涤装置

1—滤网；2—加油斗；3—油镜；4—油层

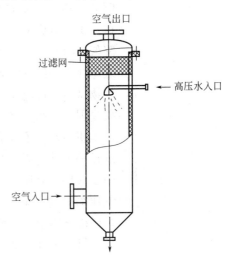

图 4-8 水雾除尘装置

2. 空气压缩机

供应生物加工过程用的空气在生产输送过程中要克服各种阻力，且生产用无菌空气需要有 $0.2 \sim 0.3MPa$ 的压力，因此吸入的空气必须经空压机压缩。目前离心式空气压缩机和往复式空气压缩机（图 4-9）的使用都较为广泛，但前者正逐步替代后者。

离心式空气压缩机一般由电机直接带动涡轮，靠涡轮高速旋转时所产生的"空穴"现象，吸入空气并使其获得较高的离心力，再通过固定的导轮和涡轮形成机壳，使部分动能转变为静压后输出。离心式空气压缩机具有体积和重量都小而流量很大、供气均匀、运转平稳、易损部件少、维护方便、获得的空气不带油雾等特点，是非常理想的生物加工过程供气设备。 适用于生物加工过程的离心式空气压缩机是低压涡轮空气压缩机，出口压力一般为 $0.25 \sim 0.50MPa$。低压涡轮空气压缩机有单级和多级，后者还可以分段。例如，两段涡轮空气压缩机每段中可有多级翼轮，段与段间有中间冷却设备。输气量一般在

100m³/min 以上，最大的可达 12000m³/min。

(a)

(b)

图 4-9　常见的离心式空气压缩机（a）和往复式空气压缩机（b）

往复式空气压缩机是靠活塞在汽缸内的往复运动而将空气抽吸和压出的，因此出口压力不够稳定，产生空气的脉动。如果使用一般的油润滑空气压缩机，则汽缸内要加入润滑活塞用的润滑油，使空气中带入油雾，导致传热系数降低，给空气冷却带来困难，如果油雾的冷却分离不干净，带入过滤器会堵塞过滤介质的纤维空隙，增大空气压力损失。油雾黏附在纤维表面，可能成为微生物微粒穿透滤层的途径，降低过滤效率，严重时还会浸润介质而破坏过滤效果。因此，在选择空气压缩机时，最好采用无油润滑空气压缩机。往复式空气压缩机有单缸和多缸之分，多缸中又有 V 形、W 形、L 形、H 形对置式等汽缸排列形式。以出口压力分，往复式空气压缩机可分为高压（8 ~ 100MPa）、中压（1 ~ 8MPa）、低压（1MPa 以下）三种。目前国内生产的低压往复式空气压缩机除小型（1m³/min）是单缸之外，大多数是双缸二级压缩的。所谓二级压缩是指空气先进入第一级（低压）汽缸经压缩和冷却后再进入第二级（高压）汽缸进行压缩，然后排出。双缸二级压缩又以 L 形的设计最为普遍。低压二级压缩的额定出口压力为 0.8MPa，但可在 0.4 ~ 0.8MPa 范围内进行调节。

3. 空气贮罐

空气压缩机特别是往复式空气压缩机出来的空气是脉动的，在过滤器前要安装一个空气贮罐来消除脉动维持罐压的稳定。贮气罐的作用使压力稳定外，还可以使部分液滴在罐内沉降。其体积一般为空压机的容积流量（产气量）的 10% ~ 20%。

贮气罐圆筒部分的高径比通常为 2.0 ~ 2.5。贮气罐上应装安全阀，底部应装排污口，空气在贮罐中的流向应自下而上比较好，如能在罐内放置铁丝网除雾器则更为理想。

4. 空气冷却器

空气经压缩后，温度会显著上升，压缩比愈高，温度也愈高。若将此高温压缩空气直接通入空气过滤器，会引起过滤介质的炭化或燃烧，而且还会增大培养装置的降温负荷，给培养温度的控制带来困难，同时高温空气还会增加培养液水分的蒸发，对微生物的生长和生物合成都是不利的，因此要将压缩空气降温。用于空气冷却的设备一般有列管式换热器和喷淋式热交换器等。由于空气的给热系数很低，设计时应采用恰当的措施来提高它的给热系数，否则将需要很大的传热面积。

使用列管式换热器时，冷却水（或低温水、冷盐水）在管内流动，流速为 0.5～3.0m/s；空气在壳内流动，流速为 2～15m/s。为增加冷却水的流速可采用多程（一般为 2～4 程）换热器；同时为增加空气在壳体内的湍动，换热器壳体内装有若干与管束垂直的圆缺形挡板或盘状挡板。若水质条件较好，如杂质少不易形成积垢时，为提高空气给热系数，可安排空气走管内，造成多程流动以提高空气流速。

在计算冷却器的热交换量时应注意，除了使压缩空气冷却外，在析出水分的情况下还应加入水分冷凝时所释出的汽化潜热。

5.气液分离器

经冷却降温后的空气相对湿度增大，超过其饱和度时（或空气温度冷却至露点以下时），就会析出水来，使过滤介质受潮失效，因此压缩后的湿空气要除水；同时由于空气经压缩机后不可避免地会夹带润滑油，故除水的同时尚需进行除油。油水分离可选用气液分离器，所用设备一般有两类，一类是利用离心力进行沉降的旋风分离器，另一类是利用惯性进行拦截的介质填料过滤器。

旋风分离器是一种结构简单、阻力小、分离效果较高的气-固或气-液分离设备。如图 4-10 所示，旋风分离器器体上部为圆筒形，下部为圆锥形。含雾沫的气体从圆筒上侧的进气管以切线方向进入，获得旋转运动，分离出雾沫后从圆筒顶的排气管排出。油水滴到锥底落入集液斗。

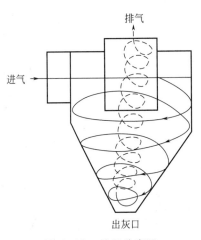

图 4-10 旋风分离器

气体通过进气口的速度为 10～25m/s，一般采用 15～20m/s，所产生的离心力可以分离出小到 5μm 的颗粒及雾沫。排气口气流速度为 4～8m/s，油水滴在旋风分离器中的径向速度与气流速度的平方成正比，但随回转半径的增加而减小，因此旋风分离器的进口管截面积一般比较小，分离器的管径也比较小。但进口空气的流速越大，筒径越小，空气的阻力也就越大。

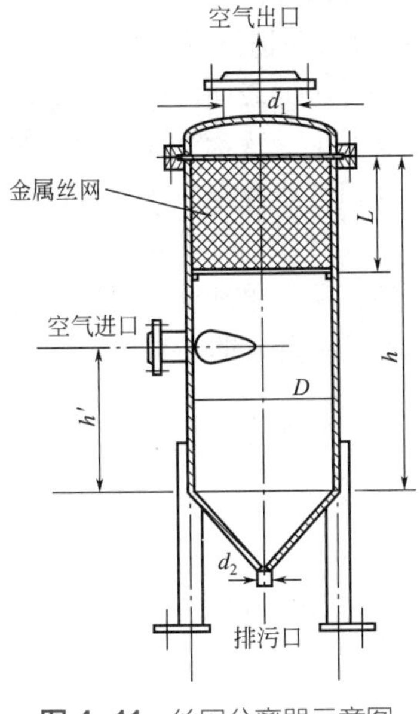

介质填料过滤器是利用块状介质、颗粒状介质、网状介质或高分子材料丝网的惯性拦截作用来分离空气中的水滴或油滴。目前填充的介质主要有焦炭、活性炭、瓷环、金属车屑、金属丝网、塑料丝网等。在各种介质填料过滤器中丝网分离器具有较高的分离效率，它对于直径大于 5μm 的颗粒的分离效果可达 99%，大于 10μm 的更可高达 99.5%，且能部分除去较细的颗粒，加上结构简单、阻力不大等，已被广泛应用于生产中。其缺点主要是在雾沫浓度很大的场合，会因雾沫堵塞空隙而增大阻力损失。其示意图见 4-11 所示。丝网的规格很多，主要的材料有不锈钢、镍、铝、铜、聚乙烯、聚丙烯、涤纶、锦纶等，丝的直径一般为 0.25mm 左右，也可为 0.1mm×0.4mm 的扁丝。一般均织成宽为 100～150mm 的网带，丝网孔直径为 20～80 目，生产上常用的是 0.25mm×40 目的不锈钢丝网。丝网介质层高度最少为 100mm，常用的是 150mm，分离细雾时可用

图 4-11 丝网分离器示意图

$200 \sim 300$mm。

四、介质过滤除菌

（一）介质过滤除菌机理

一般只有过滤介质的间隙小于颗粒直径，才能起到过滤作用。而在空气介质过滤除菌过程中过滤介质的间隙往往大于颗粒（微生物）直径。如悬浮于空气中的微生物粒子大小在 $0.5 \sim 2.0\mu$m 之间，而深层过滤常用的过滤介质如棉花的纤维直径一般为 $16 \sim 20\mu$m，当填充系数为 8% 时，棉花纤维所形成网格的空隙为 $20 \sim 50\mu$m，可见后者比前者大得多。实际上，当气流通过滤层时由于滤层纤维网格的层层阻碍，迫使气流无数次改变运动速度和运动方向而绕过纤维前进，从而导致微粒对滤层纤维产生惯性冲击、重力沉降、拦截、布朗扩散、静电吸附等作用而把微生物滞留在纤维表面。各作用力的大小和关系分述如下。

1. 惯性冲击滞留作用机理

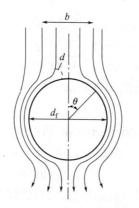

图4-12 单纤维空气流线图

过滤器中无数交织的纤维形成层层网格，且随着纤维直径的减小和填充密度的增大，网格也越来越紧密。当含有微生物的空气通过滤层时，气流仅能从纤维间的间隙通过，由于纤维纵横交错，错综复杂，迫使空气流不断地改变运动方向和速度。现以一条纤维对气流的影响进行分析，图 4-12 所示为直径 d_f 的纤维的断面，当微粒以一定的速度垂直纤维方向运动时，空气受阻即改变方向，绕过纤维前进；而微粒由于它的运动惯性较大，未能及时改变运动方向，直冲到纤维的表面，由于摩擦黏附，微粒就滞留在纤维表面上，这称为惯性冲击滞留作用。纤维滞留微粒的宽度 b 的大小由微粒的运动惯性所决定。微粒的运动惯性越大，它受气流换向干扰越小，b 值就越大。

纤维能滞留微粒的宽度区间 b 与纤维直径 d_f 之比，称为单纤维的惯性冲击捕集效率 η_1。实践证明，捕集效率是微粒惯性力的无量纲量 φ 的函数：

$$\eta_1 = f(\varphi) \tag{4-1}$$

$$\varphi = \frac{C\rho_\mathrm{P}d_\mathrm{P}^2 v_0}{18\mu d_\mathrm{f}} \tag{4-2}$$

式中　C——克宁汉修正系数；

　　　v_0——空气在纤维间的真实速度；

ρ_{p}, d_{p}——微粒的密度及直径；

　　μ——空气黏度；

　　d_{f}——纤维直径。

φ 值越大，捕集效率 η_1 也越大。

从上式可见，除微粒本身的特性 ρ_{p}、d_{p} 之外，气速 v_0 和纤维直径 d_{f} 均能影响捕集效率 η_1，其中尤以空气流速 v_0 最为重要。这是因为在其他条件一定时，增加气速，微粒运动的惯性力也随之增大，触及纤维和被截留的机会也随之增加；反之，如果气速降低，微粒的运动速度也随之下降，惯性力减弱，微粒脱离气体的可能性就减小。当气速下降至某一值时，微粒的惯性力已不足以使微粒脱离气流而碰撞纤维，这时，流道内任何一处的微粒在接近纤维时，皆会随气流一起绕道前进，而不与纤维碰撞，因此 η_1 为 0。此时的气速称为惯性碰撞的临界气速，也就是能用惯性撞击作用捕集微粒的最低气速。

2. 拦截滞留作用

气速下降到临界速度以下后，惯性撞击已经失去其捕集微粒的作用，捕集效率显著下降。但事实上，随着气流速度的继续下降，纤维对微粒的捕集效率又有回升，说明有另外的机理在起作用，这就是拦截滞留作用机理。

当微生物等微粒随低速气流流动慢慢靠近纤维时，微粒所在的主导气流流线受纤维所阻而改变流动方向，绕过纤维前进，并在纤维的周边形成一层边界滞流区。滞流区内的气流速度更慢，进入其中的微粒慢慢靠近和接触纤维而被黏附滞留，称为拦截滞留作用。它与气流的雷诺数以及微粒和纤维直径之比 $(d_{\mathrm{p}}/d_{\mathrm{f}})$ 有关。

3. 布朗扩散截留作用

直径很小的微粒在缓慢流动的气流中能产生一种不规则的直线运动，称为布朗扩散。布朗扩散的范围一般很小（微米级），故在较大气速和较大的空间范围内，它是不起作用的；但在缓慢流动的气流和极小的纤维间隙间，布朗扩散作用大大增强了微粒与纤维的接触和被捕捉。设微粒扩散运动的最大距离为 $2x$，则离纤维 $2x$ 处气流中的微粒都可能会因扩散运动与纤维接触，滞留在纤维上，增加纤维的捕集效率。

4. 重力沉降作用机理

重力沉降是一个稳定的分离作用，当微粒所受的重力大于气流对它的拖带力时，微粒就容易沉降。就单一的重力沉降情况下，大颗粒比小颗粒作用显著，对于小颗粒只有在气流速度很慢时才起作用。一般它是与拦截作用相配合的，即在纤维的边界滞留区内，微粒的沉降作用提高了拦截滞留的捕集效率。

5. 静电吸附作用机理

干空气与非导体物质相对运动产生摩擦时，会产生诱导电荷，在纤维和树脂处理过的纤维表面，尤其是一些合成纤维中，这种现象更为明显。悬浮在空气中的微生物微粒大多带有不同的电荷，如枯草杆菌孢子中 20% 以上带正荷，15% 带负电荷，其余为电中性，这些带电的微粒会受带异性电荷物体的吸引而沉降。

当空气流过介质时，上述五种除菌机理同时起作用，不过气流速度不同，起主要作用的机理也就不同。当气流速度较大时，除菌效率随空气流速的增加而增加，此时惯性冲击起主要作用；当气流速度较

小时，除菌效率随气流速度的增加而降低，此时扩散起主要作用；当气流速度中等时，可能是截留起主要作用。如果空气流速过大，除菌效率又下降，则是由于已被捕集的微粒又被湍动的气流夹带返回到空气中。图4-13表示气流速度与单纤维除菌效率的关系。

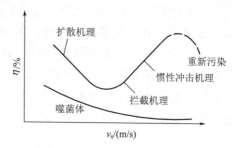

图4-13 过滤除菌效率（η）与气速（v_s）的关系

（二）空气过滤设备的计算设计

1. 滤层厚度

以上讨论的是过滤除菌的机理，由这些微观除菌机理反映出来的宏观结果便是对数穿透定律。

当微粒随气流一起通过滤层时，由于惯性撞击、阻截及布朗扩散等截留作用的结果，使微粒在随气流一起通过滤层的过程中，不断地被捕捉，含量逐渐减少。这种微粒在滤层内的减少，表现出类似一级衰减规律的形式。即：

$$\frac{\mathrm{d}N}{\mathrm{d}l} = -KN \tag{4-3}$$

对上式积分得：

$$-\int_{N_0}^{N} \frac{\mathrm{d}N}{N} = K \int_0^L \mathrm{d}l \tag{4-4}$$

$$\ln \frac{N}{N_0} = -KL \quad 或 \quad \lg \frac{N_0}{N} = K'L \tag{4-5}$$

上式称为空气过滤时的对数穿透定律，表示微生物的穿透能力与滤层厚度L为对数关系。N_0、N分别为进出滤层的微生物浓度；K或K'为过滤常数或阻塞因子，单位为cm^{-1}或m^{-1}，表示过滤床阻止微生物穿透的能力，取决于过滤介质的性质和操作如纤维的种类、直径、填充率、空气流速及空气中微粒的直径等，一般由实验获得。

例如，当棉花纤维直径$d_f = 16\mu m$，纤维填充率为8%时，实验室测得K'与空气流速v_s之间的关系如下：

空气流速 v_s/(m/s)	0.05	0.10	0.50	1.00	2.00	3.00
K'/m^{-1}	19.30	13.50	10.00	19.50	132.00	256.00

当采用$d_f = 14\mu m$，经糠醛树脂处理过的玻璃纤维，以枯草杆菌为实验时，测得值如下：

空气流速 v_s/(m/s)	0.03	0.15	0.30	0.92	1.52	3.15
K'/m^{-1}	56.70	25.20	19.30	39.40	150.00	605.00

将 N/N_0 与相应介质层厚度在半对数坐标上标绘，可得到一条曲线，如图 4-14 所示。

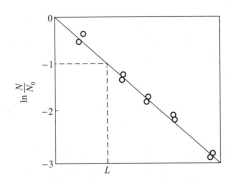

图 4-14　穿透率与介质层厚度 L 的关系

若 $N/N_0 = 0.1$，即颗粒的 90% 被捕获截留，10% 穿透，相应的介质层厚度用 L 表示。由式（4-5）可得：

$$\ln 0.1 = -KL$$

因此：　$L = \dfrac{2.303}{K}$

过滤器的过滤效率是用原有的微粒数与微粒减少数之比来表示的，在热灭菌过程中为使杂菌减少到零，需要无限长的时间。同样在过滤理论中，为除去空气流中的所有微生物，需要无限多的滤层。因此，在设计过滤器时必须确定一个可接受的染菌概率，一般取 $10^{-3} \sim 10^{-6}$。

2. 压力降计算

设计过滤器，除考虑过滤效率之外，还必须考虑气流通过滤层时的压力降。但过滤效率和压力降这两个要求，往往矛盾，不能兼顾，高的过滤效率和低的压力降往往难以同时实现。因此，设计过滤器必须对这两个因素全面权衡，以选择适当的操作条件。

与流体在管道中流动时的压力降公式相似，气体在滤层中流动时的压力降可按下式计算：

$$\Delta p = cL \frac{2\rho v_0^2 \alpha^m}{\pi d_f} \tag{4-6}$$

式中　L——过滤层厚度，m；

ρ——空气密度，kg/m^3；

α——介质填充率；

v_0——空气在介质间隙中的实际流速（m/s），可按 $v_0 = v_s/(1-\alpha)$ 计算；

v_s——过滤器空罐气速，m/s；

d_f——纤维直径，m；

m——实验指数（棉花介质，$m = 1.45$；19μm 玻璃纤维，$m = 1.35$；8μm 玻璃纤维，$m = 1.55$）；

c——阻力系数，是雷诺数的函数，通过实验得到（以棉花为过滤介质，$c = \dfrac{100}{Re}$；以玻璃纤维为

过滤介质，$c = \dfrac{52}{Re}$）。

（三）过滤介质

过滤介质是过滤除菌的关键，直接关系到介质的消耗量、过滤过程动力消耗、设备的结构和尺寸，更是关系到运转过程的稳定性。对过滤介质总的要求是吸附性强、阻力小、空气流量大、能耐干热。可将常用的过滤介质分为纤维状或颗粒状过滤介质、过滤纸类介质、非织造布、微孔膜类过滤介质等。

1. 纤维状或颗粒状过滤介质

这类过滤介质主要有棉花、活性炭、玻璃纤维、烧结金属、多孔陶瓷、多孔塑料等。

（1）棉花　棉花是常用的过滤介质，最好选用纤维细长疏松的未脱脂新鲜产品，因为脱脂棉花易吸水而使体积变小，而贮藏过久，纤维会发脆甚至断裂，增大阻力。棉花的纤维直径一般为 16 ～ 21μm，实重度 1520kg/m³。使用时要分层均匀铺砌，最后要压紧，一般填充密度为 130 ～ 150kg/m³，填充率为 8.5% ～ 10.0%。如果不压紧或是填装不均匀，会造成空气走短路，甚至介质翻动而丧失过滤效果。其主要缺点是阻力大，遇油水易结团，过滤效率不稳定，拆装劳动强度大，不能再生。可用蒸汽灭菌，但不宜每批发酵都进行灭菌，因为棉花层经多次蒸汽加热后易板结，增大空气阻力，降低过滤效果。

（2）活性炭　活性炭有非常大的表面积，通过表面的吸附作用而吸附微生物。常用的活性炭是小圆柱体，其大小 φ3mm×10mm×5mm，实重度 1140kg/m³。一般填充密度（500±30）kg/m³，故填充率为 44%。要求活性炭质地坚硬，不易压碎，颗粒均匀，填装时要筛去粉末。活性炭常与纤维状过滤介质联合使用。

（3）玻璃纤维　通常使用的玻璃纤维，纤维直径 5 ～ 19μm，实重度约为 2600kg/m³，填充密度为 130 ～ 280kg/m³，填充率为 5% ～ 11%。其优点是纤维直径小，不易折断，阻力损失一般比棉花小，过滤效果好。玻璃纤维的主要缺点是更换介质时造成碎末飞扬，黏附人的皮肤，易出现过敏现象。为减少玻璃纤维的粉碎，可用酚醛树脂、呋喃树脂等合成纤维黏合成一定填充率和形状的过滤垫后放入过滤器。玻璃纤维的过滤效率随纤维直径减小，随填充密度和滤层厚度增大而提高。

（4）烧结金属　金属粉末与金属纤维经烧结而成的固体结构具有一定空隙率，由此开辟了金属在过滤领域的新应用。通常根据用户要求及用途选择烧结金属的金属粉末和纤维，一般选用的材料有青铜、不锈钢、镍质超合金和钛。多孔烧结金属形状稳定，甚至在高温下能保持其结构；耐高温，特殊高温合金可在 1000℃以上操作；精确孔径的分布范围广，孔隙尺寸范围 3 ～ 40μm；可采用逆流过饱和蒸汽、化学溶剂进行清洗再生。其价格较高，而且耐酸性能往往由于材料种类而受到一定限制。

（5）多孔陶瓷　多孔陶瓷包括普通多孔素瓷和刚玉两种，前者的主要原料是耐火黏土，后者是石英粉，将它们分别与热固性树脂以及溶剂混合制成需要的形状，然后在 1400℃的窑内煅烧而成。多孔陶瓷具有耐高温、抗火花性质，可在高达 900℃ 的温度下操作，但通常将最高温度限制在 450℃ 左右；能抵抗酸、碱的侵蚀。多孔陶瓷过滤元件在使用一段时间后，过滤效率会逐渐降低，这时可用逆流脉冲空气进行清洗再生，滤饼以碎片形式被去除。但是它容易在过滤过程中掉砂而影响空气质量，并且由于材质原因较笨重且脆性大、强度低、安装不方便。

（6）多孔塑料　烧结粉末聚合物可以制成具有孔径范围 5 ～ 150μm 的多孔过滤材料，该工艺适合于聚氯乙烯、聚丙烯、高分子量聚乙烯、低分子量聚乙烯和超高分子量聚乙烯等聚合物。多孔塑料本体属蜂窝形结构，纵横都具有连续的孔隙，毛细孔道弯曲，比表面积大，捕捉固体颗粒能力强，过滤精度高而稳定。对于同样的固体捕捉量，由于流体可三维流动，阻力增加较慢，压力损失上升速度较小。材料具有一定刚性，在内外压力作用下，不会产生明显变形，可用气体反吹法卸除过滤管表面的滤渣。化学性能较理想，对各种酸、碱、盐等溶液非常稳定，能耐醇、醛与脂烃等溶剂的侵蚀。在 70℃ 以下，基本不与任何溶液起反应，但不能用于芳香烃、氯化烃，因为这类溶剂能引起聚乙烯膨胀。可反复再生，再生方法可采用气体反吹、液体反吹及化学溶解等方法。尤其是气体反吹法，操作简单，再生效率高，使用寿命长，最长可达六年。

2. 过滤纸类介质

这类过滤介质主要是玻璃纤维纸。纤维间的孔隙约为 1.0 ～ 1.5μm，厚度约为 0.25 ～ 0.40mm，实重度为 2600kg/m³，虚重度为 384kg/m³，填充率为 14.8%，一般应用时需将 3 ～ 6 张滤纸叠在一起使用，属于深层过滤技术。这类过滤介质的过滤效率相当高，对于大于 0.3μm 的颗粒的去除率为 99.99% 以上，同时阻力也比较小，压力降较小；其缺点是强度不大，特别是受潮后强度更差。

3. 非织造布

机织滤布由于纤维定向排列，纱线本身过分紧密，加以经纬交叉结构，纱线间有较大孔隙，为了提高其过滤效率，一般要求织物组织紧密，但却使过滤阻力增大。非织造布尤其是滤布具有纤维细度低、结构蓬松、孔隙多而且孔隙尺寸小、抗折皱能力好的优点，可收到滤效高、滤阻小、使用寿命长的效果，同时由于纤维间的容量大，即使积留一定量过滤物质后仍能保持较低的滤阻，其过滤性能优良，滤效可达 99.9% 以上。

非织造布所用纤维的直径是影响过滤效果的一个重要因素。此外，根据过滤的颗粒与纤维之间的作用力形式可知，要想提高滤料的过滤效果，还需考虑的因素包括：①选择制成纤维的高聚物和被过滤的颗粒是否带有偶极；②纤维的比表面积能否起到增强过滤材料对被过滤粒子的吸附作用；③非织造布的结构以及孔隙能否使被过滤颗粒与纤维蓬松的孔隙广泛接触，扩大其电子活动中心，并具有良好渗透效果。

4. 微孔膜类过滤介质

微孔膜类过滤介质的孔隙小于 0.5μm，甚至小于 0.1μm，能将空气中的细菌真正滤去，属于绝对过滤。绝对过滤易于控制过滤后空气质量，节约能量和时间，操作简便。常用的膜材料有混合纤维素酯微孔滤膜、醋酸纤维素微孔滤膜、硅酸硼纤维微孔滤膜、聚四氟乙烯微孔滤膜。中空纤维超滤膜是我国发展最早、应用最为广泛、国产化率最高的膜技术之一。

（四）空气介质过滤器的设备构造

1.纤维状或颗粒状介质过滤器

纤维状或颗粒状介质过滤器通常是立式圆筒形，内部填充过滤介质，空气由下而上通过过滤介质，以达到除菌的目的。

其结构见图4-15。过滤器内有上、下孔板，过滤介质置于上、下孔板之间，被孔板压紧。介质主要为棉花、玻璃纤维、活性炭，也有用矿渣棉。一般棉花置于上、下层，活性炭在中间，也可全部用纤维状介质。

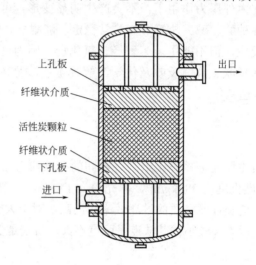

上孔板
纤维状介质
活性炭颗粒
纤维状介质
下孔板
出口
进口

图4-15 棉花（玻璃棉）- 活性炭过滤器示意图

填充物安装顺序一般为：孔板→铁丝网→麻布→棉花→麻布→活性炭→麻布→棉花→麻布→铁丝网→孔板。安装介质时要求紧密均匀，压紧要一致。压紧装置有多种形式，可以在周边固定螺栓压紧，也可以用中央螺栓压紧，也可以利用顶盖的密封螺栓压紧，其中顶盖压紧比较简便。在填充介质区间的过滤器圆筒外部通常装设夹套，其作用是在消毒时对过滤介质间接加热，但要十分小心控制，若温度过高，则容易使棉花局部焦化而丧失过滤效能，甚至有烧焦着火的危险。

通常空气从圆筒下部切线方向进入，从上部排出，出口不宜安装在罐顶，以免检修时拆装管道困难。过滤器上方应装有安全阀、压力表，罐底装有排污孔。要经常检查空气冷却是否安全，过滤介质是否潮湿等情况。过滤器进行加热灭菌时，一般是自上而下通入0.2～0.4MPa（表压）的干燥蒸汽，维持45min，然后用压缩空气吹干备用。

其主要缺点是：体积大，操作困难，填装介质费时费力，介质填装的松紧程度不易掌握，空气压力降大，介质灭菌和吹干耗用大量蒸汽和空气。

2.过滤纸类介质过滤器

这种过滤器的形式有旋风式和套管式，见图4-16。

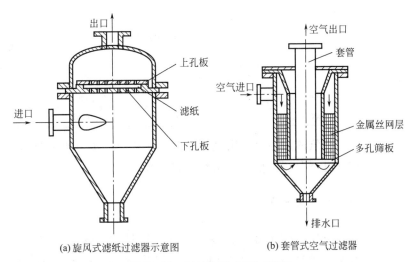

图 4-16　过滤纸类介质过滤器

过滤介质为超细玻璃纤维纸，过滤层很薄，一般用 3～6 张滤纸叠在一起使用，属于深层过滤技术。但强度不大，特别是受潮后强度更差，为了增加强度，常用酚醛树脂、甲基丙烯酸树脂或含氢硅油等增韧剂或疏水剂处理。安装时将滤纸夹在多孔法兰孔板中间，孔板上开小孔，开孔面积占 40%，在滤纸上、下分别铺上铜丝网和细麻布，外面各有一个橡胶垫圈。空气在过滤器中的流速为 0.2～1.5m/s。

第二节　生物加工过程的空气调节

空气调节是指在一定的空间内对其空气温度、湿度、清洁度和空气流动速度进行调节，达到并保持满足人体舒适和工艺要求的过程。在现代技术发展的条件下，空气调节有时还需对空气的压力、成分、气味和噪声进行调节和控制。

生物工业生产基本为纯培养过程，当采用微生物、动植物细胞或酶等作生物催化剂合成生物产品时，均需要洁净的环境、适宜的空气温度和空气压强，这就需要在生物加工过程中进行空气调节。例如，发酵车间对空气的洁净度有一定的要求，而且发酵罐壁和电机会向环境散发热量，故需强化通风；包装车间需要更洁净的空气（100 级），温度 25℃左右，且相对湿度低（40%～60%），以防止产品吸潮；使用基因工程菌株的发酵生产，其发酵车间和产物分离提取车间均需要密闭且负压，以确保重组菌株不会泄漏到大气环境中；通入固态发酵培养基或培养室的空气，其温度和湿度以及压力要符合固态发酵的工艺要求，特别是空气的相对湿度最好能达到 90% 以上；啤酒生产中的麦芽生产和啤酒发酵也需要对空气进行调节；用气流干燥生物工程产品时，需要对空气的温度和湿度等状态参数进行调节。

根据我国《药品生产和质量管理规范》（Good Manufacturing Practice，GMP）第 14 条规定：厂房必须按生产工艺和产品质量的要求划分洁净级别。这里的洁净级别是以一定体积空气中所含污染物质的大小和数量来确定的。污染物质会使药品受到不良影响，甚至改变性能。危害药品质量的污染物质除了悬浮在空气中的微粒外，还有依附于微粒的微生物。因而药品生产的洁净级别均以微粒和微生物为控制对象。

洁净度的计算，一般是先测量 1ft³（28.3L）中 0.5μm 或 5.0μm 粒径的颗粒数，然后与规定数比较，即可得出洁净级别（表 4-1）。

表 4-1　洁净度等级对照表

洁净级别	尘粒个数 /（个 /m³）		活微生物个数 /（个 /m³）
	≥ 0.5μm	≥ 5μm	
100 级	≤ 3500	0	≤ 5
10000 级	≤ 350000	≤ 2000	≤ 10
100000 级	≤ 3500000	≤ 20000	≤ 500

空气的洁净度可用空气除菌方法实现，本节所涉及的空气调节主要是指对空气进行湿度、焓等状态参数的调节。

一、空气调节的方法

空气调节主要是改变空气的热焓量和湿含量等状态参数。为了实现不同的空气处理方案，需要使用不同的空气调节设备，其中最常用的是各种湿热交换设备。作为热、湿交换的介质有水、蒸汽、液体吸湿剂和制冷剂。根据各种热、湿交换设备的工作特点不同，可将它们分成两大类：直接接触式和表面式。

直接接触式热、湿交换的设备特点是空气进行热、湿交换的介质和被处理的空气接触，通常是将其喷淋到被处理的空气中去。例如，在喷水室中喷不同温度的水，可以实现空气的加热、冷却、加湿和减湿等多种过程；利用蒸汽加湿器喷蒸汽，可以实现空气的加湿过程。表面式热、湿交换设备的特点是与空气进行热、湿交换的介质不和空气直接接触，热、湿交换是通过处理设备的金属表面来进行的。

二、湿空气焓－湿图

湿空气的几个主要状态参数：

1. 水蒸气分压 p_w

空气中水蒸气分压愈大，水汽含量就愈高。根据分压定律，p_w 与干空气分压 p_a 之比 $[p_w/p_a = p_w/(p-p_w)]$ 为水汽与干空气之摩尔比，其中 p 为湿空气的总压。

2. 空气的湿含量 H

单位质量干空气中所含水汽的质量，称为空气的湿含量或绝对湿度，简称湿度，其单位为 kg/kg，用符号 H 表示。选取干空气的质量作为空气湿度的基准是因为在增湿或减湿过程中干空气质量不变（正如在吸收过程中混合气体中的惰性气体量不变一样），便于作物料衡算。

$$H = \frac{水汽(kg)}{干空气(kg)} = \frac{水汽的物质的量}{干空气的物质的量} \times \frac{M_{rw}}{M_{ra}} = \frac{p_w}{p-p_w} \times \frac{M_{rw}}{M_{ra}} \quad (4-7)$$

式中 p_w——空气中水汽分压，kPa；

M_{rw}——水汽的分子量，$M_{rw} \approx 18kg/kmol$；

M_{ra}——空气的分子量，$M_{ra} \approx 29kg/kmol$。

将分子量的数值代入，得：

$$H = 0.622\frac{p_w}{p-p_w} \tag{4-8}$$

3. 空气的相对湿度 φ

用水汽分压或绝对湿度来表示空气中水汽的含量，能表明湿空气中水汽的绝对量，但未能反映这样的湿空气继续接受水分的能力。对应于一定的空气温度 t，有一个饱和水蒸气压 p_s，它就是在此 t 下，水汽在空气中的最大分压。为了表示距离饱和状态的程度，常用相对湿度 φ 来衡量。

相对湿度 φ 定义为空气中水汽分压与同温度下饱和水蒸气压 p_s 之比：

$$\varphi = p_w / p_s \tag{4-9}$$

显然，φ 愈小，则 p_w 与 p_s 的差距愈大，空气中湿含量与饱和状态相距也愈远；当 $\varphi=1$ 时，空气已被水饱和。

$$H = 0.622\frac{\varphi p_s}{p-\varphi p_s} \tag{4-10}$$

空气饱和时的湿度：

$$H_s = 0.622\frac{p_s}{p-p_s} \tag{4-11}$$

4. 露点温度 t_d

空气在湿含量 H 不变的情况下冷却，达到饱和状态时的温度称为露点温度 t_d。此时开始有水珠冷凝出来。在空调技术中，常利用的冷却方法是空气温度降到露点温度以下，以便水蒸气从空气中析出凝结成水，从而达到干燥空气的目的。

5. 湿球温度 t_w

将温度计的感温球包以湿纱布，纱布的一部分浸入水中以保持纱布足够湿润，这就是湿球温度计。这种温度计在温度 t、湿度 H 的不饱和空气流中，在绝热条件下达到平衡所显示的温度，称为空气的湿球温度。与此同时，在空气流中还放一支普通温度计，所测得的温度，相对于湿球温度而言称为空气的干球温度。

6. 湿空气的焓 I

空气的增湿或减湿过程是与空气和水两相间传质和传热同时进行的过程，不仅有湿量的转移，也有热量的传递，因此有必要知道空气的另一个性质——焓。

湿空气的焓等于干空气的焓与其中所带水汽的焓之和。以干空气作为基准，并以 0℃ 作为基准温度，则湿空气的焓为：

$$I = c_a (t - 0) + i_w H \tag{4-12}$$

式中　I——湿空气的焓，kJ/kg 干空气；

　　　c_a——干空气的质量热容，kJ/（kg·K）；

　　　i_w——水汽的焓，kJ/kg 水汽。

而 $i_w = c_w t + r_0$，代入式（4-14），得：

$$I = c_a t + (c_w t + r_0) H \text{ 或 } I = c_H t + r_0 H \tag{4-13}$$

式中　c_w——水汽的质量热容，1.88kJ/(kg·K)；

　　　c_H——湿空气的质量热容或简称湿质量热容，$c_H = c_a + c_w H = 1.01 + 1.88H$，

　　　　　　kg/(kg·K)；

　　　r_0——水在 0℃的汽化潜热，2492kJ/kg。

将相应的数值代入得：

$$I = 1.01t + (1.88t + 2492)H = (1.01 + 1.88H)\ t + 2492H \tag{4-14}$$

当空气与大量水接触时，其状态变化的路线与终点将依据水的初温而改变。设空气的湿含量为 H，热焓值为 I，经调节后的湿含量变化值和热焓变化值分别为 ΔH 和 ΔI，比值 $\dfrac{\Delta I}{\Delta H} = \dfrac{I_2 - I_1}{H_2 - H_1}$ 表示单位湿含量的变化所引起的热焓量变化。

每一空气状态的变化过程，由于在焓湿图上变化方向不尽相同，其相应的 $\dfrac{\Delta I}{\Delta H}$ 值也不尽相同，如图 4-17，在 I-H 图上可绘出代表不同状态改变的多条直线，它们各有不同的斜率。

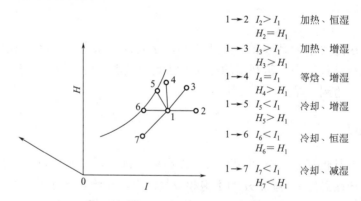

图 4-17　空气状态变化过程方向

由于空气的增湿和减湿牵涉物质（水汽）和热量的同时传递，故过程的机理比较复杂。现将不同情况下空气和水进行热、质传递的相互关系讨论如下：

在图 4-18 中，以横坐标表示垂直于界面的距离，纵坐标表示温度或湿度，t' 代表水主体的温度；t_i 代表界面的温度；t 代表空气主体的温度，即空气的干球温度；H 代表空气主体的湿度；H_i 代表空气在界面温度下的饱和湿度。图 4-18 中以虚线箭头代表水汽在气相中的传递方向，实线箭头代表通过空气和水到界面的传热（分显热和潜热）方向。

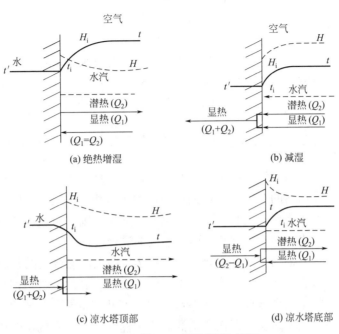

图4-18 增湿和减湿过程的机理

  最简单的情况是空气的绝热冷却过程。在湿含量差 $\Delta H = H_i - H$ 的作用下，空气不断增湿，也就是说在推动力 ΔH 的作用下，水分不断从两相界面传递到空气中去。与此同时也进行着传热过程。由于空气温度 t 高于水温 t'，借助对流给热，热量从空气传递到水，放出显热而空气自身的温度降低，水吸收了显热而升温。但此时，由于水分汽化后把潜热带到空气中，这部分热量的传递方向刚好与上述显热的传递方向相反。

  减湿过程与增湿过程相反，空气的湿含量 H 超过了界面处的空气湿含量 H_i，所以水分扩散的方向正好与增湿相反，空气的湿含量不断减少，空气中水分冷凝放出的潜热和空气降温的显热，通过对流传给水，变为水的显热，使水的温度升高。

三、水与空气直接接触进行空气调节

（一）空气与水湿热交换原理

  当空气遇到敞开的水面或飞溅的水滴时，便与水表面发生热、湿交换，这时根据水温不同，可能仅有显热交换；也可能既有显热交换，又有湿交换（质交换），而与湿交换同时将发生潜热交换。

  空气与水直接接触时，在贴近水表面的地方或水滴周围，由于水分子做不规则运动的结果，形成了一个温度等于水表面温度的饱和边界层，而且边界层内水蒸气分子的浓度或水蒸气分压取决于边界层的饱和空气温度。在边界层周围，水蒸气分子仍做不规则运动，结果经常有一部分水分子进入边界层，同时也有一部分水蒸气分子离开边界层回到水中。如果边界层温度高于周围空气温度，则由边界层向周围空气传热；反之，则由周围空气向边界层传热。如果边界层内的水蒸气分子浓度大于周围空气的水蒸气分子浓度（即边界层的水蒸气分压力大于周围空气的水蒸气分压力），则由边界层进入周围空气中的水蒸气分子数多于由周围空气进入边界层的水蒸气分子数，结果周围空气中的水蒸气分子数将增加；反之，则将减少。我们通常遇到的"蒸发"与"凝结"现象，就是这种作用的结果。在蒸发过程中，边界层中减少的

水蒸气分子由水面跃出的水蒸气分子补充；在凝结过程中，边界层中过多的水蒸气分子将回到水面。

由此可见，空气与水之间的显热交换，取决于边界层与周围空气之间的温度差。而湿交换及由它引起的潜热交换则取决于二者之间的水蒸气分子浓度差或者取决于二者之间的水蒸气压力差。

（二）空气与水直接接触时的状态变化过程

当空气流经水面或水滴时，就会把边界层中的饱和空气带走一部分，而补充以新的空气继续达到饱和，因而饱和空气层将不断与流过的那部分未饱和空气相混合，使整个空气状态发生变化。因此可以将空气与水的湿热交换过程看作饱和的与未饱和的两种空气的混合过程。

根据空气的混合规律，在 $I\text{-}H$ 图上，混合后的状态点应该位于连接空气初状态和该水温下饱和状态点的直线上。显然，达到饱和的空气愈多，空气的终状态点愈靠近饱和状态点。由此可见，如果和空气接触的水量无限大，接触时间又无限长，即在所谓的假想条件下，全部空气都能达到饱和状态，并具有水的温度，也就是说，空气的终状态点将位于 $I\text{-}H$ 图的饱和曲线上并且空气的终温将等于水温；与空气接触的水温不同，空气的状态变化过程也将不同。所以在上述假想条件下，随着水温不同，可以得到如图 4-19 和表 4-2 七种典型的空气状态变化曲线。

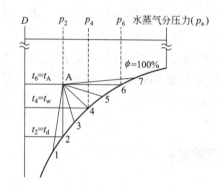

图 4-19　空气与水直接接触时的状态变化过程

（三）用喷水室处理空气

使水以雾状喷入不饱和的空气中，使其增湿。喷水增湿的方法有两大类：其一是使喷洒的水量全部汽化后即能使空气达到要求的湿度；另一种方法是使大量的水喷洒于不饱和的空气中，结果使部分喷水汽化后进入空气中，得到近乎饱和的湿空气，并使空气降温。最常用的是用喷水室处理空气。其主要优点是能够实现多种空气处理过程，具有一定的净化空气能力，耗费金属量少和容易加工。但是它也有对水质的卫生要求高、占地面积大、水系统复杂和水泵消耗电能较多等缺点。

表 4-2　空气与水直接接触时各种过程的特点

过程线	水温特点	t	d	I	过程名称
A-1	$t_s < t_d$	减	减	减	减湿冷却
A-2	$t_s = t_d$	减	不变	减	等湿冷却
A-3	$t_d < t_s < t_w$	减	增	减	减焓加湿
A-4	$t_s = t_w$	减	增	不变	等焓加湿
A-5	$t_w < t_s < t$	减	增	增	增焓加湿
A-6	$t_s = t$	不变	增	增	等温加湿
A-7	$t_s > t$	增	增	增	增温加湿

注：t 为空气的干球温度；t_w 为湿球温度；t_d 为露点温度；t_s 为水温；d 为空气含湿量；I 为湿空气的焓。

图 4-20 为应用较多的普通卧式单级喷水室的构造，它由许多部件组成。前挡水板的作用是为了挡住可能飞溅出来的水滴，并使进入喷水室的空气均匀。因此有时也称其为"均风板"。被处理的空气进入喷水室后，与喷嘴喷出的水滴相接触，进行热、湿交换，然后经后挡水板流出。后挡水板使夹在空气中的水滴分离出来，以减少空气带走的水量（过水量）。喷嘴安装在专门的排管上，通常设置一至三排喷嘴。喷水方向根据与空气流动方向相同与否分为顺喷、逆喷和对喷。喷嘴喷出的水滴最后落入底池中。制造喷水室的材料主要是钢板和玻璃钢。现场施工时也可利用钢筋混凝土和砖制造喷水室。

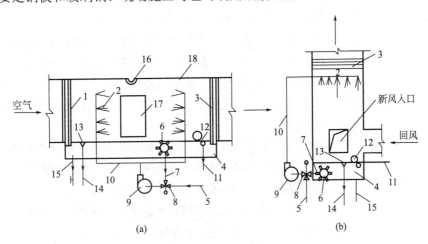

图 4-20　喷水室的构造

1—前挡水板；2—喷嘴与排管；3—后排水管；4—底池；5—冷水管；6—滤水器；7—循环水管；
8—三通混合阀；9—水泵；10—供水管；11—补水管；12—浮球阀；13—溢水器；14—溢水管；
15—泄水管；16—防水灯；17—检查门；18—外壳

四、表面换热器空气调节

在空气调节中，除了用喷水室对空气进行热、湿处理外，还广泛使用表面换热器处理空气。主要是用于所需的空气状态没有湿度的要求或要求低湿度情况。常用的表面换热器包括空气加热器和表面冷却器两类。空气加热器是利用热水或蒸汽做热溶剂的，而表面冷却器则以冷水或制冷机做冷溶剂。通常又将后者称为水冷式或直接蒸发式表面冷却器。

在空调过程中一般采用肋片管制成的肋管式换热器。肋片管的形式有多种，有将金属带用绕片机紧紧地缠绕在管子上制成的皱褶式金属绕片管，有将肋片与管束串在一起的串片管，还有用轧片机在光滑

的铜管或铝管外表面上直接轧出肋片制成的轧片管等。

利用表面换热器处理空气时能够实现等湿加热、等湿冷却和减湿冷却三种过程。当用空气加热处理空气时，实现的是等湿加热过程。当用表面冷却器处理空气时，如果冷却器表面温度虽低于空气的干球温度，但尚高于其露点温度，则空气被冷却时并不产生凝结水，因此，称这种过程为等湿冷却过程或干冷过程。如果冷却器的表面温度低于被冷却空气的露点温度，则空气不但温度降低，含湿量也将减少，这种过程被称为减湿冷却过程或湿冷过程。

总结

- 微生物纯种培养所需空气必须进行除菌处理，并且根据特定的需求对其温湿度进行适当的处理。
- 空气除菌的方法包括：辐射杀菌法、热灭菌法、静电除菌法、介质过滤除菌法。介质过滤除菌法由于其成本低、操作性强、除菌效率高等优势，是生物加工过程制备无菌空气最常用的方法。
- 空气除菌过程的常用设备包括粗过滤器、空气压缩机、空气贮罐、空气冷却器、气液分离器。
- 介质过滤主要是通过惯性冲击滞留作用、拦截滞留作用、布朗扩散截留作用、重力沉降作用、静电吸附作用来实现空气除菌。
- 常用的过滤介质分为纤维状或颗粒状过滤介质（棉花、活性炭、玻璃纤维、烧结金属、多孔陶瓷、多孔塑料）、过滤纸类介质、非织造布、微孔膜类过滤介质。
- 空气调节主要是改变空气的热焓量和湿含量等状态参数。湿空气有以下几个主要状态参数：水蒸气分压 p_w、空气的湿含量 H、空气的相对湿度 φ、露点温度 t_d、湿球温度 t_w、湿空气的焓 I。
- 空气调节是可以通过空气与水直接接触来增湿和热交换，在没有湿度要求的情况下，也可以通过表面换热器进行调节。

课后练习

1. 空气含菌量的测定方法有哪些？
2. 空气除菌的方法有哪些？这些方法的原理和优缺点是什么？
3. 介质过滤除菌的定义、机理是什么？过滤介质的类型有哪些？
4. 空气过滤系统中，旋风分离器的作用是（　　　）。
   A. 分离油雾和水滴　　　　　B. 分离全部杂菌
   C. 分离二氧化碳　　　　　　D. 分离部分杂菌
5. 设计一台通风量为 50m³/min 的棉花活性炭空气过滤器，空气压力为 0.4MPa（绝对压力），已知棉花纤维直径 d=14μm，填充系数 8%，空气线速度为 0.15m/s，若进入空气过滤器的空气含菌量是 5000 个 /m³，要求因空气原因引起的倒罐率为 0.1%，发酵周期 100h，工作温度为 40℃，平均气温为 20℃，计算空气过滤器的尺寸（过滤介质厚度和过滤器直径）。

玻璃纤维直径 $d_f=14\mu m$，纤维填充率为 8% 时，实验室测得 K' 与空气流速 v_s 之间的关系如下：

空气流速 v_s/(m/s)	0.03	0.15	0.30	0.92	1.52	3.15
K'/m^{-1}	56.70	25.20	19.30	39.40	150.00	605.00

6. 有哪些方法可实现空气的增湿和减湿？

7. 绘制一张简易焓湿图，并在图上标出任一状态的露点温度 t_d，以及标出等温线、等焓线、等湿度线、等相对湿度线。

题1答案

题2答案

题3答案

题4答案

题5答案

题6答案

题7答案

第四章

第五章 生物反应器设计基础

○○ —— ○○ ○ ○○ ——

氧气从气泡中到被细胞所摄取和利用，需要克服重重阻力，但主要的阻力存在于气液界面。液体通风培养过程中氧气从气泡到细胞的传递过程如图所示。

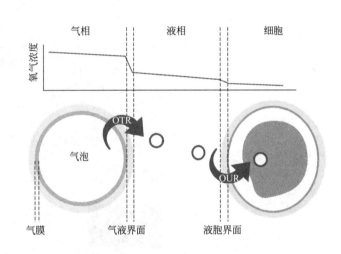

为了满足生物反应器中更好的混合和传质需求，不同类型的搅拌桨被开发出来，如图所示。

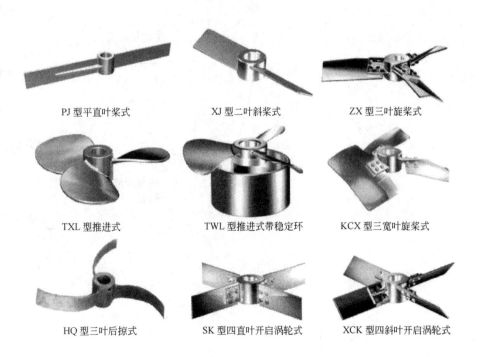

PJ 型平直叶桨式　　XJ 型二叶斜桨式　　ZX 型三叶旋桨式

TXL 型推进式　　TWL 型推进式带稳定环　　KCX 型三宽叶旋桨式

HQ 型三叶后掠式　　SK 型四直叶开启涡轮式　　XCK 型四斜叶开启涡轮式

思维导图

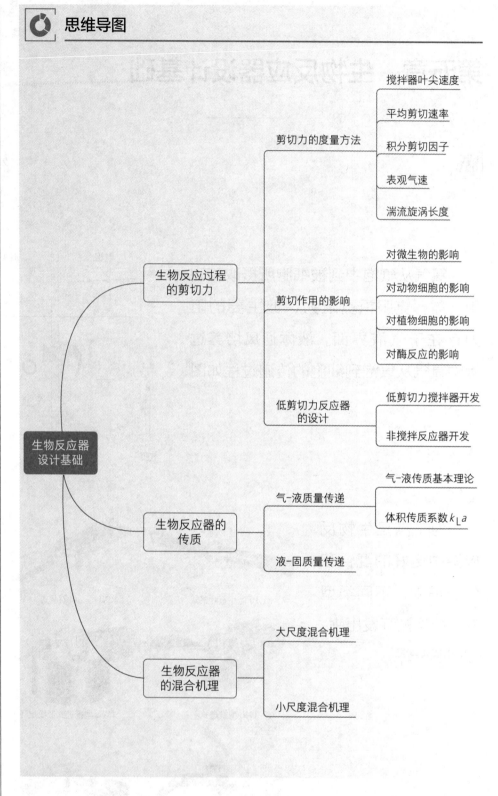

为什么要学习生物反应器设计基础？

　　生物反应器是生物加工过程的核心设备，是生物技术成果产业化的桥梁，为微生物细胞等提供最优环境，其设计需要考虑到生物的特性，例如搅拌对于生物反应器内的传动、传质、传热和生物反应至关重要，但所导致的剪切力会对微生物细胞等造成损伤。同时，对于好氧微生物的培养而言，其培养液中氧含量极低，成为限制因素，了解氧从气泡到细胞的传递过程及机制对于提高氧的传递效率极为重要。

学习目标

○ 生物反应器的特性。
○ 掌握生物反应器的剪切力的度量方法及其对生物反应的影响。
○ 体积传质系数的定义及其影响因素。
○ 提高体积传质系数的方法。

　　生物反应器（bioreactor）是人们用于控制和培养生物有机体以有效生产某种产品或进行特定反应的容器，其最早的形式是发酵罐（fermenter），主要指厌氧发酵罐。随着 20 世纪 40 年代青霉素的工业化生产，有氧发酵应用日益广泛，发酵罐的概念延伸到通气发酵，反应器内的培养过程也通常称为发酵过程。20 世纪 70 年代提出了生化反应器和生物学反应器的概念。20 世纪 80 年代生物反应器大量出现，并成为一个标准的名称。目前生物反应器不仅包含传统的发酵罐和酶反应器，还包括固定化酶反应器、动物细胞和植物细胞培养反应器、膜生物反应器、光合生物反应器和一次性生物反应器等。

　　生物反应器是生物技术成果产业化的关键，也是生物产业中最重要的反应设备，其发展水平反映了一个国家在科学技术、工艺设计、材料、加工制造等方面的综合配套能力。生物反应器的设计除与化工传递过程因素有关外，还与生物的生化反应机制、生理特性等因素密切相关。

　　生物反应器与化学反应器的主要区别是其催化剂（酶除外的生物有机体）的反应都以"自催化"方式进行，即在生产目的产物的过程中生物自身也会生长繁殖。另外，由于生物反应速率较慢，生物反应器的体积反应速率不高，与其他相当生产规模的加工过程相比，所需反应器体积大。对好氧反应，因通风与混合等，动力消耗高；除部分生物发酵或催化反应体系中产物浓度可以达到 100g/L（乳酸、柠檬酸、谷氨酸等）以上外，产物浓度通常比较低。

　　生物反应器的作用是为生物体代谢或酶催化反应提供一个优化的物理及化学环境，使生物体能更好地生长或酶更好地反应，以得到更多所需的生物量或代谢产物。

　　良好的生物反应器应满足下列要求：①结构严密，经得起蒸汽的反复灭菌，内壁光滑，没有死角，耐腐蚀性好，以利于灭菌彻底和减小金属离子对生物反应的影响；②有良好的气 - 液 - 固接触和混合性能以及高效的热量、质量、动量传递性能；③满足生物反应要求的前提下能耗低；④有良好的热量交换性能，以维持生物反应最适温度；⑤有可行的管道比例、可靠的检测和控制仪表，适用于灭菌操作和自动化控制。

　　生物反应器设计的主要目的基于强化传质、传热等操作，将生物体活性控制在最佳条件，最大限度地降低成本；用最少的投资来最大限度地增加单位体积产率。另外，生物反应器内部状态也需要加以考虑。

概念检查 5-1

○ 生物反应器在设计时需注意哪些问题？

国内学者提出的生物反应器的理性设计流程见图 5-1。

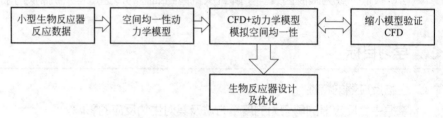

图 5-1　生物反应器的理性设计流程

第一节　生物反应过程的剪切力

一、剪切力的度量方法

剪切力（shear）是生物反应器设计和放大要考虑的重要参数。在生物反应过程中，狭义的剪切力是指作用于细胞表面且与细胞表面平行的力，由于生物反应器中复杂的流体力学情况，因而，剪切力指影响细胞的各种机械力的总称。反应器中剪切力的表示方法通常有以下几种。

① 桨叶尖速度

$$u_t = \pi N D_i \tag{5-1}$$

式中　N——搅拌桨转速；

　　　D_i——搅拌桨直径。

② 平均剪切速率

$$\gamma_{av} = KN \tag{5-2}$$

式中　K——常数，其值因搅拌器尺寸及流体性质而变，一般为 $10 \sim 13$。

式（5-2）主要应用于层流及过渡流，但在湍流中也可成功应用。

平均剪切速率的另一种表示方法为：

$$\gamma_{av} = \frac{112.8 N R_i^{1.8}\left[\left(\dfrac{D_t}{2}\right)^{0.2} - R_i^{0.2}\right]\left(\dfrac{R_c}{R_i}\right)^{1.8}}{\left(\dfrac{D_t}{2}\right)^2 - R_i^2} \tag{5-3}$$

$$\frac{R_c}{R_i} = Re(1000 + 1.6Re) \tag{5-4}$$

式中　R_i——叶轮半径；

　　　D_t——罐直径；

　　　R_c——与雷诺数有关。

③ 积分剪切因子（integrated shear factor，ISF）

$$ISF = \frac{2\pi N D_i}{D_t - D_i} \quad (5\text{-}5)$$

该式适用于动物细胞培养。

④ 表观气速 u_G　Niskikawa 发现在鼓泡塔中剪切速率与表观气速成正比。

$$\gamma = k u_G \quad (5\text{-}6)$$

式中　u_G——表观气速；

　　　k——常数。

⑤ 湍流旋涡长度　为促进传质与混合，一般反应器都在湍流下操作。湍流由大小不同的旋涡及能量状态构成，大旋涡之间通过内部作用产生小旋涡并向其传递能量。小旋涡之间又通过内部作用产生更小旋涡并向其传递能量，就这样能量逐级传递给小旋涡。

湍流中流体 - 颗粒间的相互作用取决于旋涡及颗粒的相对大小。如果旋涡比细胞（颗粒）大，细胞将被旋涡夹带随旋涡一起运动，旋涡将不对细胞造成影响；当旋涡比细胞小时，细胞就会受到旋涡剪切力的作用。Kolmogorov 理论认为，在足够高的雷诺数下，湍流处于统计平衡状态，在各向同性下，旋涡长度可由下式计算：

$$\lambda = (\mu^3 / \varepsilon)^{0.25} \quad (5\text{-}7)$$

式中　μ——动力黏度；

　　　ε——该处能量耗散速率，即单位质量流体消耗的功率。

由于细胞损伤与湍流旋涡长度密切相关，该理论已被广泛接受。

二、剪切作用的影响

作为培养对象的生物细胞结构差异显著，对培养要求也不同，对剪切力敏感程度也有显著差异。

1. 剪切力对微生物的影响

由于细菌（一般 $1 \sim 2\mu m$）比生物反应器中常见的旋涡要小且具有坚韧的细胞壁，一般认为剪切力对细菌的影响较小。但对某些菌的影响比较大，如在细菌发酵中生产黏多糖（如黄原胶）时，由于胞外多糖的积累，会阻碍细胞内外物质的交换，使多糖产量下降。当剪切力增加到一定程度时，可将其表面积累的多糖除去而增加产量。

酵母比细菌大（约 $5\mu m$）且比常见的湍流旋涡小，细胞壁也较厚，对剪切力有一定抵抗能力，但细胞壁上的芽痕和蒂痕对剪切力的抵抗能力较弱。

在深层液体培养中，丝状微生物（霉菌和放线菌）可形成自由丝状和球状两种特别的颗粒。自由丝状颗粒会导致传质混合困难，因此需要强烈的搅拌增强混合和传质，但高速搅拌产生的剪切力会打断菌丝而造成机械损伤。若为球状颗粒，则发酵液中黏度较低，混合和传质比较容易，但菌球中心传质困难，可能会因为供氧困难而导致细胞缺氧死亡。搅拌会对菌球产生两种物理效果：一种是搅拌消去菌球外围

的菌膜，减小粒径；另一种是使菌球破碎。这些效果主要是由于湍流旋涡剪切引起的。除颗粒外，发酵液中还存在自由菌丝体，由于剪切力会使菌丝断裂，所以需要控制搅拌强度。搅拌强度会对菌丝形态、生长和产物生成造成影响，还可能导致胞内物质的释放。

2. 剪切力对动物细胞的影响

随着人们对疫苗、单克隆抗体等高价值生物制品需求的迅速增加，大规模动物细胞培养应用日趋广泛。由于尺寸较大（10～100μm）且没有细胞壁，动物细胞对剪切力非常敏感，如何克服剪切力的影响已成为其大规模培养的一个重要问题。

动物细胞可分为贴壁依赖性和非贴壁依赖性两类，剪切力对贴壁依赖性细胞的剪切破坏作用主要是由点到面的湍流旋涡作用及载体与载体间、载体与搅拌器及反应器壁的碰撞造成的，对非贴壁依赖性细胞的剪切破坏作用主要是由气泡的破碎造成的。一定通气速率下，气泡直径越小，对细胞杀伤效果越强。表面携带细胞的气泡到达气液界面后，在表面张力的作用下，会迅速（几毫秒内）破裂，所形成的剪切力造成对细胞膜的损伤。生物反应器中动物细胞受气泡损伤过程如下：

① 细胞在气泡表面吸附；
② 吸附细胞被气泡代入泡沫中；
③ 细胞被气泡液膜因排液、聚并和破碎所产生的剪切力所损伤。

由于气泡对细胞的损伤作用首先是细胞在气泡表面的吸附，因此，从反应器设计和操作角度看，降低气体鼓泡速率、增大气泡直径和反应器的体积都能降低细胞的死亡率。在反应器设计方面要兼顾两个问题，既要满足耗氧的需要，又要同时尽可能避免气泡引起的细胞死亡。

3. 剪切力对植物细胞的影响

利用植物细胞培养可以产生紫杉醇等高价值的代谢产物。植物细胞（20～150μm）存在细胞壁，因此其对剪切力的抗性比动物细胞大，但因细胞壁较脆、柔韧性差，与微生物相比其对剪切力仍然比较敏感，高剪切会导致植物细胞生长明显下降乃至死亡或解体。植物细胞在培养过程中易于黏附成团使搅拌不匀而导致营养物质的传输和产物释放受到限制，剪切力会影响细胞结团的大小。

剪切力大小会影响细胞的生长，不同品种和不同生长阶段的植物细胞对剪切力的耐受能力不同。相同剪切条件下，高浓度的细胞成活率较高，因此，细胞浓度较低时剪切力应控制在低水平。剪切对植物次级代谢产物的生产也有影响，同时高剪切力会使细胞延迟期和指数生长时间段缩短。

4. 剪切力对酶反应的影响

酶是一种有活性的蛋白质，其活性和其精巧的空间结构密切相关，剪切力会在一定程度上破坏酶蛋白的空间结构，影响其活性，通常认为酶活性随剪切强度的增加和时间的延长而降低。在同样的搅拌时间下，酶活力的损失与叶轮尖速度呈线性关系。

三、低剪切力反应器的设计

目前主要从两个方面来克服剪切力的不利影响。一是对传统搅拌器的改造，随着对流体力学和混合过程的深入了解，开发出了一些低剪切力的搅拌器，其中以轴向流式翼形搅拌器为主，具有能耗低、轴向速度大、主体循环好、剪切作用温和等特点。具有代表性的轴向流搅拌器有 Prochem Maxflo T 和 Lightnin A315，如图 5-2 所示。

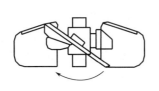 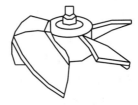

(a) Lightnin A315 搅拌器　　　　　　　(b) Prochem Maxflo T 搅拌器

图 5-2　两种典型的轴向流搅拌器

如 Lightnin A 系列搅拌器，在 $D>1m$ 的实验罐中，同样的输入功率下 A315 搅拌器的持气量比圆盘涡轮搅拌器高 80%，气体分散量提高 4 倍，功耗降低 45%，同时产量提高 10% ～ 50%，而产生的剪切力仅为 Rushton 涡轮搅拌器的 25%。

此外，国内外公司也开发了多种新型搅拌器。笼式供氧是搅拌式动物细胞反应器供氧方式的一种，即气泡用丝网隔开，不与细胞直接接触。反应器既能保证混合效果又有尽可能小的剪切力，以满足细胞生长的要求。笼式搅拌器的 3 个导流管随搅拌同步转动时，由于离心力的作用，搅拌器中心管内产生负压，致使培养液流入中心管内，沿管壁螺旋上升，再从 3 个导流管排出，沿搅拌器外延螺旋下降，使培养液反复循环，达到混合均匀的目的。气体经环形分布进入通气腔，培养液经 200 目的丝网截留住细胞后与通入空气进行气液交换，细胞不进入通气腔内，防止了气泡引起的细胞损伤现象，交换后培养液又经丝网排除进入培养液主体供细胞培养用。通气过程中产生的泡沫经管道进入液面上部的由 200 目不锈钢丝网制成的笼式消泡腔内，泡沫经丝网破碎成气、液两部分，达到深层通气而不产生泡沫的目的。这种搅拌器剪切力小而混合性能好，但溶氧系数低，不能满足高密度动物细胞培养的耗氧要求，而且结构复杂，难于放大。

篮式搅拌器和笼式搅拌器均为细胞提升式搅拌器，其中篮式搅拌器适用于 HEK293 细胞等溶氧需求低、对剪切敏感的贴壁细胞的固定化培养；笼式搅拌器配合通气搅拌器适用于贴壁细胞的微载体培养。笼式搅拌器轴外包有孔径 75μm 不锈钢丝网作为通气腔，通气产生的气泡经丝网破碎，分成气、液两部分，多余的气泡上升到顶部消泡腔，进一步破碎最终经尾气排走，微载体直径比丝网孔径大，被隔离在通气腔外，从而在保证传氧需求时显著减弱气泡破裂导致的剪切力。

双层推进式搅拌器和旋转滤器搅拌器结合推进式都是装配推进式轴流搅拌器。前者罐内容易形成大的流体轴向循环流动，推进式剪切力低，适用于大部分悬浮细胞培养；后者装配旋转过滤器和推进式搅拌器，用于悬浮细胞灌注高密度培养，旋转过滤器作用是细胞截留功能，旋转壁面上分布各个筛孔，一般筛孔大小为 20 ～ 50μm，具体筛孔大小需要针对所培养细胞大小对应设计。

瑞士 LAMBDA 公司利用仿生学原理，开发了"鱼尾"生物搅拌器，搅拌盘是有弹性的并具有鱼尾的

典型形状（类似于鱼尾），这种形状在液体里产生高效的能源传递，在水平和垂直方向能平衡有效地搅拌，在搅拌过程中没有切削刃、涡旋或紊流，通过上下鱼尾盘的移动产生高效的介质循环，流体剪切应力使细胞不会破损或破坏。

DrM 公司研发了一种新型的一次性搅拌装置 FUNDAMIX® SU 系统，运用了 FUNDAMIX® 振动搅拌技术，并吸收了全封闭一次性塑料袋的优点，剪切力低、混合搅拌作用效率高。

象耳桨广泛应用于动物细胞悬浮培养。赵晓伟结合 CFD 数值模拟方法对象耳桨与其他 3 种常用搅拌桨叶在流场传质性能及剪切大小进行仿真对比，得出该桨叶综合了轴流桨和径流桨的优点：流场分布均匀，产生的剪切较小，能适用于大规模动物细胞反应器。Zhu 等应用 PIV 实验研究了象耳桨在不通气与不同通气量情况下所产生的流场，高速相机拍下的液体运动轨迹图像证明了该桨具有良好的混合性能，另外流场中的湍动能比较小，即对细胞造成的损伤小。

Celligen 生物反应器中有一个中空的导向搅拌器，培养液和细胞通过中空导向器形成上下循环。反应器采用笼式供氧，溶于液体中的氧依靠丝网外液体的对流作用均匀分布到反应器内。该反应器还带有一个气体调节系统，用来控制溶氧浓度和 pH 值。由于气泡不与细胞直接接触，所以通气量不受限制，而且泡沫少不需要用消泡剂，细胞在循环过程受到的剪切力也很小。华东理工大学开发的 CellCul-20 动物细胞培养反应器，主要工作原理与 Celligen 反应器相似，但采用了双层笼式供氧，提高了氧的传递系数。在 20L 的反应器中采用灌流工艺培养 Vero 细胞，连续培养 5d 细胞数增加 37 倍，密度超过 1×10^7 个 /mL。近年来，上海国强生化工程装备有限公司联合华东理工大学生物反应器国家重点实验室、国家生化工程技术研究中心开发了用于动物细胞培养的 BRS 系列（6 ～ 300L）和 BRG 系列（1.5L、3L 和 5L）机械搅拌式生物反应器系统，材质为不锈钢或玻璃，采用无泡与微泡通气装置和低剪切力搅拌系统，对细胞损伤小。可以配置用于灌流或微载体培养工艺的旋转式细胞过滤截留装置，能够降低有毒副产物对细胞生长和代谢的影响。通过四气联动精准控制 pH 和 DO，也可安装细胞观测仪、在线活细胞传感器和光密度传感器。

另一种思路是开发非搅拌反应器，如摇袋式生物反应器、填充床反应器、中空纤维生物反应器等。填充床反应器是在反应器中填充一定材质的填充物，供细胞贴壁生长。营养液通过循环灌流的方式提供，并可在循环过程中不断补充。细胞生长所需的氧分也可以在反应器外通过循环的营养液携带，因而不会有气泡伤及细胞。这类反应器剪切力小，适合细胞高密度生长。中空纤维反应器由于剪切力小而广泛用于动物细胞的培养。这类反应器由中空纤维管组成，每根中空纤维管的内径约为 200μm，壁厚为 50 ～ 70μm。管壁是多孔膜，O_2 和 CO_2 等小分子可以自由透过膜扩散，动物细胞贴附在中空纤维管外壁生长，可以很方便地获取养分。

第二节　生物反应器的传质

质量传递在选择反应器形式（搅拌式、鼓泡式、气升式等）、生物催化剂状态（悬浮或固定化细胞）和操作参数（通气率、搅拌速度、温度）中起决定性的作用，并将直接或间接影响过程中上下各步骤以及系统周期性单元设计的很多方面。

反应器中微生物的所有活动最终导致生物量的增加或形成所期待的产品，它与环境的质量传递及微生物的热量扩散有联系。在普通气-液反应器中，低溶解度基质传递是最明显的问题，这时基质需要连续供给，否则将被迅速耗尽，成为限制反应速率的反应物。对于好氧生化过程，氧的供给已成为关键问题，供氧速率是生物反应器的选择和设计中需要考虑的主要问题。

在实际培养过程中测到的都是总速率，被称为过程的"宏观动力学"。它所表示的并不是真实的化学反应速率，而且生物反应过程非常复杂，单一的化学反应在实际中是没有使用价值的。在大部分情况下，人们只关注细胞水平上的速率。在整个传递过程中可分为两个部分，气-液相之间的传递和液相与微生物之间的传递。当细胞发生凝聚时，热和质量的传递必须首先从液体传到凝聚物，然后传至凝聚物内，如果是固定化细胞，还需增加一步固定化介质到细胞的传递过程。

一、气-液质量传递

（一）气-液质量传递的基本理论

生物反应中的气-液传质包括好氧发酵气体主流中的氧到液相主流的传递以及厌氧生物反应中甲烷和CO_2的排除等。大多数微生物发酵过程为好氧，而且氧在水溶液中的溶解度很低，要维持发酵中正常的氧代谢，必须在过程中始终保持氧从气相到液相的传递。氧的传递在许多好氧发酵中是限制性步骤。因此下面以氧传递为例进行讨论。常温常压下，纯水中氧的溶解度为0.2mmol/L，在发酵液中的溶解度则更低。单位体积发酵液每小时的耗氧量一般为25～100mmol/(L·h)，同一类微生物的耗氧速率还受温度、发酵液成分和浓度的影响。如当供氧不足，葡萄糖浓度为1%时，酵母的耗氧速率为15～18mmol/(L·h)；而供氧充足，葡萄糖浓度为15%时，耗氧速率则达296～342mmol/(L·h)。

对于好氧发酵，只有当氧进入细胞内部时，存在于液相的细胞才能利用氧。通入发酵液的气体形成气泡，气泡中的氧必须经历如图5-3中的途径才能被悬浮在液体中的微生物利用。

氧从气相到微生物细胞内部的传递可分为以下七个步骤：
① 从气泡中的气相扩散通过气膜到气液界面；
② 通过气液界面；
③ 从气液界面扩散通过气泡的液膜到液相主流；
④ 液相溶解氧的传递；
⑤ 从液相主流扩散通过包围细胞的液膜到达细胞表面；
⑥ 氧通过细胞壁；
⑦ 微生物细胞内氧的传递。

经过以上步骤后在细胞内部发生酶反应。通常③和⑤的传递阻力是最大的，是整个过程的控制步骤。常见的描述氧传递的模型有三种，即双膜理论、渗透扩散理论和表面更新理论。
（1）双膜理论　双膜理论认为，气液两相间存在一个界面，界面两侧分别为呈层流状态的气膜和液

膜；在气液界面上两相浓度相互平衡，界面上不存在传递阻力；气液两相的主流中不存在氧的浓度差。氧在两膜间的传递在定态下进行，因此氧在气膜和液膜间的传递速率是相等的，如图5-4所示。

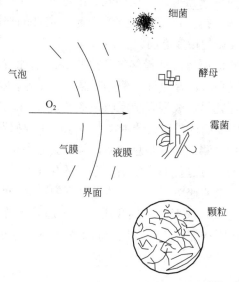

图 5-3 好氧发酵中的传递途径

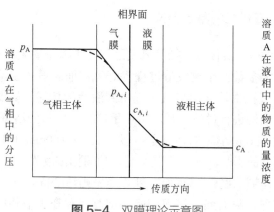

图 5-4 双膜理论示意图

（2）渗透扩散理论　渗透扩散理论对双膜理论进行了修正，认为层流或静止液体中气体的吸收是非定态过程，液膜内氧边扩散边被吸收，氧浓度分布随时间变化。

（3）表面更新理论　表面更新理论又对渗透扩散理论进行了修正，认为液相各微元中气液接触时间也是不等的，而液面上的各微元被其他微元置换的概率是相等的。

虽然后两种理论比双膜理论考虑得更为全面，从瞬间和微观的角度分析了传质的机理，但由于双膜理论较简单，所用的参数少，因此根据双膜理论发展起来的应用更为广泛。

下面以双膜理论为基础来讨论氧的传递。根据双膜理论，氧传递的阻力来自气膜和液膜。气膜侧氧的质量通量 N_G 为：

$$N_G = \frac{q_G}{A} = k_G(p_{OG} - p_{OGi}) \tag{5-8}$$

式中　p_{OG}、p_{OGi}——气膜侧的主流气体氧分压和气液界面上的氧分压；

　　　　k_G——气相传质系数；

　　　　q_G——气膜侧氧的总传递速率；

　　　　A——气液界面面积。

液膜侧氧的质量通量 N_L 为：

$$N_L = \frac{q_L}{A} = k_L(c_{OLi} - c_{OL}) \tag{5-9}$$

式中　k_L——液相传质系数；

c_{OLi}，c_{OL}——液膜侧的气液界面氧浓度和液相主流中的氧浓度；

　　　　q_L——液膜侧氧的总传递速率。

定态下通过气膜和通过液膜的速率是相同的。

由于界面浓度不易测定，因此定义用液相参数关联的总传质系数 K_L 和总推动力 $c_{OL}^* - c_{OL}$ 表示如下：

$$N_G = N_L = k_L(c_{OLi} - c_{OL}) = K_L(c_{OL}^* - c_{OL}) \tag{5-10}$$

式中　c_{OL}——液相主体浓度，可方便地测定；

　　　c_{OL}^*——与气相分压相平衡的液相浓度，由 Henry 定律 $c_{OL}^* = Hp_{OG}$ 计算；

　　　H——Henry 常数；

　　　p_{OG}——气相主体分压，也可测定。

液相总传质系数 K_L 与液相传质系数 k_L 和气相传质系数 k_G 之间的关系如下：

$$\frac{1}{K_L} = \frac{1}{k_L} + \frac{1}{k_G} \times \frac{c_{OL}^* - c_{OL}}{p_{OG} - p_{OGi}} = \frac{1}{k_L} + \frac{1}{k_G M} \tag{5-11}$$

$$M = \frac{1}{H} = \frac{p_{OG} - p_{OGi}}{c_{OL}^* - c_{OL}}$$

对微溶气体，M 远大于 1，因此 $K_L \approx k_L$，即几乎全部阻力来自于液膜这边的质量传递。因此在描述气液传递时通常用 k_L 代替 K_L。

（二）体积传质系数 $k_L a$

体积传质系数 $k_L a$ 是决定反应器结构的最关键的参数，为质量传递比速率，是指在单位浓度差下，单位时间、单位界面面积所吸收的气体。它取决于系统的物理特性和流体动力学。体积传质系数由两项产生：一是液相传质系数 k_L，它取决于系统的物理特性和靠近流体表面的流体动力学；二是气液比表面积 a。现在已清楚 k_L 对动力输入的依赖是相当弱的，而界面面积是一个重要的物理特性。

从一定意义上讲，$k_L a$ 愈大，好氧生物反应器的传质性能愈好，因此，有必要了解与 $k_L a$ 相关的影响因素，以确保获得适宜的 $k_L a$ 值。

1. 影响 $k_L a$ 的因素

（1）操作条件的影响　　对于带有机械搅拌的通气培养设备，搅拌器对物质传递有 4 个方面的作用：①将通入培养液的空气分散成细小的气泡，防止小气泡的聚集，从而增大气液相的接触面积；②搅拌作

用使培养液产生涡流，延长气泡在液体中的停留时间；③搅拌造成液体的湍动，减小气泡外滞流液膜的厚度，从而减小传递过程的阻力；④搅拌作用使培养液中的成分均匀分布，使细胞均匀地悬浮在培养液中，有利于营养物质的吸收和代谢物的分散。对于没有机械搅拌的鼓泡培养设备及气升式培养设备，则利用气泡在液体中的上升，带动液体运动，产生搅拌作用。

搅拌和通气与 $k_L a$ 之间的关系如下：

$$k_L a = K \left(\frac{P_G}{V} \right)^{\alpha} \omega_s^{\beta} \qquad (5\text{-}12)$$

式中　K——常数，与 α、β 的具体数值有关；

P_G——通气时的搅拌功率；

V——培养液体积；

ω_s——通气表观线速度。

Cooper 等在小型通气搅拌生物反应器（装液量 3～65L）中采用亚硫酸钠氧化法测定 $k_L a$，研究通气和搅拌对 $k_L a$ 的影响，得出 $\alpha=0.95$，$\beta=0.67$，这说明增大搅拌功率对提高 $k_L a$ 的效果更显著。就通气量而言，并非通气量越大 $k_L a$ 就一定越大，实际上通气量的影响有一定的限度，如果超过这一限度，搅拌器就不能将空气泡有效地分散到液体中，而在大量气泡中空转，发生"过载"现象，导致搅拌功率大大下降，也不能提高 $k_L a$。当然搅拌功率也不是越大越好，因为过于激烈的搅拌产生很大的剪切作用，可能对所培养的细胞造成伤害，尤其是对剪切极为敏感的动植物细胞，在设计培养装置时应该注意这一点。另外激烈的搅拌还会产生大量搅拌热，加重传热的负担。式（5-12）中单位体积的液体搅拌功率的指数随培养装置的规模而有所变化，Bartholomew 指出，装液量 9L 的发酵罐的 α 为 0.95，装液 $0.5m^3$ 的中试规模生物反应器的 α 降到 0.67；而生产规模的生物反应器（液量 27～$54m^3$）的 α 只有 0.50。指数 α 和 β 也随通气搅拌生物反应器的形状、结构而变化，例如在 $20m^3$ 的伍式生物反应器中培养啤酒酵母时，α 为 0.72，β 仅为 0.11。同时搅拌器的形式也会影响 α 和 β 的数值，如表 5-1 所示。

表 5-1　搅拌器形式对指数 α、β 的影响

搅拌器形式	α	β	搅拌器形式	α	β
六平叶涡轮	0.933	0.488	六箭叶涡轮	0.755	0.578
六弯叶涡轮	1.00	0.713			

（2）液体性质的影响　液体的性质，如密度、黏度、表面张力、扩散系数等的变化，都会对 $k_L a$ 带来影响。在同样的生物反应器中和同样的操作条件下，进行通气搅拌，如果液体性质有较大的不同，则 $k_L a$ 也不相同。液体的黏度对 $k_L a$ 的影响也很大。液体的黏度增大时，由于滞流液膜厚度增加，传质阻力增大，$k_L a$ 则减小。

（3）其他因素的影响

① 表面活性剂。培养液中，消沫用的油脂等是具有亲水端和疏水端的表面活性物质，它们分布在气液界面，增大传递阻力，使 k_L 下降。如在水中加

入少量月桂基磺酸钠后，k_L 和 a 均急剧下降，虽然气泡直径也减小，造成比表面积增加，但 k_L 下降的影响超过 a 增大的作用，所以 $k_L a$ 仍然有很大的下降。随着月桂基磺酸钠浓度的增加，$k_L a$ 值达到最低后，稍有增大的趋势。在发酵液中加入消沫剂后，由于 $k_L a$ 的下降会造成液相氧浓度 c_{OL} 明显下降。

②离子强度。在电解质溶液中生成的气泡比在水中小得多，因而有较大的比表面积。Zlokarnik 指出，在同一气 - 液接触反应器中，在同样的操作条件下，电解质溶液的 $k_L a$ 比水大，而且随电解质浓度的增大，$k_L a$ 也有较大的增加。当盐浓度达到 $5kg/m^3$ 时，电解质溶液的 $k_L a$ 就开始比水大。盐浓度在 $50 \sim 80kg/m^3$ 时，$k_L a$ 迅速增大。一些有机溶质如甲醇、乙醇和丙酮也有类似现象。

③细胞浓度和形态。培养液中细胞浓度的增加，会使 $k_L a$ 变小。细胞的形态对 $k_L a$ 的影响也很显著，例如 Chain 等测得球状菌悬浮液的 $k_L a$ 约是同样浓度丝状菌悬浮液的 2 倍。这主要是由于两种悬浮液的流动特性有较大差别，丝状菌悬浮液的稠度指数为球状菌悬浮液的 10 倍，流动特性指数几乎为零，而球状菌悬浮液的约为 0.4，因此丝状菌悬浮液非常稠厚，非牛顿特性更为明显，气液传递效果差。将丝状菌悬浮液加水稀释至 10% ~ 15%，稠度指数可降到原来的 1/2，从而明显地提高通气效率，并提高液相的氧浓度。

采用氧载体如过氟化碳、液态烷烃、油酸、甲苯、植物油等提高反应器供氧也成功用于微生物发酵，这些物质是与水不互溶、对微生物无毒、具有较高溶氧能力的有机物。氧载体发酵体系由于具有氧传递速度快、能耗低、气泡生成少、剪切力小等特点，受到人们的重视。例如，在发酵初期添加 6%（体积分数）的大豆油，黄原胶产率可达 3.02%，在发酵 12h 添加 1%（体积分数）的正己烷，产率可达 2.95%，与对照组相比产率分别提高 89 % 与 84 %；而且氧载体的添加对黄原胶的质量没有显著影响，在加入大豆油和正己烷后，黄原胶丙酮酸含量分别为 3.92% 和 3.18%（对照组为 3.33 %）。王爽等发现，氧载体不能作为碳源被细胞利用，并能提高发酵体系溶氧量和传氧速率，有效促进单位细胞纳他霉素产率的提高。在摇瓶发酵初期添加 6% 的大豆油、6% 的橄榄油和 9% 的二甲基硅油，纳他霉素产量分别提高了 56.8%、59.5% 和 72.5%。发酵初期添加 6% 的表面活性剂吐温 -80 可促进菌体生长，同时有效提高纳他霉素产量 82.6%。

2. $k_L a$ 的测量

$k_L a$ 数据可从已发表的相关文献得到，但是基于有限实验数据的概括，所设计的设备与原来实验系统的几何结构以及物理参数越接近就越可靠。测定 $k_L a$ 常用的方法有三种：亚硫酸盐法、动态法和定态法。

（1）亚硫酸盐法　亚硫酸盐法是一种冷态测定法，通常用 CMC（羧甲基纤维素）或黄原胶模拟培养液的物理性质，加入一定量的亚硫酸钠，利用亚硫酸钠在铜离子或钴离子的催化下与氧发生快速反应的原理进行测定。反应如下：

$$2Na_2SO_3 + O_2 \xrightarrow[Co^{2+}]{Cu^{2+}} 2Na_2SO_4$$

$$Na_2SO_3 + I_2 + H_2O \longrightarrow Na_2SO_4 + 2HI$$

$$2Na_2S_2O_3 + I_2 \longrightarrow Na_2S_4O_6 + 2NaI$$

当模拟介质中 Na_2SO_3 的浓度在 $0.018 \sim 0.45mol/L$ 的范围内，温度在 $20 \sim 45℃$ 之间时，第一个反应式的反应速率与 Na_2SO_3 的浓度无关，且远远大于氧的传递速率。液相中的溶解氧浓度为零，氧传递为整个过程的控制步骤。因此用碘量法测定亚硫酸钠消耗的速率可求得氧传递速率 q。

$$q = k_L a c_{OL}^* \tag{5-13}$$

测定通常在生物反应器里进行，0.5mol/L 的亚硫酸钠至少含 0.003mol/L Cu^{2+}。从第一个鼓入的气泡开始计时，反应 4～20min，定时取样。将样品与过量的标准碘液混合，与氧反应剩余的亚硫酸钠全部与碘作用。剩余的标准碘液用标准硫代硫酸钠滴定。根据计量学由硫代硫酸钠的消耗量可计算出亚硫酸钠与氧反应的消耗量。

亚硫酸盐法具有一定的局限性，首先模拟溶液的物化性质不可能与实际发酵液完全相同，此外，要求较高的离子浓度，而高离子浓度会使界面面积和传质系数减小。但此法简便，在研究反应器的性能、放大和操作条件的影响时是很有用的。

（2）动态法　动态法是热态测定法，是依据氧的物料衡算进行的。对好氧间歇发酵，微生物生长旺盛时期，单位发酵液体积的氧衡算为：

$$\frac{dc_{OL}}{dt} = k_L a(c_{OL}^* - c_{OL}) - r_{O_2} c_X \qquad (5\text{-}14)$$

式中　r_{O_2}——细胞呼吸速率，g O_2/(g 细胞·h)；

　　　c_{OL}——溶解氧浓度（dissolved oxygen，DO）；

　　　c_X——细胞浓度。

$r_{O_2} c_X$ 就是摄氧率。在溶解氧水平不再随时间发生变化后，突然停止供气和搅拌，DO 将随时间下降。此时的氧衡算式为：

$$\frac{dc_{OL}}{dt} = -r_{O_2} c_X \qquad (5\text{-}15)$$

DO 与时间 t 曲线的斜率即为摄氧率 OUR，OUR 的定义为单位发酵液的氧消耗速率，即式（5-14）中的 $-r_{O_2} c_X$。然后再通入空气并搅拌，DO 将随时间 t 上升，此时的氧衡算式为式（5-14），此时测定的 $\Delta c_{OL}/\Delta t$ 即为式（5-14）中的 dc_{OL}/dt。将两个过程测定的值结合起来，可得线性关联式：

$$c_{OL} = c_{OL}^* - \frac{1}{k_L a}\left(\frac{dc_{OL}}{dt} + r_{O_2} c_X\right) \qquad (5\text{-}16)$$

根据上式进行的测定是点值，由于试验误差及其他偶然因素，一个点的值不可靠，因此应在 c_{OL}-t 曲线中取多组 c_{OL}-$\Delta c_{OL}/\Delta t$ 数据进行回归，Δt 的间隔越小越精确。对不同取样时间 i，将式（5-16）写成离散的形式为：

$$c_{OLi} = c_{OL}^* - \frac{1}{k_L a}\left(\frac{(\Delta c_{OL})_i}{(\Delta t)_i} + r_{O_2} c_X\right) \qquad (5\text{-}17)$$

可得若干组 $c_{OLi} - (\Delta c_{OL})_i/(\Delta t)_i$ 数据，$c_{OLi} - [(\Delta c_{OL})_i/(\Delta t)_i + r_{O_2} c_X]$ 作图，回归得到的斜率为 $-1/k_L a$，Y 轴上的截距为 c_{OL}^*。

该法测得的值虽为实际发酵过程中的值，但还是具有一定的局限性。首先，此法在 DO 低于微生物临界溶解氧浓度时不能用，因为此时过程受传质限制，停止通氧时测得的摄氧率不为常数；其次，测定摄氧率时用式（5-17）是假定不通气时，界面面积 a 为 0 的，实际上停止通气后，发酵液中的气泡并不会马上消失，也就是 $k_L a$ 不会马上变为 0，因此 c_{OL} 对 t 的关系在开始可能不成直线。

有许多研究者采用冷态测定的方法，此时式（5-14）等式右边最后一项为 0，试验和数据处理比热态测定更加简单，不过实测值与发酵实际情况相差较大，因为模拟介质只能模拟发酵过程某一阶段的流体状况，而且发酵过程中产生的菌体和复杂的代谢产物对流体性质影响很大，难以模拟。但是冷态法影响因素少，数据规律性强，仍是常用的研究方法。

（3）定态法　当发酵连续操作，且达到定态时，罐内菌体浓度为常数，DO 也不随时间变化。此时可根据氧的物料衡算，直接测定 DO 和摄氧率 OUR，而得到 $k_L a$。此时的物料衡算方程为：

$$OUR_m = k_L a(c_{OL}^* - c_{OL}) \tag{5-18}$$

对整个反应器做氧衡算，有：

$$OUR_m = \frac{F_{in} p_{O_2,in} - F_{out} p_{O_2,out}}{V_L RT} \tag{5-19}$$

式中　F_{in}，F_{out}——分别为进入和离开反应器的空气的体积流量；

　　$p_{O_2,in}$，$p_{O_2,out}$——分别为进入和离开反应器的氧分压；

　　　　V_L——发酵液气液混合体积；

　　　　R——气体常数；

　　　　T——热力学温度。

用流量计测定连续生物反应器（即恒化器）的进出口流量，用气相色谱分析进出口气相中的氧分压，即可用式（5-18）算出 OUR，代入式（5-17）。用溶氧电极在线检测 DO，就可用式（5-17）算出 $k_L a$。

对小反应器，$c_{OL}^* - c_{OL}$ 在器内的变化很小，而大反应器的液层有一定的深度，底部和顶部的 $c_{OL}^* - c_{OL}$ 差别较大，这时 $c_{OL}^* - c_{OL}$ 应取顶部和底部 $c_{OL}^* - c_{OL}$ 的对数平均值：

$$(c_{OL}^* - c_{OL})_m = \frac{(c_{OL}^* - c_{OL})_{bottom} - (c_{OL}^* - c_{OL})_{top}}{\ln \dfrac{(c_{OL}^* - c_{OL})_{bottom}}{(c_{OL}^* - c_{OL})_{top}}} \tag{5-20}$$

二、液－固质量传递

细胞所需的基质扩散通过环绕它的边界层，然后进入细胞进行反应。最重要的问题之一是必须弄清控制的关键步骤是在细胞内还是在周围。我们可以据此预测流体的物理特性可能对过程速率所造成的影响。

在一些情况下，微生物不是自由悬浮于液体中，而是凝结成絮状、球状或固定在载体上。这样就增加了质量传递过程的步骤，反应底物要先从液相主体扩散到颗粒表面，再经颗粒内的微孔达到颗粒内表面上的酶或细胞表面，最后才进入细胞进行反应。反应的产物经相反步骤进入液相主体。从液相主体到颗粒表面的扩散称为外扩散，从颗粒表面到细胞及产生产物的过程称为内扩散。

扩散限制对所需要的生物催化剂量的影响已是众所周知，也可以被设计者用作过程控制的手段。

颗粒内的浓度分布，在半径为 R 处取厚度为 dR 的球形薄壳层作为微元体，并对其做底物质量衡算，得定态下有关 c_S-R 的微分方程：

$$\frac{d^2 c_S}{dR^2} + \frac{2}{R} \times \frac{dc_S}{dR} - \frac{r}{D_e} = 0 \qquad (5\text{-}21)$$

这是一个通式，其他形状的颗粒可用几何特征尺寸代替球半径。式（5-21）中的反应速率 r 可以是任一种动力学形式。边界条件根据实际情况来建立。

用效率因子来表示反应受扩散限制的程度，它的表达式为：

$$\eta = \frac{颗粒实际反应速率}{无内外扩散阻力时的反应速率} \qquad (5\text{-}22)$$

定态下，底物扩散进入颗粒的速率等于该颗粒内底物的消耗速率。因此颗粒的实际速率可以用通过颗粒表面扩散进入的量来表示。当外扩散阻力可以忽略时总效率因子 η 等于内扩散效率因子 η_i。

$$\eta_i = \frac{4\pi R_S^2 D_e \left.\dfrac{dc_S}{dR}\right|_{R=R_S}}{\dfrac{4}{3}\pi R_S^3 r(c_S)} = \frac{3D_e}{R_S r(c_S)} \times \left.\frac{dc_S}{dR}\right|_{R=R_S} \qquad (5\text{-}23)$$

式中　$r(c_S)$——用颗粒表面底物浓度计算的消耗速率；

$\left. D_e \dfrac{dc_S}{dR}\right|_{R=R_S}$——$R=R_S$ 处的扩散通量。

假定反应符合一级动力学方程且颗粒大小不变，颗粒内生物催化剂浓度不随时间变化，颗粒内存在微孔，则有：

$$\frac{d^2 c_S}{dR^2} + \frac{2}{R} \times \frac{dc_S}{dR} - \frac{k_1 c_S}{D_e} = 0 \qquad (5\text{-}24)$$

式中　k_1——关于底物的一级反应速率常数。

在颗粒表面 $R=R_S$ 处，底物浓度等于表面浓度，当外扩散可以忽略时，表面浓度等于主流浓度。在颗粒中心 $R=0$ 处 $\dfrac{dc_S}{dR}=0$。

如果反应符合零级反应动力学：①非限制性生长的固定化微生物发酵，在定态操作过程中颗粒内菌浓度达到动态平衡，此时对于底物，$k_0 = \mu_m c_X / Y_{X/S}$；②微生物的非限制性底物在颗粒内的消耗；③不受底物抑制的酶反应，在底物过量时，酶反应与底物浓度无关等情况下。有：

$$\frac{d^2 c_S}{dR^2} + \frac{2}{R} \times \frac{dc_S}{dR} - \frac{k_0}{D_e} = 0 \qquad (5\text{-}25)$$

上式存在一个临界半径 R_C，在 $R=R_C$ 处底物浓度下降为 0。临界半径由下式给出：

$$\frac{R_C}{R_S} = \left(1 - \frac{6c_S D_e}{k_0 R_S^2}\right)^{\frac{1}{2}} \qquad (5\text{-}26)$$

对零级反应，实际反应体积为 $\dfrac{4}{3}\pi(R_S^3 - R_C^3)$，因此：

$$\eta = \frac{\frac{4}{3}\pi(R_{\mathrm{S}}^3 - R_{\mathrm{C}}^3)k_0}{\frac{4}{3}\pi R_{\mathrm{S}}^3 k_0} = 1 - \left(1 - \frac{6c_{\mathrm{S}}D_{\mathrm{e}}}{k_0 R_{\mathrm{S}}^2}\right)^{\frac{1}{2}} \tag{5-27}$$

第三节　生物反应器的混合机理

在生物加工过程中很多体系由液体、气体或固体组成，涉及多种组分的混合，如表 5-2 所示。反应体系的均一性对反应效果有着很大的影响，因此，生物反应器中的混合在生物反应器设计过程中也是一个需要考虑的重要因素。

表 5-2　生物加工过程中的混合类型

类型	说明	应用实例
气 - 液	气、液接触混合	液相好氧发酵，如味精、抗生素等发酵
液 - 固	固相颗粒在液相中悬浮	固定化生物催化剂的应用、絮凝酵母生产酒精等
固 - 固	固相间混合	固态发酵生产前的拌料
液 - 液	互溶液体	发酵或提取操作
液 - 液	不互溶液体	双液相发酵与萃取过程
液体流动	传热	反应器中的换热器

一、大尺度混合机理

将两种不同的液体置于搅拌釜中，启动搅拌器，釜中形成一个循环流动，称为总体流动。在总体流动的作用下，其中一种流体被分散成一定尺寸的液团并由总体流动带至容器各处，造成大尺度上的均匀混合。大尺度的均匀混合并不关注液团的尺寸，重要的是将产生的液团分布到容器的每一角落。这就要求搅拌器能够产生强大的总体流动，同时在搅拌釜内尽量消除流动达不到的死区。总体流动的流型相当复杂，不同形式的搅拌器各不相同。最典型的是螺旋桨式搅拌器和涡轮式搅拌器所形成的流型结构（图 5-5、图 5-6）。两者相比，螺旋桨式搅拌器可提供更大的流量，特别适用于要求大尺度混合均匀的搅拌。容器内的流场分布和流型可以用 Fluent 等软件进行研究。

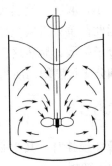

图 5-5　螺旋桨式搅拌器的流型

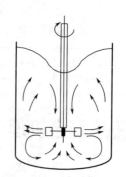

图 5-6　涡轮式搅拌器的流型

二、小尺度混合机理

1. 互溶液体的混合机理

总体流动可将混合液体中的一种流体破碎成较大的液团，并同时将这些液团夹带至容器各处，造成宏观上的均匀。但是，单是总体流动不足以将液团破碎到很小尺寸。尺寸很小的液团是由总体流动中的湍动造成的，湍流可看成是由平均流动与大量不同尺寸、不同强度的旋涡运动叠加而成。总体流动中高速旋转的旋涡与液体微团之间会产生很大的相对运动和剪切力，液团正是在这种剪切力的作用下被破碎得更加小。

不同尺寸和不同强度的旋涡对液团有不同的破碎作用。旋涡尺寸越小，破碎作用越大，所产生的液团也越小。大尺度的旋涡只能产生较大尺寸的液团，因为尺寸较小的液团将被大旋涡卷入与其一起旋转而不是被破碎。

旋涡的尺寸和强度取决于总体流动的湍动程度。总体流动的湍动程度越高，旋涡的尺寸越小，强度越高，数量越多。因此，为达到更小尺度上的均匀混合，除选用适当形式的搅拌器外，还可以采用其他措施促进总体流动的湍动。

液体的破碎并非搅拌器直接打击的结果。搅拌器的作用，只是向液体提供能量，造成高度湍动的总体流动。液体的破碎不是发生在搅拌器的桨叶上，而主要发生在搅拌釜内高度湍动的流区里。

液体微团的大小，取决于旋涡尺寸。在通常的搅拌情况下，微团的最小尺寸为几十微米，因此，单凭机械搅拌是不可能达到分子尺度均匀的。微团的最终消失，只能靠分子扩散。显然这已不属于搅拌的范畴。但是搅拌可以减小微团的尺寸，使达到分子尺度均匀所需的扩散时间大大缩短。

2. 不互溶液体的混合机理

两种不互溶液体搅拌时，其中必有一种液体被破碎成液滴，称为分散相，而另一种液体称为连续相。

为达到更小尺寸的均匀混合，必须尽可能地减小液滴尺寸。同样，总体流动只能产生较大的液滴。当液滴小到一定程度，总体流动对液滴的进一步破碎已无能为力，而只能依靠湍流脉动。液滴是一个具有明显界面的液团。界面张力力图使液滴的表面面积最小，抵抗任何变形和破碎。因此，对液体搅拌而言，界面张力是过程的抗力。为使液滴破碎，首先必须克服界面张力，使液滴变形。

当总体流动处于高度湍流状态时，存在着方向迅速变换的湍流脉动，液滴不能跟随这种脉动而产生相对速度很大的绕流运动。这种绕流运动，沿着流滴表面产生不均匀的压强分布和表面剪应力。正是这种不均匀的压强分布和表面剪应力将液滴压扁并扯碎。总体流动的湍动程度越高，湍流脉动对液滴绕流的相对速度越大，产生的液滴尺寸越小。

3. 液滴大小分布

液滴尺寸的大小取决于总体流动的湍动程度。对一定的搅拌过程，总体流动的湍动程度一定，可能达到的最小液滴尺寸亦随之而定。如此看来只要有足够的搅拌时间，搅拌釜内的液滴都应该具有相同的直径。实际上并不是如此。这是因为液体搅拌时，不仅存在大液滴的破碎过程，同时也存在小液滴相互碰撞而聚并的过程。破碎和聚并过程同时发生，必然导致尺寸的不均匀分布，其中大液滴是由小液滴聚并而成，小液滴则是大液滴破碎的结果。实际的液滴尺寸分布决定于破碎和聚并过程之间的平衡。

此外，在搅拌釜内各处流体湍动程度不均也是造成液滴尺寸分布不均匀的主要因素。在叶片的区域内流体湍动程度较强，液滴破碎速率大于聚并速率，液滴尺寸较小；在远离叶片的区域内流体湍动程度较弱，液滴聚集速率大于破碎速率，液滴尺寸变大。

在实际过程中，如果希望液滴尺寸分布宽一些，则应使流体在设备内的湍动程度分布不均。在某一区域造成对液滴破碎的有利条件，在另一区域造成对液滴聚并的有利条件。

如果希望液滴大小均一，可针对上述导致液滴分布不均的原因采取以下措施：尽量使流体在设备内的湍动程度分布均匀；在混合液中加入少量的保护胶或表面活性物质，使液滴在碰撞时难以聚并。

总结

- 生物反应器是用于控制和培养生物有机体以有效生产某种产品或进行特定反应的容器。
- 生物反应器包括发酵罐、酶反应器、固定化酶反应器、动物细胞和植物细胞培养反应器、膜生物反应器、光合生物反应器和一次性生物反应器等。
- 生物反应器设计的主要目的基于强化传质、传热等操作，将生物体活性控制在最佳条件，最大限度地降低成本；用最少的投资来最大限度地增加单位体积产率。
- 剪切力是生物反应器中影响细胞的各种机械力的总称，是生物反应器设计和放大要考虑的重要参数。
- 生物细胞对剪切力敏感程度取决于其细胞结构。耐受性强弱：细菌 > 真菌 > 植物细胞 > 动物细胞。
- 生物反应器形式、生物催化剂状态和操作参数等取决于质量传递。
- 好氧生化过程中供氧速率是生物反应器选择和设计中需要考虑的主要问题。
- 气液传质基本理论包括双膜理论、渗透扩散理论和表面更新理论。
- 体积传质系数 $k_L a$ 是决定反应器结构的最关键参数。
- $k_L a$ 受操作条件、液体性质和表面活性剂、离子强度、细胞形态和浓度等因素的影响。

○ 测定 $k_L a$ 常用的方法包括亚硫酸盐法、动态法和定态法。
○ 生物加工过程中的混合包括气－液、液－固、固－固、液－液和液体流动等类型。

课后练习

1. 生物反应器与化学反应器的主要区别有哪些？
2. 良好的生物反应器应满足哪些要求？
3. 生物反应器中的剪切力对细胞及生物催化剂有何影响？
4. 影响机械搅拌剪切作用下生物细胞受损伤程度的因素有哪些？
5. 降低生物反应过程中剪切力的主要措施有哪些？
6. 为什么氧气的溶解是生物工业化生产中好氧发酵最棘手的问题？
7. 氧气从气体进入到细菌细胞内部的一般步骤是什么？
8. 体积溶氧系数与哪些因素相关？提高体积溶氧系数的方法有哪些？
9. $k_L a$ 的测定方法有哪些？

题1答案　　题2答案　　题3答案

题4答案　　题5答案　　题6答案

题7答案　　题8答案　　题9答案

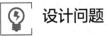 **设计问题**

某生物医药公司应用基因工程菌株发酵生产某药物原料(胞内产物)，产量为30t/年，现有情况：中试完成，20L发酵罐达到的指标为细胞浓度20g/L（干重），细胞内产物含量为5%（干重），发酵时间为16h，要求大罐生产时细胞浓度达到50g/L。实验室小试纯化收率为80%，年生产天数330d，24h生产。请设计反应器尺寸。

（www.cipedu.com.cn）

第六章 生物反应器

汉代泡菜腌制坛子，是简单原始的生物反应器，只能进行简单的厌氧发酵。

国内某生物医药企业大型现代化机械搅拌通风生物反应器，具有复杂的部件和现代化控制仪表，能够满足好氧生物培养的需求。

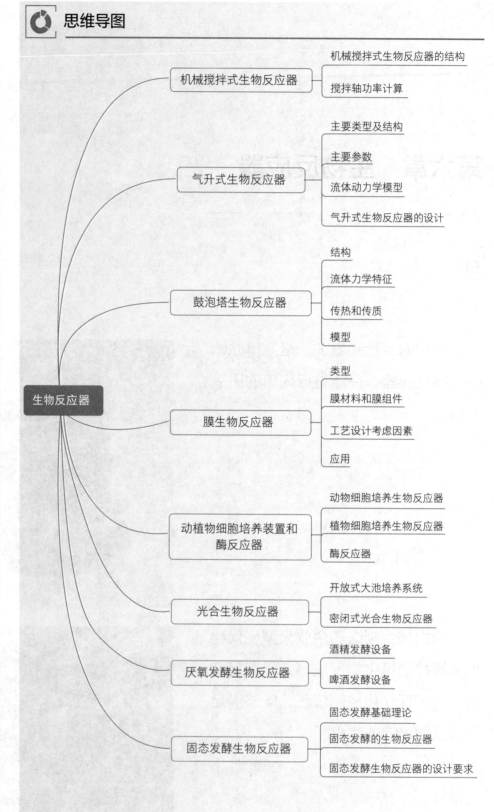

思维导图

机械搅拌式生物反应器
- 机械搅拌式生物反应器的结构
- 搅拌轴功率计算

气升式生物反应器
- 主要类型及结构
- 主要参数
- 流体动力学模型
- 气升式生物反应器的设计

鼓泡塔生物反应器
- 结构
- 流体力学特征
- 传热和传质
- 模型

膜生物反应器
- 类型
- 膜材料和膜组件
- 工艺设计考虑因素
- 应用

动植物细胞培养装置和酶反应器
- 动物细胞培养生物反应器
- 植物细胞培养生物反应器
- 酶反应器

光合生物反应器
- 开放式大池培养系统
- 密闭式光合生物反应器

厌氧发酵生物反应器
- 酒精发酵设备
- 啤酒发酵设备

固态发酵生物反应器
- 固态发酵基础理论
- 固态发酵的生物反应器
- 固态发酵生物反应器的设计要求

生物反应器

为什么学习生物反应器?

　　根据培养的生物有机体（微生物、动物细胞、植物细胞等）的特点，需要选择不同的生物反应器，如通风生物反应器可以用于好氧微生物的培养，厌氧生物反应器用于厌氧微生物的培养，光合生物反应器用于藻类等进行光合作用的生物的培养，酶反应器用于游离酶或固定化酶反应，固态发酵生物反应器用于固态发酵。选择合适的生物反应器对于提高培养（反应）效率极为关键。

学习目标

- 生物反应器的分类。
- 机械搅拌式生物反应器的结构及各结构的作用。
- 机械搅拌式生物反应器搅拌轴功率的计算。
- 气升式生物反应器的主要类型和结构。
- 酒精发酵罐结构尺寸、发酵罐数量及发酵罐冷却面积的计算。
- 啤酒发酵设备的结构类型。
- 动物细胞培养特性及生物反应器的类型和结构。
- 植物细胞培养特性及生物反应器的类型和结构。
- 光合生物反应器的类型和结构。
- 固态发酵生物反应器的类型和结构。

　　生物反应器是生物加工过程的核心设备，为生物技术产品产业化的关键设备。

　　生物工业中使用的生物反应器有多种形式，即使在同一行业中也可能采用不同形式的生物反应器。生物反应包括一系列的生物催化反应，可根据化学反应工程的分类方法从不同角度对生物反应器进行分类。

　　① 按几何形状或结构特征分为釜（罐）式（图6-1）、管式、塔式、膜式等类型。其差别主要在外形和内部结构上。釜式反应器（反应釜或发酵罐）是最常见的生物反应器。管式反应器和膜式反应器一般用于连续操作，其中相对直径较大、高度较短的管式反应器也称为塔式反应器。目前，生物加工工业上广泛使用的发酵罐、糖化罐、液化罐等都是典型的生物反应器。

　　② 按催化剂类型或培养对象分为酶促反应器、微生物培养反应器、植物细胞反应器、动物细胞反应器等类型。

　　③ 按供氧分为厌氧生物反应器与好氧生物反应器两类。除一些溶剂（如乙醇、丙酮、丁醇、丙二醇等）和乳酸、沼气等少数产品采用微生物厌氧或兼性厌氧培养方式进行生产外，大多数发酵产品都是通过好氧培养得到的。由于氧在培养基中的溶解度很小，细胞生物反应器必须不断进行通气和搅拌来增加氧的溶解量，满足好氧微生物新陈代谢的需要。

图6-1 机械搅拌罐式生物反应器

④ 根据反应器所需的混合与能量输入方式分为搅拌式生物反应器（以机械搅拌输入能量）、气升式生物反应器（以气体喷射提供能量）和喷射环流式生物反应器（以泵对液体的喷射作用使液体循环）等类型。目前，工业规模的好氧微生物细胞反应器多为搅拌式生物反应器，气升式生物反应器应用效果也很好。

⑤ 按反应器的操作方式分为间歇式生物反应器、连续式生物反应器和半连续式生物反应器等类型。间歇式生物反应器采用间歇或分批式操作方式，基本特征是反应物料一次性加入和取出，反应器内物系的组成仅随时间而变化，反应过程是一非稳态过程。间歇式生物反应器在生物反应器中占有重要地位，适合于多品种、小批量、反应速率较低的反应过程。

连续式生物反应器采用连续操作方式，其中的反应多属于稳态过程，反应器内任何部位的物系组成均不随时间而变化。其基本特征是新的底物或培养基以一定的流量连续加入，反应液以相同的流量被连续取出，从而不断地补充生物反应所需要的底物或营养物质，转化产物或代谢产物则不断被稀释而排出，使生物反应连续稳定地进行，不仅提高了生产效率，对于伴有细胞增殖与代谢的生物催化反应来说，也可以克服间歇式生物反应器中由于营养基质耗尽或有害代谢产物积累所造成的反应时间有限的缺点，但其操作及质量控制要求更高。

半连续式生物反应器采用将原料与部分产物连续输入或输出，其余则分批加入或输出的操作方式，同时具有间歇式生物反应器和连续式生物反应器的一些特点。

⑥ 按生物催化剂在反应器中分布方式分为生物团块反应器和膜生物反应器，其中生物团块反应器按催化剂的运动状态又可分为填充床、流化床、生物转盘等。

⑦ 按反应物系在反应器内的流动和混合状态分为全混流型生物反应器和活塞流型生物反应器两类。

⑧ 按反应器内发酵培养基质的物料状态分为液态生物反应器与固态生物反应器两类。

第一节　机械搅拌式生物反应器

机械搅拌式生物反应器利用机械搅拌器的搅拌作用，使空气和培养液充分混合，促使氧在培养液中溶解，以保证供给微生物和动植物细胞生长繁殖和代谢所需要的氧气，是生物工厂最常用的生物反应器之一。

一、机械搅拌式生物反应器的结构

机械搅拌式生物反应器主要由罐体、搅拌器、挡板、轴封、空气分布器、传动装置、冷却管、消泡器、人孔、视镜等组成，如图 6-2 所示。

1. 罐体

罐体由圆筒体和椭圆形或碟形封头焊接而成，1m³ 以下小型发酵罐罐顶和罐身用法兰连接。材料包括碳钢、不锈钢等，根据 GMP 等要求，一般为 304 或 316L 等不锈钢。为满足工艺要求，罐体必须能承受一定温度和压力，通常要求耐受 130℃ 和 0.25MPa（绝压）。罐壁厚度取决于罐径、材料及所需耐受的压力。罐顶接管包括进料管、补料管、排气管、接种管和压力表接管。罐身接管包括冷却水进出管、进空气管及温度、pH 和溶氧等检测仪表接口。

受内压时，壁厚可用下式计算：

$$S = \frac{pD}{230[\sigma]\phi - p} + C$$

式中　p——罐压；

　　　D——罐径；

　　　ϕ——焊缝系数，双面对接 0.8，无焊缝 1；

　　　C——腐蚀余度，$S-C<10$mm 时，$C=3$mm；

　　　$[\sigma]$——许用应力，$[\sigma] = \dfrac{\sigma}{n}$；

　　　σ——钢板抗拉强度，35kgf/mm²；

　　　$n=4$（$t<250$℃）。

受外压时，壁厚可采用下式计算：

$$S = \frac{pD}{2400}\left[1 + \sqrt{1 + \frac{\alpha H}{p(D+H)}}\right] + C$$

式中　p——外压；

　　　α——系数，直立圆筒 45，有焊缝取 50；

　　　H——圆筒高度，mm。

2. 搅拌器和挡板

搅拌的主要作用是混合和传质，即使通入的空气分散为气泡并与发酵液充分混合，使气泡破碎以增大气 - 液接触界面，以获得所需要的氧传递速率，并使生物细胞悬浮分散于发酵体系中，以维持适当的气 - 液 - 固（细胞）三相的混合与质量传递，同时强化传热过程。为实现这些目的，搅拌器的设计应使发酵液有足够的径向流动和适度的轴向流动。

搅拌器分类如下：

（1）按桨叶搅拌结构分为平叶、斜（折）叶、弯叶、螺旋面叶式搅拌器。浆式、涡轮式搅拌器都有平叶和斜叶结构；推进式、螺杆式和螺带式搅拌器的浆叶为螺旋面叶结构。根据安装要求又可分为整体式和剖分式，便于把搅拌器直接固定在搅拌轴上而不用拆除联轴器等其他部件。

（2）按搅拌器的用途分为低黏流体用搅拌器、高黏流体用搅拌器。用于低黏流体的搅拌器有推进式、浆式、圆盘涡轮式、板框浆式、三叶后弯式等。用于高黏流体的搅拌器有锚式、框式、锯齿圆盘式、螺旋浆式、螺带式等。

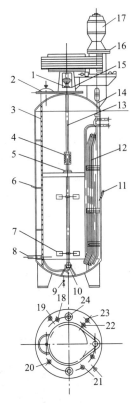

图 6-2　机械搅拌通风发酵罐结构

1—轴封；2—人孔；3—梯；4—联轴器；5—中间轴承；6—温度计接口；7—搅拌叶轮；8—进风管；9—放料口；10—底轴承；11—热电偶接口；12—冷却管；13—搅拌轴；14—取样管；15—轴承座；16—传动带；17—电动机；18—压力表；19—取样口；20—进料口；21—补料口；22—排气口；23—回流口；24—视镜

（3）按流体流动形态　分为轴向流搅拌器和径向流搅拌器。有些搅拌器在运转时，流体既产生轴向流又产生径向流的称为混合流型搅拌器。推进式搅拌器是轴流型的代表，平直叶圆盘涡轮搅拌器是径流型的代表，而斜叶涡轮搅拌器是混合流型的代表。

好的反应器搅拌器选型方法最好满足选择结果合理和选择方法简便两个要求，但却往往难以同时具备。

由于液体的黏度对搅拌状态有很大的影响，所以根据搅拌介质黏度大小来选型是一种基本的方法。几种典型的搅拌器都随黏度的高低而有不同的使用范围。随黏度增高各种搅拌器使用顺序为推进式、涡轮式、桨式、锚式和螺带式等，对推进式的分得较细，提出了大容量液体时用低转速，小容量液体时用高转速。实际上各种类型搅拌器的使用范围是有重叠的，例如桨式由于其结构简单，用挡板可以改善流型，所以在低黏度时也是应用较普遍。而涡轮式由于其对流循环能力、湍流扩散和剪切力都较强，是应用最广泛的一种搅拌器。

常用的涡轮式搅拌器属于径流搅拌器，具有结构简单、传递能量高、溶氧速率大等优点，能够将液体分成上下两个系统，但在靠近桨叶和远离桨叶的地方形成富氧区和贫氧区，不利于体系的混匀和氧气的传递。其缺点是轴向混合差，搅拌强度随着与搅拌轴距离的增大而减弱，当培养液较黏稠时，混合效果就下降。常用的涡轮式搅拌器有平叶式、弯叶式、箭叶式三种，如图6-3所示，叶片数一般为6个，也有4个或8个。这种搅拌器剪切力大，只适合如大肠杆菌或酵母菌等细菌、真菌或者霉菌等有细胞壁或者荚膜保护的细胞，而不适合动物细胞、昆虫细胞等真核细胞。

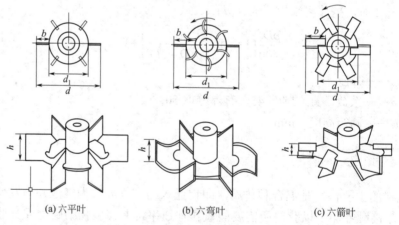

(a) 六平叶　　　　　　　(b) 六弯叶　　　　　　　(c) 六箭叶
$(h:b:d_1:d=4:5:13:20)$　$(h:b:d_1:d=4:5.5:13:20)$　$(h:b:d_1:d=3.5:5:13:20)$

图6-3　通用的涡轮式搅拌器

轴流式搅拌器能够弥补圆盘涡轮式搅拌桨的不足，提高溶氧效果，而单独使用轴流式桨叶也会存在液面翻腾较为严重、发酵液装液量较低、容易形成液泛等缺点。

为了强化轴向混合，可采用涡轮式和推进式叶轮共用的搅拌系统。为了拆装方便，大型搅拌叶轮可制成2瓣，用螺栓连成整体装配于搅拌轴上。

斜叶搅拌桨桨叶（Elephant Ear 桨叶）是呈45°的平面桨叶，所以能同时提供轴向流和径向流,这种组合流能够提供很好的混匀效果,同时其剪切力较涡轮式搅拌器低,能够在不破坏细胞的情况下温和地混匀物质,所以特别适合于动物细胞、昆虫细胞或其他对剪切力比较敏感的细胞培养体系的混合。由于适用于悬浮培养和微载体培养而被广泛应用于抗体、疫苗等生物制品的生产。

螺旋叶搅拌桨桨叶的前面呈平面或者凹面,背面呈凹面,由于剪切力低而可以温和地混匀物质,但只能提供单向流,所以传质和传氧效果比能够同时提供轴向流和径向流的混合流的斜叶搅拌桨效果差,所以适合于对剪切力特别敏感且对溶解氧要求不高的细胞的培养。

生物反应器内设挡板的作用是防止液面中央形成旋涡流动,增强湍动和溶氧传质。通常设 4 ~ 6 块挡板,其宽度为(0.1 ~ 0.12)D,就可以达到全挡板条件。全挡板条件是达到消除液面旋涡的最低条件,在一定的转速下,增加罐内附件而轴功率保持不变。此条件与挡板数 Z、挡板宽度 W 与罐内径 D 之比有关,要求:

$$\left(\frac{W}{D}\right)Z = 0.5$$

式中　W——挡板宽度,mm;

　　　D——罐内径,mm;

　　　Z——挡板数。

发酵罐中除了挡板外,还有冷却器、通气管、排料管等装置也起一定的挡板作用。当设置的换热装置为列管或排管,并且数量足够多时,发酵罐内不另设挡板。英德生物根据生物制药领域的特殊需要而开发研制了磁悬浮搅拌系统,适用于 20 ~ 10000L 生物反应器和生物制药罐的搅拌,可以在位清洗 / 在位灭菌,利用磁力耦合原理,静密封,零泄漏,免维护,无需冷却和润滑,适用寿命长,抗腐蚀性能好,摩擦系数极小,现已广泛应用于生物制药领域的各种搅拌。

3. 轴封

轴封的作用是防止染菌和泄漏。搅拌轴的密封为动密封,这是由于搅拌轴是转动的,而顶盖是固定静止的,两个构件之间有相对运动,这时的密封要按照动密封原理来进行设计。对动密封的基本要求是密封要可靠并且结构要简单,使用寿命要长。

目前生物反应器主要使用机械密封(或称端面密封),其基本结构包括:摩擦副(动环和静环),弹簧加载装置,辅助密封圈(动环密封圈和静环密封圈)。

机械密封是靠弹性元件(弹簧、波纹管)及密封介质在两个精密的平面(动环和静环)间产生压紧力,并相对旋转运动而达到密封。主要作用是将较易泄漏的轴面密封,改变为较难渗漏的端面(径向)密封。

4. 消泡装置

发酵过程中往往会有泡沫形成,严重时会导致发酵液外溢,不仅增加染菌机会,也会降低发酵液收率。泡沫的形成一方面与通风、搅拌的剧烈程度有关,搅拌所引起的泡沫大于通气导致的泡沫;另一方面与培养基成分性质有关,蛋白胨、玉米浆、黄豆粉、酵母粉等蛋白质类氮源是主要的起泡因素。通常,培养基的配方含蛋白质多,浓度高,黏度大,容易起泡,且泡沫多而持久稳定。胶体物质多、黏度大的培养基更容易产生泡沫,如糖蜜原料与石油烃类原料,发泡能力特别强,泡沫多而持久稳定。多糖的水解不完全,糊精含量多,也容易引起泡沫的产生。培养基的灭菌方法和操作条件均会影响培养基成分的变化而影响发酵时泡沫的产生。在发酵过程中性质、微生物的代谢活动也会引起培养液的性质变化,从而影响泡沫的形成和消长。另外,微生物的繁殖,尤其是细菌本身具有稳定泡沫的作用,在发酵最旺盛

时泡沫形成比较多，在发酵后期菌体自溶导致发酵液中可溶性蛋白质增加，又有利于泡沫的产生。此外，发酵过程中污染杂菌而使发酵液黏度增加，也会产生大量泡沫。

可以采用加入消泡剂和机械消泡装置消除泡沫，两种方法一般联合使用。机械消泡装置可分为两大类：一类置于生物反应器内以防止泡沫外溢，在搅拌轴或生物反应器顶部另外引入的轴（下搅拌生物反应器）上安装消泡桨；另一类则置于生物反应器外，目的是从排出的气体中分离出溢出的泡沫使之破碎后再将液体返流回生物反应器内。

（1）罐内机械消泡

① 耙式消泡桨安装于搅拌轴上，齿面略高于液面，当产生少量泡沫时耙齿随时将泡沫打碎，但当产生大量泡沫、上升很快时，耙桨来不及将泡沫打碎，就失去消泡作用，此时需要添加消泡剂。其直径一般取 0.8 ～ 0.9 倍罐径。

② 旋转圆板式消泡装置：设在发酵罐内的气相中，与发酵液的液面保持平行。圆板旋转的同时将槽内发酵液注入圆板的中央，通过离心力将泡沫破碎成微小泡沫散向槽壁，达到消泡的目的。

③ 液体吹入式机械消泡：把空气及空气与发酵液吹入发酵罐中形成的泡沫层来进行消泡，气体或气液吹入管以切线方向与槽内侧相接。

④ 气体吹入管内吸引消泡：将发酵内形成的气泡群吸引到气体吸入管，利用气体流速进行消泡。该装置中在靠近吸入口附近的气体吸入管内形成增速用的喷头，而吸入管用来连接液面上部与增速喷头的负压部位。

⑤ 冲击反射板机械消泡：把气体吹入液面上部，通过在液面上部设置的冲击反射，吹回到液面，而将液面上产生的泡沫击碎的方法。

⑥ 超声波消泡：将空气在 1.5 ～ 3.0MPa 下，以 1 ～ 2m/s 的速度由喷嘴喷入共振室而起消泡的作用，目前仅适用于小型发酵过程的消泡。

⑦ 碟片式消泡器：使用时将消泡器安装于发酵罐的罐顶，使碟片位于罐顶的空间内，用固定法与排气口相连接，当高速旋转时进入碟片间的空气中的气泡被打碎同时甩出液滴，返回发酵罐中，而被分离后的气体由空心轴径排气口排出。

（2）罐外机械消泡

① 旋转叶片罐外机械消泡：将泡沫引出罐外，利用装置中的旋转叶片所产生的冲击力和剪切力进行消泡。

② 喷雾消泡：利用冲击力、压缩力及剪断力来进行消泡的方法，它将水及发酵液等通过适当的喷雾器喷出来达到消泡的目的。

③ 离心消泡器：是利用离心力来破碎生产过程中产生的泡沫，使气液分离。高速旋转的叶轮提供的剪切力撕碎气泡，液体被离心力摔向内筒壁，泡沫被击破转变为液体重新回到反应器。

④ 旋风分离器消泡：发酵罐内产生的泡沫通过旋风分离器上部进入脱泡器，下方引入的气体逆向接触使其破碎。如宁波星邦开发的基于旋风分离效应的高效旋击分离器，分离效率高，可达 98% ～ 99.99%，风量变化稳定性好，压力损失小，无死角，便于清洗和灭菌，不结料，不染菌，耐腐蚀，使用寿命

长，结构紧凑，安装方便，便于自动控制，处理量大，处理风量可达 20000 ～ 50000m³/h。应用该设备可杜绝逃料现象，可以减少 1/5 ～ 1/2 消泡剂用量。提高定容 5% ～ 15%，促进生产稳定和减少三废总量，减轻环保处理压力，降低后处理成本。

⑤ 转向板消泡：泡沫以 30 ～ 90m/s 的速度由喷头喷向转向板使泡沫破碎，分离液用泵送回发酵罐内，而气体则排出消泡器外。

5. 通气装置

通气装置是指将无菌空气导入罐内的装置。最简单的通气装置是单孔管，单孔管的出口位于最下面的搅拌器的正下方，开口向下，以免培养液中固体物质在开口处堆积。管口与罐底的距离约为 40mm，此距离可根据情况调整。

第二种形式是多孔环形管，直径为 0.8 倍搅拌器直径时效果最好，喷孔直径为 5 ～ 8mm，开口一般向下，空气喷孔总面积为 1 ～ 1.2 倍通气管面积。在通气量较小的情况下，气泡的直径与空气喷口直径有关。喷口直径越小，气泡直径越小，氧的传质系数越大。但在发酵过程中通气量较大，气泡直径仅与通气量有关而与通气出口直径无关。又由于在强烈机械搅拌的条件下，多孔分布器对氧的传递效果并不比单孔管好，相反，料容易堵塞气孔，造成空气压力损失，并增加染菌风险。主要用于小型实验室用生物反应器。分布管内空气流速取 20m/s 左右。

也有烧结金属通气装置，气泡直径可以控制在微米级，如 Mott 公司开发的系列烧结金属通气装置，由于气泡直径小、比表面积大，较多孔环管分布器效率更好，对搅拌需求也低。

通气效率受气泡直径、气液接触时间、培养液温度、气压、气流速度与培养液流速的关系等的影响。

6. 联轴器及轴承

搅拌轴较长时，常分为二至三段，用联轴器连接上下搅拌轴形成牢固的刚性连接。常用的联轴器有鼓形和夹壳形两种。为防止轴摆动，中型生物反应器常安装底轴承，大型生物反应器安装中间轴承，其水平位置应可以适当调节，由于不能加润滑油，可以采用聚四氟乙烯等材料制成的塑料轴瓦，轴瓦与轴间隙一般为轴径的 0.4% ～ 0.7%。小型发酵罐由拉杆控制，大型发酵罐由桁架固定。

7. 变速装置

试验罐采用无级变速装置。发酵罐常用的变速装置有三角皮带传动、圆柱或螺旋圆锥齿轮减速装置。

8. 在位清洗设备

在位清洗（cleaning in place，CIP）是在设备、管道、阀门等都不需要拆卸的情况下，采用高温、高浓度的洗净液，在原地对设备加以强力作用进行清洗消毒的技术，已广泛应用于生物加工企业以及食品、乳品、饮料等行业。CIP 系统可以降低劳动强度，其清洗效果可以通过电导率进行量化，计算机自动程序清洗以及电导率的反馈控制可以使清洗效果与效率进行规范化管理。CIP 系统由酸液罐、碱液罐、清水罐、进料泵、回流泵、换热器、酸碱装置、阀门、管道管件及自控系统等组成。酸液罐、碱液罐与清水罐均为不锈钢制造，具有保温层。进料泵与回流泵皆为不锈钢离心式泵，型号相同。进料泵入口与三个贮罐底部的放液口相连并用电磁阀控制，其出口与板式换热器相连，清洗液经加热后送至各清洗点。回流泵入口与回流管道相连，其出口与三个贮罐顶部的回流液入口相连，并用电磁阀控制，每个贮液下部设有

排污口，罐上设有温度计与液位显示器，顶部设有人孔，用于配制清洗剂。罐还设有排空口，以排放废气。CIP 清洗站按是否移动可以划分为可移动式和固定式；按罐体安置形式可以划分为卧式和立式；按罐体数量则可以划分为单罐、双罐以及多罐。

 概念检查 6-1

○ 机械搅拌发酵罐的基本结构包括哪些？有何作用？

二、机械搅拌式生物反应器的结构设计

机械搅拌式生物反应器结构如图 6-4 所示，其一般尺寸比例如下：$H : D = 1.7 \sim 3$；$H_L : D = 1.4 \sim 2.0$；$d : D = 0.3 \sim 0.5$；$B : d = 0.8 \sim 1.0$；$S : d = 1.5 \sim 2.5$；$S_1 : d = 1 \sim 2$。

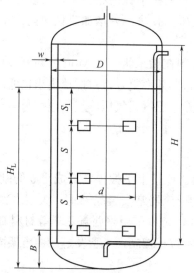

图 6-4 机械搅拌式生物反应器结构示意图

一般装料高度为圆柱部分高度的 70%，但泡沫少时可取 90%，多时可取 60%。公称容积 V_0 指罐的圆柱部分和底封头容积之和（取整数）。

其中底封头容积 V_1 可由式（6-1）计算得到：

$$V_1 = \frac{\pi}{4}D^2 h_b + \frac{\pi}{6}D^2 h_a = \frac{\pi}{4}D^2\left(h_b + \frac{1}{6}D\right) \quad (6-1)$$

式中　h_a——椭圆封头的短半轴长度，对于标准椭圆取 $h_a = \frac{1}{4}D$；

h_b——椭圆封头的直边高度。

因此：

$$V_0 = \frac{\pi}{4}D^2 H_0 + V_1 = \frac{\pi}{4}D^2\left(H_0 + h_b + \frac{1}{6}D\right) \quad (6-2)$$

由式（6-1）、式（6-2）得罐的全容积 V 为：

$$V = \frac{\pi}{4}D^2 H_0 + 2V_1 = \frac{\pi}{4}D^2\left(H_0 + 2h_b + \frac{1}{3}D\right) \quad (6-3)$$

罐体总高度为 H，有：

$$H = H_0 + 2(h_a + h_b) \quad (6-4)$$

液柱高度为 H_L，若装料高度为圆柱部分高度的 η' 倍，则：

$$H_L = H_0\eta' + h_a + h_b \quad (6-5)$$

由式（6-1）和式（6-5）可得装料容积 V' 为：

$$V'=\frac{\pi}{4}D^2H_0\eta'+V_1=\frac{\pi}{4}D^2\left(H_0\eta'+h_b+\frac{1}{6}D\right) \tag{6-6}$$

罐的容积装料系数为 η_0：

$$\eta_0=\frac{V'}{V_0} \tag{6-7}$$

三、机械搅拌轴功率计算

机械搅拌生物反应器液体中溶氧以及气液固的混合强度主要取决于单位体积中输入的搅拌功率。所谓搅拌器输入搅拌液体的功率，是指搅拌器以既定速度回转时，用以克服介质的阻力所需要的功率，或简称轴功率。它不包括机械传动的摩擦所消耗的功率，因此它不是电动机的轴功率或耗用功率。在相同条件下，不通气与通气时轴功率不同。

1. 不通气搅拌轴功率计算

在机械搅拌生物反应器中，搅拌器输出的轴功率 P（W）与下列因素有关：反应器直径 D（m）、搅拌器直径 d（m）、液柱高度 H_L（m）、搅拌器的转速 n（r/min）、液体黏度 μ（Pa·s）、流体密度 ρ（kg/m³）、重力加速度 g（m/s²）以及搅拌器形式和结构等。因为 D、H_L 均与 d 有一定比例关系，于是：

$$P=\phi(n,\ d,\ \rho,\ \mu,\ g) \tag{6-8}$$

通过量纲分析及实验证实，对牛顿型流体而言，可得到下列关联式：

$$\frac{P}{n^3d^5\rho}=K\left(\frac{nd^2\rho}{\mu}\right)^x\left(\frac{n^2d}{g}\right)^y \tag{6-9}$$

式中　$\dfrac{P}{n^3d^5\rho}=Np$——功率数；

$\dfrac{nd^2\rho}{\mu}=Re_M$——搅拌下雷诺数；

$\dfrac{n^2d}{g}=Fr_M$——搅拌下的弗劳德数；

K——与搅拌器形式、发酵罐几何尺寸有关的常数，不同搅拌器的 K 值见表6-1。

故式（6-9）又可改写为：

$$Np=K(Re_M)^x(Fr_M)^y \tag{6-10}$$

表 6-1　不同搅拌器的 K 值

搅拌器形式	K 值		搅拌器形式	K 值	
	滞流	湍流		滞流	湍流
六平叶涡轮式搅拌器	71	6.3	六箭叶涡轮式搅拌器	70	4.0
六弯叶涡轮式搅拌器	71	4.8	六弯叶封闭式涡轮搅拌器	97.5	1.08

经实验证实，在全挡板条件下，液面未出现旋涡，此时指数 $y=0$，故 $(Fr_M)^y=1$。所以，在具有挡板且满足全挡板的情况下，$Np=K(Re_M)^x$，即功率数 Np 是雷诺数 Re_M 的函数。

在一系列的几何相似的实验设备中，用不同形式的搅拌器进行实验得出：当 $D/d=3$、$H_L/d=3$、$B/d=1$、挡板数 4 的情况下，平叶涡轮式、螺旋桨式和平桨式三种桨形的功率数与雷诺数的关系如图 6-5 所示。

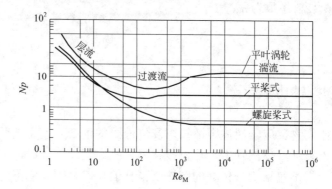

图 6-5　不同桨形的功率数与雷诺数的关系

从图 6-5 中可以看出：

当 $Re_M<10$ 时，液体处于层流状态，此时 $x=-1$，则：

$$Np = KRe_M^{-1} \tag{6-11}$$

$$P=Kn^2d^2\mu \tag{6-12}$$

当 $Re_M>10^4$ 时，液体处于湍流状态，此时 $x=0$，则：

$$Np=K \tag{6-13}$$

$$P=Kn^3d^5\rho \tag{6-14}$$

此时搅拌器轴功率 P 与流体黏度无关，并且 Np 不随 Re_M 的变化而变化，为一常数。

当 $10<Re_M<10^4$ 时，液体处于过渡流状态，K 与 x 均随 Re_M 变化。

在一般情况下，搅拌器大多在湍流状态下操作，故可用式（6-14）来计算搅拌器的轴功率。由于一般机械搅拌生物反应器中 $D/d \neq 3$、$H_L/d \neq 3$，其搅拌功率可用下式校正：

$$P^*=fP \tag{6-15}$$

f 为校正系数，它由下式来确定：

$$f= \frac{1}{3}\sqrt{\left(\frac{D}{d}\right)^* \left(\frac{H_L}{d}\right)^*} \tag{6-16}$$

式中，带 * 号代表实际搅拌设备情况。

由于工业生物反应器的高径比（H/D）一般为 2～3，因此在同一搅拌轴上往往装有多层搅拌器。多只涡轮比单只输出更多的功率，其增加的程度除了叶轮个数之外，还决定于叶轮间的距离 S。若 $S=(1.5～2.0)d$，叶轮与液面之间的距离 $S_1=(1.0～1.5)d$，则多层搅拌器的轴功率可按下式估算：

$$P_{m}=P(0.4+0.6m) \tag{6-17}$$

式中　m——搅拌器层数。

2. 通气搅拌轴功率计算

当机械搅拌生物反应器通入压缩空气后，搅拌器的轴功率与不通气时相比将会下降，减少程度与通气量存在着一定关系。其主要原因包括：由于通气使得液体的密度降低；由于通气引起液体的翻动。也就是说，减少程度主要取决于搅拌器与周围液体的情况。为了估算通气条件下的搅拌功率，引入通气数 Na，它表示了生物反应器内空气的表观流速与搅拌叶端流速之比。可表示为：

$$Na=\frac{Q_{G}}{nd^{3}} \tag{6-18}$$

式中　Q_{G}——工况通气量，m^{3}/s；
　　　d——搅拌器直径，m；
　　　n——搅拌器转速，r/s。

若以 P_{g} 表示通气搅拌功率，P_{0} 为不通气搅拌功率，则：

当 $Na<0.035$ 时，
$$\frac{P_{g}}{P_{0}}=1-12.6Na \tag{6-19}$$

当 $Na \geqslant 0.035$ 时，
$$\frac{P_{g}}{P_{0}}=0.62-1.85Na \tag{6-20}$$

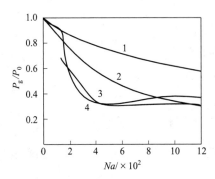

图6-6　各种搅拌情况下通气与不通气功率之比与通气数的关系

1—平桨涡轮（$n_{b}=8$）；2—叶盘式（$n_{b}=6$）；
3—叶盘式（$n_{b}=4$）；4—短桨

图 6-6 表示在各种搅拌情况下通气与不通气功率之比与通气数的关系。n_{b} 指搅拌叶的片数。

当发酵液密度为 $800 \sim 1650kg/m^{3}$、黏度为 $9 \times 10^{-4} \sim 0.1Pa \cdot s$ 时，可用 Michel 公式来估算涡轮式搅拌器的通气搅拌功率：

$$P_{g}=C\left(\frac{P_{0}^{2}nd^{3}}{Q_{G}^{0.56}}\right)^{0.45} \tag{6-21}$$

式中　n——搅拌转速，r/min；
　　　Q_{G}——工况下的通气量，m^{3}/min。

当 d/D 在 $1/3 \sim 2/3$ 之间变化时，C 值为 $0.101 \sim 0.157$。

Reuss 用量纲分析法提出下列关系式：

$$\frac{P_{g}}{P_{0}}=0.031Fr^{-1.6}Re^{0.064}Na^{-0.38}\left(\frac{D}{d}\right)^{0.8} \tag{6-22}$$

式中　Fr——费劳德数；
　　　Re——雷诺数；
　　　Na——通气数；
　　　D——反应器直径；
　　　d——搅拌桨直径。

Hughmark 从 248 组实验数据中整理出下式：

$$\frac{P_{\mathrm{g}}}{P_0} = 0.1\left(\frac{Q_{\mathrm{G}}}{nV_{\mathrm{L}}}\right)^{-0.25}\left(\frac{n^2 d}{gh_{\mathrm{t}}V_{\mathrm{L}}^{0.67}}\right)^{-0.2} \tag{6-23}$$

式中　V_{L}——液相体积；

　　　h_{t}——搅拌桨叶宽。

上式计算值与实验值误差为11%。

Brown 提出更为简单的关联式：

$$\frac{P_{\mathrm{g}}}{P_0} = a\exp(-bQ_{\mathrm{G}}) \tag{6-24}$$

式中　a，b——与气体流速和搅拌桨直径有关的参数。

若以 $\dfrac{P_{\mathrm{g}}}{P_0}$ 对通气数 Na 对应作图，上述三个关系式所表示的曲线同图 6-6 相一致。

3. 非牛顿型流体的搅拌功率计算

常见的发酵液流变特性类型如下。

（1）牛顿型流体　其特性是黏度不随搅拌剪切速率和剪应力而改变，即剪应力与剪切速率成正比，其关系如图 6-7 中的 3。剪切速率对牛顿型流体黏度的影响见图 6-8 中的 2。

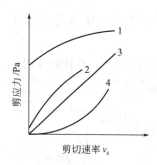
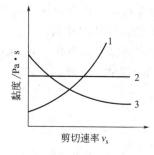

图 6-7　剪切速率对剪应力的影响　　　　**图 6-8**　剪切速率对黏度的影响

1—宾汉型；2—假塑型；3—牛顿型；4—涨塑型　　　1—涨塑型；2—牛顿型；3—假塑型

根据理论推导与实验研究，牛顿型流体的剪应力与剪切速率符合下列关系式：

$$\tau = \mu\frac{\mathrm{d}v}{\mathrm{d}x} = \mu\gamma \tag{6-25}$$

式中　τ——剪应力，Pa 或 N/m²；

$\dfrac{\mathrm{d}v}{\mathrm{d}x} = \gamma$——剪切速率，s⁻¹；

　　　μ——黏度，Pa·s。

（2）非牛顿型流体　指不服从牛顿黏性定律的流体。

① 宾汉型流体：

$$\tau = \tau_0 + \mu_s\gamma \tag{6-26}$$

式中　τ_0——屈服应力；

　　　μ_s——表观黏度，也称刚度系数，Pa·s。

②拟塑型和涨塑型流体：

$$\tau = K\gamma^n \tag{6-27}$$

式中　K——均匀系数，也称稠度系数，Pa·s^n；

　　　n——流态特性指数，对于拟塑型流体，$0<n<1$；涨塑型流体，$n>1$。

据报道，黑曲霉等丝状菌株的发酵液属于宾汉型流体；青霉素发酵、液体曲生产等的培养液符合拟塑型流体特性。

非牛顿型流体搅拌功率的计算与牛顿型流体搅拌功率的计算方法一样，可用 $Np = KRe_M^x$ 的关系式进行计算。但这类流体的黏度是随搅拌速度而变化的，因而必须事先知道黏度与搅拌速度的关系，然后才能计算不同搅拌转速下的 Re_M。但从大量的实验数据中可以得出，牛顿型流体与非牛顿型流体的 Np-Re_M 曲线基本吻合，仅在 $Re_M=10\sim300$ 区间之内有差异，在实际计算中，可以用上述轴功率计算方法计算非牛顿型流体的搅拌功率。

第二节　气升式生物反应器

气升式生物反应器（ALR）是应用较广泛的一类无机械搅拌的生物反应器，是在鼓泡塔反应器的基础上发展起来的，利用空气的喷射动能和流体密度差造成液体循环流动来实现反应液的搅拌、混合和氧传递。

气升式生物反应器的优点：①混合效果好，反应溶液分布均匀；②溶氧速率和溶氧效率高，溶氧功耗低，k_La 可高达 2000h^{-1}，而一般机械搅拌发酵罐 k_La 为 100$\sim$1000h^{-1}，如 25m^3 的 ALR，溶氧速率为 2$\sim$8kg/(m^3·h)，溶氧效率为 1$\sim$2kg/(kW·h)；③剪切力小；④传热良好；⑤结构简单，易于加工制造；⑥操作和维修简便。

目前内循环气升式生物反应器已广泛应用于生物工程领域的好氧发酵方面，如动植物细胞的培养、单细胞蛋白的培养、某些微生物细胞的培养及污水处理等。由此生产的产品有单细胞蛋白、酒精、抗生素、生物表面活性剂等。

一、气升式生物反应器的主要类型及结构

1. 带升式发酵罐

带升式发酵罐的特点：结构简单，冷却面积较小；不需搅拌设备，节省动力约50%；装料系数达80%$\sim$90%；维修、操作及清洗简便，减少杂菌污染。

带升式发酵罐是在罐外装设上升管，上升管两端与罐底及上部相连接，构成一个循环系统。在上升管的下部装设空气喷嘴，空气以 25$\sim$30m/s 的高速喷入上升管，使空气分割细碎，与上升管的发酵液密切接触。由于上升管内的发酵液相对密度较小，加上压缩空气的动能使液体上升，罐内液体下降进入上

升管，形成反复的循环。有内循环 [图 6-9（a）] 及外循环 [图 6-9（b）] 两种。

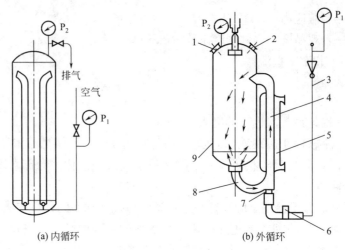

(a) 内循环   (b) 外循环

图 6-9   带升式发酵罐

1—人孔；2—视镜；3—空气管；4—上升管；5—冷却器；
6—单向阀门；7—空气喷嘴；8—带升管；9—罐体

江南大学郑志永等于 2020 年报道了一种螺旋筛板气升式反应器，它是在经典气升式反应器的基础上研发的一种依靠导流筒和螺旋筛板引导多相流体在反应器内循环混合和气液分散的新型反应器。郑志永等研究了螺旋筛板气升式反应器在空气 - 水系统中的气液传质特性。选取两种具有代表性的真菌（高山被孢霉和毕赤酵母）在螺旋筛板气升式反应器中进行通风培养，通过发酵过程参数和产物组成分析，比较了新型反应器与经典气升式反应器的氧传质性能，在通风发酵过程中验证了新型反应器的好氧培养性能，显示出螺旋筛板气升式反应器在微生物通风培养过程中具有优越的传质和节能特性。

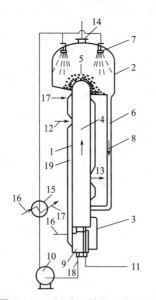

图 6-10   气升及外循环发酵罐

1—发酵罐；2—消泡室；3—气体分布器；4—培养液；5—消泡层；6—下降管；7—喷淋器；8—回流 9—气液分离器；10—循环泵；11—供气管；12—培养液入口；13—培养液出口；14—废气出口；15—热交换器；16—冷却水入口；17—冷却水出口；18—发酵液出口；19—冷却夹套

2. 气升及外循环发酵罐

如图 6-10 所示，空气从罐底进入，利用气体分布器 3 使空气分散与液体充分混合上升，经下降管 6 回流返回罐的底部，下部的发酵液经循环泵 10、热交换器 15 送至罐顶的喷淋器 7。喷淋液起消泡作用。

这种罐适用于石蜡为原料的发酵。罐的压力可维持在 500kPa。氧的传递系数较高，可用于高浓度培养，菌体质量分数可达 6% 以上。

3. 气升环流式生物反应器

气升环流式生物反应器的形式较多，常用的有高位发酵罐、低位发酵罐及压力发酵罐几种。

图 6-11 是德国 Hoechst 公司的石蜡培养酵母用的气升环流式生物反应器，罐高度增大可以提高氧的传递能力，增大对液流的驱动力。驱动力通过气体流量控制。罐的结构简单，易于放大。

图 6-12 是具有外循环冷却的气升环流式生物反应器，通气管与罐底的距离是通气管直径的 0.5 ～ 1.5 倍，气体经多孔板送入罐内，多孔板之下是气液分离带，此处回流培养液的气泡率降至 10% 以下。从罐底引出培养液，用离心泵输送到热交换器后从上部回流入罐内。

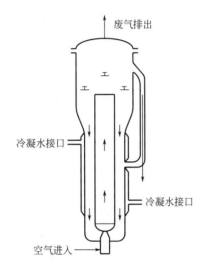

图 6-11　Hoechst 公司气升环流式生物反应器

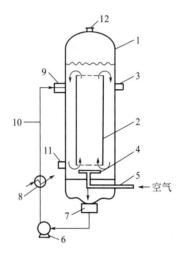

图 6-12　具有外循环冷却的气升环流式生物反应器

1—发酵罐；2—通气管；3—发酵液入口；4—气体分布器；
5—空气入口；6—离心泵；7—发酵液出口；8—热交换器；
9,11—喷嘴；10—发酵液出口；12—气体出口

图 6-13 是 Franckowaik 型气升环流式生物反应器，在反应器内装有多个圆筒，部分作为冷却管，部分作为通气管。通气管底部设多孔板使进入的空气分散；培养液沿通气管上升，在管外空间下降。反应器的高径比较小，可节省空气压缩的动力。上升管与下降管总截面积比为 0.5 ～ 2，最好在 0.8 ～ 1.2 范围内。

培养植物或动物细胞，要求剪切力不要太大，以防止对细胞的伤害，设备对培养基应能充分搅动又能使气体均匀分散。细胞培养多采用气升环流式，如图 6-14 所示。气体从转轴通入，由底部的环形吹泡管喷出，向上与培养液均匀接触后由上部排出。气流的气泡与培养基充分混合，由旋转的推进口排出，向下流动至下部，被旋转的推进器吸入后排出，形成环流。设备对供气、氧、氮、二氧化碳均能控制。设备特点为低转速、高溶氧。

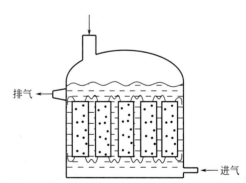

图 6-13　Franckowaik 型气升环流式
生物反应器

4. 塔式生物反应器

塔式生物反应器又称空气搅拌高位生物反应器，其用途较多，特点是罐身高。如在我国用于土霉素生

产的塔式生物反应器高径之比约为 7，罐内装有导流筒。由于液位高，空气利用率高，节省空气约 50%，节省动力约 30%；设备简单，但底部有沉淀物，温度高时降温较难。塔式生物反应器如图 6-15 所示。

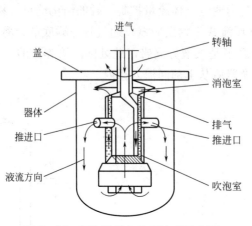

图 6-14　细胞培养气升环流式反应器

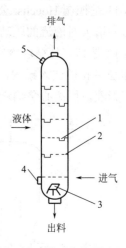

图 6-15　塔式生物反应器

1—导流筒；2—筛板；3—分配器；4,5—人孔

二、气升式生物反应器的主要参数

1. 流动与传递特性参数

（1）气含率　气含率是气升式生物反应器的一个重要参数。气含率太低，氧传递不够；反之，则反应器的利用率太低。

（2）体积传质系数　体积传质系数的经验公式表示为：

$$k_L a = \alpha u_G^{\beta} \qquad (6-28)$$

式中　u_G——气体空管流速，m/s ；

　　　α，β——经验常数。

（3）循环周期与循环速度

① 循环周期。循环周期指液体微元在反应器内循环 1 周所需要的平均时间，即平均循环时间。循环周期通常在 2.5 ～ 4min 之间。不同细胞的需氧量不同，所能耐受的循环周期也不同。循环周期 t_{Um} 可由下式计算：

$$t_{Um} = \frac{V_L}{V_s} \qquad (6-29)$$

式中　V_L——发酵液体积；

　　　V_s——发酵液体积循环流量。

② 循环速度。通常液体在循环管内的流速可取 1.2 ～ 1.4m/s。

（4）混合时间　在大设备中混合时间对反应器效率有很大影响。混合时间随气体在上升管中的空管流速的增加而减小，至 0.03 ~ 0.04m/s 后接近常数。由导流管上面环形涡流造成的混合过程对混合时间有很大影响。导流管离液面的距离对混合时间也有影响。

（5）停留时间 当气升式反应器连续操作时，物料微元在反应器内的停留时间是不同的。

（6）通气功率 P_G 气升式反应器的通气功率可用鼓泡反应器通气功率的计算公式进行计算：

$$P_G = \rho_L g H Q$$

式中 ρ_L——液体密度；

g——重力加速度；

H——喷嘴距液面高度；

Q——通气量。

一般来说相同条件下，通气功率越大，供氧速率越大，供氧功率因数越小。

2. 主要结构参数

① 反应器高径比（H/D）：H/D 的适宜范围是 5 ~ 9，这既有利于混合与溶氧，也便于放大设计用于发酵生产。

② 导流筒径与罐径比（D_E/D）：适宜的 $D_E/D=0.6 ~ 0.8$，具体的最佳值应视发酵液的物化特性及生物细胞的生物学特性确定。

③ 空气喷嘴直径与反应器直径之比（D_1/D）以及导流筒上下端面到罐顶及罐底的距离均对发酵液的混合、流动、溶氧有影响。

3. 操作参数

操作参数包括液面高度、操作气速和溶液的性质。

第三节 鼓泡塔生物反应器

常用的鼓泡塔生物反应器是气液两相反应器，是指气体鼓泡通过含有反应物或催化剂的液层以实现气液相反应过程的反应器。

一、鼓泡塔生物反应器的结构

鼓泡塔生物反应器以气体为分散相、液体为连续相，涉及气液界面。通常液相中包含有固体悬浮颗粒，如固体培养基、微生物菌体等。反应器内流体的运动状况是随分散相气速的大小而改变的，一般分为两种：一种是均匀鼓泡流，此时气速较低，气泡大小均匀，浮升较有规则；另一种是随着气速的增加，小气泡被大气泡兼并，同时也造成了液体的循环流动，这种称为非均匀鼓泡流。为了有利于气体的分散和液体的循环运动，一般在塔内装多层水平筛板，其高径比大，液体深度大，这种鼓泡式反应器称为高位筛板式反应器，如图 6-16 所示。压缩空气由塔底导入，经过筛板逐渐上升，气泡在上升过程中带动发酵液同时上升，上升后的发酵液又通过筛板上带有液封作用的降液管下降而形成循环。在降液管下端的水平面与筛板之间的空间是气液混合区。由于筛板对气泡的阻挡作用，空气在塔内停留时间较长，同时在

筛板上大气泡被重新分散，从而提高了氧的利用率。

除了气液两相外，还有气液固三相鼓泡塔生物反应器，如图 6-17 所示。培养时空气由下而上鼓入，在反应器中沿着一侧的器壁上流，培养液和聚氨酯泡沫块在气流的带动下，做从下往上再从另一侧顺流而下的循环流动，形成一个内循环气升式三相鼓泡塔反应器。

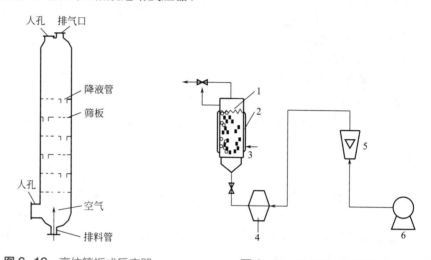

图 6-16 高位筛板式反应器   **图 6-17** 三相鼓泡塔装置

1—鼓泡塔；2—夹套；3—加热水进口；4—膜过滤器；
5—流量计；6—空气压缩机

鼓泡塔反应器结构简单，易于操作，操作成本低，混合和传质传热性能较好，因此广泛应用于生物工程行业中，例如乙醇发酵、单细胞蛋白发酵、废水处理、废气处理（例如用微生物处理气相中的苯）等。器内无传动部件，容易密封，利于保持无菌条件。

二、流体力学特征

一般可用压降、气含率、液体速度分布、分散和混合特征等来描述鼓泡塔反应器的多相流体特征。反应床内气体体积占总体积的百分比——气含率是鼓泡塔反应器的重要设计参数之一。气含率是与氧传递有关的参数，它与气泡直径一起决定气液界面的大小，气含率的径向分布还可用于计算液体流速分布。

分散和混合是生物反应过程中非常重要的参数。单靠通气常常不能使整个反应器内的物料完全均一，此时就需要通过混合来使菌体与氧和其他底物充分接触。

另外一些基本现象也可用来描述鼓泡塔反应器的特征，如气泡形成、围绕单个上升气泡的液体流动、气泡群中气泡间的相互作用等。

1. 气含率

工程上气含率通常用经验公式计算，公式形式较多，且都有一定的局限性，尤其反应过程伴有液体汽化发生时，其计算误差较大。

气含率可以借助 γ 射线空隙率计测量反应床的空隙率（空隙率＝气相占的截面积／总截面积）得到。但由于有些反应器反应床内气液混合相密度在反应床不同高度上是不均匀的，因此，用 γ 射线空隙率计很难测定反应的平均气含率。

采用压差测量方法测量鼓泡塔反应器气含率可以实现装置的在线测量，测量数据可靠，准确度取决于所用测量设备。根据需要，差压变送器与微机控制系统连接，很容易实现自动控制。

2. 流体流动状态

鼓泡塔内的流体力学状况，一般是以空塔气速 u_g 的大小作为划分依据的。对于低黏度的培养基，当 $u_g \leqslant 5cm/s$ 时，称为安静区。此时气泡直径相当均匀，气泡群中的气泡以相同的速度上升，不发生严重的聚并，相互间不易发生作用，这种流动状态称为拟均匀流动，工业上通常要求在这样的条件下操作。当 $u_g > 8cm/s$，称为湍动区，流速增大至液泛点以上，大气泡生成，产生非均匀流动。

对高黏度的培养基，气速低于 5cm/s 就有可能形成大气泡。大气泡的浮力大，它的上升引起液体在塔内循环，因此该状态也称为循环流状态。虽然大气泡的比例很小，但它的上升速度很快，因此在高气速区域，大部分气液传递是由大气泡来完成的，气泡群对传质的贡献相对很小，使得单位输入功率的氧传递效率严重下降。影响流体流动状态的因素，除气体流速外，还有分布器的设计参数、液体的物化性质和液体的速度等。同样悬浮颗粒的存在也影响流动状态。平均孔径小于 200μm 的多孔喷嘴，对于不同的流体和反应器，当气速在 5 ～ 8cm/s 时，仍可保持均匀流动。

3. 压力降

如果忽略由于液体的惯性和与器壁摩擦引起的压力降，反应器的压力降主要由两项组成：气体分布器压力降 Δp_s 和液体静压头 Δp_L，即：

$$\Delta p = \Delta p_s + \Delta p_L \tag{6-30}$$

4. 能量消耗

鼓泡塔反应器的功率消耗计算如下：

$$P_g = \rho g Q_G H_L \left(\frac{p_2}{p_1 - p_2} \right) \ln \frac{p_1}{p_2} + \eta \frac{V_0^2}{2} \tag{6-31}$$

式中　ρ——液体密度；

　　　η——效率因子；

　　　Q_G——气体体积流速；

　　　H_L——反应液柱高；

　　　p_1——塔底压力；

　　　p_2——塔顶压力；

　　　V_0——通过小孔的气体流速。

5. 气泡上升速率和气泡直径

气泡上升速率和气泡大小是反映气泡在鼓泡塔反应器内运动行为的重要参数，直接影响到相间质量

传递、相界面积和各相的停留时间。其测量方法很多，如摄影或照片法、电导探头法、光纤探头法、化学法、PIV法等。气泡上升速率与气泡直径有关联，并可根据气泡上升速率求出气泡尺寸和气液接触面积。

根据气泡在床层内上升速率的差异可将其分为大小两种气泡，气泡尺寸不同，在上升过程中其运动特性也不相同。

第四节　膜生物反应器

膜生物反应器是一种可以同时进行两种操作程序的装置，即在生物反应器内既可控制微生物的培养，同时又可排除全部或部分培养液，用指定成分的新鲜培养基来代替它。为去除培养液，把它从细胞中分离出来，通常是利用各种类型的聚合物膜，建立一个培养微生物过程，这个过程中液相是不间断的，固相是周期性的。

膜生物反应器是20世纪末发展起来的高新技术，它将膜分离技术和生物技术有机地结合在一起，具有传统工艺不可比拟的优点，成为近年来的研究热点。膜分离技术目前广泛应用于水资源、环境、能源、健康和传统技术改造等领域，成为推动我国支柱产业发展、改善生态环境、调整能源结构的关键技术，被列为我国当前重点发展的战略性新兴产业和优先发展的高技术产业化重点领域。

膜生物反应器具有以下优点：

① 解除产物抑制，增大反应速率。在生物学中有许多反应是产物抑制型，即随着反应的进行，产物浓度提高，反应速率下降。采用膜生物反应器可在反应过程中移去产物，使产物浓度保持恒定，反应速率因此会提高。

② 提高反应转化率。膜生物反应器通常在常温常压下进行生化反应，可使产物或副产物从反应区连续地分离出来，打破反应的平衡，从而大大地提高反应转化率，增加产率或处理能力，过程能耗低、效率高。

③ 简化生产步骤。膜生物反应器使反应和分离在同一个步骤里完成，简化了生产步骤，减小了劳动量，提高了劳动效率。

④ 截留生物催化剂，使细胞或酶在高浓度下进行。

⑤ 减少了能耗，节约了成本。

一、膜生物反应器的类型

膜生物反应器从整体构造上来看，是由膜组件及生物反应器两部分组成，根据这两部分操作单元自身的多样性，膜生物反应器也必然有多种类型。

目前常用的膜生物反应器有分置式与一体式膜生物反应器、分离膜生物反应器、无泡曝气膜生物反应器和萃取膜生物反应器，下面重点介绍这几种形式的膜生物反应器。

1. 分置式与一体式膜生物反应器

如图 6-18 所示，分置式是指膜组件与生物反应器分开设置，超滤膜的压力驱动是靠加压泵；一体式是指膜组件安置在生物反应器内部，压力驱动靠水头压差，或用真空泵抽吸，可省掉循环用的泵及管道系统。

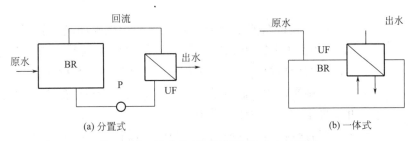

图 6-18　膜生物反应器两种组合方式类型

BR—生物反应器；UF—膜过滤设备

分置式与一体式的优缺点比较：分置式由于膜组件自成体系，有易于清洗、更换及增设等优点，但泵的高速旋转产生剪切力对某些微生物菌体会产生失活现象。一体式通常在生物处理槽内设置中空轴及圆板状膜，通过中空轴的旋转，使安装在轴上的膜也随之转动，利于防止膜污染，属错流型膜件。也有将中空纤维膜组件直接放入曝气池内，膜出水靠真空泵抽吸来实现，或利用液位差作为出水动力。

2. 分离膜生物反应器、无泡曝气膜生物反应器和萃取膜生物反应器

根据膜组件在膜生物反应器中所起作用的不同，大致可将膜生物反应器分为分离膜生物反应器、无泡曝气膜生物反应器和萃取膜生物反应器三种（图 6-19）。分离膜生物反应器中的膜组件相当于传统生物处理系统中的二沉池，在此进行固液分离，截留的污泥回流至生物反应器，透过水外排；无泡曝气膜生物反应器采用透气性膜，对生物反应器进行无泡供氧；萃取膜生物反应器利用膜将有毒工业废水中的优先污染物萃取后对其进行单独的生化处理。从图 6-19 可以看出，膜生物反应器主要是由膜组件、泵和生物反应器三部分组成。这三种膜生物反应器主要应用于活性污泥与废水处理当中，此时，生物反应器是污染物降解的主要场所。

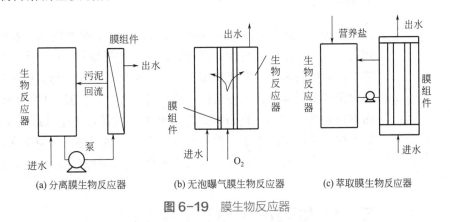

图 6-19　膜生物反应器

二、膜材料和膜组件

膜可以看成一种材料，这种材料能让某种物质比其他物质更容易通过，膜的这种性质奠定了膜分离

的基础。扩散定理、膜的渗析现象、渗透压原理、膜电势等一系列研究为膜的发展打下了坚实的理论基础。

1. 膜材料

按制膜材料的不同分为有机膜和无机膜两类。我国膜及膜装置的市场总销售量已超过 2000 亿元，其中以固体膜尤其是有机膜为主。有机膜的特点是：高的分离效率，不发生相变，设备简单，易操作，能耗少。缺点是：易受污染、堵塞，操作温度低、使用寿命短。无机膜的销售额占市场的 30% 左右，并以每年 35% 的增长率发展。

在有机膜的实际应用中，反渗透膜材料以醋酸纤维素类为主，芳香族聚酰胺类为次，其他还有聚苯并咪唑、聚磺酸盐、聚乙烯腈等。超滤膜材料一般是醋酸纤维素、聚酰亚胺、聚丙烯腈、聚醋酸乙烯、两性离子交换膜和芳香族高聚物等。微滤膜材料则是由聚酯、聚碳酸、纤维素及聚四氟乙烯等一系列物质组成。

有机膜在以后的发展中仍将是各种膜分离过程的主要分离膜。有机膜目前的研究方向应该是加强超薄和活化。具体则是需继续进行各种分子结构、各种功能基团有机高分子膜材料的合成，根据不同的分离对象，引入不同的活化基团，对膜的表面进行改性，研究新的成膜工艺，进一步发展制备超薄、高度均匀的有机膜技术，最后则是发展高分子合金膜。

无机膜具有耐高温、孔径大小易控制等优点，大大弥补了有机膜在这些方面的不足，其市场销售日益增加。商品化的无机膜已在生物、化工、核工业、冶金特别是在食品、饮料、医药及环保等行业中应用广泛。国内久吾高科、合肥世杰、厦门三达等公司在膜材料生产方面取得了显著的成效，市场占有率不断提升。

2. 膜组件

各种形式的膜组件如图 6-20 所示，应用于膜生物反应器的膜组件形式主要有管式、平板式、卷式、微管式以及中空纤维等。在分置式膜生物反应器工艺中，应用较多的是管式膜和平板式膜组件，而在一体式膜生物反应器中多采用中空纤维膜和平板式膜组件。膜组件的设计宗旨是考虑如何使膜抗堵塞，从而维持长久的寿命。在日本采用最新的形式是以中空纤维膜制成膜块和膜堆，整齐排列浸没在污水中。膜和集水管相连，通过抽吸作用出水。这种形式可以有效地防止膜内部的阻塞。不同形式膜组件的性能比较见表 6-2。

三、膜生物反应器工艺设计的考虑因素

在膜生物反应器设计中，通常根据物料特性和工艺要求，确定反应器类型和结构，确定最佳工艺、操作条件和工艺控制方式，确定反应器大小和结构参

数等。主要考虑的是生物因素、水力学因素和膜三方面，同时考虑投资费用和操作费用，由于涉及面广，参数多，设计优化复杂，通常从经济角度进行全面的系统分析来优化。图6-21为膜生物反应器的工艺流程。

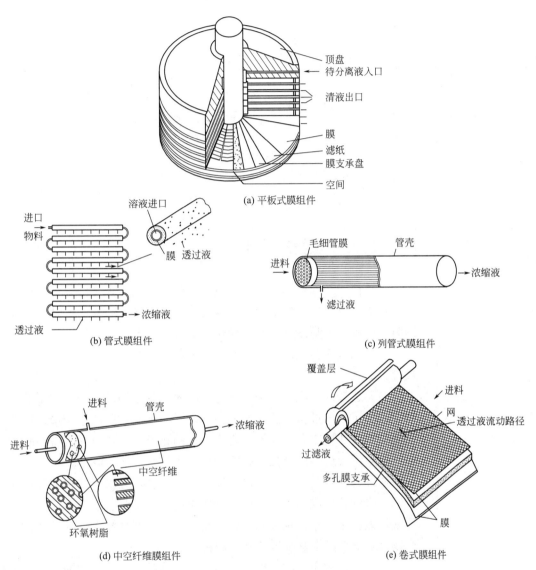

图 6-20　各种形式的膜组件

表 6-2　不同形式膜组件的性能比较

膜组件形式	膜填充面积/（m²/m³）	投资费用	操作费用	稳定运行	膜的清洗
管式	20～50	高	高	好	容易
平板式	400～600	高	低	较好	难
卷式	800～1000	很低	低	不好	难
微管式	600～1200	低	低	好	容易
中空纤维	8000～15000	低	低	不好	难

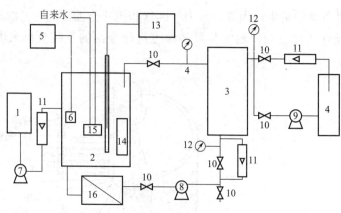

图 6-21　膜生物反应器的工艺流程

1—进水槽；2—生物反应器；3—膜组件；4—出水槽；5—曝气器；6—曝气头；7—进水泵；8—循环泵；9—反清洗泵；10—阀；11—流量计；12—压力表；13—温度控制器；14—加热管；15—冷凝管；16—预滤器

四、膜生物反应器的应用

（1）截留细胞或酶　膜生物反应器最重要的优点是能够把细胞或酶保留在反应器中。反应器连续灌流时不会发生常规连续反应器中的洗出现象。膜也可同时将产品和细胞或酶分离，简化下游分离步骤。

膜生物反应器也用于不同酶、辅助因子或微生物的共包埋，实现复杂的酶反应。

（2）选择性供应和除去不同化学物质　膜生物反应器最重要的特征之一是综合应用了分离过程广泛开发的技术。膜对不同物质的选择透过性能，可用来去除抑制性代谢物和回收不稳定产物，防止降解。在包埋酵母的膜生物反应器中，可用反渗透膜选择性除去抑制剂乙醇而保留葡萄糖。

通过选择合适的膜孔径可浓缩大分子产物。应用于动物细胞培养中可富集产物，降低分离成本，间歇或在操作结束时从细胞区收集浓缩产物。但膜生物反应器截留了产物，也浓缩了蛋白酶，需考虑产物被水解的可能性。为了防止产物降解，要经常甚至连续除去产物。

（3）保护酶和细胞　机械应力对菌丝体微生物、植物细胞尤其是动物细胞（缺乏坚硬的细胞壁）的活性有很大的影响。碰撞和机械搅拌造成的剪切力以及气泡破裂引起的细胞损伤都有不同的作用。酶和简单原核生物（除放线菌以外）对反应器中的剪切力不敏感，在搅拌罐中失活的原因是在气液界面蛋白质和其他生物大分子的变性，在有泡沫时尤其严重。在循环式反应器中，微生物可以达到高密度，但是用泵使细胞通过外循环会造成伤害。在膜反应器中，这些问题都可以消除，酶或细胞处于相对静止的环境，免受机械伤害，而且一般不与空气直接接触。膜反应器也可能提供一定程度的保护，抗细菌、支原体甚至病毒的污染。

（4）迅速更换培养基　在许多生物转化过程中，要改换一次或多次培养基。生物转化和静息细胞体系，这些过程要求在无细胞生长下完成。对于微生物转化，通常的方法是先发酵，再离心或过滤，除去生长培养基，随后洗涤细胞，再悬浮在含有被转化化合物的缓冲液中。相似地，植物细胞在生长和产物合成阶段，常需要不同培养基，而且收集产物时，需要含有透化剂（如二甲基亚砜）的溶液或改变 pH 值和离子强度。这种过程难以在常规装置中放大，但是，在灌注膜反应器中，液体停留时间短，培养基能快速更换，较适于这些场合。

（5）污水处理与回用　膜生物反应器可用于污水处理与回用，诸如生活污水、粪便污水、一般的工业废水以及难降解的有机工业废水等。经膜生物反应器处理后，出水水质良好，出水悬浮物和浊度接近于零，可直接回用，实现了污水资源化。由于膜的高效截留作用，使微生物完全截留在反应器内，实现水和污泥的完全分离，运行控制灵活稳定。延长大分子有机物在反应器内的停留时间，使之得到最大限度的降解。利于硝化细菌的截留和繁殖，系统硝化效率高。膜生物反应器设备布置可集中也可分散，具有灵活性，可实现污水就地处理，进而节约大量的给排水管网及泵站的费用，并减少占地。同时膜生物反应器噪声小，对周围环境影响较小。

第五节　动植物细胞培养装置和酶反应器

一、动物细胞培养技术及其生物反应器

动物细胞与微生物细胞有很大的差异，对体外培养有严格的要求，如动物细胞对剪切力非常敏感，反应器的设计不能有像微生物细胞那样高的剪切力，因此，传统的微生物细胞反应器经过改造才能适用动物细胞。根据动物细胞的特点，开发新型的生物反应器显得十分重要和迫切。

悬浮培养技术是在生物反应器中，人工条件下高密度大规模培养细胞用于生物制品生产的技术，根据细胞分为悬浮细胞培养、贴壁细胞微载体悬浮培养。悬浮培养技术最大的优势是通过更为精确有效的工艺控制手段，在获得最大产量同时能够稳步提高产品品质。1962 年，Capstick 等对 BHK21 细胞驯化实现悬浮培养，并应用于兽用疫苗生产。1967 年，Van Wezel 开发了微载体并实现了生物反应器中大规模培养贴壁细胞。悬浮培养和微载体培养标志着细胞大规模培养技术的开始。20 世纪 80 年代后，CHO 细胞实现悬浮培养，治疗性抗体生产技术的发展极大地推动着生物反应器在生物制药行业的应用，到 20 世纪末已进入万升规模。21 世纪初，随着流加培养、灌注培养、个性化培养基等技术的发展，作为大规模培养主要设备的生物反应器规模也趋向大型化和简单化。当前生物制药的主流技术是在大型机械搅拌式反应器中，用无血清培养基和流加工艺悬浮培养细胞进行生产。动物细胞大规模培养生产生物制品的应用领域在快速发展，全球销售额最高的 6 大类生物技术药中，5 类是经哺乳动物细胞表达生产的。现代基因工程技术及个性化培养基技术的发展，促进细胞培养制药的快速发展。国际知名厂家纷纷进行细胞改造筛选，发展自己的细胞培养平台。

（一）动物细胞大规模培养技术

动物细胞大规模培养技术始于 20 世纪 60 年代初 Capstick 及其同事为生产 FDM 疫苗而对 BHK 细胞的研究。它是在传统的培养技术的基础上，融合固定化细胞、流式细胞技术、填充床、生物反应器技术以及人工灌流和温和搅拌技术等发展起来的。动物细胞大规模培养装置如图 6-22 所示。

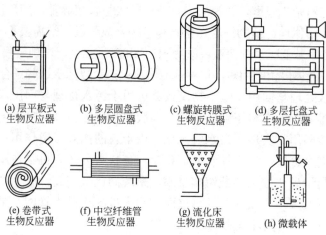

| (a) 层平板式
生物反应器 | (b) 多层圆盘式
生物反应器 | (c) 螺旋转膜式
生物反应器 | (d) 多层托盘式
生物反应器 |

| (e) 卷带式
生物反应器 | (f) 中空纤维管
生物反应器 | (g) 流化床
生物反应器 | (h) 微载体 |

图 6-22 动物细胞大规模培养装置

1. 中空纤维细胞培养法

1972 年，克瑞克等模拟体内微环境，设计了中空纤维细胞反应器。细胞能在中空纤维上不断地从流动的培养液中获得营养物质，细胞代谢产物和培养物又可随培养液的流动而运走。与细胞生长在二维空间的培养技术不同，中空纤维细胞培养技术是模拟细胞在体内生长的三维状态。培养系统的核心部分由 3～6 层的中空纤维组成，细胞接种于中空纤维的外腔。细胞向三维空间繁殖，形成类似组织的多层细胞群体，细胞密度可达 10^9 个 /mL。培养一段时间后，可逐渐用无血清培养基代替天然培养基。此时细胞不再增殖，但可继续分泌产物，分泌物的纯度可达 60%～90%。这种培养系统具有占用空间小、产物的分离纯化比较方便、细胞保持高度活性等优点，适合多种细胞的培养。

2. 微载体培养技术

大多数动物细胞，都具有贴壁生长的特性，而传统的适于贴壁生长的细胞培养系统，由于表面积的限制，很难达到大规模生产的目的。最初采用的滚瓶系统，虽然能增加细胞生长的贴壁面积，但占用空间大、劳动强度大、细胞产率低、不易监控等缺点限制了其进一步发展。1967 年，Van Wezel 开发了微载体培养系统培养贴壁细胞。经过几十年的研究，微载体培养已广泛地应用于动物细胞的培养，其中尤以 Pharmacia 生物技术公司生产的微载体（Cytodex、Cytopore、Cytoline 等）使用范围最广。微载体培养是细胞在由葡聚糖制成的小球表面成单层生长，通过温和搅拌维持细胞悬浮。这种培养较传统的单层细胞培养，面积大大增加。如将这种微载体在流化床式、固定床式反应器中进行培养，则可获得为原来 20～50 倍的高密度细胞。另外，这种培养降低了劳动强度，1L 微载体培养生产的细胞相当于 50 个转瓶（490cm²/ 瓶）所生产的细胞，省去了玻璃容器等的清洗和准备工作。而且细胞与培养液分离简单，一旦搅拌停止，3min 后细胞即能依靠其重力而沉淀，只要去除上清液，而无须进行离心操作。减少了繁复的操作步骤，降低了污染率。目前，狂犬病毒精制灭活疫苗就是采用 Cytodex 培养 Vero 细胞而进行大规模生产的。

常用的微载体是 DEAE- 交联葡聚糖微粒。近年来，国外新开发的微载体主要有液体微载体、大孔纤维素微载体、PHEMA 微载体、聚苯乙烯微载体、聚氨酯泡沫微载体、磁性微载体。其中磁性微载体是由铁、钴或镍的磁性氧化物与经戊二醛处理的明胶混合、研磨，并用蛋白酶水解处理后制成，适合于疫苗、干扰素、生长素的生产，且产品质量较高。

但实心微载体的比表面积还是太小，于是人们设计了用微载体内部固定细胞。如海藻酸钠系统、琼脂糖系统、琼脂糖 - 海藻酸钠系统等。这类技术能维持很高的细胞密度，但规模有限（一般 2L 以下）。1985 年，Verax 公司开创了大孔微载体培养技术，接着有了 Percell 系统和 Siran 系统。大孔微载体除了有利于细胞高密度大规模培养外，在外源蛋白的长期高效表达方面也有明显的优势。大孔微载体以纤维素为基质，内部有许多网状的相互连通的小孔通向载体表面，细胞在接种后，易于进入微载体内部生长分裂，以避免剪切力或气泡的影响，既使大部分细胞免受机械损伤，又为细胞提供了充分的生长空间。

3. 微囊化培养技术

微囊是一种由半透膜制成的多孔微球体，酶及大分子不能从微囊中溢出，而小分子物质可以通过。微囊化技术是用固定化技术将细胞包裹在微囊里，在培养液中悬浮培养。细胞微囊化后，由于生长在各自的微小环境里，减少了培养时搅拌对细胞的剪切力，细胞生长良好，培养液易于迅速改变，且无分离细胞与培养液的困难。在培养过程中，微囊化也能提供很高的细胞密度，产物浓度和细胞纯度都有所增加。微囊化培养技术为单克隆抗体、干扰素、乙肝表面抗原等大规模生产提供了广阔的应用前景。

1987 年，利姆和萨姆制成了细胞能在其中生长繁殖的微囊。制备微囊化细胞所用的材料主要是海藻酸和多聚赖氨酸。将动物细胞和海藻酸溶液混合悬浮，经微囊发生器制成微球滴入氯化钙溶液中，制成凝胶球。然后用聚赖氨酸处理，使胶球表面包裹一层膜。最后用柠檬酸溶液处理，使细胞得以悬浮在微囊中。得到的动物细胞微囊就可悬浮于培养基中培养。据报道，微囊中单抗浓度很高，可达 2.5g/L，且无其他杂蛋白，容易获得高纯度单抗。目前，微囊工艺已用于生产以克计的单克隆抗体。高表达有工业价值蛋白质的重组细胞近年来也更多地用微囊化培养。

（二）动物细胞培养生物反应器

在细胞培养过程中，细胞培养生物反应器是整个过程的关键设备，它要为细胞提供适宜的生长环境并决定着细胞培养的质量和产量。动物细胞的大规模培养需要特殊的反应器，与微生物和植物细胞不同，动物细胞外层没有细胞壁，质膜脆性大，对剪切敏感以及对体外培养环境有严格的要求。因此，传统的微生物发酵用的反应器不能用于动物细胞的大规模培养，而具备低的剪切效应、较好的传递效果和力学性质是这类反应器设计或改进所必须遵循的原则。20 世纪 70 年代以来，细胞培养用生物反应器有很大的发展，种类越来越多，规模越来越大，但是反应器的主要结构形式仍以搅拌式、气升式和固定床为主。目前用于动物细胞的生物反应器规模已达到 25000L。

除了以人工诱变为目的的培养外，用于动物细胞培养的生物反应器的设计原则应该是尽量模拟培养物在生物体内的生长环境。由于动物细胞生长的特殊性，需要特别注意反应器结构设计以及特殊载体的选择。动物细胞培养用生物反应器有气升式生物反应器、中空纤维管生物反应器、流化床生物反应器、搅拌罐生物反应器、堆积床生物反应器、一次性生物反应器、微载体细胞培养系统等。

1. 气升式生物反应器

气升式生物反应器是实现动物细胞高密度培养的常用设备之一，其特点是结构简单，操作方便。用于动物细胞培养的气升式生物反应器结构与前述的微生物发酵气升式生物反应器相类似。目前，我国利用生物反应器生产了大量生物制剂，多采用的是气升式细胞培养生物反应器。

2. 中空纤维管生物反应器

中空纤维管生物反应器主体是由微孔中空纤维管束组成的，纤维束由外壳包裹，因此可分为壳体空间及管体空间两部分，每部分各有其进出口。反应器结构如图 6-23、图 6-24 所示。壳体部分的细胞若是附壁型的，则附着在纤维外侧，在培养结束后用胰蛋白酶消化液将其消化并冲出；若是非附壁型的，应采用微滤材料将其截留在壳体内而让废培养液排出。中空纤维管细胞培养装置的产率与细胞分泌速度有关外，还与细胞培养装置的设计有关。它由于剪切力小而广泛用于动物细胞的培养，既可培养悬浮生长的细胞，又可培养贴壁依赖性细胞，细胞密度最高可达 10^9 个 /mL。主要用于杂交瘤细胞生产单克隆抗体。

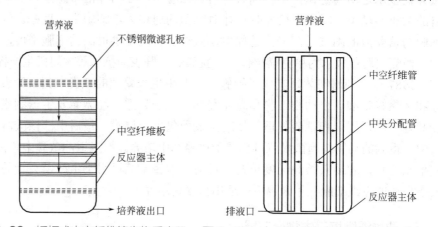

图 6-23 板框式中空纤维管生物反应器　**图 6-24** 中心灌流式中空纤维管生物反应器

柱状中空纤维管反应器是目前最常用的中空纤维管反应器类型，是理查德·克瑞克 20 世纪 70 年代初设计的。以 Endotronics 公司生产的最著名的 Acusyst™ 大规模生产系统为例，这种反应器的套管是一圆柱体，包含了两条独立的流动通道，每条通道连接有 6 个中型的中空纤维管反应器。整个反应器系统采用计算机监控各种生长参数，诸如营养盐供应、废物排出、pH、DO、T 等。

因柱状中空纤维管反应器中营养供应和代谢产物会存在浓度梯度，所以细胞分布受到影响而不均匀，限制了培养系统的进一步放大。由此，人们开发出板框式中空纤维管反应器。该反应器的中心是一束中空纤维浅床，置于两个不锈钢微孔滤板之间，营养液通过滤板垂直流向纤维床平面。虽然一定程度上克服了柱状中空纤维管反应器的不足，但是因为中空纤维浅床厚度有限，因而培养系统也不可能太大。

3. 流化床生物反应器

流化床生物反应器的基本原理是培养液通过反应器垂直向上循环流动，不断提供给细胞必要的营养成分，使细胞得以在呈流态化的微粒中生长。同时，不断加入新鲜培养液。这种反应器的传质性能好，并在循环系统中采用膜气体交换器，能快速提供给高密度细胞所需的氧，同时排出代谢产物；反应器中的液体流速足以使细胞微粒悬浮而不损坏脆弱的细胞。流化床生物反应器满足了高密度细胞培养，使高产量细胞长时间停留在反应器中，优化了细胞生长与产物合成的环境等细胞培养的要求。流化床反应器可用于贴壁依赖性细胞和非贴壁依赖性细胞的培养。另外，流化床反应器放大也比较容易，放大效应小，已成功进行放大，用于培养同种细胞生产单克隆抗体，体积生产率基本一致。

4. 搅拌罐生物反应器

搅拌罐生物反应器基本结构为：一个旋转过滤器，一台用于控制温度、pH 值、搅拌速度和溶氧（DO）的数字控制装置（DCU）以及起通气作用的底部环形喷气结构。基本原理是新鲜培养基分散进入旋转过滤器的外部区域，从旋转过滤器的中间获得无微载体的收集液。旋转过滤器一般由不锈钢丝网构成，有良好的生物相容性，易于清洗和消毒，可重复和长期使用。在搅拌式生物反应器中同样可以培养悬浮生长的细胞，也能培养贴壁生长的细胞。其主要优点是能满足高密度细胞培养的要求。

通气搅拌式动物细胞培养反应器既有机械搅拌又有通气装置，是在微生物发酵反应器的基础上改进的一类动物细胞培养反应器，适用于悬浮细胞培养或者生长在微载体上的贴壁细胞的培养。机械搅拌和通气形式的不同产生了各种各样的通气搅拌生物反应器。其中比较典型的是笼式通气搅拌生物反应器，结构如图 6-25 所示。

笼式通气搅拌生物反应器由两大部分组成：罐体和搅拌结构。罐体与一般反应器罐体没有大的区别，但其搅拌结构却与众不同。笼式搅拌结构分为两大部分：搅拌笼体和搅拌支撑。搅拌笼体由搅拌内筒和其顶端的三个吸管搅拌叶以及套在笼体外面的网状笼壁组成。搅拌内筒上端密封，下端开口，在其上端外侧连接了三个圆筒。这三个圆筒向外展开，互成 120°，垂直于搅拌内筒，外端为倾斜切口，组成吸管搅拌叶。这样，当搅拌沿特定的方向旋转时，吸管搅拌叶的外端斜切口就会产生负压。在负压的驱动下，罐内的液体就会从搅拌内筒的底部开口进入，从吸管搅拌叶的斜切口部分回到罐内，形成罐内液体的上下循环。笼壁包裹在搅拌内筒外面，并与搅拌内筒外壁保持一定的距离，在内筒和笼壁之间形成了一个环状空间。进气管从这个环状空间的上部引入直至搅拌内筒的底部，与底部的环状气体分布管相连。环

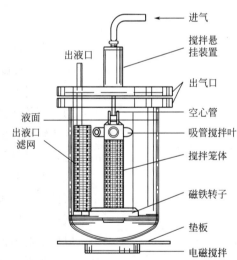

图 6-25 笼式通气搅拌生物反应器结构

状气体分布管上沿圆周方向有很多小孔，气体从这些小孔中进入内筒和笼壁之间的环状空间，并与从笼外进入的液体混合，形成气液混合室。搅拌支撑结构如图 6-26（a）所示，由弹簧机械密封和空心柱组成，空心柱为搅拌轴，同时起到通气的作用，与外面的支撑体用轴承连接。

此外，搅拌笼体的上部还有气体进口和出口，如图 6-26（b）所示，下部连接一个环状磁铁作为磁铁转子，以便外部磁力搅拌带动搅拌体转动。

这样，整个搅拌笼体内部形成两个区域，搅拌内筒和吸管搅拌叶的内部空腔构成液体流动区，液体自下而上通过该区域与搅拌内筒外部的液体形成循环；搅拌内筒和笼壁之间形成气液混合区，液体和气

体在此混合，由于笼壁上的孔直径非常小，混合的气液经笼壁后不形成气泡。反应器的搅拌和通气功能集中在一个装置上，因其外形像一个笼子，称为笼式搅拌。

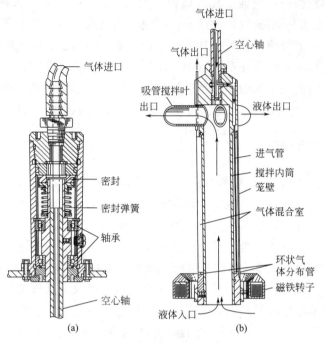

图 6-26　搅拌罐生物反应器

在反应器内部外围，有一个出液口滤网连接一个出液管通向反应器外面，用于导出液体或进行置换培养。

这种反应器的优点是：第一，在缓慢的搅拌速度下，由于吸管搅拌叶的作用，液体在罐体内形成从下到上的循环，罐内液体在比较柔和的搅拌情况下达到比较理想的搅拌效果，罐内各处营养物质比较均衡，有利于营养物质和细胞产物在细胞营养液之间的传递，剪切力对细胞的破坏降低到比较小的程度，比较好的搅拌速度为 20 ～ 225r/min；第二，由于搅拌器内单独分出一个区域供气液接触，而在此区域里由于笼壁的作用只允许液体进出，细胞被挡在外面，气体进入时鼓泡产生的剪切力不会伤害到细胞；第三，这种反应器的气道也可以用于通入液体营养液，与出液口滤网配合进行细胞的营养液置换培养，增加了反应器的功能。

这种反应器的缺点是：虽然气体混合效率比不通气仅靠搅拌的气体混合效率提高 10 倍，但是，比直接通气搅拌要小，大约是其 50% 左右；此外，这种反应器只能培养悬浮生长细胞或进行微载体细胞培养。

笼式搅拌器的 3 个导流管随搅拌同步转动时，由于离心力的作用，搅拌器中心管内产生负压，致使培养液流入中心管内，沿管壁螺旋上升，再从 3 个导流管排出，沿搅拌器外延螺旋下降，使培养液反复循环，达到混合均匀的目的。气体经环状气体分布管进入通气腔，培养液经 200 目的丝网截留住细胞后与通入空气进行气液交换，细胞不进入通气腔内，防止了气泡引起的细胞损伤现象，交换后培养液又经丝网排出进入培养液主体供细胞培养用。通气过程中产生的泡沫经管道进入液面上部的由 200 目不锈钢丝网制成的笼式消泡腔内，泡沫经丝网破碎成气、液两部分，达到深层通气而不产生泡沫的目的。这种搅拌器剪切力小而混合性能好，但溶氧系数低，不能满足高密度动物细胞培养的耗氧要求，而且结构复杂，难于放大。

5. 堆积床生物反应器

CelligenPlus 堆积床生物反应器的工作原理为：当推进器旋转时，培养基通过推进器的中心空管螺旋式地从罐体底部往上流，然后从三个出口中流出，通过堆积床向下流动至罐体底部，再通过推进器的中心管往上流。细胞附着在堆积床的聚酯片上，气体从喷射器喷出进入培养基中。通过调节气体混合物的组成成分，完成对 pH 和 DO 的控制，加入氧气或氮气以满足培养过程中氧气的吸收；当 pH 太高时加入 CO_2；空气作为一种填充气体，保持气体进入罐体时流速的稳定。培养基通过蠕动泵从培养基储存瓶中进入反应器，收集液通过蠕动泵从反应器中流出进入收集瓶。堆积床有以下特点：贴壁依赖性和悬浮细胞可成功地在堆积床内附着；细胞不接触气液界面，低旋流和低剪切力，细胞受到的伤害很小；反应器能以分批式或连续 / 灌流方式运转，并可维持长时间；聚酯片提供高的表面积 / 体积比率，维持高细胞密度。

6. 一次性生物反应器

这种生物反应器由预先消毒的、FDA 认可的、对生物无害的聚乙烯塑料箱或袋组成，箱中部分填充培养基并接种细胞。箱中其余部分是空的，培养过程中空气连续通过这里（空气通过完整的过滤器进入箱体）。前后摇动箱体使液气界面产生波动，大大提高了氧气的溶解量，有利于排出 CO_2，控制 pH 值，也促使培养液混合均匀，细胞和颗粒不会下沉。废气通过一个消毒过滤器和止逆阀排出。整个生物反应器置于传统的细胞培养用 CO_2 培养箱中，便于控制温度和 pH 值，或者在箱体底部加热控制温度。培养细胞的密度可达到 $7×10^6$ 个 /mL 和 100L 的工作体积。使用前箱体用 γ 射线消毒，用后丢弃。特殊的开孔可进行无菌加样、取样，而不必把生物反应器置于层流罩中。装置简单，易于操作，成本低，低剪切力，无空气鼓泡，减少了气泡对细胞的损害。可用于培养动物细胞和植物细胞，并十分适合生产病毒。此反应器已成功悬浮培养重组 NS0 细胞生产单克隆抗体，悬浮培养人 293 细胞生产腺病毒，用昆虫 sf9 细胞生产棒状病毒，用微载体 Cytodex3 培养人 393 细胞。近年来，一次性生物反应器也日益广泛地用于动物细胞规模化培养。如国内药明生物于 2018 年建立了基于 ABEC 公司 4000L Custom Single Run（CSR®）一次性反应器的生产线，通过组合策略可将单批产能增至 24000L，这不仅与传统不锈钢反应器规模媲美，同时仍然拥有一次性反应设备固定资产投入和厂房建设时间节省上的优势。2019 年，ABEC 研发出 6000L 一次性生物反应器，为目前体积最大的一次性生物反应器。

创胜集团旗下奕安济世也利用 GE 的一次性生物反应器构建了灌注细胞培养平台，借助此平台工艺，实现了超过 4g/(L·d) 的容积生产率，单个 500L 一次性生物反应器每年可生产近 400kg 多种产品的原液药，比传统的分批补料工艺的 6g/L 的产能高出一个数量级。

无锡药明生物 2018 年构建了由灌流反应器和细胞截留装置组成的 WuXiUP™ 细胞培养工艺平台，兼顾了生物药生产的高产量、高质量、高灵活性和低成本。工艺在传统灌流工艺的基础上采用了过程强化策略，大幅度提升细胞密度和单细胞蛋白产率，通过监控和反馈调节培养过程中新鲜培养基的灌注速率和收获速率，将罐体质量稳定地维持在预设的目标值。在对 15 种以上克隆进行验证培养时，WuXiUP™ 工艺的累计产量和日均产量分别平均达到了传统分批补料工艺的 7.4 倍和 4.5 倍。该平台几乎可以进行任意一种生物药（比如单抗、双特异性抗体、融合蛋白、重组蛋白）的连续化高产量的生产。该平台能够

快速稳健地完成工艺开发和放大生产规模，也能够基于已有的传统批次工艺升级，整体提升 5 ～ 10 倍产能，使得 1000 ～ 2000L 一次性生物反应器产能可以达到 10000 ～ 20000L 传统不锈钢生物反应器的产能。这将显著降低企业厂房固定资产投入和操作费用，加快产品上市进程。

7. 微载体细胞培养系统

微载体培养系统是专门用于贴壁生长细胞的一种培养方法，解决了贴壁细胞不能进行悬浮培养的问题。由于贴壁生长细胞只能沿着一定的表面生长，利用传统的方法培养贴壁细胞需要反应器提供很大的面积。中空纤维反应器虽然能够满足这一要求，但是，由于生长空间和营养物质的传递问题，细胞的生长速度缓慢。微载体培养系统的基本思路是：制造一些非常小的球体，贴壁细胞可在这些球体表面生长，将这些表面长有细胞的球体悬浮在培养液中，加上适当的搅拌，实现了贴壁细胞的悬浮培养。这些小球体就是微载体，有时又称为微载球。显而易见，微载体是这种培养系统的核心。

微载体是从 1967 年开始制造的，目前，微载体的生产已经商业化，各公司向市场提供不同种类的微载体。

科罗拉多大学的 Anseth 教授团队系统阐述了用于细胞培养和模拟组织微环境的微凝胶相关研究进展，微凝胶可根据特定的应用或细胞类型进行定制，通过调控微凝胶的尺寸、材料性质与制造策略，如微制造、适度絮凝、微流控和增材制造等，来对多种类型的微凝胶进行分级组装，从而创造用户所需的具有模拟异质性细胞外微环境作用的多功能支架。

二、植物细胞培养过程及其生物反应器

植物细胞培养是在离体条件下，以单细胞或细胞团为单位进行的植物组织培养方式。该技术不受时空、外界自然环境和性状分离等的影响，可以短时间内大规模培养出比较均匀一致的细胞，便于后续的研究与利用。相对于动物细胞，植物细胞大部分能够悬浮生长，适于大规模培养。但植物细胞由于代谢活性较低，次生物质的合成和累积速度较慢，生长速率低，因而与微生物细胞培养相比，难度较大。植物细胞具有厚度不一的含纤维素的细胞壁，拉伸强度较高，因此对剪切力更为敏感，在培养时当转速超过一定数值，细胞生长会明显下降，并且会出现死亡和破碎现象。植物细胞需要较长的培养过程，而长时间保持无菌状态则给培养带来难度，培养过程中易造成污染且细胞常发生变异。植物细胞在悬浮培养时对氧的需求量较低，但由于植物细胞培养后期密度高、黏度大，氧的传输会受到阻碍，因此与微生物相比，在达到同样浓度时，氧传递速率要小得多。另外，植物细胞易于黏附成团使搅拌不匀而导致营养物质的传输受到限制，因而其二次代谢途径更加复杂。

植物细胞培养是指在离体条件下，将愈伤组织或其他易分散的组织置于液体培养基中，进行振荡培养，得到分散成游离的细胞，通过继代培养使细胞增

殖，从而获得大量的细胞群体的一种技术。植物细胞含有人类所需的成分，而传统的方法从植物中提取分离这些成分已很难满足人们的需求。近年来，利用植物细胞培养来生产有用代谢产物已受到广泛关注，但是，只有一小部分的产品成功用于商业化生产，其原因是反应器设计、过程开发以及对反应机理知识的欠缺等。植物细胞生长缓慢、需氧低，此外，由于它们体积较大、细胞壁较厚、液泡较大而对剪切敏感。随着植物细胞悬浮培养技术的逐步完善，单细胞培养的成功，各种新型生物反应器的问世，植物细胞培养技术成为大规模生产植物代谢产物的有效途径。

植物细胞培养按照培养对象可分为单倍体细胞培养和原生质体培养；按照培养基可分为固体培养和液体培养；按照培养方式可分为细胞悬浮培养和固定化细胞培养。

与天然栽培法相比，利用植物细胞培养技术生产药用代谢产物、食品添加剂、化妆品等具有明显的优势，但能成功地把摇瓶培养的结果放大到生物反应器中而实现大规模培养的较少，可见研究合适的生物反应器对于植物细胞大规模培养生产有用代谢产物是非常重要的。植物细胞培养反应器最初大多采用微生物反应器。由于植物细胞与微生物细胞形态结构不同，植物细胞较微生物细胞大，对氧需求小，对剪切力却很敏感，因此不能像微生物培养那样采用高剪切的搅拌，因而，混合显得更重要。目前，由于植物细胞悬浮技术的发展，单细胞培养的成功，加上各种新型生物反应器的问世，使得植物细胞有可能像微生物那样在发酵罐中大规模连续培养。用于植物细胞培养的反应器主要有搅拌式、非搅拌式及其他新型生物反应器，另外还有植物细胞固定化反应器和膜生物反应器等。

针对植物细胞培养的特点和难点，有研究表明，利用生物反应器技术培养植物细胞需注意以下几方面：①营养成分的有效供给，为加快植物细胞的生长速度，培养基中除添加碳源和氮源外，还可加入适当的植物生长调节剂；②保证长时间的无菌状态；③创造剪切力较低、足够的氧气和传质、混合性能良好的微环境；④严格控制植物细胞生长、分化和次生代谢物质合成与积累的关系，可利用动力学评估来确定最佳环境及操作模式；⑤探索物理、化学等因素对植物细胞代谢物的产量及质量的影响；⑥生物反应器需要较高的硬件配置等。

植物细胞培养用反应器的选型与开发依据可归纳为：①供氧能力和气泡在液体中的分散程度；②反应器内流变液体的压力强度及其对植物细胞系统的影响；③高细胞浓度混合的均匀性；④控制温度、pH、营养物浓度的能力；⑤控制细胞聚集体的能力；⑥放大的难易程度；⑦长时间维持无菌状态的能力。不同反应器具有不同的特点，不同植物细胞的氧要求、剪切力敏感性、培养液流体性能和细胞聚集体大小是有差别的，要根据植物细胞特性选择其生长及代谢产物适合的反应器。

1. 搅拌式生物反应器

机械搅拌式生物反应器混合程度高，适应性广，能获得很高的溶氧系数 $k_L a$，在大规模生产中广泛使用。但是搅拌罐中产生的剪切力大，容易损伤细胞，且植物细胞培养一般只需较低的溶氧系数。因而对于有些对剪切力敏感的细胞，传统的机械搅拌罐并不适用。为此，对搅拌罐进行了改进，包括改变搅拌形式、叶轮结构与类型、空气分布器等，力求减少产生的剪切力，同时满足供氧与混合的要求。Kaman等的研究证明带有 1 个双螺旋带状叶轮和 3 个表面挡板的搅拌罐（图6-27）适于剪切力敏感的高密度细胞培养。Jolicoeur 等进行了类似的研究，在反应器中得到与摇瓶相同的高浓度生物量。钟建江等通过培养紫苏细胞进行比较，发现带以微孔金属丝网作为空气分布器的三叶螺旋桨反应器（MRP）能提供较小的剪切力和良好的供氧及混合状态，优于六平叶涡轮桨反应器，并认为在高浓度细胞培养时，MRP 型反应器将显示更大的优越性。离心式叶轮反应器与细胞升式反应器相比具有较高升液能力，较低剪切力，较短混合时间，在高浓度下具有极高的溶氧系数，表明有用于对剪切力敏感的生物系统的巨大潜力。另有不同形式的机械搅拌罐用于植物细胞培养的生产和研究，结果证明不同叶轮产生剪切力大小顺序为：涡

轮状叶轮 > 平叶轮 > 螺旋状叶轮。一种升流式生物反应器利用罐中心一根连有多孔板的杆上下移动达到搅拌的目的，可用于培养对剪切力敏感的细胞。

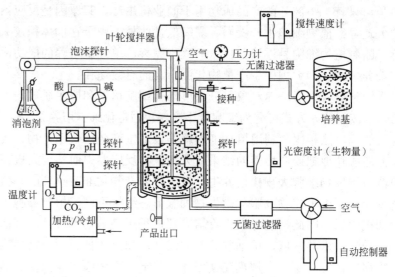

图 6-27 机械搅拌式植物细胞培养反应器装置

2.非搅拌式生物反应器

与传统的搅拌式生物反应器比较，非搅拌式生物反应器（图 6-28）结构简单，产生的剪切力更小，适合进行植物细胞培养。非搅拌式生物反应器的主要类型有气升式生物反应器、鼓泡式生物反应器和转鼓式生物反应器等。

气升式生物反应器结构简单，运行成本和造价低，通过上升液体和下降液体的静压差实现气流循环，以保证良好的传质效果，同时使剪切力的分布更均匀，并且可以促进培养基和细胞在较短混合时间内的周期运动。另外，由于其没有搅拌装置，更容易长期保持无菌状态。但气升式生物反应器也有一定的缺点，即操作弹性小，当低气速在高密度培养时混合效果较差，导致植物细胞生长缓慢。为弥补这一缺点，可以将气升式发酵罐与慢速搅拌相结合，这样也有利于氧的传递，目前已有搅拌气升式生物反应器应用于西洋参、紫草、檀香木以及唐松草等植物细胞的培养。将气升式生物反应器应用于植物细胞培养时，还必须结合细胞的生理特性对其加以改进，这样才能更好地适应植物细胞培养的要求。如 Thanh 等针对人参细胞悬浮培养的特点，对 5L 气球形气升式生物反应器的参数、通气量、接种密度等进行了优化，建立了生产人参皂苷的 500L 容量的大形滚筒形和气球形气升式生物反应器，它

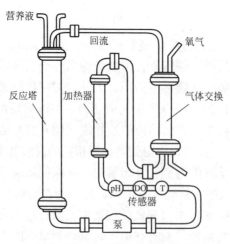

图 6-28 非搅拌式生物反应器

们分别可生产 187kg 及 400kg 的鲜物质量、6.2kg 及 13.3kg 的干物质量以及 7.86mg/g DCW 及 7.75mg/g DCW 的总皂苷，适当通风尤其是高氧气传递系数可能是气球形气升式生物反应器在生物量的积累上更优越的原因，这些结果对商业化生产植物细胞有用代谢产物有很大的帮助。

鼓泡式生物反应器结构简单，整个系统密闭，气体从底部通过孔盘或喷嘴穿过液池来实现气体交换和物质传递，易于长时间无菌操作。该生物反应器在植物组织培养中应用较为普遍，其内部不含转动部分，培养过程中无需机械能损耗，因此也适合培养对剪切力敏感的植物细胞如人参细胞等。但鼓泡式生物反应器的缺点是氧气传输能力差，而在高通气量条件下又会产生大量泡沫，另外对于高密度及高黏度的培养体系，流体混合性也较差。因此，可以通过在鼓泡塔内不同区段安装多个排气管将氧气输送到塔中高细胞密度区域以提高鼓泡式生物反应器的性能。

转鼓式生物反应器与其他类型的生物反应器相比具有适中的表面积、体积比，可以在更低的能耗与剪切力环境下提供足够的氧气，同时其悬浮系统均一，可避免细胞粘壁，因此适于高密度植物悬浮细胞的培养，且已用于蔓长春花、紫草和烟草等的培养。但这种生物反应器的不足是在大规模操作中会消耗相对较高的能量，并且难以按比例扩大培养。

3. 光合生物反应器

光合生物反应器是培养植物细胞、光合细菌等特有的反应器。在普通反应器的基础上增加光照系统，可以满足植物的光合作用，使植物细胞内的多种酶类产物在光照的诱导下表现出较高的生理活性。许多植物细胞培养过程中需要光照，往往考虑在普通反应器基础上增加光照系统，但在实际中存在很多问题，如光源的安装、保护，光的传递，还有光照系统对反应器供气、混合的影响等。小规模实验往往采用外部光照，反应器表面有透明的照明区，光源固定在反应器外部周围。

4. 亲和色谱生物反应器

亲和色谱生物反应器（ACBR）利用一个标准的反应器，加一个亲和色谱柱，用于分离收集培养产生的目标蛋白质。当细胞培养时，培养物用泵从反应器中抽出，进入柱中循环，所需的产物可分离得到，剩下的培养基回流到反应器（图 6-29）。ACBR 系统培养生产鼠单克隆抗体重链（HC Mab），其产量提高了 8 倍；培养生产 6-his 标记的人体粒细胞巨噬细胞克隆刺激因子（GM-GSF），产量比单批培养提高了 2 倍。用 ACBR 培养植物细胞，可以解除降解的影响，去除了引起产物抑制途径的蛋白质。

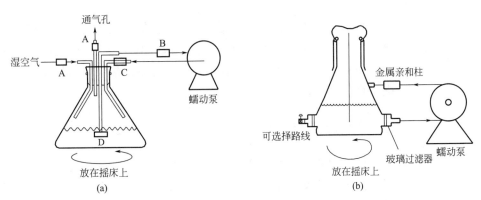

图 6-29　亲和色谱生物反应器

A—无菌空气过滤器；B—8μm 预过滤器；C—G 蛋白和强化柱；D—带有 51μm 过滤筛的吸入嘴

5. 植物细胞固定化反应器

植物细胞的固定化是将细胞固定在多糖或多聚化合物等载体上，以便在不同类型的反应器中进行培养。一般脆弱细胞采用这种方式，因为固定化培养可以降低剪切力对细胞的损伤，产生较多固液特定界面的接触，并且有利于次级代谢产物的积累，适合进行连续培养或生物转化等。尽管包裹在载体基质内的固定化细胞的微环境与在流体中不同，但是通过选择适当的细胞固定化载体，仍可以达到高细胞密度，实现高产量。目前已有应用于辣椒、毛地黄、雷公藤以及胡萝卜等植物细胞固定化培养的报道。植物细胞的固定化培养生物反应器主要有流化床生物反应器及填充床生物反应器等。

6. 一次性生物反应器

现在已有许多不同类型的一次性生物反应器应用于植物细胞培养，包括机械驱动式一次性生物反应器、液压驱动式一次性生物反应器及气压驱动式一次性生物反应器等。Werner 等通过比较烟草细胞及葡萄悬浮细胞在 500mL 摇瓶、波动混合式一次性袋及轨道摇动式一次性袋中的培养情况（包括细胞体积、鲜重、代谢物浓度等），发现轨道摇动式一次性袋非常适合台式规模的植物细胞悬浮培养。一些研究也表明一次性生物反应器适合培养转基因植物细胞以生产治疗性外源蛋白及化妆品行业的原材料。Kwon 等利用两种一次性生物反应器进行转基因水稻细胞培养生产重组人细胞毒 T 细胞抗原 4 免疫球蛋白（hCTLA4Ig），与搅拌式生物反应器比较，利用两种一次性生物反应器均可达到相似的最大细胞密度（11.9μg DCW/L 和 12.6μg DCW/L）、倍增时间（4.8d 和 5.0d）及最大 hCTLA4Ig 浓度（43.7mg/L 和 43.3mg/L）。但是由于一次性生物反应器现存的不足，利用这种培养系统进行按比例放大培养仍有一定困难。

三、酶反应器

酶是生物体为其自身代谢活动而产生的生物催化剂。以酶为催化剂进行生物反应所需要的设备称为酶反应器。它是当今酶工程研究的重要内容，通过对酶反应器动力学和热力学模型的研究，可以为酶反应器的设计、选择以及应用提供重要的理论依据。

（一）酶反应器的分类

根据酶催化剂类别的不同，酶反应器可分为游离酶反应器和固定化酶反应器。固定化酶反应器又可分为固定化单一酶、复合酶、细胞器和细胞等形式的反应器。

酶催化生物反应器是根据其形式与操作方式进行分类，如表 6-3 所示。从几何形状或结构来划分，酶反应器大致可分为罐型、管型和膜型三类。每一类又有多种类型，并且有些反应器可互相组合成具有不同性能的酶反应器系统。罐型反应器内一般装配有搅拌装置，故称其为"机械搅拌式生物反应器"，适用于上述各种操作。管型反应器和膜型反应器一般用于连续操作，对相对直径较大、纵向较短的管型反应器也称为塔式反应器。目前，发酵工业上广泛使用的糖化罐、液化罐等都是典型的酶反应器。

表6-3　酶反应器的形式

形式名称		操作方式	说明
单项系统酶反应器	搅拌罐	分批、流加	靠机械搅拌混合
	超滤膜反应器	分批、流加或连续	适用于高分子底物
多项系统酶反应器	搅拌罐	分批、流加或连续	靠机械搅拌混合
	固定床或填充床	连续	适用于固定化酶或微生物的反应器
	流化床	分批、连续	靠溶液的流动而混合
	膜式反应器	连续	膜状或片状的固定化酶
	悬浊气泡塔	分批、连续	适用于气体为底物

酶反应器成功进行连续操作的首要要求是将酶限制在一定区域内来同底物反应。采用连续式操作的反应器，由于反应器内流体的流动状态会影响到底物的转化率，所以把握好反应液的流动状态与流体的混合程度是很重要的。根据流体流动的特性，连续式操作的酶反应器可以按照表6-4进行分类。活塞式流动是指反应液在反应器内径向呈严格均一的速度分布，流动如同活塞运动，反应速度仅随空间位置不同而变化。全混式流动是指反应器内混合足够强烈，因而反应器内浓度分布均匀，且不随时间变化。当然，这也是一种理想化的假定，它是与活塞式流动相对应的另一个极端的理想流型。实际酶反应器中是不存在上述理想化的流动形式的，这是因为流动状态和温度、浓度等参数是随空间位置或时间而变化的。

表6-4　连续式反应器的流动状态

流动状态		反应器	实用反应器
理想型	活塞式	连续操作活塞反应器	填充床、膜反应器
	全混式	连续操作搅拌式反应器	搅拌罐
非理想型			具有返混的管型反应器

采用连续操作搅拌式反应器（CSTR）进行酶促反应与采用连续操作活塞式反应器（CPFR）的相比，尽管从结构和流动状态上有明显的不同，但若经过时间和滞留时间都着眼于同一流体要素的话，两种反应器有着相似的特征。也就是说，在CPFR中，特定位置的状态取决于流体通过此位置时在反应器内存在的时间，所以，从这一点来讲，这两种反应器是类似的。以下介绍膜式酶反应器（膜反应器）。

膜式酶反应器通过膜的选择性透过作用在有外推动力的情况下实现目标成分从反应混合物中的分离。膜也能被用作固定化酶的载体，即在进行催化反应的同时，实现产品的分离浓缩和催化剂的回收再利用。近年来，在两相或多相生物催化反应体系中利用膜实现了不同相间的隔离，提供相界面的反应接触区和界面催化酶。

酶通常以可溶的或以不溶状态处在膜的表面或微孔中。酶若以游离态存在，可以通过分子筛、静电斥力等以化学和物理作用将酶固定于中间支持体（惰性氮、凝胶、脂质体），从而将酶限制在膜某一侧的空间范围。采用化学结合法、物理吸附或静电吸附能将酶直接固定在膜上。在多相反应体系中，酶通常固定在膜亲水的一侧或膜内；但是对某些酶如酯酶，酶则固定在膜朝向疏水的一侧。

（1）超过滤式膜式酶反应器　这类反应器的酶可以以固定化或以游离态存在。底物一进入膜的一侧，就能与可溶性的酶接触进行反应。图6-30是典型的三种超过滤式膜式酶反应器形式（S1为底物，P为产物，圆点是酶）。

（2）扩散型膜式酶反应器　这类反应器底物分子需经过被动扩散通过膜微孔后到达酶反应区，酶以

固定化或游离态存在。这类反应器要求反应底物是小分子量的，催化反应得到的产物又扩散回到未反应的底物中不断循环。此类反应器常使用中空纤维膜，酶一般位于纤维的外层。此类反应器可分为图 6-31 所示的几种形式（S1 为底物，P 为产物，圆点是酶）。

（3）接触式多相膜式酶反应器　这是指能促使底物和酶在膜上进行相界面接触的一类反应器，如图 6-32 所示（S1、S2 为底物，P1、P2 为产物，圆点是酶）。

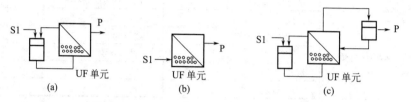

图 6-30　超过滤式膜式酶反应器的典型形式

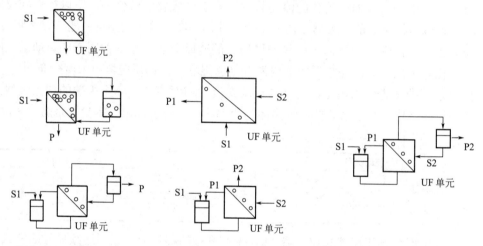

图 6-31　扩散型膜式酶反应器的几种形式　　**图 6-32**　接触式多相膜式酶反应器的几种形式

（4）动态膜分离式酶反应器　动态膜分离式酶反应器（enzyme reactor with dynamic membrane-separation，DMER）是超滤膜式反应器的一种，酶以游离态直接与原料液混合，能方便地使酶反应连续进行，酶得到反复的高效利用，产率提高而操作成本下降，是酶的固定化的一种。与填充床、流化床式反应器相比，膜的选择性透过作用可使产物透过膜，而基质被截留在膜的另一侧，从而使反应平衡向生成产物的方向移动。而对有产物抑制的酶反应，产物透过膜孔不断分离解除了抑制，使反应向正方向进行，提高转化率。

①DMER 酶反应器结构。DMER 酶反应器结构简图如图 6-33 所示。

DMER 酶反应分子量可根据反应物和产物分子量来定，随着反应的进行，产物随时滤出，有效地消除产物抑制现象。反应器由单级或多级串联的膜滤室组成，滤室中装有旋转叶轮，在滤板两侧固定有滤膜。滤室又是反应室，反应料液轴向进入反应室，由旋转叶轮带动呈周向运动，形成十字流过滤（又称横流过滤）；同时由于旋转叶轮上的刮刀与膜之间间隙很小，从而强化了反应室内的湍流和膜面剪切效应，有效地削弱了膜表面浓差极化现象，提高了膜滤速率。当 DMER 中只安装一块滤板，则构成了单级的 DMER 酶反应器。增加滤板数量即增加过滤级数，则构成由多个滤室组成的多级 DMER 酶反应器。

② DMER 酶反应器特点。DMER 酶反应器是一种新型高效多功能酶解反应器，实现了反应与分离一体化，使用功能强。它成功地用于生物酶法降解菊粉生产果糖工艺，也可以相应推广应用到其他酶水解过程。单级 DMER 酶反应器属 CSTR 型反应器，多级 DMER 的流体特征不同于 CSTR 型和 PFR 型反应器。其中的酶解产物在每一个室内及时分离移出，有助于提高酶反应的转化率。通过对反应器停留时间分布统计特征值的比较可以看出，DMER 反应器在流体流动性能上优于 CSTR 型反应器。

（二）酶反应器的选择

游离酶反应器主要是搅拌罐式反应器，图 6-34 所示即为这种反应器的一个典型结构。反应器主要是由罐体、夹套换热器和搅拌器组成，pH 探头和温度探头用于监测反应罐内的酸度和温度，加热或冷却介质流经夹套换热器以维持反应器内的温度，酸碱补料口根据 pH 电极测量的结果向罐内加入酸碱溶液以保持罐内适当的酸度。

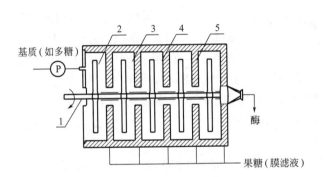

图 6-33　DMER 酶反应器结构

1—主轴；2—叶轮；3—凹形滤板；4—反应室（膜滤室）；5—滤板

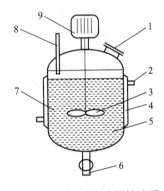

图 6-34　游离酶搅拌式反应器

1—进料口或人孔；2—夹套换热器出口；3—搅拌器；4—夹套换热器；5—pH 探头；6—出料口；7—温度探头；8—酸碱补料口；9—搅拌电动机

使用这种反应器进行间歇生产时，酶、反应物从加料口加入，开动搅拌，调节罐内温度和 pH 至需要的水平，开始反应。反应经过一段时间后，到达终点。一般是通过 pH 的变化来判断是否到达反应终点。然后，从放料口放出反应液，经分离纯化得到产物，作为催化剂的酶被丢弃，无法重复利用。

使用这种反应器进行连续操作时，酶、反应物从加料口加入，开动搅拌，调节罐内温度和 pH 至需要的水平，开始反应。以同样的速度同时加入反应物和放出反应液，经过一段时间后，反应罐内的温度和 pH 等参数达到稳定，这时进入连续生产状态。加入及放出反应物和产物的速度取决于反应罐的体积和催化反应速率，反应罐的体积越大，催化反应速率越快，加入反应物和放出反应液的速度越快，反之亦然。

游离酶反应器的选择，完全可以按照一般生物反应器的选择要求来进行。对固定化酶反应器的选择，除根据使用的目的、反应形式、底物浓度、反应速率、物质传递速率、反应器制造和运转的成本及难易等因素进行选择外，还应考虑固定化酶的形状（颗粒、纤维、膜等）、大小、机械强度、密度和再生或更新的难易，操作上的要求（如 pH 的控制、供氧和防止杂菌污染等），反应动力学形式和物质传递特性、内外扩散的影响，底物的性质，催化剂（固定化酶）的表面 / 反应器体积的比值等。

固定化酶的形式有颗粒状、膜状、管状和纤维状等几种类型。其中以颗粒状为主，这是由于其比表

面积大。由催化剂的形状，可以决定反应器的大致形式，例如，小颗粒的固定化酶，可选用流化床反应器，以增大有效催化表面积。一般总是期望固定化酶的机械强度大些，但是，有些固定化酶颗粒（如用凝胶包埋法或胶囊法制备的固定化酶）的机械强度仍较差，在搅拌罐中由于搅拌翼的剪切作用而易遭到破坏。对凝胶包埋法的固定化酶颗粒，当采用固定床反应器时，随床身增高，由于凝胶颗粒自身的质量，会使凝胶发生压缩和变形，压强增大，为防止这种现象，有必要在床内安装筛板将凝胶适当间隔开。

固定化酶反应器包括搅拌罐式、固定床式、流化床式、中空纤维式和罐式。

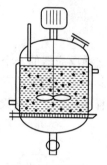 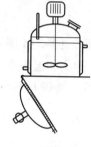

(a) 正常生产状态　　　　(b) 检修状态

图6-35　搅拌罐式固定化酶反应器

其中最主要的也是最常用的是搅拌罐式固定化酶反应器和固定床酶反应器。

① 图6-35是工业上使用的一种搅拌罐式固定化酶反应器。这种反应器与游离酶使用的搅拌罐式反应器不同之处在于它的底部安装了一个滤网，滤网固定在反应器的底封头和罐体之间，由一个空筛板支撑。带有滤网的底部封头与罐体以快开方式连接，反应器吊装在操纵台上，底部与地面隔开一定的距离，以便在检修时打开底盖取出固定化酶，如图6-35（b）所示。

这种反应器一般用于间歇反应，其操作过程与游离酶反应器相似，不同之处是在反应完成放出产物时，由于罐体底部滤网的作用，固定化酶被截留在反应器内，以便下一批反应重复利用。

当固定化酶使用一段时间后（一般是1000～2000次），其活性降低，需要更换新的固定化酶。这时，打开底盖，清理出旧酶，然后装好底盖，经洗涤后，在上部加料孔装入新酶，完成新旧固定化酶的更换。

搅拌罐式固定化酶反应器优点是结构简单可靠、易于操作，检修和更换固定化酶比较容易；缺点是搅拌容易造成固定化酶的机械损伤，降低酶的使用寿命，且应用间歇式操作，生产能力低。

② 固定床酶反应器是固定化酶反应器另一种形式，其结构如图6-36所示。固定化酶装在桶状反应器中，酶的上下两端由两个带有滤网的金属板夹紧。反应时，反应液由上端进口进入，向下流过固定床。在反应液流过固定床与固定化酶接触的过程中，反应物在酶的催化下转化为产物，从出口放出。固定床酶反应器还有其他形式，例如，进口在下部，出口在上部，反应液自下而上通过等。

固定床酶反应器不仅可以用来连续操作，而且可以间歇生产。当连续操作时，反应液以恒定的速度连续进出，反应器内的条件保持不变；当间歇操

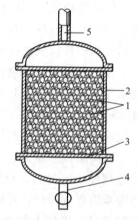

图6-36　固定床酶反应器

1—固定化酶；2—反应器外壁；
3—支撑板；4—反应液出口；
5—反应器进口

作时，从反应器出来的反应液全部回流到反应器中，反应器内的条件逐渐改变直至反应终点。有的固定床酶反应器内部还装有换热器，以便使反应器内温度保持所要求的水平。

由于酶失活是不可避免的，所以要保持恒定的酶活力，就必须进行催化剂的再生、新催化剂的补充或更换，这就要求反应器应具备相应的结构。

底物的性质是选择反应器的另一重要因素。一般来讲，细粒状和胶状底物有可能阻塞填充柱或发生分层，这时可使用循环式反应器或流化床反应器。

第六节　光合生物反应器

光合生物反应器（PBR）是指能够用于光合微生物或具有光合作用能力的组织或者细胞培养的一类生物反应器，与一般的生物反应器具有相似的结构，需要一定的光照、温度以及营养物质等来对微生物进行培养及对系统的环境进行调节和控制。

微藻能有效利用光能、CO_2 和无机盐类合成蛋白质、脂肪、糖类以及多种高附加值生物活性物质，可以用于营养保健品、医药、颜料、化妆品、食品添加剂、饲料、生物肥料、精细化学品、生物燃料的生产，也可以用于废水处理和 CO_2 的生物封存。世界上已知的微藻大约有 1 万种以上，普遍富含蛋白质、β-胡萝卜素、α- 亚麻酸、ω- 多不饱和脂肪酸、虾青素、多糖等多种生理活性成分，具有抗肿瘤、抗病毒、抗真菌、防治心血管疾病等功能。

微藻的培养是一个三相系统：培养液为液相，藻类细胞为固相，富含 CO_2 的空气为气相。同时，与其他类型生物反应器相比，PBR 所需的光也可以被视为第四相。由于流体的吸收和散射，光密度会急剧降低，因此，PBR 中光的辐射场是高度不均一的。众所周知，光的可获得性是 PBR 中细胞生长的限制因子。

微藻的高密度培养是实现微藻资源开发利用的关键，需要通过适合微藻生长的 PBR 的构建和选择才能实现。目前，微藻培养主要有开放式大池培养和密闭式光合生物反应器培养两种方式。

与使用光合微生物进行目标产物生产的开放式系统相比，密闭式光合生物反应器具有较高的光合效率、较高的产物浓度和单位面积产量、污染少、可防止蒸发而造成水分流失以及易于精确控制的生长环境等突出优点，因此采用密闭式 PBR 进行微生物培养是一种非常有吸引力的方法。

目前 PBR 的设计极具挑战性，大多数仍然采用半经验的方法进行设计和放大。即使对于高效的 PBR，由于缺乏对光的传播、流体动力学、传质、细胞生长之间耦合作用的深刻了解，依靠半经验方法设计的反应器具有投资和运行成本高、使用寿命短的缺点，亟待开发高效的 PBR。

PBR 性能的关键参数包括光、混合、传质、温度、pH、投资和运行成本等，商业化培养中 PBR 的寿命、清洁成本和温度控制极为重要。在高效 PBR 的设计中，反应器内光的传播和分布是主要影响因素。此外，良好的混合和质量传递以及有利的温度和 pH 可以显著改善微藻的生长。

总而言之，合理设计光合生物反应器至关重要，应综合考虑商业开发的投资成本、运行成本（包括所需辅助能源、清洁和维护的成本）和生命周期等问题。较好的光合生物反应器应具有结构简单、操作和温度控制简单、投资低、运行成本低（包括能耗低、清洁和维护方便）、使用寿命长等特点。

一、开放式大池培养系统

开放式大池培养系统是最古老、最简单的藻类培养系统，包括天然大池和人工大池两种形式，具有

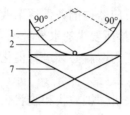

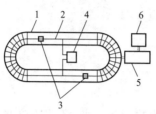

图 6-37 可移动式 U 形跑道池光合生物反应器结构

1—跑道池；2—曝气管；3—推流泵；4—气泵；5—微藻沉降槽；6—微藻收集槽；7—可拆卸支架

建造容易、设施简单、操作简便、费用低等优点。人工开放式培养一般用水泥池，再附加搅拌、二氧化碳控制等装置。足够的二氧化碳供应和较适宜的培养条件可以提高光合效率和细胞浓度。最突出特点是技术简单、投资低廉及操作简便，在雨生红球藻、螺旋藻、小球藻和盐藻的大规模培养中取得了良好的效果。开放式培养是开发最早、应用最为普遍的一种方式，目前世界各国仍然将其作为微藻工业化培养的主要方式。但开放式培养存在易受污染，不能控制光照、温度等培养条件，培养效率低（微藻光合效率最大约 20%，而在此类反应器中仅约为 1%），水分易蒸发，生物量低，光能利用率低。

跑道式光合生物反应器多采用机械叶轮进行搅拌，湍流混合影响范围限于靠近叶轮的区域，其他区域多为层流，存在死区比例过大等问题。

中国科学院上海高等研究院和上海晋岳生物有限公司的孙予罕等发明了 U 形跑道池光合生物反应器（图 6-37），通过采用 U 形跑道池外加供气系统、变速推流系统、微藻收获系统的设计，有效解决了微藻附壁现象及藻液分层现象，提高了微藻的培养密度和生产率。

二、密闭式光合生物反应器

密闭式光合生物反应器配有光照、二氧化碳供应、搅拌和温度控制系统，结构与微生物培养生物反应器较类似，能够为藻类提供稳定、合适的培养条件。可无菌操作，易于进行高密度培养，具有较大的面积体积比，受光面积大，光能利用率较高，培养效率高（反应器中藻类光合效率可达 16.6%），可长时间进行培养，适用于所有藻种，因而发展前景广阔。目前报道密闭式反应器有多种形式，如发酵罐式、管式和板式等。

1. 管式光合生物反应器

管式光合生物反应器是目前应用最为普遍的光合生物反应器之一。它将透明材料（塑料或者玻璃）制成的管道装配成不同的形式（直的、弯曲的或螺旋状的），借助外部光照条件进行工厂化藻类培养。含有微藻的培养液通过泵或气升式系统的通气作用在管道中循环流动。由于二氧化碳通过泵进入藻液后在管道中流动，与藻液接触时间长，因而 CO_2 的利用率高。

管式光合生物反应器分为垂直管式、倾斜可调管式、水平管式、螺旋管式等多种形式，管径通常为 10mm，最大为 60mm，长度可达数百米，对大规模培养而言，液体流速在 0.2～0.5m/s 之间。水平管式采用泵循环、气升循环等方式混合，多数采用自然光，有的采用人工光源。

2016年中国电子工程设计院开发了具有自主知识产权的新型管排式光合生物反应器，较现有管式光合生物反应器和开放式培养系统效率分别提高了76%和106%，生产等量生物质所需成本比管式光合生物反应器降低46%，比开放式培养系统降低80%。并建立了光合生物反应器自动化控制系统，实现了对pH、温度、流量等指标的自动监测、历史数据存储与查询。

2. 气升式光合生物反应器

气升式光合生物反应器具有操作能耗低和施加在细胞上的剪切应力小等显著优点。此外，气升式光合生物反应器具有固定的流体流动循环和相对较好的气液传质性能。

为了获得足够的光照，气升式光合生物反应器的柱子直径不应超过0.2m，否则，反应器中心的光利用是一个严重的问题。此外，由于透明材料强度的限制以及为了减少大规模工业培养中各反应器之间的相互遮蔽，柱子的高度被限定在4m左右。在气升式光合生物反应器中，柱子可以沿直径方向以中心管或平板分开。在前一种情况下，空气可以在中心或底部环隙曝气。

气升式光合生物反应器一般由罐体、气体提升管、内光源密封管、热交换装置、气体分布器、内外光源等部分组成，如图6-38所示。罐体、气体提升管和内光源密封管由耐热玻璃制作，可进行蒸汽消毒。以日光灯管作为内外光源。Richmond

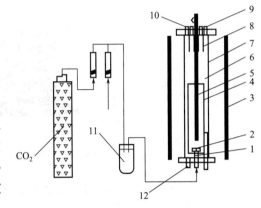

图 6-38　气升式光合生物反应器结构

1—换热器；2—气体分布器；3—外光源；4—内光源密封管；5—内光源；6—气体提升管；7—反应器罐体；8—在线检测探头；9—进料和接种孔；10—空气排放口；11—空气-CO_2混合室；12—收集取样口

等设计了一种新型的气升式管状光合生物反应器。该系统的核心在于将160m长的聚碳酸酯管分成8只，以集合管相连。它适合于高密度生长的球等鞭金藻，其产量最高可达1500mg DCW/(L·d)。张栩等在气升式光合生物反应器中培养裙带菜配子体无性系，比生长速率最高为0.03d^{-1}，在快速生长期，日平均增重达到30%。

3. 板式光合生物反应器

板式光合生物反应器主要是由透明的玻璃或有机玻璃板制成，可以根据太阳光强度及入射方向的变化，调节最适宜的采光方向，增大透光率。反应器内部的藻液混合常采用两种方式：一种是气升式混合，另一种是鼓泡式混合。反应器主要由光源、循环装置、板式反应器、控温系统、培养介质与CO_2供给系统组成。反应器采用太阳光或卤素灯，光强通过调节光源与反应器的距离或光辐射入射方向加以控制。

1986年Ramasde等首次开发平板式光合生物反应器（图6-39）。1996年，Hu等研制出了斜板式光合生物反应器，用于螺旋藻的大规模室外培养。由于该类型的反应器具有结构相对简洁，可以随意调节放置角度以便使其获得最佳的取光效果，容易加工制造，可以根据需要设计不同的光径以及操作条件容易控制等优点，使其成为具有良好使用价值的光合生物反应器。

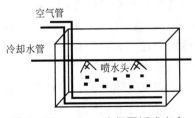

图 6-39　10cm 光径平板式光合生物反应器

国内多家公司研制出了此类反应器，如迪必尔（上海）生物工程公司开发的T&J-Lux 2.0 Flat Panel系列（图6-40），可用于水藻、苔藓、菌类和植物细胞培养，CO_2浓度可通过pH级联控制自动调节，具有广

谱生物检测功能，可以对蓝藻、绿藻、硅藻及褐藻等进行测量，并将光照生物反应器与藻类荧光在线检测结合实现连续在线监测。

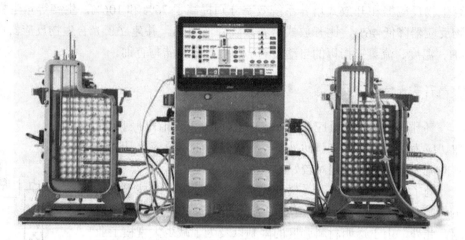

图 6-40　T&J-Lux 2.0 Flat Panel 光合生物反应器

　　张庆华等通过在传统的泵驱动水平放置板式光合生物反应器中加入斜挡板，使流体在反应器内流动时形成螺旋运动，从而增强微藻的闪光效应，如图 6-41 所示。当进口流速为 0.16m/s 时，随着光强的提高，小球藻的细胞浓度逐渐增加，光效率逐渐降低；在 $500\mu mol/(m^2 \cdot s)$ 的光强条件下，小球藻细胞浓度和光效率均随着进口流速的提高而增加。新型板式光合生物反应器内小球藻的细胞浓度比传统板式光合生物反应器提高了 39.23%。

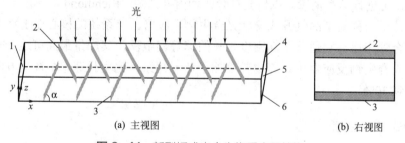

图 6-41　新型板式光合生物反应器结构
1—入口；2—上挡板；3—下挡板；4—光照面；5—出口；6—非光照面

　　中国科学院青岛能源所杨超团队结合气升式内环流反应器与平板式光合生物反应器的优点开发了一种新型平板气升环流式光合生物反应器（图 6-42）。第一，从经济角度看，其光照比表面积大。第二，在夏季当培养温度超过规定值时，可将水喷洒到光合生物反应器的表面上或将光合生物反应器的底部浸没在水中来控制其温度。第三，作为气升式内环流反应器，其表现出优异的性能，包括细胞受到的剪切应力小、能耗低、气液传质速率大以及良好循环流动导致的良好混合。第四，这种集成式光合生物反应器系统包含四个气升式内环流反应器，形成两个相对独立的组，从而防止当培养基发生泄漏时导致整个系统的崩溃。另外，它具有较大的上升管截面积 / 降液管截面积比值，体积也高达 200L。因此，如果培养液速度足够高，则完全可以避免细胞在光合生物反应器内的沉淀、结块和结垢，并可大大降低曝气成本。最后，这种光合生物反应器主要由混凝土和玻璃材料建成，易于清洗，因而具有较长的寿命。

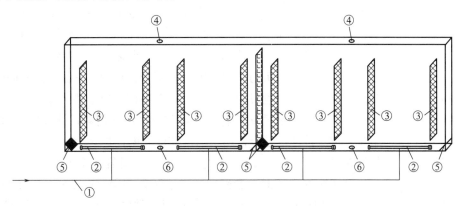

图6-42　新型平板气升环流式光合生物反应器示意图
①—空气供应管；②—气体曝气器；③—隔板；④—通气孔；⑤—挡板；⑥—浆料排出口

4. 光纤光合生物反应器

这种反应器利用光导纤维的光传递性质，以外置氙灯或发光二极管作为光源，将光纤直接置于培养液中，并与反应器内部的光分散系统相匹配，使光线均匀地从内部照射培养液。由于光传播途径的缩短，可使光更充分地被细胞利用。外置的光源使反应器不受其散热的影响。结合超滤技术，该系统可以不断分离产物，补充新鲜培养液，达到高密度培养目的，最大生物量达 10g/L。同时，使用中空纤维筒作为气体交换装置，CO_2 和 O_2 的交换率更高。所使用的氙灯与太阳光的光谱几乎相同，但效率较低。Lee 采用发光二极管作为光源的生物反应器，大大提高了光源的效率。光纤光合生物反应器结构如图 6-43 所示。

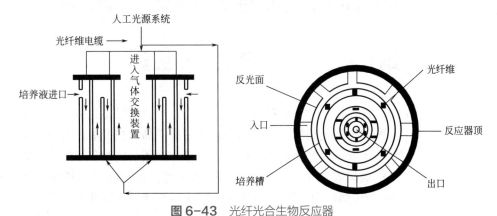

图6-43　光纤光合生物反应器

5. 塑料袋式光合生物反应器

近年来，塑料袋式光合生物反应器由于具有成本低廉的优点而在微藻的商业化生产中得到越来越多的关注。这些袋式光合生物反应器可以安装曝气器来提高细胞的产量。塑料袋式光合生物反应器可根据体积大小按不同的形式排列。例如，一个体积为 5L 的塑料袋式光合生物反应器通过悬挂来大规模培养小球藻；一个中试培养系统由 20 个聚乙烯塑料袋组成（每个塑料袋宽 20cm、长 2m，材料厚度为 0.2mm，体积为 16L）并固定在金属支架上，被认为是一种有前景的培养斜生栅藻的光合生物反应器；有学者也提

出了一种平板式光合生物反应器，其由位于两个铁架之间、容量为 250L 的一次性塑料袋组成。更大容量的塑料袋式光合生物反应器可以通过采取浸入水中的方法来方便地控制其在夏季的温度，从而降低成本。塑料袋式光合生物反应器甚至可以放入海洋中培养细胞，利用海浪来有效改善混合和传质，可大大降低成本。虽然塑料袋式光合生物反应器受到很多研究者的青睐，但它也有以下缺点：首先，由于重力引起塑料袋易变形、扭曲，常常导致光限制的情况发生；其次，这些光合生物反应器可能因混合不佳导致一些区域的细胞生长受到抑制；再次，塑料袋的材质比较脆弱，经常出现渗漏问题，这种情况对于大规模培养来说是灾难性的；还有，由于清洗和泄漏的问题，袋子的使用寿命比较短，从长远来看并不经济；最后，处理大量的塑料袋也是另一个潜在的问题。

利用阳光生长时，微藻的碳供应和碳利用存在不同步的矛盾：空气中二氧化碳从气相传递到培养液中速率有限，供碳形式是"细水长流"，但该过程一天 24h 都在进行；而微藻对 CO_2 的高效利用仅发生在阳光充足且温度适宜的情况下，碳消耗非常快，细水长流的碳传质速率难以满足，供碳成为限制性因素，导致阳光能量的浪费。传统微藻培养过程持续通入高浓度 CO_2 气体，但利用效率不足 5%，大部分逃逸到空气中。大连理工大学迟占有团队在透明硅酸盐玻璃鼓泡塔光合生物反应器（高 30cm，直径 5cm，工作容积 5L）中培养螺旋藻，以高浓度碳酸氢盐 / 碳酸盐的形式从空气中捕获 CO_2 形成"碳池"，解决了碳传质和碳利用不同步的矛盾，高浓度碳酸氢盐在阳光充足时可以高效供碳，微藻光合作用消耗 CO_2 导致 pH 上升（>10），而超高的 pH 大大加快了 CO_2 从空气到液相的传质速率，从而形成了夜晚高效"充碳"、白天高效用碳的理想模式。在此条件下，螺旋藻生物质产率和碳捕获率分别达到 1.0g/(L·d) 和 0.81g/(L·d)，且固定无机碳来源于空气的比例高达 100%。

第七节　厌氧发酵生物反应器

微生物发酵分厌氧和好氧两大类，故发酵设备也分为两大类。谷氨酸、柠檬酸、酶制剂和抗生素等属于好氧发酵产品，在发酵过程中需不断通入无菌空气；厌氧发酵产品的典型代表是酒精、啤酒、丙酮和丁醇等。酒精发酵罐是典型的厌氧发酵生物反应器，具有通用性，也可以用于其他厌氧发酵产品的生产，如丙酮、丁醇等有机溶剂。而啤酒发酵设备则具有专用性。

一、酒精发酵设备

随着生物乙醇的大规模生产，为降低成本，酒精发酵设备规模不断扩大，如国内大型生物乙醇发酵罐已达 3000m³ 以上，美国已达 4500m³。现以较小的发酵罐为例进行阐述。

（一）对酒精发酵罐的要求

① 及时移走热量：影响酵母生长和代谢产物的转化率。

② 有利于发酵液的排出。

③ 便于设备的清洗、维修：一般为人工操作，劳动强度较大，近年来已逐步采用水力喷射洗涤装置。

④ 有利于回收二氧化碳：节能减排；并且若 CO_2 未彻底排除，人工清洗罐会发生中毒事故。

（二）酒精发酵罐的结构

1. 罐体

筒体为圆柱形，底盖和顶盖为锥形和椭圆形。为了回收二氧化碳气体及其所带出的部分酒精，发酵罐宜采用密闭式。罐顶装有人孔、视镜、CO_2 回收管、进料管、接种管、压力表及测量仪表接口管等，如图 6-44 所示。罐底装有排料口和排污口，罐身上下部有取样口和温度计接口。对于大型发酵罐，为了便于维修和清洗，往往需在罐底装有人孔。

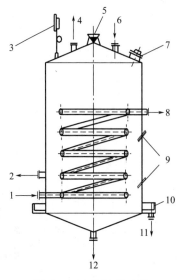

图 6-44　酒精发酵罐

1—冷却水入口；2—取样口；3—压力表；4—CO_2 气体出口；5—喷淋水；6—料液及酒母入口；7—人孔；8—冷却水出口；9—温度计；10—喷淋水收集槽；11—喷淋水出口；12—发酵液及污水排出口

2. 换热装置

对于中小型发酵罐，多采用罐顶喷水淋于罐外壁面进行膜状冷却；对于大型发酵罐，罐内装有冷却蛇管和罐外壁喷洒联合冷却装置。为避免发酵车间的潮湿和积水，要求在罐体底部沿罐体四周装有集水槽。

3. 洗涤装置

酒精发酵罐已广泛采用水力喷射洗涤装置，装置如图 6-45 所示。

对于 120m³ 的酒精发酵罐采用 ϕ36mm×3mm 的喷水管，管上开有 30 个 ϕ4mm 小孔，两头喷嘴直径 9mm。

上述这种水力洗涤装置，在水压力不大的情况下，水力喷射强度和均匀度都不理想。因此，可采用高压强的水力喷射洗涤装置，如图 6-46 所示，改装置的洗涤水压为 0.6 ～ 0.8MPa，水流在较高压力下，

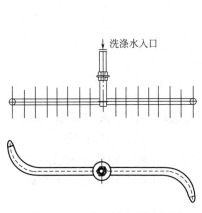

图 6-45　发酵罐水力洗涤器

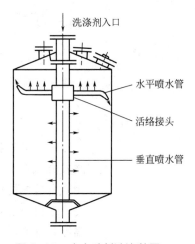

图 6-46　水力喷射洗涤装置

由水平喷水管出口处喷出，使其以 48～56r/min 速度自行旋转，并以极大速度喷射到罐壁各处，约 5min 就可以完成洗涤作业。

二、啤酒发酵设备

目前大型化、室外化、联合化是啤酒发酵设备的主流，但随着消费者对口感等的追求，用于小量、个性化啤酒生产的精酿设备发展也极为迅速。我国啤酒产业 2019 年全年共完成啤酒产量 $3765×10^7L$。大型发酵罐容量已达 $1500m^3$ 以上，大型化可以使啤酒质量更均一，生产更合理化，降低设备投资，易于自动化控制。目前使用的大型发酵罐主要是立式罐的奈坦罐、联合罐、朝日罐等。CIP 自动清洗系统已成为主流清洗方法，并配以自动化泵站，操作简便，集成化和智能化程度高。自动化生产设备已成为工厂常态。而随着机器视觉、人工智能、大数据等智能技术的应用，啤酒生产设备也从自动化向智能化发展。智能化生产设备将为啤酒产业注入强劲的动力，助推啤酒产业高速发展。

（一）前发酵设备

前发酵槽置于发酵室内，多为开口式，材料包括钢板、钢筋混凝土等，以长方形和正方形为主，槽内涂有一层耐腐蚀的环氧树脂、不饱和聚酯树脂等材料以防止啤酒中有机酸对器材的腐蚀。

开放式前发酵槽如图 6-47 所示，槽底略有倾斜，利于废水排出，离槽底 10～15cm 处，装有可拆卸、高度可调节的嫩啤酒放出管，管口有个塞子，以挡住沉淀下来的酵母，避免酵母污染放出的嫩啤酒。嫩啤酒放空后，可拆去啤酒出口管头，酵母即从该管口直接流出。

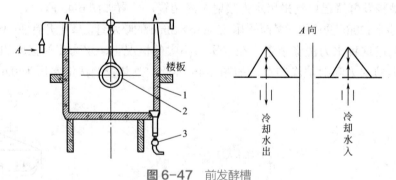

图 6-47　前发酵槽

1—槽体；2—冷却水管；3—出酒阀

槽内装有冷却蛇管或排管以维持发酵槽内醪液的低温，根据经验，对啤酒发酵取每立方米发酵液约为 $0.2m^2$ 冷却面积，冷却剂为 0～2℃的冷水。密闭式发酵槽可以回收 CO_2，减少发酵室通风换气的耗冷量以及减少杂菌污染机会，已日益被新啤酒厂采用。现代化啤酒生产企业广泛采用空调装置进行空气温度和湿度调节。

（二）后发酵设备

后发酵槽又称储酒罐，该设备主要完成嫩啤酒的继续发酵，并饱和CO_2，促进啤酒的稳定、澄清和成熟，为不锈钢或碳钢与不锈钢压制的复合钢板制作的圆筒形密闭容器，有卧式和立式两种，如图6-48所示。由于发酵过程中需要饱和二氧化碳，应制成耐压（0.1～0.2MPa表压）的容器。罐上装有人孔、取样阀、进出啤酒接管、排出CO_2接管、压缩空气接管、温度计、压力表和安全阀等附属装置。

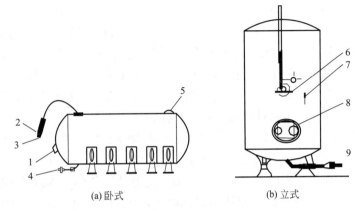

(a) 卧式　　　　(b) 立式

图6-48　后发酵槽

1—人孔；2—连通接头（排二氧化碳等）；3—取样旋塞；4—啤酒放出阀；5—压力表和安全阀；
6—压力调节装置；7—取样口；8—人孔口；9—啤酒放出口

为改善后发酵的操作条件，较先进的啤酒厂将储酒槽全部放置在隔热的储酒室内，维持一定的后发酵温度。毗邻储酒室外建有绝热保温的操作通道，通道内保持常温，开启发酵液的管道和阀门都接到通道里，在通道内进行后发酵过程的调节和操作。储酒室和通道相隔的墙壁上开有一定直径和数量的玻璃观察窗，便于观察后发酵室内部情况。

（三）啤酒大容量发酵罐

为了适应大生产的需要，近年来世界各国啤酒工业在传统生产基础上作了较大改进，各种形式的大容量发酵设备应运而生。在国际上，啤酒工业发展的趋势是改进生产工艺，扩大生产设备能力，缩短生产周期和使用电子计算机等进行自动控制。我国的啤酒工业从20世纪80年代开始，也发展迅速。大容量发酵设备及其发酵工艺等新技术得到推广，大容量发酵罐已广泛应用。

1. 圆筒体锥底罐

圆筒体锥底罐可以用不锈钢板或碳钢制作，用碳钢材料时，需要涂料作为保护层。图6-49所示为$52m^3$圆筒体锥底罐结构。

罐的上部封头设有人孔、视镜、安全阀、压力表、二氧化碳排出口。如果采用二氧化碳为背压，为了避免用碱液清洗时形成负压，可以设置真空阀。锥体上部中央设不锈钢可旋转洗涤喷射器，具体位

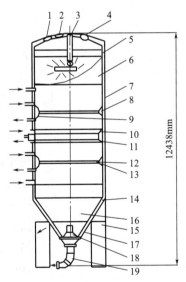

图6-49　$52m^3$圆筒体锥底罐

1—视镜；2—CO_2排出管；3—自动洗涤器；
4—人孔；5—封头；6—罐身；7—冷却夹套；
8—保温层；9—冷介质排出口；10—冷介质
进入口；11—中间酒液排出管；12—取样管；
13—温度计；14—支脚；15—基柱；16—锥底；
17—锥底冷却夹套；18—底部酒液排出口；
19—麦芽汁进口、酒液进口、酵母排放口

置要能使喷出水最有力地射到罐壁结垢最厉害的地方。大罐罐体的工作压力根据大罐的工作性质而定，如果发酵罐兼作储酒罐，工作压力可定为 $(1.5 \sim 2.0) \times 10^6 Pa$。

这种发酵设备一般置于室外。已经灭菌的新鲜麦芽汁与酵母由底部进入罐内，发酵最旺盛时，使用全部冷却夹套，维持适宜的发酵温度。冷介质多采用乙二醇或酒精溶液，也可以用氨作冷介质，其优点是：能耗低，采用的管径小，生产费用可以降低。最终，沉积在锥底的酵母，可以通过打开锥底阀排出。

如果放置在露天，罐体保温绝热材料可以采用聚氨酯泡沫塑料、脲醛泡沫塑料、聚苯乙烯泡沫塑料或膨胀珍珠岩矿棉等，厚度 $100 \sim 200mm$，具体厚度可以根据当地的气候选定。如果采用聚氨酯泡沫塑料作保温材料，可以采用直接喷涂后，外层用水泥涂平。为了罐美观和牢固，保温层外部可以加薄铝板外套，或镀锌铁板保护，外涂银粉。

大型发酵罐和储酒设备的机械洗涤，现在普遍使用自动清洗系统（CIP）。该系统设有碱液、热水罐、甲醛溶液罐和循环用的管道和泵。洗涤剂可以重复使用，浓度不够时可以添加。使用时先将 $50 \sim 80℃$ 的热碱液用泵送往发酵罐，储酒罐中高压旋转不锈钢喷头，压力不小于 $(3.92 \sim 9.81) \times 10^5 Pa$，使积垢在液流高压冲洗下迅速溶于洗涤剂内，达到清洁的效果。洗涤后，碱液流回储槽，每次循环时间不应少于 5min，之后，再分别用泵送热水、清水、甲醛液，按工艺要求交替清洗。

2. 大直径露天储酒罐

大直径露天储酒罐是一种通用罐，既可以作为发酵罐又可以作为储酒罐。大直径罐是大直径露天储酒罐的一种，其直径与罐高之比远比圆筒体锥底罐要大。大直径罐一般只要求储酒保温，没有较大的降温要求，因此其冷却系统的冷却面积远较圆筒体锥底罐为小，安装基础也较简单。

大直径罐基本是一柱体形罐，略带浅锥形底，便于回收酵母等沉淀物和排除洗涤水。因其表面积与容量之比较小，罐的造价较低。冷却夹套只有一段，位于罐的中上部，上部酒液冷却后，沿罐壁下降，底部酒液从罐中心上升，形成自然对流。因此，罐的直径虽大，仍能保持罐内温度均匀。锥角较大，以便排放酵母等沉淀物。罐顶可设安全阀，必要时设真空阀。罐内设自动清洗装置，并设浮球带动一出酒管，滤酒时可以使上部澄清酒液先流出。为加强酒液的自然对流，在罐的底部加设一 CO_2 喷射环。环上 CO_2 的喷射眼的孔径为 1mm 以下。当 CO_2 在罐中心向上鼓泡时，酒液运动的结果，使底部出口处的酵母浓度增加，便于回收，同时挥发性物质被 CO_2 带走，CO_2 可以回收。大直径罐外部是保温材料，厚度达 $100 \sim 200mm$。图 6-50 所示为总容积 $54m^3$ 的大直径罐。

3. 朝日罐

朝日罐又称单一酿槽，由日本朝日啤酒公司研制成功，是前发酵和后发酵合一的室外大型发酵罐，解决了酵母沉淀困难的问题，大大缩短了储藏啤酒的成熟期。

朝日罐为一罐底倾斜的平底柱形罐，其直径与高度之比为 1：（1～2），用厚 4～6mm 的不锈钢板制成。罐身外部设有两段冷却夹套，底部也有冷却夹套，用乙醇溶液或液氨作为冷介质。罐内设有可转动的不锈钢出酒管，可以使放出的酒液中二氧化碳含量比较均匀。朝日罐生产系统如图 6-51 所示。朝日罐的特点是：利用离心机回收酵母，利用薄板换热器控制发酵温度，利用循环泵把发酵液抽出又送回去。

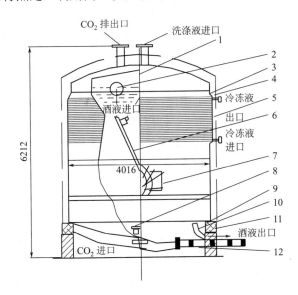

图 6-50 54m³ 大直径罐结构（单位：mm）

1—自动洗涤装置；2—浮球；3—罐体；4—保温层；5—冷却夹套；
6—可移动滤酒管；7—人孔；8—CO₂喷射环；9—支脚；10—酒液排出阀；
11—机座；12—酒液进出口（酵母排出口）

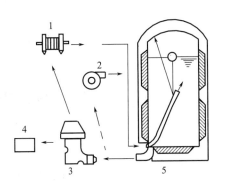

图 6-51 朝日罐生产系统

1—薄板换热器；2—循环泵；3—酵母
离心机；4—酵母；5—朝日罐

朝日罐发酵法的优点是：使用朝日罐进行一罐法生产，可以加速啤酒的成熟，提高设备的利用率，使罐容积利用系数达到 96% 左右；在发酵液循环时酵母分离，发酵液循环损失很少；还可以减小罐的清洗工作，设备投资和生产费用比传统法要低。缺点是：动力消耗大，冷冻能力消耗大。

第八节 固态发酵生物反应器

一、固态发酵基础理论

（一）固态发酵的特点

固态发酵又称固体发酵，是指微生物在湿的固体培养基上生长、繁殖、代谢的发酵过程。固态的湿培养基一般含水量在 50% 左右，但也有的固态发酵的培养基含水量为 30% 或 70% 等。固体发酵主要适合于霉菌，这是由于霉菌细胞内的渗透压比较高，不会因固体基质的高渗透压而失水致死。固态发酵主要以工农业废弃物为原料，在生产高附加值产品的同时亦能缓解环境压力。

固态发酵的成本低，排放废水少，在生物杀虫剂、纤维素酶、饲料、单细胞蛋白、曲种以及调料品

中广泛应用，在食品、酶制剂、环境、制药及生物能源领域也蓬勃发展。固态发酵与深层液体发酵区别主要在于，前者的底物是固态的，几乎不溶于水，而后者的大部分底物溶于水。在固态发酵中，细菌或酵母附着于固体培养基颗粒的表面生长，而丝状菌可以穿透固体颗粒基质，在颗粒深层生长。微生物在固态培养中有可能产生一些通常在液体培养中不产生的酶和其他代谢物，如霉菌毒素等，应当予以重视。微生物生长和代谢所需的氧大部分来自气相，也有部分存在于与固体基质混合在一起的水中。所以固态发酵常涉及气、固、液三相，使情况变得非常复杂。固态发酵的气体传递速率比液体发酵高得多，因为固态发酵中固体颗粒提供的液体表面积比深层发酵中气泡提供的界面大得多。随着科学技术的发展和计算机的应用，近年来关于固态发酵过程的传质、传热、数学模型的放大方面的研究有显著进展。同时随着机械化水平和数控技术的提升以及固态发酵理论的完善，更多新型的工业化固态发酵反应器被开发出来，并且投入生产。

（二）固态发酵的传质

固态发酵的特征为底物本身为发酵的碳源或能源，发酵在无自由水或接近无自由水的情况下进行，用天然物质作为主要底物，或用惰性物质作为支撑物。

固态发酵中底物的性质极为重要，其培养基可以是固体、液体和气体。对固体培养基而言，微生物必须黏附于培养基上进行交换，吸取营养成分，排出代谢产物。微生物所需的水分通常高于固态底物所含的水分，因此需要用湿润的空气来补充，有时也用喷淋湿润的方法补充水分。底物含水量的变化对微生物的生长及代谢能力有重要影响。低水分将降低营养物质传输、微生物生长、酶稳定性和基质膨胀；高水分将导致颗粒结块、通气不畅和染菌。固态发酵过程中水分含量范围应控制在 $30\% \sim 85\%$。不同微生物发酵水分应该是不同的。微生物能否在底物上生长取决于该基质的水分活度 A_w。水分活度除受基质本身的影响外，还与溶质的种类和数量有关。不同微生物 A_w 要求也不同。一般而言，细菌要求 A_w 在 $0.90 \sim 0.99$ 之间；大多数酵母菌要求 A_w 在 $0.80 \sim 0.90$；真菌及少数酵母菌要求 A_w 在 $0.60 \sim 0.70$。因此，固态发酵常用真菌原因就是其对水分活度要求低，可以降低杂菌的污染。在固态发酵过程中，由于基质的水解，物质的溶出，A_w 降低，将延长微生物的滞后期，导致生物量减少。可以通过加无菌水、加湿空气和安装喷湿器等方法来提高 A_w，以保证菌体正常生长。

当培养基为液态时，培养基必须在微生物颗粒表面形成液膜，并时时被更新。有时培养基必须部分或完全应用气态底物，如有机废气的处理。

在固态发酵中，有效的供氧和及时排出挥发性产品的过程是不复杂的。但是必须了解清楚颗粒的结构和微生物特性，以确定内部质量传递是否在发酵过程中起着重要的作用，颗粒内是否缺氧。通常用前期底物的条件来描述底物空隙率和颗粒内的湿润程度，以决定发酵处于好氧还是厌氧状态。但是有时微生物和底物表面之间的相互作用也会引起不可预料的微观限制条件，影响固态发酵过程的重复性。

在固态发酵中，缺乏可流动的水，液相没有宏观混合，因此通气是氧传递的主要途径。减小颗粒直径，可以增加氧传递的界面面积，也是增强传递的手段之一。湿润程度对氧传递也有影响，湿度太大会影响气体的通透性。氧必须从主流气体穿越液膜到达附着在固体基质上的菌体表面，然后扩散进入固体底物颗粒内的微孔，被微孔内壁上的微生物利用。颗粒内的传质还包括营养物质和酶在底物内的传递。在这过程中主要应考虑氧的扩散和微生物分泌酶对固体基质的降解。

在生长时期，由于微生物的大量摄取，氧被消耗，固体床层较深时中间氧浓度有可能为零，成为厌氧区。氧浓度变为零处的床层深度称为临界床厚度，事先求出或测出临界床厚度对反应器的设计很有用处，可使反应器效率提高。

（三）固态发酵中的传热

微生物发酵为放热反应，在固态发酵中所涉及的热量是相当可观的，直接与代谢的活力成正比。由于固体基质的导热性差，过程中又缺乏有效的混合，因此填充床的散热困难，温度变化显著，甚至在很浅的基质层处也会出现显著的温度差别。高温影响微生物的发芽、生长和产物生成，而温度太低，又会造成代谢活性不足。因此温度控制是非常重要的。与液体发酵相比，散热性能差是填充床发酵最主要的缺点之一。在固态发酵反应器中，温度主要靠调节通气速率来控制。

二、固态发酵的生物反应器

用于固态发酵的反应器可归类为六种形式：浅盘式生物反应器，填充床生物反应器，流化床生物反应器，转鼓式生物反应器，搅拌生物反应器和压力脉动固态发酵生物反应器。

（一）浅盘式生物反应器

浅盘式生物反应器是比较常用的一种固态发酵设备，这种反应器构造简单，由一个密室和许多可移动的托盘组成，托盘可以是木料、金属（铝或铁）、塑料等制成，底部打孔，以保证生产时底部通风良好。培养基经灭菌、冷却、接种后装入托盘，托盘放在密室的架子上。一般托盘放置在架上层，两托盘间有适当空间，保证通风。发酵过程在可控制湿度的密室中进行，培养温度由循环的冷（热）空气来调节。

浅盘式生物反应器是一种没有强制通风的固态发酵生物反应器，特别适合酒曲的制备。浅盘式生物反应器的结构示意图如图6-52所示。所装的固体培养基最大厚度一般为15cm，放在自动调温的房间，浅盘排成一排，一个紧邻一个，只要增加盘子的数目就可以规模化生产。这种技术已经广泛用于工业上（主要是亚洲国家），但是它需要很大的面积，而且消耗很多人力。

（二）填充床生物反应器

填充床生物反应器是静置式反应器之一，与浅盘式

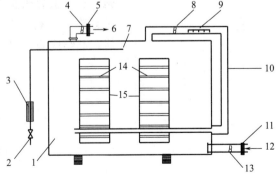

图6-52　浅盘式生物反应器结构示意图

1—反应室；2—水压阀；3—紫外光管；4,8,13—空气吹风机；5,11—空气过滤器；6—空气出口；7—湿度调节器；9—加热器；10—循环管；12—空气入口；14—盘子；15—盘子支持架

生物反应器相比的优越性在于采用动力通风，可更好地控制反应床中的环境条件。它能调节温度及空气风速，反应床边缘对流热量的去除效果比浅盘式生物反应器的好。由于存在径向温度梯度，使反应床的高度受到限制。填充床由于具有静态的基质床，适合不利于混合的固态发酵，例如真菌孢子。填充床生物反应器比浅盘式生物反应器更易控制发酵参数。大的浅盘式生物反应器会出现中心缺氧和温度过高的问题，而填充床生物反应器可通过通气部分解决这些问题，但在空气出口仍会出现温度过高的问题。Saucedo-Castanda 等对填充床生物反应器不断改进研究，利用填充床内附上内表面冷却系统，减少了轴向温度梯度的形成。Roussos 等在较宽大的填充床生物反应器中插入垂直热交换板促进水平热传递，同时又克服了反应床高度限制的弊端。填充床生物反应器如图 6-53 所示。

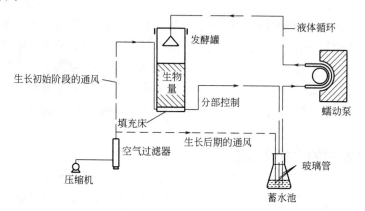

图 6-53　填充床生物反应器

普通使用的通风室式、池式、箱式固态发酵设备即是填充床生物反应器的一些主要结构。通风室式、池式、箱式固态发酵设备是随着厚层通风培养的发酵工艺而发展起来的一种固态发酵反应器，它与浅盘培养不同的是固态培养基厚度为 30cm 左右，培养过程利用通风机供给空气及调节温度，促使微生物迅速生长繁殖。通风培养室为一个长 10 ～ 12m、宽 8m、高 3m 的房间，其墙壁可为砖木结构、砖结构和钢筋水泥结构。门窗是换气或调节温、湿度的重要设施。利用安装在室内的蒸汽管或蒸汽散热片进行保温；利用自然通风和排风扇进行降温；利用水泥砖或钢板制成的空调箱进行保湿，同时有保温和降温功能。其结构简图如图 6-54 所示。

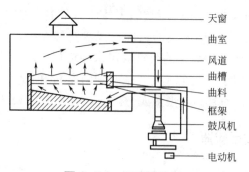

图 6-54　通风培养室

通风培养池或箱应用最广泛，可用木材、钢板、水泥板、钢筋混凝土或砖石类材料制成。培养池或箱可砌成半地下式或地面式，一般长度 8～10m、宽度 1.5～2.5m、高 0.5m 左右。培养池或箱底部有风道。通风道的两旁有 10cm 左右的边，以便安装用竹帘或有孔塑料板、不锈钢等制成的假底，假底上堆放固态培养基。该类反应设备的缺点是：进出料主要靠手工操作，工作效率低，劳动条件差；湿热空气使生产车间长期处于暖湿环境，对生产卫生及发酵工艺的控制不利。

（三）流化床生物反应器

通过流体的上升运动使固体颗粒维持在悬浮状态进行反应的装置称为流化床反应器。流化床中固体颗粒与流体的混合较充分，传热传质性能好，床层压力降小，但是固体颗粒的磨损较大。流化床可用于絮凝微生物、固定化酶、固定化细胞反应过程以及固体基质的发酵。例如固体基质制曲过程（气固流化床），乙醇生产，废水的硝化和反硝化，用絮凝性酵母酿造啤酒（液固流化床），以及用固定化 α- 胰凝乳蛋白酶分离 D- 苯丙氨酸、L- 苯丙氨酸。

流化床生物反应器示意图如图 6-55 所示。液体从设备底部的一个穿孔的分布器流入，其流速足以使固体颗粒流态化。流出物从设备的顶部连续地流出。空气（好氧）和氮气（厌氧）可以直接从反应器的底部或者通风槽引入。流化床生物反应器不存在床层堵塞、高的压力降、混合不充分等问题。在反应器里，固体颗粒可以和气相充分接触。

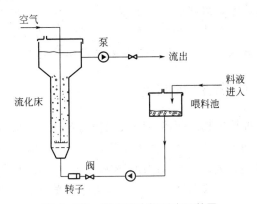

图 6-55　流化床生物反应器装置

（四）转鼓式生物反应器

转鼓式生物反应器通常为卧式或略微倾斜，鼓内有带挡板的，也有不带挡板的；有通气的，也有不通气的；有连续旋转的，也有间歇旋转的。转鼓的转速通常很低，否则剪切力会使菌体受损。转鼓式生物反应器与填充床相比其优点在于可以防止菌丝体与反应器粘连，转鼓旋转使筒内的基质达到一定的混合程度，菌体所处的环境比较均一，改善传质和传热状况。转鼓式生物反应器是一个由基质床层、气相流动空间和转鼓壁等组成的多相反应系统。与传统固体发酵生物反应器不同的是：基质床层不是铺成平面，而是由处于滚动状态的固体培养基颗粒构成，占反应器总体积的 10%～40%。菌体生长在固体颗粒表面，转鼓以较低的转速转动（通常为 2～3r/min），就如同设置了搅拌轴那样加速传质和传热过程。正是这种巧妙的构思使得转鼓式生物反应器以"动"区别于传统固体发酵生物反应器的"静"。转鼓式生物反应器如图 6-56 所示。

这类反应器适合固态发酵的特点，研究也较多，它可满足充足的通风和温度控制。已利用转鼓式生

物反应器进行了酒精、酶、制曲、植物细胞培养、根霉发酵大豆等的生产。

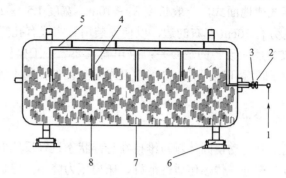

图 6-56 转鼓式生物反应器结构

1—空气入口；2—旋转联轴器；3—接合器；4—空气喷嘴；5—空气通道；
6—辊子；7—转鼓；8—固体培养基

　　为满足固体发酵的要求，浙江工业大学于 20 世纪 90 年代开发了全密闭转鼓式固体发酵生物反应器，由罐体、加料口、出料口、通风装置、加热装置、冷却装置、翻料装置、传动装置等部分组成。

　　固态发酵生物反应器集蒸煮、灭菌、降温、接种、发酵五大功能于一体；罐体旋转、罐内搅拌，工作状态处于密封环境中，能严格避免杂菌污染。在整个固态发酵中，根据发酵工艺的要求，调节罐内温度、湿度，通入无菌空气，调节罐内氧气，可达到较佳的传质传热效果。

（五）搅拌生物反应器

　　搅拌生物反应器有卧式的也有箱式的。卧式的采用水平单轴，多个搅拌桨叶平均分布于轴上，叶面与轴平行，相邻两叶相隔 180°；箱式的有采用垂直多轴的。为减少剪切力的影响，通常采用间歇搅拌的方式，而且搅拌转速较低。这类反应器已在工业上用来生产单细胞蛋白、酶和生物杀虫剂等。搅拌生物反应器的最高温度比填充床生物反应器的低。

　　Wageningen 大学研制了一种连续混合的水平桨混合生物反应器，如图 6-57 所示。这种反应器可用于不同的生产目的，并且可以同时控制温度和湿度。尽

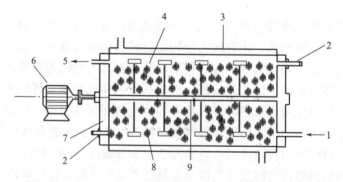

图 6-57 Wageningen 大学研制的水平桨混合生物反应器

1—空气进口；2—温度探针；3—水夹套；4—桨；5—空气出口；6—搅拌电动机；
7—反应器；8—固体培养基；9—搅拌轴

管这种装置热传递到生物反应器壁的效率得到了改善，但用于大规模生产时效率很低，这是因为热只能通过器壁移出，使得规模扩大时效率更低。

对于不需要灭菌的操作，生物反应器设计和应用已经取得了很大的进展。日本 Fujiwara 公司销售的制造酒曲的旋转型搅拌生物反应器为这种设计的一个代表，如图 6-58 所示。已经处理过的培养基堆积在一个旋转的圆盘上，圆盘的直径决定于所需的工作体积（通常一层的最大厚度为 50cm）。这种不需要灭菌的反应器用一台控制着所有参数（入口空气的温度、空气流速和搅拌周期等）的计算机来运作。这种设备主要的缺点是在把培养基填充到反应器前需要在其他设备内制备和接种培养基。这种设备目前已在亚洲国家得到广泛应用。

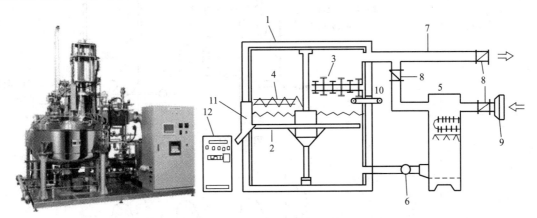

图 6-58 生产酒曲的固态发酵设备

1—酒曲间；2—旋转的穿有孔工作台；3—旋转机构；4—螺杆；5—空气调节器；6—风扇；7—空气出口；
8—节气阀；9—空气过滤器；10—填料用的机器；11—卸载机构；12—控制板

随着固态发酵过程动力学数学模型的不断研究和发展，不断揭示固态发酵过程的变化规律，加上系统控制技术的完善，固态发酵反应器的设计会更加科学合理，使固态发酵系统工艺参数控制达到最优化。在酿造企业中不断采用先进的固态发酵技术及高效生产设备可使传统固态发酵产品的更新换代得到更快发展，并实现酿造企业节能、高效、提高企业综合效益的目标。

（六）压力脉动固态发酵生物反应器

由中国科学院过程工程研究所研制出的压力脉动固态发酵新技术在严格意义上达到了纯种培养与大规模产业化要求。目前，压力脉动固态发酵生物反应器已有 $100m^3$ 的工业级生产规模，并对装料方式等进行了改进，已应用于抗生素、酶制剂、有机酸、食品添加剂、生物农药和生物肥料等的生产。

压力脉动固态发酵生物反应器是基于外界周期刺激强化生物反应及细胞内外传递速率的"四传一反"新机理及新方法研制的，其设计思路主要是以流体静力学理论为基础（固相培养基静态），以法向作用力为动力源（气相动态周期作用力），强调生物反应器是一个非线性活细胞代谢与周围环境进行质量、热量、能量、信息交换的生态系统，是由生命系统和环境系统组成的特定空间，而非单一的装置。

由图 6-59 所示，压力脉动发酵系统由两部分组成。第一部分是空气调节系统，主要通过换热器及水雾化处理装置调节压缩空气的温度和湿度，再利用流量计和膜过滤器对压缩空气进行计量和除菌，使通入的空气达到相对无菌；第二部分是反应器系统，由夹套、隔板、压力表以及压力延时释放控制系统、温度控制等组成，并设有蒸汽通道，进行实罐灭菌，减少原料杂菌污染。

具体的操作是用无菌空气对密闭低压容器的气相压力施以周期性脉动。压力脉动曲线如图 6-60 所示。

反应器内气相压力通过无菌空气的充压与泄压，峰压值一般为 150～350kPa，谷压值一般为 10～30kPa。峰压时间与谷压时间由人为设定控制，并随发酵时间而变化，一般在对数增长期变化频率高，延迟期与稳定期频率小。周期一般为 15min，随需要而定。

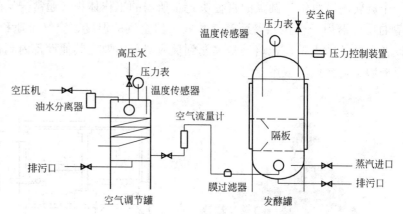

图 6-59　压力脉动发酵系统

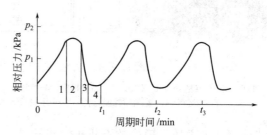

图 6-60　压力脉动曲线

1—充压时间；2—峰压时间；3—泄压时间；4—谷压时间

"压力脉动"对固体培养基是静态的，但对气相则是动态的。其作用有：①因气体分子"无孔不入"，压力脉动很容易在单颗粒水平上变分子扩散为对流扩散，以达到菌体周围小尺度上的温度、湿度的控制与均匀性，加强供氧与排出 CO_2 的速度；②在泄压操作中，因突然快速排气，颗粒间的气相因减压膨胀，对固体颗粒起松动作用，为菌丝体的大量繁殖扩充了空间，所以发酵料层内外菌丝体都十分丰满。

压力脉动固态发酵生物反应器突破了固态发酵纯种培养与大规模产业化这一技术难题。随着固态发酵技术体系的不断改进与完善，以技术开发带动产品开发，不断扩大应用范围，适用于细菌、放线菌和霉菌的纯种大规模培养，尤其是放线菌。因此现代固态发酵技术有着无限广阔的应用与发展前景。已从实验室研究型 25L 反应器成功放大到工业规模 100m³，建成了年产 3000t 菌剂的土壤微生物菌剂固态发酵生产线（6×100m³）。

南京润泽生物工程设备有限公司与江南大学合作开发了内循环式脉冲固体发酵设备，可以同时实现对物料进行灭菌、冷却、接种、发酵、自动出料等功能。全容积 0.5～20m³，装料系数 50%，卧式罐体，采用夹套冷却、传热，特制脉冲通气装置系统（专利技术），可脉冲翻料和深层通气。连体组合式双搅拌装置设计，上下层结构，双减速机，可使物料在罐内进行混合翻动并形成动态循环，且可控制出料，搅拌均匀，残留量小。

三、固态发酵生物反应器的设计要求

生物反应器是生物加工过程的中心，在反应器里原材料在合适的条件下通过生物或酶的作用转变为需要的产品。产品的产量和形成速率的最大化是优化生产过程的关键。固态发酵生物反应器应具有如下特征：

① 建造材料必须坚固、耐腐蚀，并具有良好的生物兼容性和适宜的成本。

② 发酵过程能严格阻止杂菌的进入和控制培养物向环境的释放。而后者需要通过在空气出口安装过滤器、周详的密封设计以及对通入的空气进行过滤来实现。

③ 有效的通风调节、混合和热的移除来控制温度、水分活度、气体的氧浓度等操作参数。

④ 维持基质床层内部的热、质均匀性，这需要通过高效的混合来实现。

⑤ 操作方便：包括培养基的制备、培养基的灭菌、产品回收之前培养物的灭菌、接种体的准备、生物反应器的安装和拆卸等。

固态发酵因后处理简单、环境污染小、成本低，受到科学家的重视，近年来发展很快，其应用领域正在不断拓宽，具有良好的发展前景，在传统功能食品和酒类酿造方面得到了广泛应用，如酱油、米酒、豆豉、黄酒和白酒等。从传统固态发酵发展到现代固态发酵，该技术在生产抗生素、酶制剂、精饲料、有机酸、生物活性物质等方面发挥了重大作用，并进一步扩大到生物转化、生物燃料、生物防治、垃圾处理及生物修复等领域。

总结

- 机械搅拌式生物反应器利用机械搅拌器的搅拌作用进行传质和混合，是生物工厂最常用的生物反应器之一。
- 机械搅拌式生物反应器主要由罐体、搅拌器、挡板、轴封、空气分布器、传动装置、冷却管、消泡器、人孔、视镜等组成。
- 搅拌器的主要作用是混合和传质，其设计应使发酵液有足够的径向流动和适度的轴向流动。
- 全挡板条件是达到消除液面旋涡的最低条件，在一定的转速下，增加罐内附件而轴功率保持不变。
- 发酵过程形成的泡沫可采用加入消泡剂和机械消泡装置进行消除。
- 气升式生物反应器利用空气的喷射动能和流体密度差造成液体循环流动来实现反应液的搅拌、混合和氧传递。
- 鼓泡塔反应器是指气体鼓泡通过含有反应物或催化剂的液层以实现气液相反应过程的反应器。
- 膜生物反应器是结合膜分离技术和生物技术而发展起来的生物反应器。
- 动物细胞培养用生物反应器有气升式生物反应器、中空纤维管生物反应器、流化床生物反应器、搅拌罐生物反应器、堆积床生物反应器、一次性生物反应器、微载体细胞培养系统等。
- 植物细胞培养用生物反应器主要有搅拌式、非搅拌式及其他新型生物反应器，另外还有植物细胞固定化反应器和膜生物反应器等。

○ 微藻培养主要有开放式大池培养和密闭式光合生物反应器培养两种方式。

○ 厌氧生物反应器是用于培养厌氧微生物生产酒精和啤酒、丙酮和丁醇等的设备。

○ 固态发酵是指微生物在湿的固体培养基上生长、繁殖、代谢的发酵过程。

○ 用于固态发酵的反应器分为填充床生物反应器、流化床生物反应器、转鼓式生物反应器、浅盘式生物反应器、搅拌生物反应器和压力脉动固态发酵生物反应器等六类。

课后练习

1. 机械搅拌发酵罐中，搅拌器的作用是什么？搅拌转速的高低对不同种类微生物的生长、代谢有何影响？

2. 什么是 CIP？ CIP 清洗的优点？

3. 如何调节通气搅拌发酵罐的供氧水平？

4. 气升式动物细胞培养反应器与搅拌式动物细胞培养反应器相比有何优缺点？

5. 连续发酵有哪些优越性？为什么不能用连续发酵完全代替间歇式发酵？

6. 气升式生物反应器有哪些特点？

7. 涡轮式搅拌器的三种类型和各自特点是什么？

8. 泡沫形成的原理是什么？泡沫对发酵的不利因素是什么？消泡的方式有哪些？

9. 植物细胞生物反应器主要有哪些类型，简述各种生物反应器的特点。

10. 培养动物细胞的生物反应器主要有哪些类型，简述各种生物反应器的特点。

11. 动物细胞的培养与微生物的培养有哪些差异？

12. 通用式机械搅拌发酵罐中的涡轮搅拌器为什么要安一个圆盘？

13. 比较机械搅拌通风发酵罐和气升环流式发酵罐混合结构原理和优缺点。

题1答案　　题2答案　　题3答案

题4答案　　题5答案　　题6答案

题7答案

题8答案

题9答案

题10答案

题11答案

题12答案

题13答案

 设计问题

1. 现设计一年产量 G 为 200t 的链霉素车间，成品效价 U_p 为 740U/mg，平均发酵水平 U_m 为 22000U/mL，包括辅助时间在内的发酵周期 t 为 8d，若发酵液收率为 95%，提炼总收率 η_p 为 65%，发酵罐台数 n 为 8 台（每天一罐），装料系数 η_0 为 75%，年工作日 m 为 300d，求发酵罐的公称容积。

2. 发酵罐直径 1.8m，圆盘六弯叶涡轮搅拌器直径 0.6m，一只涡轮，罐内装四块标准挡板，搅拌器转速 $n=168$r/min，通气量 $Q=1.42$m³/s，罐压 $p=1.5$at（绝对压力），发酵液黏度 $\mu=1.96\times10^{-3}$Pa·s，密度 $\rho=1020$kg/m³，计算 P_g。

（www.cipedu.com.cn）

第七章　生物反应器的放大与控制

现代生物工业产品从研发到生产，一般需要经历从菌种的筛选改造、实验室小试、中试，最后到规模化生产的过程，才能实现商品化。

(a)　　　　　　　　　　　　　　　　(b)

黑箱操作与现代化控制检测系统。图（a）是我国传统的白酒发酵设施——酵池，进行的是天然发酵，没有检测仪器和控制系统；图（b）是配备有各种传感器和检测及控制装置的现代化大型发酵设备。

思维导图

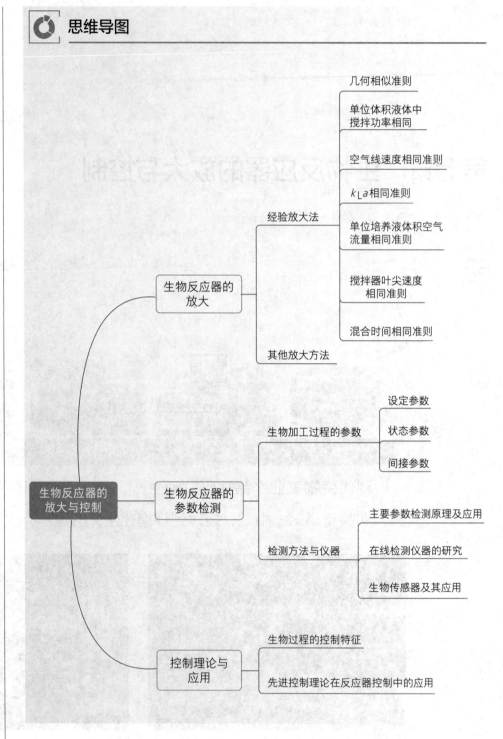

为什么学习生物反应器的放大及其控制与检测？

　　生物制品从菌种或细胞系构建到最终走向市场，一般要经过一系列的研发流程，包括菌种或细胞的筛选、小试、中试等，各个环节都要用到不同类型和规模的生物反应器。将较小规模的反应器中获得的较优操作条件转换到较大规模的设备并保持相似的产品质量和产量的过程，就是反应器放大。它是决定生物技术成果能否成功实现产业化的关键之一。对一个生物反应过程，在不同大小反应器中进行生物反应虽相同，但传质、传热和传动有明显差别，从而导致不同反应器中生物反应速率有差别。虽然经典的化工过程研究"三传一反"理论被广泛应用于生物过程优化放大研究，但与化工过程不同，生物过程涉及"活"的细胞，细胞内存在复杂而精密的（包含大量未知调控机理）受严密调控的代谢反应网络，这些网络并非孤立于外部环境而存在的，而是与所处的反应器内流场环境之间存在复杂的交互作用，导致放大极为困难。

　　因此，我们需要了解生物反应器放大的难点，掌握放大的准则及计算方法，以顺利实现生物产品的规模化制备，服务人类。

　　生物反应过程是一个复杂的过程，需要精准地调控，才能使细胞或反应处于最优化状态，这需要对生物反应器的多项参数进行检测，同时结合自动化技术也可以实现生物反应过程的最优控制。

学习目标

○ 生物反应器的放大方法及放大计算。
○ 生物反应器放大要解决的问题。
○ 生物反应器放大的特征参数。
○ 发酵过程中的状态变量、操作变量和可测量变量等参数及其检测方法。
○ 在线监测与离线检测。
○ 生物传感器结构及工作原理。

　　生物工程技术的最终目标是为人类提供服务，创造社会和经济效益。因此，一个成功的生物工程产品必须经历从实验室到规模化生产直至成为商品的一系列过程，其研究开发包含了实验室的小试、适当规模中试和产业规模化生产等几个阶段。随着生物产品生产规模的增大，生物加工过程中的关键设备——生物反应器也逐渐增大。生物反应器的放大是生物加工过程的关键技术之一。

　　在小型的实验室生物反应器到规模化的生物反应器中进行的生物培养和反应，离不开工艺条件和参数优化，尤其是生物特性需求需要满足。这时，就要对生物反应器的多项参数进行检测，利用自动化技术实现生物反应过程的最优控制。本章就生物反应器的放大与计算、生物反应过程的参数检测与控制作一阐述。

第七章

第一节 生物反应器的放大

生物反应过程工艺和设备改进首先在小型设备中然后再逐渐放大到较大的设备（实验室小试设备、中试设备、大型生物反应器）中进行研究。其过程包括：①利用实验室规模的反应器进行种子筛选和工艺试验；②在中间规模的反应器中试验（中试），确定最佳的操作条件；③在大型生产设备中投入生产。

然而在实践中往往是小型生物反应器中获得的规律和数据，常常不能在大的生物反应器中再现。这就涉及反应器放大的问题。生物反应器的放大是指将研究设备中的优化的培养结果转移到高一级设备中加以重现的技术，实际上也兼具生物反应过程放大的含义。它是生物技术开发过程中的重要组成部分，也是生物技术成果得以实现产业化的关键。

反应器的放大涉及生物特征、反应机制、反应动力学、流体力学、传质传热、机械制造、自动控制等跨学科复杂原理，是一个十分复杂的过程。目前反应器的放大方法主要有：经验放大法、因次分析法、时间常数法和数学模拟法。进入二十一世纪以来，随着组学、分子生物学和计算机科学的飞速发展，为发酵过程的放大提供了高效的工具，也取得了极大的进展。如华东理工大学张嗣良团队开发了基于生物反应过程多尺度调控理论的放大方法，成功实现了红霉素、I+G等产品的放大，创造了显著的经济效益。但目前利用基因组规模代谢网络模型和计算流体力学等数学方法对工艺和反应器进行理性设计需要进行大量的实验设计、数据采集、模型建立、调试和验证，会延长工艺研发周期。从经济学角度考虑，使用经验-半经验方法快速进行反应器的放大具有更高的可行性。

一、经验放大法

经验放大法是依据对已有生物反应器的操作经验所建立起的一些规律而进行放大的方法。这些规律大部分是定性的，仅有一些简单的、粗糙的定量概念。由于该法对事物的机理缺乏透彻的了解，因而放大比例一般较小，并且此法不够精确。但是对于目前难进行理论解析的领域，还要依靠经验放大法。对于生物反应器来说，到目前为止，应用较多的方法也是根据经验和实用的原则进行反应器的放大和设计。下面介绍具体的经验放大原则。

（一）几何相似准则

生物反应器的尺寸放大大多数是利用几何相似原则放大。几何相似指的是两台设备的几何形状完全相似。在几何相似放大中，放大倍数实际上就是反应器体积的增加倍数。即：

$$\frac{H_1}{D_1} = \frac{H_2}{D_2} = 常数 \qquad (7\text{-}1)$$

$$\frac{V_2}{V_1} = \left(\frac{D_2}{D_1}\right)^3 = m \qquad (7-2)$$

$$\frac{H_2}{H_1} = m^{\frac{1}{3}} \text{ 和 } \frac{D_2}{D_1} = m^{\frac{1}{3}} \qquad (7-3)$$

式中　H——反应器的高度，m；

　　　D——反应器的内径，m；

　　　V——反应器的体积，m³；

　下标 1——模型反应器；

　下标 2——放大的反应器。

若按几何相似放大法，当体积增加为原来的10倍时，生物反应器的直径和高度均放大为原来的$10^{1/3}$倍。

（二）单位体积液体中搅拌功率相同准则

单位体积液体所分配的搅拌轴功率相同是一般机械搅拌式化学反应器的放大准则，可以应用于生物反应器的放大。即：

$$\frac{P}{V_L} = 常数 \qquad (7-4)$$

对于不通气时的机械搅拌生物反应器，根据轴功率计算公式，可以得到：

$$P \propto n^3 D_i^5, \quad V_L \propto D_i^3 \qquad (7-5)$$

因此：

$$\frac{P}{V_L} \propto n^3 D_i^2 \qquad (7-6)$$

所以：

$$n_2 = n_1 \left(\frac{D_1}{D_2}\right)^{\frac{2}{3}} \qquad (7-7)$$

$$P_2 = P_1 \left(\frac{D_2}{D_1}\right)^3 \qquad (7-8)$$

式中　P——不通气时的搅拌功率，kW；

　　　D_i——反应器的内径，m；

　　　V_L——发酵液的体积，m³；

　下标 1——模型反应器；

　下标 2——放大的反应器。

对于通气式机械搅拌生物反应器，可取单位体积液体分配的通气搅拌功率相同的准则进行放大。即：

$$\left(\frac{P_g}{V_L}\right)_2 = \left(\frac{P_g}{V_L}\right)_1 \qquad (7-9)$$

根据通气时搅拌轴功率的计算公式，可知：

$$\frac{P_g}{V_L} \propto \frac{n^{3.15} D_i^{2.346}}{u_g^{0.252}} \qquad (7-10)$$

所以：

$$n_2 = n_1 \left(\frac{D_1}{D_2} \right)^{0.75} \left(\frac{Q_{G_2}}{Q_{G_1}} \right)^{0.08} \tag{7-11}$$

$$P_{g_2} = P_{g_1} \left(\frac{D_2}{D_1} \right)^{2.77} \left(\frac{Q_{G_2}}{Q_{G_1}} \right)^{0.24} \tag{7-12}$$

式中　P_g——通气搅拌功率；

$\quad Q_G$——通气量；

$\quad u_g$——空气的线速度；

下标 1——模型反应器；

下标 2——放大的反应器。

（三）单位培养液体积空气流量相同准则

生物细胞培养过程中空气流量的表示方式有两种。

① 单位培养液体积在单位时间内通入的空气量 VVM [$m^3/(m^3 \cdot min)$，标准态]。即：

$$VVM = \frac{Q_0}{V_L} \tag{7-13}$$

② 操作状态下空气的线速度 u_g（m/h）。即：

$$u_g = \frac{60 Q_0 (273 + t) \times 9.8 \times 10^4}{\frac{\pi}{4} D_i^2 \times 273 p_L} = \frac{27465.6 (VVM)(273 + t) V_L}{D_i^2 p_L} \tag{7-14}$$

$$Q_0 = \frac{u_g p_L D_i^2}{27465.6 \times (273 + t)} \tag{7-15}$$

$$VVM = \frac{u_g p_L D_i^2}{27465.6 \times (273 + t) V_L} \tag{7-16}$$

式中　Q_0——单位时间内通入的空气量，m^3/h；

$\quad D_i$——反应器内径，m；

$\quad t$——反应器的温度，℃；

$\quad V_L$——发酵液体积，m^3；

$\quad p_L$——液柱平均绝对压力，Pa。

以单位培养液体积的空气流量相同的原则进行放大时，有：

$$(VVM)_2 = (VVM)_1$$

即：

$$u_g \propto \frac{(VVM) V_L}{p_L D_i^2} = \frac{(VVM) D_i}{p_L} \tag{7-17}$$

因此：

$$\frac{u_{g_2}}{u_{g_1}} = \frac{D_2}{D_1} \times \frac{p_{L_1}}{p_{L_2}} \tag{7-18}$$

由上式可知，当体积放大 100 倍时，$\dfrac{D_2}{D_1} = 100^{1/3} = 4.64$，如果忽略液柱压力 p_L，则 $\dfrac{u_{g_2}}{u_{g_1}} = 4.64$，即线速度增大 4.64 倍，其结果是空气线速度放大过多。

（四）空气线速度相同准则

以空气线速度相同的准则进行放大时，有：

$$u_{g_1} = u_{g_2} \tag{7-19}$$

即：

$$\frac{(\text{VVM})_2}{(\text{VVM})_1} = \frac{p_{L_2}}{p_{L_1}} \times \frac{D_{i_1}}{D_{i_2}} \tag{7-20}$$

由上式可知，当体积放大 100 倍时，即 $\dfrac{D_2}{D_1} = 100^{1/3} = 4.64$，若忽略液柱压力，即 $\dfrac{(\text{VVM})_2}{(\text{VVM})_1} = \dfrac{1}{4.64}$，即通风量减少为原来的 1/4.64，其结果是通风量过小。

（五）$k_L a$ 相同准则

在好氧发酵过程中，由于氧为微溶气体，在培养液中溶解度很低，生物反应很容易因为生物反应器供氧能力的限制受到影响，因此以生物反应器的 $k_L a$ 相同作为放大准则往往可以收到较好的效果。

前述可知，生物反应器的 $k_L a$ 与操作条件及培养液的物性有关，在进行放大时，培养液性质基本相同，所以只考虑操作条件的影响。

根据文献报道，$k_L a$ 与通气量 Q_G、液柱高度 H_L、培养液体积 V_L 存在如下的比例关系：

$$k_L a \propto \left(\frac{Q_G}{V_L} \right) H_L^{\frac{2}{3}} \tag{7-21}$$

按 $k_L a$ 相同准则进行放大，则有：

$$\frac{(k_L a)_2}{(k_L a)_1} = \frac{\left(\dfrac{Q_G}{V_L} \right)_2}{\left(\dfrac{Q_G}{V_L} \right)_1} \times \frac{H_{L_2}^{\frac{2}{3}}}{H_{L_1}^{\frac{2}{3}}} = 1 \tag{7-22}$$

故：

$$\frac{\left(\dfrac{Q_G}{V_L} \right)_2}{\left(\dfrac{Q_G}{V_L} \right)_1} = \frac{H_{L_1}^{\frac{2}{3}}}{H_{L_2}^{\frac{2}{3}}} \tag{7-23}$$

因为：

$$Q_G \propto u_g D_i^2, \quad V_L \propto D_i^3 \tag{7-24}$$

所以：

$$\frac{u_{g_2}}{u_{g_1}} = \left(\frac{D_{i_2}}{D_{i_1}} \right)^{\frac{1}{3}} \tag{7-25}$$

又因为：

$$u_g \propto (\text{VVM}) \times \frac{D}{p_L} \tag{7-26}$$

故：

$$\frac{(\text{VVM})_2}{(\text{VVM})_1} = \left(\frac{D_1}{D_2}\right)^{\frac{2}{3}} \times \left(\frac{p_{L_2}}{p_{L_1}}\right) \tag{7-27}$$

也有采用下面的表达式作为放大基础的：

$$k_L a = 1.86 \times (2 + 2.8m) \times \left(\frac{P_g}{V_L}\right)^{0.56} u_g^{0.7} n^{0.7} \tag{7-28}$$

因此：

$$k_L a \propto \left(\frac{P_g}{V_L}\right)^{0.56} u_g^{0.7} n^{0.7} \tag{7-29}$$

若以：

$$\frac{P_g}{V_L} \propto \frac{n^{3.15} D_1^{2.346}}{u_g^{0.252}} \tag{7-30}$$

$$k_L a \propto n^{2.45} D_1^{1.32} u_g^{0.56} \tag{7-31}$$

按 $k_L a$ 相同准则进行放大，则：

$$n_2 = n_1 \left(\frac{u_{g_1}}{u_{g_2}}\right)^{0.23} \times \left(\frac{D_1}{D_2}\right)^{0.533} \tag{7-32}$$

$$P_2 = P_1 \left(\frac{u_{g_1}}{u_{g_2}}\right)^{0.681} \times \left(\frac{D_1}{D_2}\right)^{3.40} \tag{7-33}$$

$$P_{g_2} = P_{g_1} \left(\frac{u_{g_1}}{u_{g_2}}\right)^{0.967} \times \left(\frac{D_1}{D_2}\right)^{3.667} \tag{7-34}$$

（六）搅拌器叶尖速度相同准则

按照搅拌器的叶尖速度相同准则进行放大，主要用于动物细胞培养的放大。当大小反应器中搅拌器的叶尖速度相同时，$n_1 D_1 = n_2 D_2$，因此：

$$\frac{n_2}{n_1} = \frac{D_1}{D_2} \tag{7-35}$$

（七）混合时间相同准则

混合时间是指在生物反应器中从加入物料到它们被混合均匀时所需的时间。在小反应器中，比较容易混合均匀，而在大反应器中，则较为困难。

通过因次分析可得到以下关系：

$$t_{\mathrm{M}} = (nD_i^2)^{\frac{2}{3}} g^{\frac{1}{6}} D_i^{\frac{1}{2}} H_{\mathrm{L}}^{\frac{1}{2}} D_i^{\frac{3}{2}}$$ （7-36）

式中　g——重力加速度常数。

对于几何相似的反应器，$t_{\mathrm{M}_1} = t_{\mathrm{M}_2}$时，从上式可以得出：

$$\frac{n_2}{n_1} = \left(\frac{D_1}{D_2}\right)^{\frac{1}{4}}$$ （7-37）

需要指出的是上述放大方法是各强调一个侧重点，得出的结论往往有较大的差异。表7-1所列出的是10L小罐（$n=500\mathrm{r/min}$，通气量为1VVM）放大到10000L（即放大1000倍）时，按照不同的放大准则所得出的结论，并以搅拌转速来进行比较。

表7-1 放大方法的比较

方法	放大后搅拌转速/（r/min）	方法	放大后搅拌转速/（r/min）
等体积功率		等$k_{\mathrm{L}}a$	79
非通气	107	等叶尖速度	50
通气	85	等混合时间	1260

从表7-1数据可知，按照不同准则放大的结果是放大后的反应器其他参数会产生显著的差异。这说明在放大中选用什么准则是很重要的，要根据放大体系的特点而确定。

生物反应器的放大问题现在尚未解决，在放大时往往还要凭借经验，实际放大过程中应用最多的是P_{g}/V相同和$k_{\mathrm{L}}a$相同的放大准则。

 概念检查 7-1

○ 生物加工过程中放大的目的和主要放大方法。

二、其他放大方法

除了上述的一些放大方法之外，还在实验中采用因次分析法、时间常数法、数学模拟法等。

（1）因次分析法　也称相似模拟法，是根据相似原理，以保持无量纲数相等的原则进行放大。该法是根据对过程的了解，确定影响过程的因素，用因次分析方法求得相似无量纲数，根据相似理论的第一定律（各系统互相相似，则同一相似无量纲数的数值相等的原理），若能保证放大前与放大后的无量纲数群相同，则有可能保证放大前与放大后的某些特性相同。

迄今为止，因次分析法已成功地应用于各种物理过程。但对有生化反应参与的反应器的放大则存在一定的困难。这是因为在放大过程中，要同时保证放大前后几何相似、流体力学相似、传热相似和反应相似实际上几乎是不可能的，保证所有无量纲数群完全相等也是不现实的，并且还会得出极不合理的结果。

　　在生物反应器的放大过程中，由于同时涉及微生物的生长、传质、传热和剪切等因素，需要维持的相似条件较多，要使其同时满足是不可能的，因此用因次分析法一般难以解决生物反应器的放大问题。为此常需要根据已有的知识和经验进行判断，以确定何者更为重要，同时也能兼顾其他的条件。

　　（2）时间常数法　是指某一变量与其变化速率之比。常用的时间常数有反应时间、扩散时间、混合时间、停留时间、传质时间、传热时间和溶氧临界时间等。时间常数法可以利用这些时间常数进行比较判断，用于找出过程放大的主要矛盾并据此来进行反应器的放大。

　　（3）数学模拟法　是根据有关的原理和必要的实验结果，对实际的过程用数学方程的形式加以描述，然后用计算机进行模拟研究、设计和放大。该法的数学模型根据建立方法不同，可分为由过程机理推导而得的"机理模型"、由经验数据归纳而得的"经验模型"和介于二者之间的"混合模型"。

　　① 机理模型是从分析过程的机理出发而建立起来的严谨的、系统的数学方程式。此模型建立的基础是必须对过程有透彻的了解。

　　② 经验模型是一种以小型实验、中间试验或生产装置上实测的数据为基础而建立的数学模型。

　　③ 混合模型是通过理论分析，确定各参数之间函数关系的形式，再通过实验数据确定此函数式中各参数的数值，也就是把机理模型和经验模型相结合而得到的一种模型。

　　数学模拟放大法是以过程参数间的定量关系为基础的，因而消除了因次分析中的盲目性和矛盾性，能比较有把握地进行高倍数的放大，并且模型的精度越高，放大率、倍数就越大。然而模型的精度又建立在基础研究之上，由于受到这方面的限制，数学模拟实际取得成效的例子并不多，特别是对生物反应过程，由于过程的复杂性，这方面的问题还远没解决，但它无疑是一个很有前途的方法。

　　2020 年，迪必尔生物工程（上海）有限公司开发了一套生物反应器放大软件，该软件将反应器放大常用计算集成到一个网页应用（http://dm.parallel-bioreactor.com/dynamix）内，可以通过点击鼠标得到放大后反应器的主要技术指标，包括各部分尺寸以及搅拌转速、搅拌器功率数、单位能耗和混合时间等。

第二节　生物反应器的参数检测

一、生物加工过程的参数

　　要对生物加工过程进行有效的操作和控制，首先要了解其状态变化，即要了解生化过程的各种信息。这些信息可以分为物理变量信息（如发酵温度）、化学变量信息（如 pH）以及生物变量信息（如生物质浓度）等，具体项目见表 7-2。

生物加工过程一些参数的检测方法见表 7-3。

表 7-2　生物加工过程的参数

物理参数	化学参数		间接参数
	成熟	尚不成熟	
温度	pH	成分浓度	氧利用速率（OUR）
压力	氧化还原电位	糖	二氧化碳释放速率（CER）
功率输入	溶解氧浓度	氮	呼吸熵（RQ）
搅拌速率	溶解 CO_2 浓度	前体	总氧利用体积
通气流量	排气氧分压	诱导物	氧传递系数
位置	排气 CO_2 分压	产物	细胞浓度（X）
加料速率	其他排气成分	代谢物	细胞生长速率
培养液质量		金属离子	比生长速率（μ）
培养液体积		Mg^{2+}，K^+，Ca^{2+}	细胞得率（$Y_{x/s}$）
培养液表观糖度		Na^+，SO_4^{2-}	糖利用率
积累量		PO_4^{3-}	氧的利用率
酸		NAD，NADH	比基质消耗率
碱		ATP，ADP，AMP	前体利用率
消泡剂		脱氢酶活力	产物量
细胞量		其他各种酶活力	比生产率
气泡含量		细胞内成分	其他需要计算的参数
面积		蛋白质	功率，功率数
表面张力		DNA	雷诺数
		RNA	生物量
			生物热
			碳平衡
			能量平衡

表 7-3　生物加工过程一些参数的检测方法

参数	传感器	参数	传感器
温度	热电偶、热敏电阻、铂电阻温度计	D_{CO_2}	CO_2 电极、膜管传感器
罐内压力	隔膜式压力表	醇类物质浓度	生物传感器、膜管传感器
气体流量	转子流量计、热质量流量计、孔板流量计	各种培养基组分、代谢产物浓度	生物传感器
搅拌转速	转速传感器	NH_4^+	氨离子电极、生物传感器、氨电极
搅拌功率	应变计		
料液量	测力传感器	金属离子浓度	离子选择性电极
气泡	接触电极		
流加物料流量	转速传感器	尾气中的 p_{O_2}	热磁氧分析仪、氧化锆陶瓷氧分析仪
pH	复合玻璃电极		
氧化还原电位	复合铂电极	尾气中的 p_{CO_2}	红外气体分析仪
DO	覆膜氧电极、膜管传感器	培养液浊度或菌体浓度	光导纤维法、等效电容法

（一）设定参数

　　工业规模发酵对就地测量的传感器的使用十分慎重，现在采用的发酵过程就地测量仪器是经过考验的传感器，如用热电耦测量罐温、压力表指示罐压、转子流量计读空气流量和测速电机显示搅拌转速等。常规在线测量和控制发酵过程的设定参数有温度、压力、通气量、搅拌转速、液位等。

（1）压力　对好氧生物发酵反应，必须往反应器中通入无菌的洁净空气，一是供应生物细胞呼吸代谢所必需的氧，二是强化培养液的混合与传质，三是维持反应器有适宜的罐压，以防止外界杂菌进入发酵系统而造成污染。对气升式反应器，通气压强是高效溶氧传质及能量消耗的关键因素之一。对嫌气发酵如废水的生物厌氧处理，对反应体系内压力的监控也很有必要。

（2）温度　对于生物细胞培养和酶催化的生物反应而言，反应温度都是最重要的影响因素。不同的生物细胞，均有最佳的生长温度或产物生成温度，而酶也有最适宜的催化温度，所以必须使反应体系控制在最佳的发酵或反应温度范围内。

（3）通气量　不论是液体深层发酵或是固体通风发酵，均要连续（或间歇）往反应器中通入大量的无菌空气。为达到预期的混合效果和溶氧速率，以及在固体发酵中控制发酵温度，必须控制工艺规定的通气量。不过，过高的通气量会有泡沫增多、水分损失太大以及通风耗能上升等不良影响。

（4）液位（或装液量）　对液体发酵，反应器的液位或是装液量的控制是反应器设计的重要因素。液位的高低决定了反应器装液系数即影响生产效率。对通风液体深层发酵，初装液量的多少即液位的高低需按工艺规定确定，否则通入空气后发酵液的气含率达一定值，液位就升高，加之泡沫的形成，会导致料液通过尾气系统流失，故必须严格控制培养基液位，尤其是气升内环流式反应器，导流筒应比液面低一适当高度才能实现最佳的环流混合与气液传质。但在通气发酵过程中，排气会带出一定水分，使反应器内培养液因蒸发而减少，因此液位的检测监控更重要，必要时需补加新鲜培养基或无菌水以维持最佳液位。同理，连续发酵过程液位必须维持恒定，液面的检测控制也十分重要。

（5）搅拌转速与搅拌功率　对一定的发酵反应器，搅拌转速对发酵液的混合状态、溶氧速率、物质传递等有重要影响，同时影响生物细胞的生长、产物的生成、搅拌功率消耗等。对某一确定的发酵反应器，当通气量一定时，搅拌转速升高，其溶氧速率增大，消耗的搅拌功率也越大。在完全湍流的条件下，搅拌功率与搅拌转速的三次方成正比，即 $P = N_p \rho n^3 D_i^5$，其中 n 为搅拌转速。此外，某些生物细胞如动植物细胞、丝状菌等对搅拌剪切敏感，因此搅拌转速和搅拌叶尖线速度有临界上限范围。

同时，搅拌功率与上述的搅拌转速的关系是机械搅拌通气发酵罐的比拟放大基准，因而直接测定或计算求出搅拌功率也十分重要。

（6）泡沫高度　液体生物发酵，无论是通气还是嫌气发酵均有不同程度的泡沫产生。发酵液泡沫产生的原因是多方面的，最主要的是培养基中所固有的或是发酵过程中生成的蛋白质、菌体、糖类以及其他稳定泡沫的表面活性物质，加上通气发酵过程大量的空气泡以及嫌气发酵过程中生成的 CO_2 气泡，都会导致生物发酵液面上生成不同程度的泡沫层。如控制不好，就会大大降低发酵反应器的有效反应空间，即装料系数降低，增加感染杂菌的机会，严重时泡沫会从排气口溢出而造成跑料，从而导致产物收（得）率下降。

（7）培养基流加速度　对生物发酵的连续操作或流加操作过程，均需连续或间歇往反应器中加入新鲜培养基，且要控制加入量和加入速度，以实现优化的连续发酵或流加操作，获得最大的发酵速率和生产效率。

（8）冷却介质流量与速度　生物发酵过程均有生物合成热产生，机械搅拌发酵罐还有搅拌热，为保持反应器系统的温度在工艺规定的范围内，必须用水等冷却介质通过热交换器把发酵热移走。生物反应器的热量平衡计算式为：

$$Q_{发酵} + Q_0 = Q_{冷却} \tag{7-38}$$

$$Q_{冷却} = F_w c(T_2 - T_1)\rho \tag{7-39}$$

式中　$Q_{发酵}$——微生物发酵热，J/min；

Q_0——搅拌热，J/min；

$Q_{冷却}$——冷却水所带走的热量，J/min；

F_w——冷却水流量，m^3/min；

c——水的比热容，J/(kg·℃)；

T_2——冷却水出口温度，℃；

T_1——冷却水入口温度，℃；

ρ——水的密度，kg/m^3。

要维持工艺要求的发酵温度，对应不同的发酵时期有不同的发酵热以及冷却介质的温度，需相应改变其流量。故必须测定冷却介质的进出口温度与流量，据此也可间接推定发酵罐中的生物反应是否正常进行。

（9）培养基质浓度和产物浓度　对生物发酵生产，基质浓度如糖浓度等对生物细胞的生长及产物生成具有重要作用。在发酵结束时，培养液基质浓度则是发酵转化率及产物得率的重要衡量标准。尤其是连续发酵和流加培养操作，发酵液中的基质浓度更为重要。类似地，产物浓度的测定也同样重要，因为掌握了发酵液中的产物浓度，就可确定发酵的进程以及决定发酵是否正常及是否需要结束发酵。所以基质与产物浓度的检测、控制对各种发酵均是必要的。

（二）状态参数

状态参数是指能反映反应过程中微生物的生理代谢状况的参数，如pH、DO、溶解CO_2浓度、尾气O_2含量、尾气CO_2含量、黏度、菌体浓度等。

（1）黏度（或表观黏度）　培养基的黏度主要受培养基的成分及浓度、细胞浓度、温度、代谢产物等影响。而发酵液的黏度（或表观黏度）对溶液的搅拌与混合、溶氧速率、物质传递等有重要影响，同时对搅拌功率消耗及发酵产物的分离纯化均起着重要作用。

（2）pH　生物发酵过程培养液的pH值是生物细胞生长及产物或副产物生成的指示，是最重要的发酵过程参数之一。因为每一种生物细胞均有最佳的生长增殖pH值，细胞及酶的生物催化反应也有相应的最佳pH值范围。而在培养基制备及产物提取、纯化过程中也必须控制适当的pH值。因此生物反应过程中对pH值的检测控制极为重要。

（3）溶氧浓度和氧化还原电位　好氧发酵过程中，液体培养基中均需维持一定水平的溶解氧，以满足生物细胞呼吸、生长及代谢需要。在通风深层液体发酵过程中，溶解氧水平和溶氧效率往往是发酵生产水平和技术经济指标的重要影响因素，不同的发酵生产和不同的发酵时间，均有适宜的溶氧水平和溶氧速率。故对生物反应系统即培养液中的溶氧浓度必须进行测定和控制。此外，发酵过程溶解氧水平还可以作为判别发酵是否有杂菌或噬菌体污染的间接参数，若溶氧浓度变化异常，则提示发酵系统出现杂菌污染或其他问题。

对一些亚好氧的生物发酵反应如某些氨基酸发酵生产，在产物积累时只需很低的溶解氧水平，过高或过低都会影响生产效率。这样低的溶氧浓度使用目前的溶氧电极是无法测定的，故使用氧化还原电极电位计（ORP 仪）来测定微小的溶氧值。在光合生物反应器中，溶氧浓度应严格加以控制，以免造成氧中毒，抑制光合作用进行。

（4）发酵液中溶解 CO_2 浓度　对通气发酵生产，由于生物细胞的呼吸和生物合成，培养液中的氧会被部分消耗，而溶解的 CO_2 含量会升高。对大部分的好氧发酵，当发酵液中溶解 CO_2 浓度增至某值时，就会使细胞生长和产物生成速率下降。例如组氨酸发酵，CO_2 分压应低于 0.005MPa；而精氨酸发酵，CO_2 分压应在 0.015MPa 以下，否则会使生产效率降低。当然，对光照自氧的微藻培养，适当提高 CO_2 浓度则有利于细胞产量的提高。

（5）细胞浓度及酶活特性　生化反应过程都是通过菌体的各种酶来促使反应进行的，而菌体的浓度与酶的活动中心密切相关。通过生物量测定可以了解生物的生长状态，从而调控生产工艺或补料和供氧，以达到较好的生产水平。当然，以酶作催化剂的生化反应中酶浓度（活度）是必需检测监控的参变量。

（6）菌体形态　在生化反应过程中，菌体形态的变化也是反映其代谢变化的重要特征。可以根据菌体的形态不同，区分出不同的发酵阶段和菌体的质量。

（三）间接参数

间接参数是指那些通过基本参数计算求得的参数，如氧利用速率（OUR）、二氧化碳释放速率（CER）、比生产速率（μ）、体积传质速率（$k_L a$）、呼吸熵（RQ）等。通过对发酵罐进行物料平衡计算可反映微生物的代谢状况，尤其能提供从生长向生产过渡或主要基质间的代谢过渡指标。

（1）呼吸代谢参数　微生物的呼吸代谢参数通常有三个：微生物的氧利用速率、二氧化碳释放速率和呼吸熵。假设流出反应器的气体流量与空气流入量相等，空气中氧浓度为21%，二氧化碳的浓度为零，测量到排出气体的氧浓度为 $c_{O_2出}$（%），二氧化碳的浓度为 $c_{CO_2出}$（%），则由气相物料平衡计算可得：

氧利用速率（OUR）：

$$R_{O_2} = OUR = (21\% - c_{O_2出})\frac{F_A}{V} \tag{7-40}$$

二氧化碳释放速率（CER）：

$$R_{CO_2} = CER = c_{CO_2出}\frac{F_A}{V} \tag{7-41}$$

呼吸熵（RQ）：

$$RQ = \frac{R_{O_2}}{R_{CO_2}} = \frac{21\% - c_{O_2出}}{c_{CO_2出}} \tag{7-42}$$

式中　F_A——空气流量，m³/min；
　　　V——反应液体积，m³。

（2）菌体比生长速率　每小时每单位质量的菌体所增加的菌体量称为菌体的

比生长速率，单位为 h^{-1}。菌体的比生长速率与生物的代谢有关。例如，在抗生素合成阶段，若比生长速率过大，菌体量增加过多，代谢向菌体合成的方向发展，这不利于合成抗生素。菌体的比生长速率是生化反应动力学中的一个重要参数。

（3）氧比消耗速率（r_{O_2}）　氧比消耗速率也称为菌体的呼吸强度，即每小时每单位质量的菌体所消耗的氧的数量，其单位为 $mg(O_2)/[g(干菌体)\cdot h]$。例如，在抗生素生产过程中，根据抗生素比生产速率与氧比消耗速率的关系，可以求得菌体最适当的氧比消耗速率。

二、检测方法与仪器

研究微生物生长过程所需的检测参数大多是通过在反应器中配置各种传感器和自动分析仪来实现的。这些装置能把非电量参数转化为电信号，这些信号经适当处理后，可用于监测发酵的状态、直接作发酵闭环控制和计算的间接参数。图 7-1 为生物反应过程测量仪器系统。

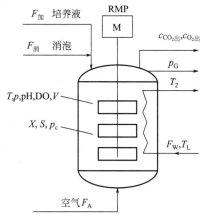

图 7-1　生化反应过程测量仪器系统

一般可粗略地把检测仪器分成在线检测和离线检测两大类。前者是仪器的电极等可直接与反应器内的培养基接触或可连续从反应器中取样进行分析测定，如溶氧浓度、pH 值、压力等；而离线测量是指在一定时间内离散取样，在反应器外进行样品处理和分析的测量，包括常规的化学分析和自动实验分析系统，对于控制而言具有一定的滞后性。表 7-4 列出了典型生物状态变量的测量范围和准确度或控制变量的精度。

表 7-4　典型生物状态变量的测量范围和准确度或控制变量的精度

变量	测量范围	准确度或精度 /%	变量	测量范围	准确度或精度 /%
温度	0 ~ 150℃	0.01	MSL 挥发物		
搅拌转速	0 ~ 3000r/min	0.2	甲醇，乙醇	0 ~ 10g/L	1 ~ 5
罐压	0 ~ 2bar①	0.1	丙酮	0 ~ 10g/L	1 ~ 5
质量	90 ~ 100kg	0.1	丁酮	0 ~ 10g/L	1 ~ 5
	0 ~ 1kg	0.01	在线 FIA		
液体流量	0 ~ 8m³/h	1	葡萄糖	0 ~ 100g/L	<2
	0 ~ 2kg/h	0.5	NH_4^+	0 ~ 10g/L	1
稀释速率	0 ~ 1h⁻¹	<0.5	PO_4^{3-}	0 ~ 10g/L	1 ~ 4
通气量	VVM=0 ~ 2		在线 HPLC		
泡沫	开 / 关		酚	0 ~ 100mg/L	2 ~ 5
气泡	开 / 关		碳酸盐	0 ~ 100g/L	2 ~ 5
液位	开 / 关		有机酸	0 ~ 1g/L	1 ~ 4
pH 值	2 ~ 12	0.1	红霉素	0 ~ 20g/L	<8
p_{O_2}	0 ~ 100%（饱和）	1	其他副产物	0 ~ 5g/L	2 ~ 5
p_{CO_2}	0 ~ 100mbar	1	在线 GC		
尾气	16% ~ 21%	1	乙酸	0 ~ 5g/L	2 ~ 7
尾气	0 ~ 5%	1	羟基丙酮	0 ~ 10g/L	<2
荧光	0 ~ 5V	—	丁二醇	0 ~ 10g/L	<8
氧还电位	0.3 ~ 0.6V	0.2	乙醇	0 ~ 5g/L	2
RQ	0.5 ~ 20	取决于传播误差	甘油	0 ~ 1g/L	<9
传感器	0 ~ 100AU	变化很大			

① 1bar=10⁵Pa。

发酵过程对传感器的要求如下。

① 常规要求为准确性、精确度、灵敏度、分辨能力要高，响应时间滞后要小，能够长时间稳定工作，可靠性好，具有可维修性。

② 对发酵用传感器的特殊要求是由发酵反应的特点决定的，发酵底物中含有大量的微生物，必须考虑卫生要求，发酵过程中不允许有其他杂菌污染。

③ 传感器与发酵液直接接触，一般要求传感器能与发酵液同时进行高压蒸汽灭菌，不能耐受蒸汽灭菌的传感器可在罐外用其他方法灭菌后无菌装入。

④ 发酵过程中保持无菌，要求传感器与外界大气隔绝，采用的方法有蒸汽汽封、O 形圈密封、套管隔断等。

⑤ 发酵用传感器容易被培养基和细菌污染，应选用不易污染的材料如不锈钢，同时要注意结构设计，选择无死角的形状和结构，防止微生物附着及干扰，便于清洗，不允许泄漏。

⑥ 传感器要有除被测变量之外不受过程中其他变量和周围环境条件变化影响的能力，如抗气泡及泡沫干扰等。由于上述种种原因，使得许多传感器，尤其是检测化学物质浓度、微生物浓度的传感器，很难在工业规模的生化过程中使用。

（一）主要参数检测原理及应用

生物效应、温度、压力、流量、黏度、转速、搅拌功率等参数与化工过程相类似。现对于一些生物主要参数的检测原理简介如下。

（1）pH 的测量 为了测量 pH 值，需要一个测量电极和一个参比电极。pH 电极的功能膜剖面图见图 7-2，利用玻璃电极与参比电极浸泡于某一溶液时具有一定的电位。

现在一般采用复合电极。在复合电极中，玻璃电极由参比电极包裹着。温度对 pH 值的准确测量有很大的影响，为了补偿温度的影响，在 pH 复合电极中加一温度敏感元件，从而构成测量电极、参比电极和温度传感元件三位一体的三合一电极，对环境温度有很好的补偿作用。此外，电极内溶液会随使用时间尤其是高温灭菌而不断发生变化，必须在每批发酵灭菌操作前后进行标定，即用标准 pH 缓冲溶液校准。

（2）溶氧浓度的检测 在工业发酵中因为要进行高温灭菌处理，所以发酵液溶解氧浓度的测量采用耐高温消毒的带金属护套的玻璃极谱电极。其化学基础是氧分子在阴极上还原，因而有电流产生，所产生的电流和被还原的氧量成正比，故测出此电流值就可以确定发酵液的溶氧浓度。用一层由聚四氟乙烯和聚硅氧烷制成的复合膜使电极与被测溶液分开。这层复合膜既有高的氧分子渗透性，又有储氧作用。当在阴极（铂电极）和阳极（银电极）之间加一极化电压（0.6 ~ 0.8 V），在有氧的情况下，在电极上将产生选择性的氧化还原反应，其反应式为：

$$O_2 + 2H_2O + 4e \longrightarrow 4OH^-$$

$$4Ag + 4Cl^- \longrightarrow 4AgCl + 4e$$

值得注意的是，溶氧电极（图7-3）测得的是氧在溶液中的分压，即电极电位与氧分压有关，但与溶液中氧的溶解浓度没有直接关系，所以溶氧电极测量得到的信号并不是溶液中的氧浓度 $c_L[mg(O_2)/L]$。

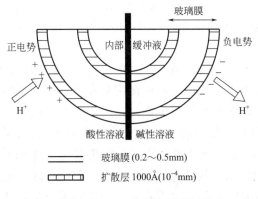

图7-2　pH电极功能膜剖面图

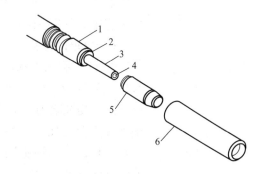

图7-3　溶氧电极结构

1—不锈钢电极护套；2—梯形橡胶密封圈；3—银管阳极；4—内固铂丝阴极玻璃棒；5—带气体渗透膜护套；6—电极帽外套

通常用溶氧电极来测量发酵液中的氧含量时，只有当发酵罐温度、压力以及发酵液的组成一定时，才能准确地反映发酵液中的溶解氧浓度。此外测定时要使电极周围的液体适度流动，以加强传质，尽量减小与电极膜接触的液膜滞流层厚度，并减少气泡和生物细胞在膜上积存，以保证溶氧测定的准确。

上海舜宇恒平科学仪器有限公司针对生物发酵尾气分析需求，研制了SHP8400PMS过程气体质谱分析仪。该仪器配置多通道采样系统和高稳定性四极杆质量分析器，耐水、耐氧性双灯丝离子源等关键部件。整个仪器精度高、漂移小、响应快、维护少，并且可以实现多个生物反应器发酵尾气实时、连续的全组分气体分析，是提供发酵尾气监测的理想工具。配置16通道采样系统，可同时分析15台发酵罐尾气组分，具有指纹谱图库的电子轰击离子源，成熟的四极杆质量分析器，性能稳定、使用寿命长的法拉第检测器等。另有发酵尾气预处理系统，保证分析结果准确的同时，确保了仪器不受溢罐等特殊情况的伤害。通过分析可以自动生成氧利用速率（OUR）、二氧化碳释放速率（CER）、呼吸熵（RQ）等数据和曲线，除了提供 N_2、O_2、CO_2、Ar 等无机气体的监测结果，也能实现甲醇、乙醇、甲烷等有机气体的实时分析。

Thermo Scientific 开发的 Prima PRO 过程质谱仪可监测生物代谢活动、k_La 的变化、溶氧电极偏移等，单台分析仪可同时监测多达60个发酵罐和生物反应器。

（3）溶解 CO_2 浓度的检测　发酵工业中，溶解 CO_2 浓度的检测是利用对 CO_2 有特殊选择渗透通过特性的微孔膜，使扩散通过的 CO_2 进入饱和碳酸氢钠缓冲溶液中，平衡后显示的pH值与溶解的 CO_2 浓度成正比，据此原理并通过变换就可测出溶解 CO_2 浓度。由于电极内的饱和碳酸氢钠在高温灭菌时会部分分解，故要在每次灭菌校准后才能测定。目前商品化的溶解 CO_2 浓度仪的测定范围是 $1.5 \sim 150g/m^3$，精度 ±（2%～5%）FS，响应时间数十秒至数分钟。

（4）细胞浓度的测定　细胞浓度的测定分全细胞浓度和活细胞浓度。

① 全细胞浓度的测定。尽管微生物培养一般都是纯种培养，但发酵液中的细胞在细胞龄、大小上仍有差异，最重要的是有活细胞和死细胞之分。其测量方法可分为湿重法、干重法、浊度法、湿细胞体积法等。其中干重法准确度最高，但不能准确测定活细胞数量。

常用的在线检测全细胞浓度仪为流通式浊度计。其原理为在一定的细胞浓度范围内，全细胞浓度与光密度（也称吸光系数，OD）值呈线性关系。流通式浊度计的光源可用单色光、激光或紫外线，最常用的是

第七章

可见光或同一波长的激光束，前者波长范围在 400 ～ 660nm 之间，根据不同的生物细胞选用不同的波长。应当注意流通式浊度计适用于游离细胞，对丝状的霉菌、放线菌等的测量误差较大，不宜用此法，应用湿重法或干重法。此外，传感器的比色皿会因细胞附壁而增大测定误差，可通过提高发酵液流过光电比色皿的速度来减小误差。

德国 OPTEK 公司开发了基于近红外吸收测量原理的在线生物量检测设备。

② 活细胞浓度的测定。发酵液中活细胞浓度的测定原理是利用活生物细胞催化的反应或活细胞本身特有的物质而使用生物发光或化学发光法进行测定。活生物细胞为了维持呼吸与代谢，必须有一定的能量物质 ATP，其含量视细胞种类及活性等不同而有变化，生长条件相同的同一类细胞具有的 ATP 水平是一样的。当细胞死亡，其中的 ATP 就迅速水解而消失，因此可通过发酵液的 ATP 浓度检测来测定活细胞浓度。在 ATP 存在下，荧光素氧化酶可使荧光素氧化，同时生成荧光，反应发出的荧光强度与 ATP 浓度成正比，由此可检测发酵液中的活细胞浓度。此外，在生物细胞培养过程中的某一时期，相同细胞在同等培养条件产生的 NADH 量是不变的，在对数生长期，活细胞浓度与 NADH 浓度成正比，这也是荧光法测定活细胞浓度的依据。

国外报道用介电性质测定微生物细胞浓度，其原理是利用生物细胞的介电性质，通过测定含有细胞的溶液的电容量，从而计算出细胞数，可做到在线测定，如英国 ABER 公司原位活细胞在线检测仪。该测定电极由电介质、内侧电极、外侧电极组成，其特点是可测定浮游细胞和固定化细胞浓度；可在温度、pH 值、基质温度、离子浓度等变化的条件下进行测定；可在有气泡固形物、悬浮物存在的情况下进行测定；可测定活细胞；不影响培养发酵状态；测定时间短；可灭菌。

（5）高压液相分析系统（HPLC） 在发酵生产上往往有产物抑制生物质的生长或产物形成的情况发生，为了获得高的产率，就必须对这些抑制物的浓度加以控制，使其保持在优化轨迹上。但至今这些物质大多数还缺乏工业可用的在线检测仪器来进行浓度的测量。

高效液相分析系统广泛地用于液体系统组分浓度的分析，但都只是作为离线分析。在发酵过程中，发酵液中物质浓度的实验室分析测量往往要经过几小时，而在线 HPLC 的分析的响应时间则相对较短。

利用 HPLC 在线测量物质浓度，并配有发酵出口气体 CO_2 分析仪和 pH 与氧化还原电极的发酵系统如图 7-4 所示，CO_2 分析仪和 pH 与氧化还原电极的信号由一台 HP-349A 信号采集器来采集，然后送给主机。产物（如木糖、乙醇和有机酸等）的浓度，通过对发酵液采样过滤后进入过滤取样模件（FAM），再由 HPLC 系统进行分析。

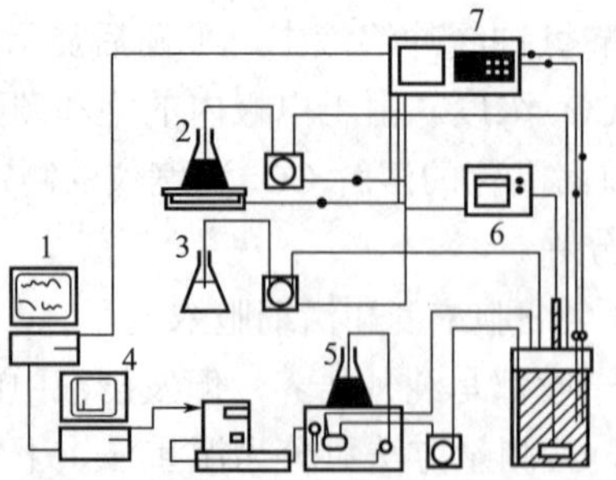

图 7-4 HPLC 在发酵中应用装置

1—主机；2—基质；3—溶加；4—HPLC-PC；5—HPLC 过滤取样模件；6—CO_2 分析仪；7—HP-349A 信号采集器

（6）流动注射分析系统　由于生物传感器具有不能承受高温灭菌、测量线性范围小、适合的操作条件与生化过程环境不同等缺点，使其不能直接插入反应器内。1975 年 Ruzicka 和 Hansen 首先提出了流动注射分析系统（FIA 系统），此后，Reed、Munch 等又对此系统进行了不断的完善和发展，并将其应用于生化工程。FIA 系统实质是将样品送至检测装置的一种手段，可以直接将样品送至检测装置，也可与载气、反应剂混合送至检测系统。1987 年 Reuss 提出了自动取样过滤系统。从而，通过自动取样装置，传感器与 FIA 系统结合应用于生化过程进行在线测控。利用此系统，生物传感器不用直接插入反应器，而是安装在反应器外，被测样液经取样装置、FIA 系统后被送至传感器检测单元，再与生物传感器接触反应产生信号，如图 7-5 所示。从而，生物传感器不必高温灭菌，样品也可进行适当的稀释，还可将样品进行预处理，并调整到合适的检测环境，克服了传感器尤其是生物传感器自身的缺点。另外，整个系统可随时进行调整而不会影响生化过程；还可运用多通道阀门进行多个样品同时检测，且整个过程不会影响样品的组成。该系统包括取样与样品预处理装置、泵、注射阀、传感器、信号转换和计算机。

样品经无菌取样装置，再经预处理后由注射阀注入与载气混合流经检测装置，产生信号转换数据经计算机处理，再按照数学模型及控制理论进行反馈控制。目前，取样过滤装置一般采用超滤膜过滤、交错流微生物膜过滤以及膜过滤电极，膜过滤电极最为常用。其安装方式有两种：一种是直接安装在反应器内，另一种是安装在反应器外（如图 7-6）。

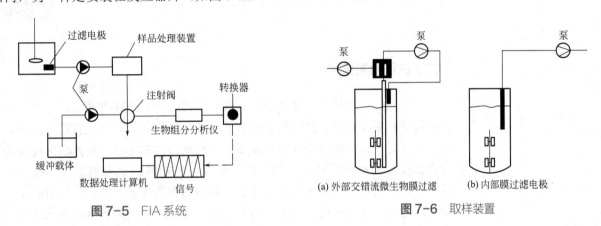

图 7-5　FIA 系统　　　　　　　　　　　　　　图 7-6　取样装置

（a）外部交错流微生物膜过滤　　（b）内部膜过滤电极

图 7-6（a）为膜过滤电极在反应器外，培养基经泵进入膜过滤单元，再经循环返回反应器内。由于培养基要返回反应器内，所以要求整个回路保证无菌，常用蒸汽灭菌和化学灭菌法对整个回路进行灭菌。图 7-6（b）为膜过滤电极直接安装在反应器中，采用滤膜透析的原理，培养基通过渗透进入膜管内随缓冲液一起流出反应器，再进检测装置。虽然用这种取样方法能尽量避免染菌，但此法最大的缺点是细胞和培养基内小颗粒物质容易沉淀在膜上，使膜受到污染，所以要经常清洗和更换。也有人采用剥离膜，可方便膜的更换。目前常用的与 FIA 联用的生物传感器有电流式电极、pH 电极、Bio-FET 电极以及光学生物传感器、光纤维传感器、光发射二极管传感器、化学发光传感器。随着科技的发展将会有更多新型的电极出现，如神经网络电极等。上述各种传感器与 FIA 联用可以实现生化过程化学物质、生物物质的浓度以及细胞浓度的在线测量，目前广泛应用于生化过程。

（7）映像在线监测系统　目前，随着光学技术的发展，出现了在线监测细胞数目、尺寸和形态的系统，即直接将光学显微镜安装在反应器中，通过此系统可以观察到细胞的数目、单个细胞的尺寸和形态，还可利用荧光显微镜同时估计细胞代谢过程。Konstantinov 于 1994 年提出实时监测细胞的形态和尺寸，如图 7-7 所示。

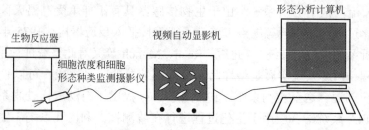

图 7-7 映像在线监测系统

细胞浓度及细胞形态种类监测摄影仪（CCD camera）直接安装在反应器中，观测到的映像经放大、计算后送至计算机进行进一步处理，从而得到细胞的数目以及单个细胞的形态、尺寸。利用映像在线监测系统已经成功控制酵母细胞絮凝现象。另外也可和 FIA 系统联用。

 概念检查 7-2

○ 在线生物量检测主要方法及其原理

（二）在线检测技术

（1）红外光谱技术 很多物质对红外线都有一定的吸收能力，且不同物质有不同特征吸收波段。红外线被吸收的数量与吸收介质的浓度有关，当其通过待测介质后，其强度按指数规律减弱，符合朗伯比尔定律。将光源的连续谱辐射全部投射到被测样品上，根据样品吸收辐射能的情况来判定被测成分的含量。一直以来，原位过程监测中红外光的传递和高性能红外探头的研制是难以解决的问题。近几年通过研究取得了巨大的突破，如借助光路系统或光导纤维来传递红外光，利用衰减全反射（ATR）原理，采用多次反射复合金刚石、锆等材料制作的红外探头，可适用于包括水溶液或其他强红外吸收溶剂、固体粉末或强红外吸收的样品，红外光进入样品的光程恒定，样品只要与全反射晶体材料紧密贴合即可。

（2）荧光检测技术 荧光检测可分为酶键合标记法、直接荧光测量法、荧光试剂测量法。

① 酶键合标记法采用专一性强的键合剂，根据标记与非标记物在键合中心的竞争性反应，测定由键合剂置换下来的溶液含量，由此测知代谢中间物或基质的含量。当采用荧光标记物时，就可以用荧光分析法进行测定。此种测定法多用光导纤维探头。两股光导纤维中的一股用来传输激发用的紫外线，另一股用来接收并传输测定室内（含有荧光标记物、待测物及被固定于光纤表面的键合剂）激发出的荧光，荧光经滤光片后由光敏器件接收，根据光强即可测知待测液中代谢物的浓度。

② 直接荧光测量法适用于测量自身能够受激发发生荧光的物质，可不加试剂直接在激发光照射下进行比色，由于一定的荧光物质只能吸收一定频率的

光，而且能产生荧光的物质发出的荧光波长也不尽相同，因而只要控制激发光和荧光单色器的波长，便可得到好的选择性结果。仪器安装在培养液面下的反应器视镜上，激发光源经滤色片照射到培养液上，待测物产生荧光，荧光强度由光电倍增管测量，反射的激发光及其他波长的荧光在通过滤色片时被滤去。

③ 荧光试剂测量法适用于不能直接受激发出荧光，但具有与荧光素／荧光素酶产生光发射特征的物质。Lasko 等将 cDNA（用于控制荧光素酶合成）插入大肠杆菌的基因中，使其能合成荧光素酶。当在培养基中加入荧光素时，胞内 ATP 与荧光素在荧光素酶的催化下发生反应，并产生荧光。因荧光强度与ATP 浓度有关，所以以检测荧光可知 ATP 浓度。

（3）离子敏场效应晶体管传感技术　离子敏场效应晶体管是利用离子敏感薄膜或生物活性功能膜代替金属构成的新型有源半导体化学敏感器件。它与普通的场效应晶体管的不同之处在于前者没有金属栅电极，栅极介质裸露或在其表面上覆盖对不同离子敏感的膜。当将器件置于待测溶液中时，栅极介质（或离子敏感膜）直接与待测溶液接触。

工业测量中的另一条途径就是采用间接测量的思路，利用易于获取的其他测量信息，通过计算机来实现被检测量的估计。近年来过程控制领域涌现的一种新技术——软测量技术正是这一思想的集中体现。软测量技术是以目前可有效获取的测量信息为基础，其核心——软测量模型是用计算机语言编制的软件，通过计算机实现重要过程变量的估计，其软件可根据被测对象的变化进行改造。在发酵过程中，由易测量的过程变量（如 O_2 和 CO_2），借助于"软测量"模型，通过各种计算和估计，实现对待测过程变量（如生物量、产物浓度）的软测量。

软测量技术的研究经历了从线性到非线性、从静态到动态、从无校正功能到有校正功能的过程。软测量技术作为过程控制与过程检测研究的一个重要方向，将会得到更大的发展。

迪必尔生物工程（上海）有限公司联合膜科学研究院研发了 T&J Quickflow 在线监测及分析设备，如图 7-8 所示，取样探头可以用于玻璃罐、不锈钢罐和一次性生物反应器，可以连接生化分析仪、HPLC、GC、生物传感器、离子交换色谱、质谱和分光光度计等检测设备，能够提供在线取样和实时分析葡萄糖、乳酸、铵离子、谷氨酸、谷氨酰胺等成分。

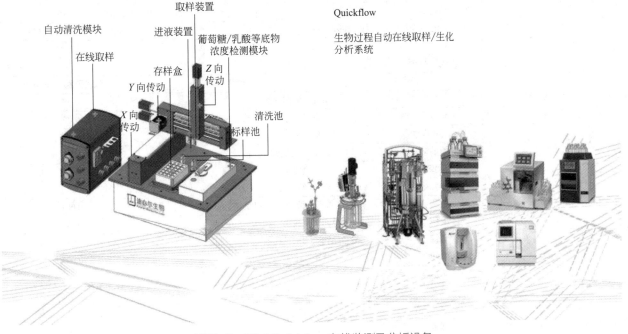

图 7-8　T&J Quickflow 在线监测及分析设备

清华大学无锡应用技术研究院生物育种研究中心开发了生物反应在线检测系统，用于生物反应培养过程的在线分析、调控，是一种对生物反应器进行全自动在线取样、处理、检测和留样的仪器。该仪器具有取样体积小、多参数检测、全自动、时效性高等特点，可避免因取样体积过多影响整个发酵系统，同时多参数检测，可实时显示罐内生物量、底物消耗和产物生成情况，也可及时调节反馈控制系统，实现底物的精确控制流加等，提高发酵过程控制效率，为发酵过程优化和工艺放大提供数据支撑。

（三）生物传感器及其在过程参数检测中的应用

生物传感器是利用生物催化剂和适当的转换元件制成的传感器。所用的生物材料包括固定化酶、微生物、抗原抗体、生物组织等，转换元件为电化学电极、热敏电阻等。由于快速、灵敏，现已广泛用于发酵过程底物、酶及代谢产物等的检测，见表 7-5 和表 7-6。

表 7-5 一些常用酶电极的性能

被测物质	酶名	电极类别	稳定性 /d	应答时间	测定范围 / （mg/L）
葡萄糖	葡萄糖氧化酶	H_2O_2	100	10s	$1 \sim 5 \times 10^2$
半乳糖	半乳糖氧化酶	H_2O_2	20 ~ 40	—	$10 \sim 10^3$
乙醇	乙醇氧化酶	O_2	120	30s	$5 \sim 10^3$
乳酸	乳酸氧化酶	O_2	30	30s	$5 \sim 10^3$
丙酮酸	丙酮酸氧化酶	O_2	10	2min	$10 \sim 10^3$
尿酸	尿酸酶	O_2	120	30s	$10 \sim 10^3$
尿素	尿素酶	NH_3	60	1 ~ 2min	$10 \sim 10^3$
胆固醇	胆固醇酯酶 胆固醇氧化酶	H_2O_2	30	3min	$10 \sim 5 \times 10^3$
中性脂肪	脂肪酶	pH	14	1min	$5 \sim 5 \times 10^3$
青霉素	青霉素酶	pH	7 ~ 14	0.5 ~ 2min	$10 \sim 10^3$
丙谷转氨酶	丙酮酸氧化酶	O_2	10	2 ~ 10min	0.5 ~ 180

表 7-6 细胞培养方面使用的传感器

被测物质	所使用的酶	浓度范围 / （mmol/L）
抗坏血酸（VC）	抗坏血酸氧化酶	0.05 ~ 0.6
纤维素二糖	β- 葡萄糖苷酶 + 葡萄糖氧化酶 + 过氧化氢酶	0.05 ~ 5.0
头孢菌素	头孢菌素酶	0.005 ~ 10
肌酸酐	肌酸酐、亚胺水解酶	0.01 ~ 10
乙醇	乙醇氧化酶	0.01 ~ 1
半乳糖	半乳糖氧化酶	0.01 ~ 1
葡萄糖	葡萄糖氧化酶 + 过氧化氢酶	0.001 ~ 0.8
乳酸	乳酸单氧酶	0.002 ~ 2
乳糖	乳糖酶 + 葡萄糖氧化酶 + 过氧化氢酶	0.05 ~ 10
草酸	草酸氧化酶	0.005 ~ 0.5
青霉素	β- 内酰胺酶	0.01 ~ 500
蔗糖	转化酶（蔗糖酶）	0.05 ~ 100
甘油三酯	脂蛋白、脂肪酶	0.1 ~ 5.0
尿素	尿素酶	0.01 ~ 500

齐鲁工业大学（山东省科学院）生物研究所研制了 SBA 系列生物传感器，核心是固定化酶膜，可测定葡萄糖、L- 乳酸、谷氨酸、赖氨酸、乙醇、淀粉、糊精、蔗糖、乳糖、糖化酶等。包括测定、清洗、电极平衡整个测定周期小于 1min。其特点是：①测定成本低，反应靠固定化酶催化，酶膜可使用测定数千次，操作只消耗缓冲液和定标药品。②操作简便，仪器定标后，即可测定适当稀释的样品，样品用量只有 25μL。③速度快，20s 可得到测定结果，每个样品测定周期在 1min 以内，1h 可测定几十个样品。④结果准确，专一性强。一般相对误差达到 1%，分辨率 1g/L 或 0.1mmol/L。不受颜色、混浊度等影响。其中酶电极法测定葡萄糖为国家标准（GB/T 16285—2008）。结合生物传感器分析、菌体浓度测定（570nm 吸光度）和无菌取样系统，开发了 SBA-60CSBA—60C 发酵在线生物量自动检测系统，可以用于发酵过程在线自动分析葡萄糖、乳酸、谷氨酸、赖氨酸等生物量指标和发酵液 OD 值，配备 3 个生物传感器，可以同时分析 3 个生物传感器测定指标（包括葡萄糖、乳酸、谷氨酸、赖氨酸等）。

 概念检查 7-3　　　　　　　　　　　　　

○ 生物传感器定义、结构、类型及特点。

第三节　控制理论与应用

以上讲述了生物反应过程中的各种检测手段，然而检测的目的是为了基于它所提供的信息，对整个生化反应过程进行适当的控制，为生物的生长和产物的形成提供适宜的条件，同时降低原材料和能量的消耗。发酵过程的一些特征使其比化学反应过程更易受控制。传统过程控制与优化：基于过程动力学模型基础，可用过程的状态变量对时间的微分方程式表示；多可以用线性微分方程形式表示。生物过程的特征：复杂；动力学模型高度非线性；时变性强甚至难以定量描述；状态变量在线测量难度大；反应过程响应速率慢、在线测量时间滞后大。生物过程控制与优化的目的是以生物反应工程等学科的原理和知识为基础，以自动控制理论、过程控制和优化理论、工程数学以及人工智能技术为手段，将目的生物过程控制在最优的操作环境之下，以提高生物过程生产水平。

一、生物过程的控制特征

首先，生物反应器在很大程度上能自我调节，这是微生物靠长期进化培养出来的适应环境的能力。故突然消失的反应在生物过程中是不存在的，当遇条件不适，反应过程会自然衰减。许多生物过程运行并非绝对依赖过程的控制，但这并不等于不能通过优化控制来改进生物过程。如现有的探头和激励器，便可在较大范围内控制过程向所需方向进行。例如，调节得很好的控制回路通常可以维持过程温度或 pH 值条件接近所需值（如 ±0.3℃，±pH0.2）。发酵过程的第二易受控特征是其相当长的时间常数。此特征对生物过程的运行更为直接，对其过程控制进程相对慢些。

（1）温度的控制　　生物反应的最佳温度范围是比较狭窄的，所以发酵过程需把生物反应器的温度控制在某一定值或区间内。最适发酵温度的选择往往既要考虑有利于提高生物合成反应的速度，又要顾及生物合成反应的持久性，同时还要兼顾其他环境条件的影响。此外，对于次级代谢产物的合成来说，由

于初级代谢和次级代谢的酶系不同，适合于微生物生长和产物合成的温度也可能不同，故在整个发酵过程中应根据生长和产物合成的不同需要，在不同的发酵阶段选择不同的温度。影响生化反应温度的主要因素有微生物发酵热、电极搅拌热、冷却水本身的温度以及周围环境温度的改变。

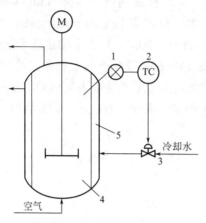

图 7-9 发酵过程温度控制

1—温度传感变送器；2—温度控制器；
3—调节阀；4—生物反应器；5—夹套

生物反应器采用通冷却水的方式带走生化反应热。其冷却水冷却的方式有两种：小型的采用夹套冷却形式，而大型的生物反应器通常采用在反应器内装盘管冷却器的形式。在冷却水温度比较稳定的情况下，生物反应器的温度常采用单回路的 PID 控制（图 7-9）。这样的温度控制系统由四个环节组成，即温度测量元件（通常用铂热电阻温度计）、温度控制器、调节阀和被控过程的生物反应器。

（2）pH 的控制　发酵液的 pH 值既是培养基理化性质的反映，又是微生物生长代谢的结果，反过来又影响微生物生长和发酵产物的合成。不适当的 pH 值将显著降低微生物的生长速度，减少发酵产物，甚至完全没有发酵产物的形成。

pH 是发酵过程中代谢平衡，特别是碳、氮平衡的反映。一般说来，pH 上升多半是碳代谢不足，这时应考虑增加培养基中糖浓度（采用补糖的办法）；相反，pH 下降主要是由于碳源过量或氮源不足，这时应降低培养基中的糖浓度（减少或停止补糖）或增加容易利用的氮源的浓度（如补玉米浆、通氨或补硝酸盐）。因此，以 pH 作为补料控制的指标，在微生物发酵过程优化控制中有着十分重要的意义。例如，青霉素发酵采用调节补糖的方法维持 pH 的稳定，比用酸、碱调节 pH 的恒速补糖法，使最终发酵产量提高 25%。其次，对于次级代谢产物，生长期与生产期的最适宜 pH 往往是不同的。

发酵过程中 pH 的控制首先要考虑基础培养基中生理酸、碱物质的平衡，使它们能够均衡代谢以保持 pH 的稳定性。其次是维持生理酸、碱性物质在补料中的平衡，使其不致因为补料而造成 pH 大幅度波动。再次是当 pH 一旦发生较大的波动，在偏离最适宜的 pH 范围前，适当加入酸、碱予以调节。

工业上常用的生物反应器的 pH 控制系统如图 7-10 所示。系统由 pH 测量电极和变送器、pH 控制器、空气开关和气动开关阀门组成。氨水不是直接加入反应器，而是通过空气管道与空气一起送入反应器，这样使氨水充分分散于发酵液中，不会造成局

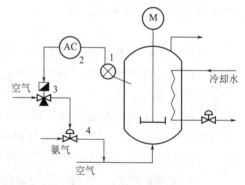

图 7-10 常用生物反应器的 pH 控制系统

1—测量电极和变送器；2—控制器；
3—空气开关；4—气动开关阀门

部 pH 值的偏高或偏低。为了防止调节阀门的泄漏，调节阀门采用气动开关阀，它由电磁空气开关来控制。所以，pH 控制系统是一开关控制系统，控制器根据 pH 偏差信号计算出开关阀门开关周期和开与关的时间长短，来控制输入的氨水的量，从而达到控制 pH 的目的。

（3）溶氧控制　由于微生物发酵过程涉及许多氧化反应，故氧作为反应的参与者和其他基质一样，它在发酵液中的浓度将直接影响产物的合成。但是氧在发酵液中的溶解度较低，一般不会像其他基质那样因过高的浓度产生生物合成抑制或阻遏反应，而较常见的是溶氧浓度过低对生物合成的限制。

由于溶氧浓度受到传氧与耗氧两方面影响，故它的控制也应从这两方面入手。从耗氧方面考虑，在以糖为生长限制基质的情况下，当溶氧浓度偏低时，可减少补糖率以降低菌体生长速率；反之，增加补糖率来提高菌体生长速率。在这种意义上，溶氧浓度可作为补料控制的依据。从传氧方面考虑，一般通过加大搅拌转速、通气量或罐顶压力的方法，提高氧传递速率。

溶解氧的控制系统如图 7-11 所示，图中溶解氧通过控制发酵罐压力和空气流量的方法来控制。系统由溶解氧电极和变送器、溶解氧控制器、压力控制系统和空气流量控制系统组成。因为提高发酵压力，使发酵中二氧化碳的溶解度也增加，这不仅会改变发酵液的 pH 值，而且会影响氧的溶解度，因此，常用控制溶解氧的方法控制空气流量。

（4）补料控制　在补料发酵过程中，随着发酵的进行，微生物生长和代谢都要求连续不断地补充营养物质，使微生物生长沿着优化的生长轨迹生长，以获得高产的微生物代谢产物。由于微生物的浓度和代谢状况无法实时在线测量，使得补料控制一直都极为困难。近年来，随着理论研究和工业应用的不断发展，从补料方式到计算机最优化控制等都取得了较大进展。就补料方式而言，有连续流加和变速流加。每次流加又可分为快速流加、恒速流加、指数速率流加。从补加的培养基成分，又可分为单一组分补料和多组分补料等。

为了有效地进行中间补料，必须选择恰当的反馈控制参数，了解这些参数与微生物代谢菌体生长、基质利用及产物形成之间的关系。采用的最优补料程序也是依赖于比生长曲线形态、产物生成速率及发酵的初始条件等情况。因此，欲建立补料培养的数学模型及选择最佳控制程序，都必须充分了解微生物在发酵过程中的代谢规律及对环境条件的要求。

图 7-12 为工业上常用的发酵过程补料控制原理图。补料控制实际上是流量控制，整个控制系统由流量测量环节、流量控制器和调节阀组成。其中流量测量环节可用电磁流量计或带远传转子流量计来测量。

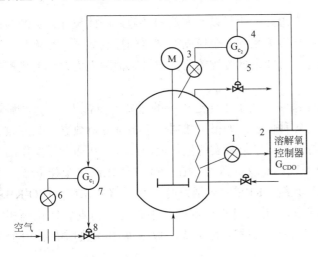

图 7-11　溶解氧的控制系统

1—溶解氧电极和变送器；2—溶解氧控制器；3—压力传感变送器；4—压力控制器；5—压力调节阀；6—空气流量变送器；7—流量控制器；8—流量调节阀

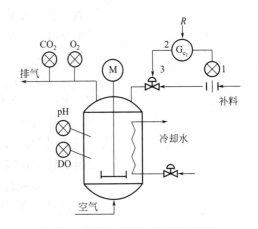

图 7-12　发酵过程补料控制原理图

1—流量测量及变送器；2—流量控制器；3—调节阀

二、先进控制理论在反应器控制中的应用

（1）模糊逻辑控制在生化过程中的应用　在好氧发酵过程中，发酵液中的氧参与菌体的生长、产物的形成和维持细胞代谢，因此发酵液中的溶氧（DO）是发酵过程的一个重要参数。影响罐内物料溶氧值的因素主要有细菌需氧量、通风量、罐压及搅拌转速。其中发酵不同阶段的需氧量由实验及经验确定，是不可控因素。因此在搅拌器转速恒定的情况下，可控因素为通风流量和罐压。工艺要求罐压 p 和通风流量 Q 稳定，超调小。工艺上罐压由进气调节阀的开度控制，通风流量则由出气调节阀的开度控制，两个回路之间相互关联，采用常规 PI 控制难于稳定，易失控及振荡，有较大的超调。因此在这两个控制回路中引入模糊控制概念，即将二者的相互影响适当量化，存入计算机内，实时控制时，先根据经验整定两组 PI 参数，注意将二者的频阈拉开，然后对系统的响应（即 p、Q）进行监测，根据预定的步骤和指标进行模糊推理，自动对 PI 参数超前修正。实施该控制方案可基本上消除压力和流量回路的耦合。再根据发酵不同阶段的溶氧设定值调整通风流量，形成定罐压下的溶氧串级 PID 模糊控制，其框图如图 7-13 所示。其中：p 为罐压回路，定值控制；Q 为通风流量，串级副回路；DO 为溶氧，串级主回路。

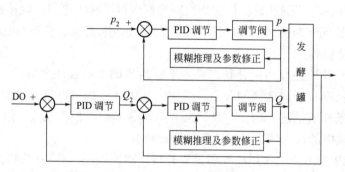

图 7-13 溶氧串联级 PID 模糊控制框图

模糊控制的控制规则来源并依赖于设计人员的经验，因此设计人员经验的正确与否以及是否最优，直接关系到整个模糊控制器的控制效果。且模糊控制器不具备学习能力，因此不可能根据过程的历史记录来消除人为设计的模糊规则的主观性。

（2）生化过程知识库系统　由于生化过程中的重要变量都无法在线测量，通过全面利用发酵过程的各种信息，如报批数据、实验室分析数据、配方数据和在线检测数据等，经综合分析了解真实的生化反应过程，从而指导操作的控制发展过程，具有重要的现实意义。因此，在管控一体化网络中建立了一个发酵过程知识库（KBS）系统。KBS 中包括发酵过程监督知识库（BIO-KBS）和工厂统筹规划调度知识库，并与过程控制的状态估计、仿真、优化等相联系，这两个知识库都得到在线数据库的支持，数据库中存放所有有用信息（图 7-14）。

KBS 应用所获得的信息可进行发酵过程的实时控制，例如补料等策略，可对发酵过程的各种事故进行检测与诊断,并可进行多个发酵罐的生产计划调度,发酵产出率得到很大提高。Alford 等简述了一种用于中试规模工业发酵的智能远程报警系统,它能进行自动数据分析、有效性检查、过程故障查找及放罐时机的判断。这样的知识库系统能应付不确定事物的发生,以启发方式,结合定量与定性或符号表达式来再现老练的过程操作人员的操作。

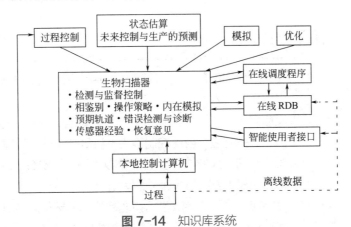

图 7-14 知识库系统

(3)基于专家系统的人工神经网络 为进一步优化发酵工艺参数,采用了基于专家知识的人工神经网络。该网络模型采用 5 层感知机网络(MLP),用直接控制率确定最优控制规线(溶氧为主),用误差反传法(BP)学习和确定神经网络参数和控制作用,从而弥补了现有工艺参数确定方法的不足,使系统具有较好的鲁棒性及控制方法的动态重复性,达到较满意的结果。在学习过程中,采用广义 S 型函数描述神经元的输入输出特性,首先设置系统 $k=0$ 时的初始条件,利用专家知识及直接最优控制策略求最优控制作用 $\{u(k)\cdots\}$,将求得 k 时刻的最优控制 $\{n(k)\}$ 加入实际系统,并测量 $\{z(k+1)\}$,用来训练神经网络模型参数,求出实际控制参数,其框图如图 7-15 所示,逻辑结构如图 7-16。

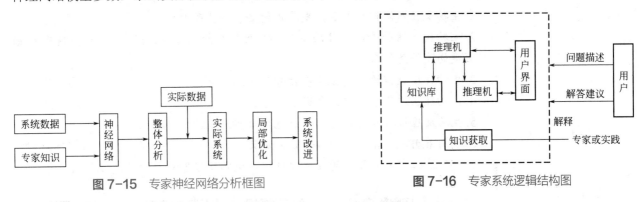

图 7-15 专家神经网络分析框图   **图 7-16** 专家系统逻辑结构图

目前已开发了 PenSim v2.0 青霉素发酵模拟软件和工业规模青霉素发酵模拟软件 IndPenSim,后者基于 Matlab 软件建立,可以从网站免费下载。生化过程控制理论存在的难点如下:

① 无论是前馈还是反馈控制,都必须建立在在线监测的各种参数上,但适用于生化反应过程的传感器的研究落后于生物工业的发展。

② 各种微生物具有独特的生理特性,生产各种代谢产物又有各自的代谢途径,应用于生化反应过程的控制理论不具有普适性。

③ 控制理论自身的局限,至今不能模拟生化反应过程的高度非线性的多容量特性。

④ 在具体的控制模型构建时,缺乏以细胞代谢流为核心的过程分析,采用以动力学为基础的最佳工

艺控制点为依据的静态操作方法实质上是化学工程动力学概念在发酵工程上的延伸。目前发酵动力学模型主要通过经验法、半经验法或简化法得到，一般为非结构动力学模型，如 Monod、Moser、Tessier、Contois 等模型方程。国内外都有学者提出基于参数相关的发酵过程多尺度问题的研究。

总结

○ 生物反应器的放大是将研究设备中优化的培养结果转移到高一级设备中加以重现的技术。
○ 反应器的放大涉及生物特征、反应机制、反应动力学、流体力学、传质传热、机械制造、自动控制等跨学科复杂原理，过程非常复杂。
○ 反应器的放大方法主要有经验放大法、因次分析法、时间常数法和数学模拟法，其中常用的是经验放大法。
○ 生物加工过程的参数包括物理参数、化学参数和间接参数。
○ 状态参数是能反映反应过程中微生物生理代谢状况的参数。
○ 生物反应过程检测仪器分为在线检测和离线检测两类。
○ 生物传感器是利用生物催化剂和适当的转换元件制成的传感器。
○ 生物过程控制与优化的目标函数包括浓度、生产效率或强度和转化率。

课后练习

1. 生物反应器体积放大后，发酵性能会有哪些改变？
2. 生物反应器的检测元件应具有什么性能？检测溶解氧浓度、检测 pH 和检测温度的元件是什么？
3. 生物反应过程的主要控制参数分为哪三大类？
4. 生物反应过程中测定的参数有哪些？
5. 生物反应过程的基本自控系统包括哪些？
6. 利用 IndPenSim 软件模拟青霉素发酵。
7. 利用迪必尔公司开发的放大软件进行生物反应器放大设计。

题1答案　　题2答案　　题3~5答案　　题6~7答案

设计问题

一工厂在 100L 机械搅拌生物反应器中进行淀粉酶生产试验，菌种为枯草芽孢杆菌，效果良好，拟放大至 $20m^3$ 生产罐。发酵液为牛顿型流体，黏度 $\mu=2.25 \times 10^{-3} Pa \cdot s$，密度 $=1020kg/m^3$。小罐尺寸：直径 $D=375mm$，搅拌叶轮 $d=125mm$，高径比 $H/D=2.4$，液柱深 $H_L=1.5D$，4 块挡板 $W/D=0.1$；装液量为 60L，通气速率为 1.0VVM，使用两挡圆盘六直叶涡轮搅拌器，转速 $n=350r/min$。该培养过程为高耗氧过程。生产罐尺寸可用几何相似原则确定，试分别按 k_La 相同和 P_0/V_L 相同的原则计算生产罐的转速、P_0 和 P_g。

（www.cipedu.com.cn）

第八章　细胞破碎与料液分离过程设备

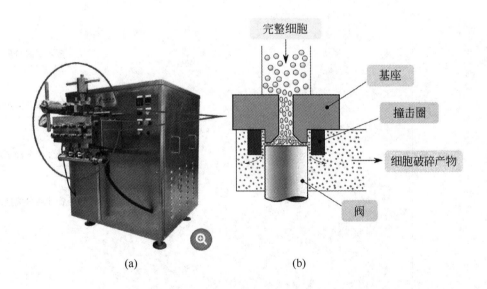

(a)　　　　　　(b)

　　图（a）是现代生物技术企业中普遍采用的高压匀浆破碎仪；图（b）示意了细胞破碎的过程及高压匀浆破碎仪的基本工作原理。

思维导图

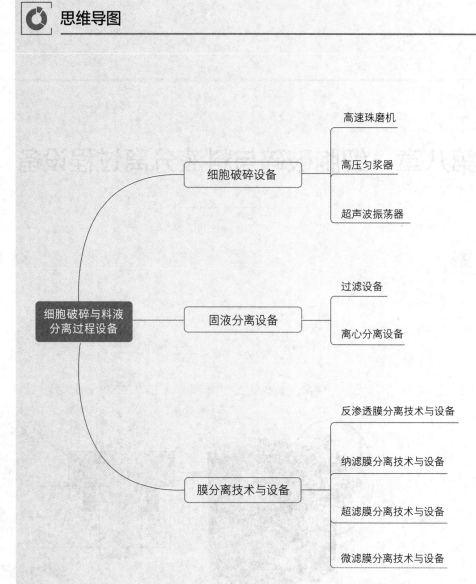

为什么学习细胞破碎与料液分离过程设备?

许多生物活性大分子及有价值的小分子化合物往往在细胞内部，首先需要通过细胞破碎设备进行破壁，再利用固液分离设备进行粗提取，该过程是工业生物制造过程中至关重要的环节，承接后续目标产物的分离纯化。因此高效的细胞破碎和料液分离可以促进整个生物制造过程的有序进行。那么完成该过程需要何种设备? 其设备结构与工作原理是本章所要学习的主要内容。

学习目标

○ 掌握细胞破碎设备的结构和工作原理，掌握高速珠磨机及高压匀浆器的结构。
○ 掌握固液分离设备的结构和工作原理，特别是离心机的分类依据。
○ 了解常用的膜分离设备及其工作原理，特别是超滤的操作原理和操作模式，并举例说明超滤在微生物工程中的应用。
○ 掌握细胞破碎设备、固液分离设备、膜分离技术与设备等的选型计算，能通过生产实际需求进行适当计算推出需要采购的设备型号。

第一节　细胞破碎设备

微生物代谢产物大多分泌到胞外，如大多数小分子代谢物、部分酶蛋白等。但有些目标产物如大多数酶蛋白、类脂和部分抗生素等存在于胞内。要分离和提取此类产物，就必须进行细胞破碎，使目标产物转入液相，然后进行细胞碎片的分离。

细胞破碎的方法很多，一般按是否使用外加力分为机械法和非机械法两类。非机械法有酶溶法、化学法、物理法和干燥法等。在此对非机械法不作进一步讨论，下面介绍机械法中常用的细胞破碎设备。

一、高速珠磨机

珠磨机的工作原理是将进入珠磨机的细胞悬浮液与极细的玻璃珠一起搅拌，由于研磨作用，使细胞破碎，释放出内含物。图 8-1 为水平搅拌式珠磨机结构示意图。

如图 8-1 所示在水平位置的磨室内放置玻璃小珠，装在圆心轴上的圆盘搅拌器高速旋转，使细胞悬浮液和玻璃小珠相互搅拌，在液面出口处，旋转圆盘和出口平板之间的狭缝很小，可阻挡玻璃小珠。从而在珠液分离器的协助下，小珠被挡在破碎室内，而浆液则流出，从而实现连续操作。由于珠磨破碎过程要产生热量，易造成某些活性物质的失活，一般在磨室装有夹套冷却装置。

在珠磨中，细胞的破碎率一般符合一级速率方程式:

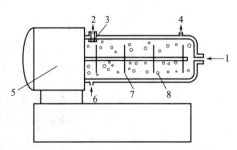

图 8-1 水平搅拌式珠磨机结构示意图

1—细胞悬浮液; 2—细胞匀浆液; 3—珠液分离器;
4—冷却液出口; 5—搅拌电机; 6—冷却液进口;
7—搅拌桨; 8—玻璃珠

对于间歇操作： $$\ln[1/(1-R)] = Kt \qquad (8-1)$$

对于连续操作： $$\ln[1/(1-R)] = K\tau \qquad (8-2)$$

其中： $$\tau = V/q_v \qquad (8-3)$$

式中 R——破碎率，%；

$\quad\quad K$——反应速率常数，s^{-1}；

$\quad\quad t$——破碎时间，s；

$\quad\quad \tau$——平均停留时间，s；

$\quad\quad V$——破碎室悬浮液体积，L；

$\quad\quad q_v$——进料速度，L/s。

反应速率常数 K 与许多操作参数有关，如搅拌转速、料液的循环流速、细胞悬浮液的浓度、玻璃珠的装置和珠径以及温度等。这些参数不仅影响破碎程度，也影响所需要的能量。珠体的大小应以细胞的大小、浓度以及连续操作时不使珠体带出作为选择依据。珠体的装量要适中，装量少时，细胞不易破碎；装量过大时，能耗增大，研磨室热扩散性能降低，引起温度上升。Schutte 等人在研究了几种酵母和细菌株的破碎后，提出破碎条件在下列范围内较适宜：搅拌器的转速 700～1450r/min，流速 50～500L/h，细胞悬浮液浓度 30%~50%（细胞湿重/体积），玻璃小珠装量 70%～90%，玻璃珠直径 0.45～1mm。

二、高压匀浆器

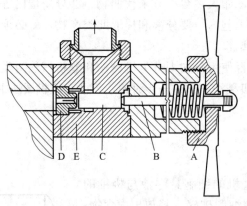

图 8-2 高压匀浆器排出阀
A—手轮；B—阀杆；C—阀体；D—阀座；E—撞击环

高压匀浆器是用作细胞破碎的常规设备。它由可产生高压的正向排代泵和排出阀组成。高压匀浆器的排出阀简图如图 8-2 所示。

细胞浆液通过止逆阀进入泵内，利用高压使其在排出阀的小孔冲击，并且高速撞击在撞击环上。细胞在这一系列的高速运动中经历了剪切、碰撞以及高压到常压的变化，从而造成细胞破裂。

在操作方式上，可以采用单次通过匀浆器或多次循环通过等方式。对某些较难破碎的微生物细胞如小球菌、链球菌、酵母菌和乳酸杆菌等的细胞，应采用多次循环的方式才能达到较高破碎率。

采用高压匀浆器破碎细胞属于一级反应过程。

破碎的动力学方程可表示为：

$$\ln[1/(1-R)] = K_t np^a \qquad (8-4)$$

式中 R——细胞破碎率；

K_t——与温度等有关的破碎常数；

n——悬浮液通过匀浆器的次数；

p——操作压力；

a——与微生物种类有关的常数。

由上式可知，影响破碎的主要因素是压力、温度和通过匀浆器的次数。一般来说，增大压力和增加破碎次数都可以提高破碎率，但压力增大到一定程度后，对匀浆器的磨损较大。

高压匀浆器适用于很多微生物细胞的破碎。例如大肠杆菌、酵母菌等。但对某些微生物，如较小的革兰氏阳性菌、团状或丝状真菌不适用。因为它们会堵塞匀浆器的阀，使操作发生困难。

三、超声波振荡器

超声波具有频率高、波长短、定向传播等特点，通常在 15 ～ 25kHz 的频率下操作。超声波振荡器有不同的类型，常用的为电声型，它是由发生器和换能器组成，发生器能产生高频电流，换能器的作用是把电磁振荡转换成机械振动。超声波振荡又可分为槽式和探头直接插入介质两种，一般破碎效果后者比前者好。

超声波对细胞的破碎作用与液体中空穴的形成有关。Douiash 指出当超声波在液体中传播时，液体中的某一小区域交替重复地产生巨大的压力和拉力。由于拉力的作用，使液体拉伸而破裂，从而出现细小的空穴。这种空穴泡受到超声波的迅速冲击而迅速闭合，从而产生一个极为强烈的冲击波压力，由它引起的黏滞性旋涡在悬浮细胞上造成剪切应力，促使细胞内部液体发生流动，而使细胞破碎。

超声波处理细胞悬浮液时，破碎效率与超声波的声强、频率、液体的温度、压强和处理时间等有关，此外与介质的离子强度、pH 值和菌种的性质等也有很大的关联。不同的菌种，用超声波处理的效果也不同，杆菌比球菌易破碎，革兰氏阴性菌细胞比革兰氏阳性菌易破碎，酵母菌效果较差。

第二节　固液分离设备

在生物技术产业中，微生物发酵液、动植物细胞培养液、酶反应液或各种提取液，常常是由固相与液相组成的。而这种悬浮液的固液分离是生物产品生产过程中经常遇到的重要单元操作之一。其中发酵液由于种类很多，大多数表现为黏度大和成分复杂，其固液分离最为困难。

固液分离的方法很多，生物工业中运用的方法有分离筛、重力沉降、浮选分离、离心分离和过滤等。其中最常用的主要是过滤和离心分离。过滤不但是生物产品生产过程中传统的单元操作，而且是目前工业生产中用于固液分离的主要方法。其操作是迫使液体通过固体支撑物或过滤介质，把固体截留，从而达到固液分离的目的。离心分离是利用惯性离心力和物质的沉降系数或浮力密度的不同而进行的分离、浓缩等操作。离心分离对那些固体颗粒很小且黏度很大、过滤速度很慢甚至难以过滤的悬浮液分离有效，对那些忌用助滤剂的悬浮液的分离也能得到满意的结果。

不同性状的处理液应选用不同的固液分离方法与设备。在生化物质液固分离时，常需考虑的重要参数有：分离粒子的大小和尺寸，介质的黏度，粒子和介质之间的密度差，固体颗粒的含量，粒子聚集或絮凝作用的影响，产品稳定性，助滤剂的选择，料液对设备的腐蚀性，操作规模及费用等。同时在选择分离方法时，还需考虑到它对后续工序的影响，尽量不要带入新的杂质，给后道工序的操作带来更多困难。

一、过滤设备

过滤的原理就是悬浮液通过过滤介质时，固体颗粒与溶液分离。根据过滤机理不同，过滤又可分为澄清过滤和滤饼过滤两种。

（1）澄清过滤 当悬浮液通过过滤介质时，固体颗粒被阻拦或吸附在滤层颗粒上，使滤液得以澄清。

（2）滤饼过滤 当悬浮液通过过滤介质时，固体颗粒被介质阻拦而形成滤饼，当滤饼积至一定厚度时就起到过滤作用，此时即可获得澄清的滤液。

过滤介质一般按照不同的过滤操作进行分类。

在澄清过滤中，所用的过滤介质为硅藻土、砂、颗粒活性炭、玻璃珠、塑料颗粒等，填充于过滤器内即构成过滤层；也有用烧结陶瓷、烧结金属、黏合塑料及用金属丝绕成的管子等组成的成型颗粒滤层。在澄清过滤中，过滤介质起着主要的过滤作用。

在滤饼过滤中，过滤介质为滤布，包括天然或合成纤维织布、金属织布以及毡、石棉板、玻璃纤维纸、合成纤维等无纺布。在滤饼过滤中，悬浮液本身形成的滤饼起着主要的过滤作用。

按照过滤推动力的差别，习惯上把过滤机分为常压过滤机、加压过滤机和真空过滤机三种。

（一）常压过滤机

此类过滤机由于推动力太小，在工业中很少用。但在啤酒厂麦芽糖化的过滤仍采用这种压力差很小的平底筛过滤机。

啤酒麦芽汁中有大量的细小悬浮液以及破碎的大麦皮壳。后者沉降形成的麦糟层便成了过滤介质层。麦糟层中形成无数的曲折毛细孔道，只要这些细小的悬浮颗粒在毛细孔道中流速适当，它们就被毛细管壁所捕捉。实践证明，当麦芽汁的通透率在 $270 \sim 360L/(m^2 \cdot h)$ 的范围内，可以获得澄清度合格的麦芽汁。

（二）加压过滤机

1. 自动板框过滤机

板框过滤机是一种传统的过滤设备，在发酵工业中广泛应用于培养基制备的过滤及霉菌、放线菌和细菌等多种发酵液的固液分离。

传统板框过滤机需人工排除滤饼和洗换滤布，设备笨重、间歇操作、卫生条件差。然而具有过滤结构简单、单位体积的过滤面积大、装置紧凑等优点。自动板框过滤机是一种较新型的压滤设备，它使板框的拆装、滤饼的脱落卸出和滤布的清洗等操作都自动进行，大大缩短了间歇时间，并减轻劳动强度。

图 8-3 为 IFP 型自动板框过滤机。该板框过滤机的板框在构造上与传统的无多大差别，唯一不同是板与框的两边侧上下有四只开孔角耳，构成液体或气

体的通路。滤布不需要开孔，是首尾封闭的。悬浮液从板框上部的两条通道流入滤框，然后，滤液在压力的作用下，穿过在滤框前后两侧的滤布，沿滤板表面流入下部通道，最后流出机外。清洗滤饼也按照此路线进行。洗饼完毕后，油压机按照既定距离拉开板框，再把滤框升降架带着全部滤框同时下降一个框的距离；然后推动滤饼推板，将框内的滤饼向水平方向推出落下；滤布由牵动装置循环行进，并由防止滤布歪行的装置自动修位，同时洗刷滤布；最后，使滤布复位，重新夹紧，进入下一操作周期。

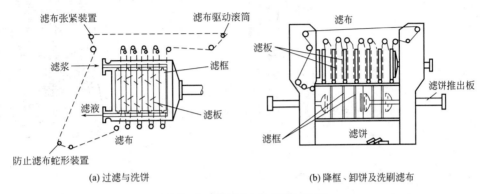

(a) 过滤与洗饼　　　　　　　　　　　　　(b) 降框、卸饼及洗刷滤布

图 8-3　IFP 型自动板框过滤机

采用分散控制的思想并用 PLC（可编程控制器）实现板框过滤机的联动控制。该联动控制能实现手动、自动和任意两台板框过滤机联动操作，提高了板框过滤机的自动化程度。实际使用表明，该系统性能稳定可靠，使用简单，维护方便，并可延长板框过滤机的使用寿命，减轻工人劳动强度。

目前食品、化肥、制药、水处理、有机化工等行业广泛采用板框过滤机，但是它存在过滤质量不稳定、消耗大、环境和物料被污染等问题。

2. 硅藻土过滤机

硅藻土是藻类硅藻的化石，是一种较纯的二氧化硅矿石，可用作绝缘材料、清洁剂和过滤介质。硅藻土过滤的特点是，可以不断地添加助滤剂，使过滤性能得到更新、补充，所以过滤能力强。

硅藻土过滤机被广泛用于啤酒生产中冷凝固物的分离和成熟啤酒的过滤。它还多用于葡萄酒、清酒及其他含有低浓度细微蛋白质胶体粒子悬浮液的过滤。一般按所要滤除的颗粒大小，选择不同粒度分布的硅藻土作预涂层。

硅藻土过滤机型号很多，其设计的特点是体积小，过滤能力强，操作自动化。硅藻土过滤机一般分为三种类型：板框式硅藻土过滤机、叶片式硅藻土过滤机和柱式硅藻土过滤机。

（1）板框式硅藻土过滤机　该过滤机是比较早期的产品，但由于操作方便并且稳定，至今仍流行。其结构与上述的板框过滤机没有多大差别，也是滤板和滤框的交替排列，只是在过滤介质前置有涂有硅藻土的金属丝网。

（2）叶片式硅藻土过滤机　叶片式硅藻土过滤机分为两种：垂直叶片式硅藻土过滤机（图 8-4）和水平叶片式硅藻土过滤机（图 8-5）。

① 垂直叶片式硅藻土过滤机　主要包括以下几个部分：顶部为快开式顶盖，底部有一条水平的滤液汇集总管，两者之间垂直排列了许多扁平的滤叶。每张滤叶的下部有一根滤液导出管，将其内腔与滤液汇集总管连接。

正反两面紧覆着细金属网的滤框。其骨架是管子弯制成的长方形框。中央平面上夹着一层大孔格粗金属丝网，在其两面紧覆以细金属丝网（400 ～ 600 目），作为硅藻土涂层支持介质。

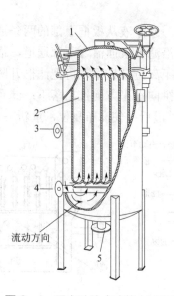

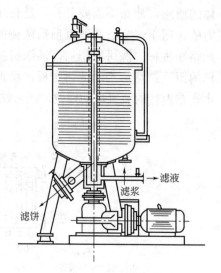

图 8-4　垂直叶片式硅藻土过滤机
1—顶盖；2—滤液；3—滤液出口；
4—滤液进口；5—卸渣口

图 8-5　水平叶片式硅藻土过滤机

（图中：滤液、滤浆、滤饼、流动方向、1、2、3、4、5）

过滤时顶盖紧闭，将啤酒与硅藻土的混合液泵送入过滤器，以制备硅藻土涂层。混合液中的硅藻土颗粒被截留在滤叶表面的细金属网上面，啤酒则穿过金属网，流进滤叶内腔，然后在汇集总管流出。浊液反流，直到流出的啤酒澄清为止。此时表明，预涂层制备完毕，接着可以过滤啤酒。

过滤结束后，压出器内啤酒，然后反向压入清水，使滤饼脱落，自底部卸出。

②水平叶片式硅藻土过滤机　该过滤机在垂直空心轴上装有许多水平排列的滤叶。滤叶内腔与空心轴内腔相通，滤液从滤叶内腔汇集空心轴，然后从底部排出。

滤叶的上侧是一层细金属丝网，作为硅藻土预涂层的支持介质，中央夹着一层大孔格粗金属丝网，作为细金属丝网的支持物。滤叶下侧则是金属薄板。

其操作方式与垂直叶片式硅藻土过滤机大致相同，只是在过滤结束后，它在反向压入清水后，还开动空心转轴，在惯性离心力作用下，更容易卸除滤饼。

（3）柱式硅藻土过滤机　柱式滤管是柱式硅藻土过滤机的主体部分。柱式过滤机使用柱式滤管（见图8-6）作为过滤介质，它是由不锈钢材料制成的，关键部件是将数个不锈钢圆环套在Y形的金属棒上。不锈钢圆环的底面扁平，顶面有8个突起的扇形，扇形突起的高度为0.05～0.08mm。Y形的金属棒上开有三条U形槽，两头车有螺纹。在Y形的金属棒上将一不锈钢圆环扁平底面与另一不锈钢圆环突起的扇形顶面依次一一套合后，用带内螺纹的端盖和过滤机管板连接接头分别旋在开槽的中心柱两头螺纹上，将套在Y形的金属棒上的不锈钢圆环位置固定。调节端盖与管板连接接头之间的距离可适当地控制不锈钢圆环之间的间隙，达到调节柱式滤管过滤精度的目的。

在柱式过滤机（图8-7）的柱式滤管上制备硅藻土涂层时，将悬浮液所含硅藻土和液体做垂直于柱式滤管面的同向流动。硅藻土沉积在柱式滤管（不锈钢圆环）的外表面之上形成预涂层，悬浮液中的液体在过滤推动力作用下穿过预滤层，滤液沿中心 Y 形金属棒的 U 形槽沟排出机外，再携带硅藻土进行循环直到滤液澄清为止。

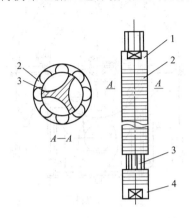

图 8-6　柱式滤管

1—管板连接接头；2—不锈钢环；3—Y 形金属棒；4—端盖

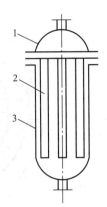

图 8-7　柱式过滤机

1—封头；2—柱式滤管；3—壳体

在进行正常过滤时，相当混浊的啤酒做垂直于柱式滤管面的同向流动，啤酒中剩余的酵母菌、胶体沉淀物及存在的细菌沉积在柱式滤管外表面上预涂层的表面，啤酒在过滤推动力作用下穿过柱式滤管，沿 U 形槽沟排出机外。

该机的优点是滤层在柱上，不易变形脱落，滤柱为圆形，其过滤表面积会随滤层的增加而增加。

（三）真空过滤机

1. 转鼓真空过滤机

在大规模生物工业生产中，转鼓真空过滤机是常用的过滤设备之一。它具有自动化程度高、操作连续、处理量大的特点。非常适合于固体含量较大（>10%）的悬浮液的分离。在发酵工业中，它对霉菌、放线菌和酵母菌发酵液的过滤较有成效。

这种过滤机把过滤洗饼、吹干、卸饼等各项操作在转鼓的一周期内依次完成。

图 8-8 为转鼓真空过滤机的工作原理图。这种过滤机的主要元件是转鼓。其内维持一定的真空度，与外界大气压的压差即为过滤推动力。在过滤操作时，转鼓下部浸没于待处理的料液中。当转鼓以低速旋转时（一般为 1 ～ 2.6r/min），滤液就穿过过滤介质而被吸入转鼓内腔，而滤渣则被过滤介质阻截，形成滤饼。当转鼓继续转动，生成的滤饼依次被洗涤、吸干、刮刀卸饼。若滤布上预涂硅藻土层，则刮刀与滤布的距离以基本上不伤及硅藻土层为宜。最后通过再生区，压缩空气通过分配阀的Ⅳ室进入再生区，吹落堵在滤布上的微粒，使滤布再生。对于预涂硅藻土层或刮刀卸渣时要保留滤饼预留层的场合，则不用再生区。

2. 无格式转鼓真空过滤机

它是在标准型转鼓真空过滤机基础上开发的新机型，其结构示意图如图 8-9 所示。该机特点是：没有空格室，整个转鼓内腔都是真空状态，结构简单，单位面积过滤能力大，反吹管与滤液管隔开，洗涤能力强，效率高。

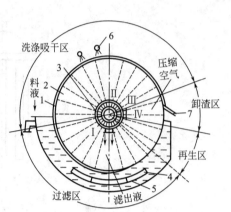

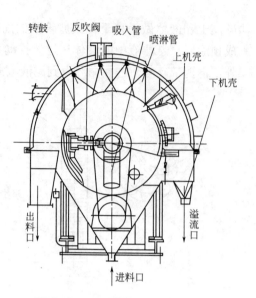

图 8-8 转鼓真空过滤机工作原理示意图

1—转鼓；2—过滤室；3—分配阀；4—料液槽；
5—摇摆式搅拌器；6—洗涤液喷嘴；7—刮刀

图 8-9 GW2.5/1.2-N 无格式
转鼓真空过滤机

转鼓的下部浸入滤浆中，通过调节溢流板，使转鼓的浸没率控制在28%～32%之间。整个转鼓内腔保持连续真空状态，滤液透过滤布进入转鼓内腔，再由吸入管和中心管吸入端排出机外。由于转鼓连续转动，附在其表面的滤饼转出液面进入洗涤区洗涤，当转鼓转至反吹阀吹气口时，受到中心管反吹端脉冲压缩空气的作用，滤布受振，滤饼进入出料口。由于转鼓连续转动，使得吸附、淋洗、喷雾、吸干以及吹脱等工序连续完成。

3. 滤布循环行进式（RCF）转鼓真空过滤机

RCF 转鼓真空过滤机是在普通转鼓真空过滤机的基础上在其转鼓的表面再安装一条由转鼓驱动的首尾闭合的滤布带，如图 8-10。它和普通的转鼓真空过滤机一样，在真空过滤区形成的滤饼，依次经过洗涤、吸干、空气反吹等操作程序后，行进的滤布载着吹松的滤饼通过滤饼剥离滚筒，因行进方向的转折，使滤饼脱离滤布。滤布在行进过程中从正反两方面受到洗刷而再生。该设备不适用于预涂硅藻土层的场合。

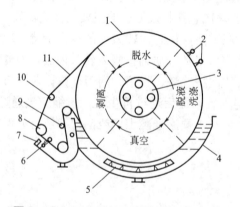

图 8-10 RCF 转鼓真空过滤机工作原理

1—过滤筒；2—洗涤水；3—真空调整；4—过滤槽；
5—搅拌装置；6—洗涤液；7—刮板；8—滤饼剥离器；
9—喷嘴；10—张紧辊；11—滤布

二、离心分离设备

在液相非均一系的分离过程中，利用离心力来达到液-液分离、液-固分离或液-液-固分离的方法统称为离心分离。离心分离可分为三种形式——离心沉降、离心过滤和超离心。

（1）离心沉降　利用固液两相的相对密度差，在离心机无孔转鼓或管子中进行悬浮液的分离操作。

（2）离心过滤　利用离心力并通过过滤介质，在有孔转鼓离心机中分离悬浮液的操作。

（3）超离心　利用不同溶质颗粒在液体中各种部分分布的差异，分离不同相对密度液体的操作。

前两类设备从其形式来看，主要区别在于前者的转鼓是无孔的，而后者的转鼓是有孔的，并且采用过滤介质，通常采用滤布作为过滤介质。从作用原理上来看，两者的分离原理也截然不同。

离心分离是常用的分离发酵液的方法，与压滤相比较，它具有分离速度快、效率高、操作时卫生条件好等优点，适合于大规模的分离过程。但是，离心分离的设备投资费用高，能耗较大。

（一）离心沉降设备

沉降式离心机包括实验室用的瓶式离心机和工业上转鼓离心机，其中无孔转鼓离心机又有管式、多室式、碟片式和卧螺式等几种类型。

1. 瓶式离心机

这是一类结构最简单的实验室常用的低、中速离心机，转速一般在 3000 ～ 6000r/min，其转子常为外摆式。操作一般在室温下进行，也有配冷却装置的冷冻离心机。

2. 多室式离心机

该离心机的转鼓内由若干同心圆组成若干同心环状分离室，这样可以加长分离液体的流程，使液层减薄，以增加沉降的面积，减少沉降的距离，同时还具有粒度筛分的作用。悬浮液中的粗颗粒沉降在靠近内部的分离室壁上，细颗粒则沉降到靠近外部的室壁上，澄清的分离液经溢流口或由向心泵排出。多室式离心机出渣比较困难，一般在运转一段时间后，待分离液澄清度不符合要求时，停机清理。这种离心机有 3 ～ 7 个分离室，处理能力为 2.5 ～ 10m³/h。适合处理直径大于 0.1μm 的颗粒，固相浓度小于 5% 的悬浮液。

3. 管式离心机

该离心机由转鼓、分离盘、机壳、机架、传动装置等组成（如图 8-11）。其转筒直径为 45 ～ 150mm，转速可达 15000 ～ 50000r/min。显然，由于其转筒容量有限，处理量比较小。这类离心机可分为两类：一种是 GF 型，用于处理乳浊液而进行的液 - 液分离操作；另一类是 GQ 型，用于处理悬浮液而进行的液 - 固分离的澄清操作。用于液 - 液分离操作是连续的，而用于澄清操作是间歇的。澄清操作时沉积在转鼓壁上的沉渣由人工排除。

操作时，将待处理的料液在一定的压力下由进料管经底部中心轴进入鼓底，靠圆形挡板分散于四周，受到高速离心力作用而旋转向上，轻液相则位于转筒的中央，呈螺旋形运转，向上移动；重液相则靠近筒壁，至分离盘（图 8-12）时，轻液相则沿轻液孔道进入集液槽后排出收集。固体则在离心力场的作用下沉积于鼓壁上，达到一定数量后，停机人工除渣。

管式高速离心机设备简单，操作稳定，分离纯度高，可用于液 - 液分离和微粒较小的悬浮液分离，分离效果也较好，常用于微生物菌体和蛋白质的分离，但生产能力较低。

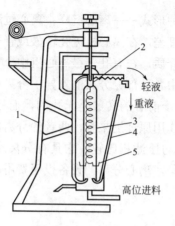

图 8-11　管式离心机

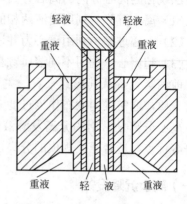

图 8-12　管式离心机分离盘

1—机架；2—分离盘；3—转筒；4—机壳；5—挡板

4. 碟片式离心机

它是在管式离心机的基础上发展起来的。一般具有坚固的外壳，底部凸出，与外壳铸在一起，壳上有圆锥形盖，由螺帽紧固在外壳上。壳由高速旋转的倒锥形转鼓带动，其内设有数十片乃至上百片锥角为 60°～120° 的锥形碟片，使颗粒的沉降距离缩短，分离效率大为提高。碟片一般用 0.8mm 的不锈钢或铝制成，之间的间隙为 0.5～2.5mm。在转鼓直径最大处（ϕ=100 mm）的地方，装有直径 ϕ=1.0mm 的喷嘴。

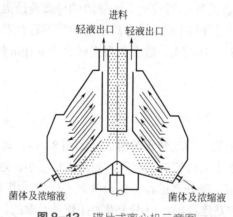

图 8-13　碟片式离心机示意图

各碟片有孔若干，各孔的位置相同，于是各碟片相互重叠时形成一个通道。发酵醪由转鼓中心进入高速旋转的转鼓内，因固、液密度不同，在碟片空隙内受到离心力的作用下，将发酵醪分成固、液两相。密度轻的清液有规律地沿碟片上表面的碟片轴心方向移动，在轻液出口处排出。而密度大的浓缩物或菌体，则有规律地沿着上一碟片的底表面下滑到碟片外边缘，经转鼓壁上的喷嘴喷出（图 8-13）。从而达到离心分离的目的。

一般根据排出固体的方法将碟片式离心机分为以下几大类：

（1）人工排渣碟片式离心机　这是一种间歇式离心机，机器运行一段时间后，转鼓壁上聚集的沉渣增多，而分离液澄清下降到不符合要求时，则停机，拆开转鼓，清渣，然后再进行运转。这种离心机适用于进料中固相浓度很低的场合，但是，能达到很高的离心分离因数。特别适用于分离两种液体并同时除去少量固体，也可用于澄清作业，如用于抗生素的提取、疫苗的生产、梭状芽孢杆菌的收集以及维生素、生物碱类化合物。

（2）喷嘴排渣碟片式离心机 这是一种连续式离心机，其转鼓呈双锥形，转鼓周边有若干喷嘴，一般为 2～24 个，喷嘴孔径为 0.5～3.2mm，由于排渣的含液量较高，具有流动性，故喷嘴排渣碟片式离心机多用于浓缩过程，浓缩比可达 5～20。这种离心机的转鼓直径可达 900mm，最大处理量为 300m³/h，适用于颗粒直径 0.1～100μm、体积浓度小于 25% 的悬浮液。

（3）活塞排渣碟片式离心机 这种离心机利用活门启闭排渣孔进行断续自动排渣。位于转鼓底部的环板状活门在操作时可上下移动，位置在上时，关闭排渣口，停止卸料；下降时则开启排渣口卸渣。排渣时可以不停机。这种离心机的离心强度范围 5000～9000，最大处理能力可达 40m³/h，适合处理颗粒直径 0.1～500μm、固液密度差大于 0.01g/cm³、固相含量小于 10% 的悬浮液。

（4）活门排渣的喷嘴碟片式离心机 这是近年来开发的机型，它和相同直径的活塞机相似。其速度可增加 23%～30%，故可使分离因数达 15000 左右，这是其他碟片式离心机所不能及的。

5. 沉降式螺旋卸料离心机

沉降式螺旋卸料离心机是一种连续操作的分离设备，各工序在同一时间内连续进行，不需要控制机构，整个操作期间内功率消耗是均匀而无波动的。这是一种效率高、适应性强、应用广的离心机。

该离心机的转动部分由转鼓和螺旋两个部件组成。转鼓两端水平支撑在轴承上，螺旋两端用两个止推轴承装在转鼓内，螺旋与转鼓内壁间有微量间隙。转鼓一段装有三角皮带轮，由电动机带动，螺旋与转鼓间用一差动变速器使二者维持约 1% 的转差。料液由中心管加入，进料位置约在螺旋的中部，其前面部分为沉降区，后面部分为甩干区。在离心力作用下，固形物被沉降在转鼓壁上，液体由左侧溢流孔排出，固体则由螺旋从大端推向小端，同时被甩干，落入外壳的排渣口排出。固体在甩干区可以洗涤。调节溢流挡板上溢流口的位置、转鼓转速和进料速度可以改变固形物的湿含量和液体的澄清度，生产能力也随着进料速度而改变。

卧式螺旋卸料沉降离心机是一种全速旋转、连续进料、分离和卸料的离心机（图 8-14），其最大离心力强度可达 6000，操作温度可达 300℃，操作压力一般为常压，处理能力范围 0.4～60m³/h，适合处理颗粒粒度 2μm～5mm、固相浓度 1%～50%、固液密度差大于 0.05g/cm³ 的悬浮液。

除了卧式螺旋卸料离心机外，还有立式的，立式用于需耐压的场合并有较高的分离因数。转鼓有圆柱形、圆锥形和锥柱形三种。其中圆锥形有利于固相脱水，圆柱形有利于液相澄清，锥柱形则兼顾两者的特点，是常用的转鼓形式。

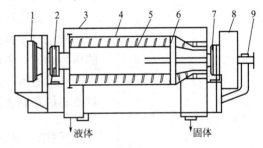

图 8-14 LW450X1810 卧式螺旋卸料沉降离心机结构简图

1—差速器；2—左主轴承座；3—机壳；4—转鼓；
5—螺旋输送器；6—挤压机构；7—右主轴承座；
8—防护罩；9—进料机构

（二）离心过滤设备

离心过滤是将料液送入有孔的转鼓并利用离心力场进行过滤的过程，以离心力为推动力完成过滤作业，兼有离心和过滤的双重作用。其工作原理见图 8-15 所示。

以间歇离心过滤为例，料液首先进入装有过滤介质的转鼓中，然后被加速到转鼓旋转速度，形成附着在转鼓壁上的液环，与沉降式离心机一样，粒子受到离心力而沉降，过滤介质阻碍粒子通过，形成滤饼。接着，悬浮液的固体颗粒截留而沉积下来，滤饼表面生成了澄清液，该滤液透过滤饼层和过滤介质向外排出。

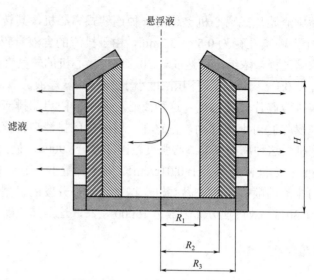

图 8-15 离心过滤工作原理图

离心过滤一般分成三个阶段。

（1）滤饼形成　悬浮液进入离心机，在离心机的作用下液体通过过滤面排出，滤渣形成滤饼，其过滤速度可按恒压过滤方程式计算。

（2）滤饼压缩　滤饼中的固体物质逐渐排列紧密，空隙减小，空隙间的液体逐渐排出，滤饼体积减小。这时过滤推动力为滤饼对液体的压力和液体所受到的离心力。

（3）滤饼压干　此时滤饼层的结构已经排列得非常紧密，其毛细组织中的液体被进一步排出。液体受到离心力和固体颗粒的压力，由于越靠近转鼓壁处的压力越大，所以越靠近转鼓壁的滤饼越干。

常用的离心过滤设备有三足式离心机、卧式刮刀卸料离心机、卧式活塞推料离心机和翻袋式离心机，另外还有连续沉降-过滤式螺旋卸料离心机。

1. 三足式离心机

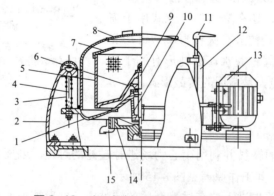

三足式离心机是常用的过滤式离心机，立式有孔转鼓悬挂于三根支足上，所以习惯上称它为三足式。人工卸料三足式离心机结构见图 8-16。转鼓由主轴连接传动装置，它们通过滚动轴承装于轴承座上，轴承座与外壳均固定在底盘上，并用三根摆杆悬挂于三根支足的球面座上，球面的作用是不影响摆动，通过调节摆杆下的螺母调正底盘的水平度。摆杆上套有压缩弹簧以承受垂直

图 8-16 人工卸料三足式离心机的结构

1—盘底；2—支足；3—缓冲弹簧；4—摆杆；5—转鼓壁；6—转鼓底；7—拦液板；8—机盖；9—主轴；10—轴承座；11—制动器手把；12—外壳；13—电动机；14—制动轮；15—滤液出口

方向的动载荷。电动机也装在底盘上，当机身摆动时，电动机也随之摇动。三个支足安装在同一底板上以便于整体安装。在传动皮带轮上还装有离心式离合器和刹车装置。三足式离心机也有沉降式，用作沉降时转鼓无孔，并有较高的转速和分离因数。

三足式离心机主轴短，结构紧凑，机身高度小，便于从上方加料和卸料。悬挂点比机体重心高，保证了机器的稳定性，压缩弹簧可以减轻垂直方向的振动，操作平稳，没有陡震。占地比过滤设备小，故在工业上用得很广泛。

三足式离心机可用于分离中等粒度（0.1～1mm）和较细粒度（0.01～0.1mm）的悬浮液，以及分离粒状和结晶状物料。这种离心机转鼓内壁通常采用滤布，可获得含水量较低的滤饼，适用于过滤周期长、处理量不大的场合。滤饼可以很好地洗涤，人工卸料的离心机其滤渣颗粒不会被破坏。

2. 卧式刮刀卸料离心机

卧式刮刀卸料离心机转鼓是水平安装的，转鼓的一侧与传动轴连接；另一侧为中空，装有卸料斗、刮刀、耙齿等，结构如图8-17所示。

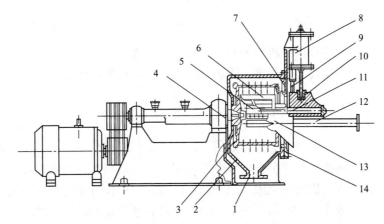

图 8-17 卧式刮刀卸料离心机结构

1—滤液出口；2—外壳；3—转鼓；4—主轴；5—耙齿；6—刮刀；7—拦液板；8—油缸；9—导向柱；
10—刀架；11—刀杆；12—进料杆；13—卸料斗；14—前盖

转鼓置于外壳中，下部为滤液出口，外壳的前盖上装有刮刀的进刀机构及耙齿，进料管（兼作洗涤管）也由此端伸入，进料和洗涤用电磁阀或气动阀控制。刮刀装在刀架上，油缸内的活塞通过活塞杆与刀架相连接，作用在活塞上的油压使刀架沿两根导向柱上下移动，卸料时提升刮刀就可将滤饼从转鼓内沿卸料斗排出。

这种离心机可以作过滤用，也可以作沉降用。用作过滤时，转鼓内装有两层筛网，下面一层为衬网，表面一层为滤布。在每次卸渣后、进料前都要清洗筛网。每个操作循环包括：洗网、加料、洗涤、甩干和卸料五个工序。用作沉降时，没有洗网工序，操作更为简单。

卧式刮刀卸料离心机的转鼓直径为240～2500mm，离心分离因数为250～3000，转速为450～3500r/min。适用于固相颗粒范围为5μm～10μm，固相浓度5%～60%。

3. 卧式活塞推料离心机

卧式活塞推料离心机转鼓的内部结构和工作过程见图8-18。转鼓内装有滤网，料液从进料管进入，

经锥形分配盘在离心力的作用下分配到过滤面上，液体经过滤网与鼓壁上的小孔而甩出，固体颗粒则在网上形成滤饼。与分配盘装一起的推料盘与转鼓中心轴的推杆连接，推杆的另一端与液缸的活塞连接，借液压不断往复运动。推料盘、分配盘和转鼓一起旋转，当推料盘移动时，将滤渣沿轴线排出鼓外。

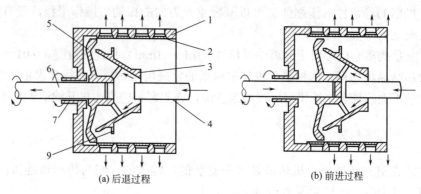

(a) 后退过程   (b) 前进过程

图 8-18　卧式活塞推料离心机的工作过程

1—转鼓；2—滤网；3—进料分配器；4—进料管；5—推料盘；6—推料杆；7—空心轴；8—限料环

该离心机的加料、分离和洗涤都是连续的，转鼓的滤饼厚度由限料环与滤网内径之差决定，限料环的大小可以根据需要调换。

4. 翻袋式离心机

常规离心机只适用于分离和提纯那些使用切刮方法进行卸料的产品，且在转鼓内必然会形成残余滤渣层而造成物料的较大损失或晶粒的破坏。而"翻袋式"则完全克服了上述缺点，这是目前世界上使物料损失小、提纯度高、洗涤效果佳、产品余湿量小的一种离心过滤设备，特别适用于制药与化工行业。

其工作原理如图 8-19 所示：固定输入管 1 用来输送悬浮液和蒸汽，从出口 2 进入离心机转鼓内腔 3，传动轴 4 由内轴和外轴组成，且与固定输入管 1 同轴。壳体 5 与传动轴外轴相连，而内轴则与转鼓盖内盘 6 相连，转鼓盖外盘 7 通过连杆 8 与传动轴 4 连接。内外轴以同样速度旋转，同时内轴可按 A 的方向移出使滤布外翻，所需动力可靠液压或全机械（螺旋推进）方式提供。此时

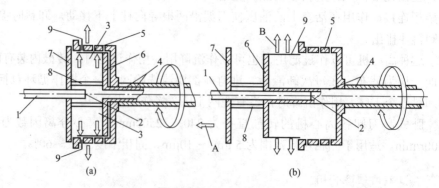

(a)   (b)

图 8-19　滤布外翻过程

1—固定输入管；2—出口；3—转鼓内腔；4—传动轴；5—壳体；6—转鼓盖内盘；
7—转鼓盖外盘；8—连杆；9—滤布

滤布 9 则在转鼓盖内盘 6 的周边与壳体 5 的周边展开成圆筒状，传动轴转速减慢，转鼓壁表面的物料沿箭头 B 方向被离心甩出。

（三）超离心法

超离心法就是根据物质的沉降系数、质量和形状不同，应用强大的离心力，将混合物中各组分分离、浓缩和提纯的方法。它在生物化学、分子生物学以及细胞生物学的发展中起了重要作用。利用超离心技术中的差速离心、等密度梯度离心等方法，已成功分离出各种亚细胞物质，如线粒体、溶酶体和肿瘤病毒等。超离心法是现代生物技术领域研究中不可缺少的实验室分析和制备手段。

超离心机技术中，由于使用的离心机类型也是无孔转鼓，属于离心沉降的范畴。

（四）离心机的选择与使用

在选择生产上所用的离心机时，往往是根据经验方法来有效地选择最佳的离心机。在选择离心机的类型时，首先要根据物料性质来选择沉降式还是过滤式。当悬浮液中固相颗粒的密度大于液相时，可以采用沉降式（两者的密度差 ≥ 3% 时容易分离）；反之，固相颗粒的密度小于或等于液相时只能采用过滤式。当颗粒直径小于 1μm 时，可以采用高速离心机（管式或碟片式）；当颗粒的直径在 19μm 以下时，则采用普通沉降式离心机，如果采用过滤式则造成滤饼太薄，固体颗粒损失大。100μm 以上的颗粒，两者都可以使用。对结晶体采用离心过滤，脱水效率是很高的。当所形成的滤饼具有压缩性质时，一般采用沉降式，因为采用过滤式效果很低。对沉降式离心机，如果悬浮液中固相浓度大于 1% 时，采用间歇式操作不是很适合，它将引起卸料操作过于频繁，所以一般采用连续式。管式离心机虽然具有很好的沉降性能，但其容量小，产量小，不适合处理大量的料液。螺旋卸料沉降式离心机适用于密度差大、固体浓度高的场合。

第三节 膜分离技术与设备

1784 年，A. Melkt 发现水能自发地扩散到装有酒精溶液的猪膀胱内，从此开始了对膜渗透的研究。1918 年，Zsigmondy 制成了微孔滤膜。20 世纪 40 年代，人们发现了基于渗析原理的人工肾。50 年代，离子交换膜问世，人们开始对电渗析进行大量的研究，并且在工业上也获得了广泛应用。60 年代，醋酸纤维素非对称膜问世，对膜分离技术的发展起了极大的推动作用。70 年代，又出现了一大批耐高温、耐酸碱的非醋酸纤维素膜，拓宽了膜分离应用范围。目前，膜分离已广泛应用于食品、化工、生物发酵、制药、环保等领域。

 概念检查 8-1

○ 什么叫做膜分离？

膜分离过程的实质是小分子物质透过膜，而大分子物质被截留，因此，膜必须是半透膜。膜分离的推动力可以是多种多样的，一般有浓度差、压力差、电位差等。常见的膜分离过程有透析、反渗透、纳

滤、超滤、微滤、电渗析、气体透过等。以下着重介绍反渗透、纳滤、超滤、微滤四种类型。

一、反渗透膜分离技术与设备

（一）反渗透膜分离技术的基本原理

1. 反渗透过程

在相同的外压下，当溶液与纯溶剂被半透膜隔开时，纯溶剂会通过半透膜使溶液变淡的现象称为渗透。当在单位时间内，溶剂分子进入溶液内的数目要比溶液内的溶剂分子通过半透膜进入纯溶剂内的数目多时，溶剂通过半透膜渗透到溶液中，使得溶液体积增大，浓度变稀。当单位时间内溶剂分子从两个相反的方向穿过半透膜的数目彼此相同时，称之为渗透平衡。渗透必须通过一种膜进行，这种膜只能允许溶剂分子通过，而不容许溶质分子通过，因此称为半透膜。

当半透膜隔开溶液与纯溶剂时，加在原溶液上的额外压力使原溶液恰好能阻止纯溶剂进入溶液，称此压力为渗透压。在通常情况下，溶液越浓，溶液的渗透压越大。如果加在溶液上的压力超过了渗透压，则溶液中的溶剂向纯溶剂方向流动，此过程叫做反渗透。在此过程中，溶质也不是百分之百的不通过，也有少量溶质透向纯溶剂。

2. 反渗透膜分离机理

反渗透膜的选择透过性与组分在膜中的溶解、吸附和扩散有关。反渗透时水透过膜的机理有各种不同解释，如优先吸附 - 毛细孔流理论和溶解 - 扩散理论。

（1）溶解 - 扩散理论　Lonsdale 和 Riley 等人提出溶解 - 扩散理论来解释反渗透现象。该理论将反渗透膜的活性表面皮层看作致密无孔的膜，并假设溶质和溶剂都能溶解于均质的非多孔膜表面层内。膜中溶解量的大小服从亨利定律，然后各自在浓度或压力造成的化学势推动下扩散通过膜，在膜下游解吸。溶解度的差异、溶质和溶剂在膜相中扩散性的差异影响它们通过膜的能量大小。其具体过程分为三步：第一步，溶质和溶剂在膜的料液侧表面外吸附和溶解；第二步，溶质和溶剂之间没有相互作用，它们在各自化学位差的推动下仅以分子扩散（不存在溶质和溶剂的对流传递）通过反渗透膜的活性层；第三步，溶质和溶剂在膜的透过液侧表面解吸。

在以上的过程中，一般假设第一步、第三步进行得很快，此时透过速率取决于第二步，即溶质和溶剂在化学位差的推动下以分子扩散通过膜。

气体混合物或液体混合物通过膜的选择性而得到分离，而物质的渗透能力，不仅取决于扩散系数，并且还决定于其本身在膜中的溶解度。

溶解 - 扩散模型最适用于均相的、高选择性的膜，能适合无机盐的反渗透，也适用于气体混合物的分离，但是对有机物常不能适用。

（2）优先吸附 - 毛细孔流理论　将 Gibbs 方程应用在高分子多孔膜上，当水溶液与高分子多孔膜接触时，如果膜的化学性质使膜对溶质负吸附，对水优先吸附（正吸附），则在膜与溶液界面附近的溶质浓度会急剧下降，在界面上就会形成一层被膜吸附的纯水层（厚度为 t），在外界压力作用下，若将该纯水层通过膜表面的毛细孔，就有可能获得纯水。

纯水层厚度：

$$t = \frac{1000a}{2RT}\left[\frac{\partial \sigma}{\partial (fc)}\right] \qquad (8\text{-}5)$$

式中　f——溶液中溶质的活度系数；

　　　c——溶液的物质的量浓度；

　　　a——水活度；

　　　R——气体常数；

　　　T——热力学温度。

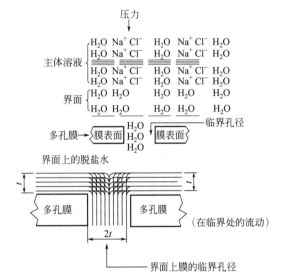

图 8-20　优先吸附 - 毛细孔流模型示意图

此式表明纯水层的厚度与溶液性质及膜表面的化学性质有关。根据计算，纯水层的厚度约为 $(5 \sim 10)\times 10^{-10}$m，相当于 $1 \sim 2$ 个水分子层，已知水分子的有效直径约 5×10^{-10}m。对一毛细孔而言，膜表面毛细孔直径为纯水层厚度 t 的两倍时，将能够得到最大流量的纯水，此时该毛细孔径称为"临界孔径"。从理论上讲，所谓研制最佳的膜就是使孔径为 $2t$ 的毛细孔尽可能多出现，从而获得最佳纯水流量。

此外，当毛细孔孔径大于临界孔径，溶液就会从细孔的中心部位通过而发生溶质的泄漏。

优先吸附 - 毛细孔流理论确定了膜材料的选择和反渗透膜制备的指导原则，即膜材料对水优先选择吸附，对溶质要选择排斥，膜的表面层应当具备尽可能多的有效直径为纯水层厚度 2 倍的细孔，这样的膜才能获得最佳的分离效果和最大的透水速度（图 8-20）。Sourirajan 等人正是基于上述理论，在 1960 年，开发出一种用于海水脱盐的、高流速、高脱盐率的多孔醋酸纤维素反渗透膜，奠定了实用反渗透发展的基础。

（二）反渗透膜设备

各种膜分离装置主要包括膜组件和泵。所谓膜组件是将膜以某种形式制成一定构型的元件，然后将元件置于压力容器，并提供给水、浓水和产品水的通道。目前，工业上常用的反渗透膜组件形式主要有板框式、管式、螺旋卷式及中空纤维式四种类型。

1. 板框式反渗透膜组件

板框式是一传统的反渗透膜组件。它是由板框式压滤机衍生而来的。它们的区别在于板框式过滤机的过滤介质是帆布、棉饼等，而这里所用的是膜，在结构设计上也不尽相同。例如平板式反渗透膜组件的结构设计要求耐很高的压力。同其他膜组件形式相比，平板式的最大特点是制造组装比较简单，膜的更换、清洗、维护比较容易。

平板式膜组件的基本构造是膜，原液流道和透过液流道，彼此相互交替重叠压紧。该装置结构紧凑。处理量的增大，可以通过改变膜的层数来调整，膜越多，则处理量越大。由于组装简单、比较坚固，对于压力变动或现场作业的可靠性较大。

平板式膜组件的优点：平板式膜组件的原液流道截面积较大，压力损失较小，原液的流速可以高达 1～5m/s。因此原液即使含有一些杂质异物也不易堵塞流道，对处理对象的适应面较广，并且对预处理的要求较低。将原液流道隔板设计成各种形状的凹凸波纹可以使流体易于实现湍流。

存在问题：平板式膜组件对膜的机械强度要求比较高。由于膜的面积可以大到 0.4m²，如果没有足够的强度就很难安装、更换。此外，液体湍流时造成的波动，也要求膜有足够的强度才能耐机械振动。密封边界线长也是这种形式的主要缺点之一。因此，装置越大，对各零部件的加工精度要求也就越高，尽管组装结构简单，但相应增加了成本。

板框式反渗透膜组件从结构形式上分类有如下两种。

（1）系紧螺栓式　如图 8-21 所示，这种系紧螺栓式板框式反渗透膜组件，首先是将圆形承压板、多孔支撑板和膜黏结成脱盐板，然后将一定数量的这种脱盐板堆积起来，并用"O"形环密封，最后用上、下头盖以系紧螺栓固定组成。原水由上头盖的进口流经脱盐板的分配孔在膜面上曲折流动，再从下头盖的出口流出。淡水透过膜，经多孔支撑板后，于承压板的侧面管口引出。承压板可由耐压、耐腐蚀材料，如环氧-酚醛玻璃钢模压制而成，或由不锈钢、铜等材料制成。支撑材料的主要作用是支撑膜使其不被压破，以及为淡水提供通道。支撑材料可选用各种工程塑料、金属烧结板，也可选用带有沟槽的模压酚醛板等非多孔材料。

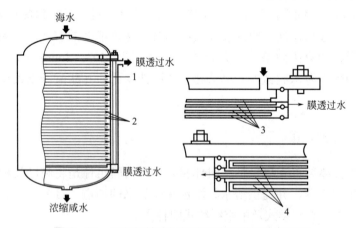

图 8-21　系紧螺栓式板框式反渗透膜组件示意图

1—系紧螺栓；2—O 形密封环；3—膜；4—多孔板

（2）耐压容器式　该膜组件是把多层脱盐板堆积组装后，放入耐压容器中而成的。原水从容器的一端进入，浓水由容器的另一端排出。耐压容器内的大量脱盐板是根据设计要求进行串、并联联结，其板数是从进口到出口依次递减，目的是保持原水流速变化不大并减轻浓差极化现象。

以上两种板框式反渗透膜组件各有特点。系紧螺栓式结构简单、紧凑，安装、拆卸及更换膜均较方便。其缺点是对承压板材的强度要求较高，由于板需要加厚，从而膜的填充密度较小。而耐压容器式因靠容器承受压力，所以对板材的要求较低，可做得很薄，从而膜的填充密度较大，但安装、检修和换膜等均不方便。一般情况下，为了改善膜表面上原水的流动状态，降低浓差极化，上述两种形式的膜组件均可设置导流板。

应当指出的是，板框式反渗透膜组件和其他形式的对比，由于缺点较多，目前在工业上已较少应用。

2. 管式反渗透膜组件

管式反渗透膜组件有内压式、外压式、单管和管束式等几种。

图 8-22（a）为内压单管式膜组件。管状膜里以尼龙布、滤纸一类的支撑材料并装于多孔的不锈钢管或者用玻璃纤维增强的塑料承压管内，膜管的末端做成喇叭形，然后以橡皮垫圈密封。在压力作用下，料液从管内流过，透过膜所得产品水收集在管子外侧。为进一步提高膜的装填密度，也可采用同心套管组装方式。图 8-22（b）为内压管束式膜组件。

图 8-23 为外压单管膜组件。它的结构与内压单管式的相反，它是将膜装在耐压多孔管外，或将铸膜液涂刮在耐压微孔塑料管外，水从管外透过膜进入管内。外压式由于需要耐高压的外壳，且进水流动状况又差，一般少用。

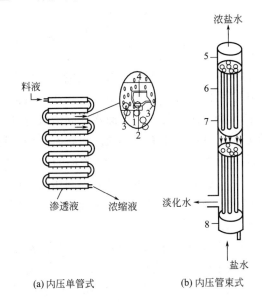

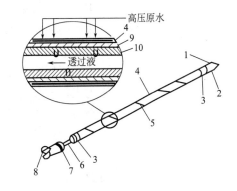

图 8-22　管式膜组件
1—孔外衬管；2—膜管；3—渗透液；4—料液；5—耐压端套；
6—玻璃钢管；7—淡水收集外壳；8—耐压端套

图 8-23　外压单管膜组件
1—装配翼；2—插座接口；3—带式密封；4—膜；5—密封；
6—透过液管接口；7—O形密封环；8—透过水出口；
9—渗透用布或滤布；10—开孔支撑管

管式反渗透膜组件的优点是：流动状态好，流速易控制；安装、拆卸、换膜和维修均较方便，能够处理含有悬浮固体的溶液，机械清除杂质也较容易；合适的流动状态还可以防止浓差极化和污染。

管式反渗透膜组件的不足之处是：与平板膜相比，管膜的制备比较难控制；如果采用普通的管径（1.27cm），则单位体积内有效膜面积的比率较低；此外，管口的密封也比较困难。

3. 中空纤维式反渗透膜组件

中空纤维式反渗透膜组件的特点是：具有在高压下不产生形变的强度，纤维直径较细，一般外径为 50 ～ 100μm，内径为 15 ～ 45μm。图 8-24 为中空纤维式反渗透膜组件的结构。

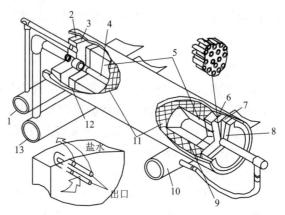

图 8-24　杜邦公司开发的中空纤维式
反渗透膜组件结构示意图

1—盐水收集管；2,6—O 形圈；3,8—盖板；4—进料管；
5—中空纤维；7—多孔支撑板；9—环氧树脂管板；10—产品
收集管；11—网筛；12—环氧树脂封头；13—料液总管

中空纤维式反渗透膜组件的组装方法是：把几十万（或更多）根中空纤维弯成"U"形并装入圆柱形耐压容器内，纤维束的开口端密封在环氧树脂的管板中。在纤维束的中心轴处安置一个原水分配管，使原水径向流过纤维束。纤维束外面包以网布，以使形状固定，并能促进原水形成滞流状态。淡水透过纤维管壁后，沿纤维的中空内腔流经管板而引出，浓原水在容器的另一端排出。

高压原水在中空纤维外面流动是因为纤维壁可承受的内向压力要比外向抗张力大，即使纤维强度不够，也只能被压瘪，或者中空部分被压实、堵塞，但不会破裂，因而防止了产品水被原水污染的可能。

中空纤维式反渗透膜组件的主要优点是：单位体积内有效膜表面积比率高，故可采用透水率较低，而物化稳定性好的尼龙中空纤维。该膜不需要支撑材料，寿命可达 5 年。这是一种效率高、成本低、体积小和质量轻的反渗透装置。

中空纤维式反渗透膜组件的主要缺点是：中空纤维膜的制作技术复杂，管板制作也较困难，同时不能处理含悬浮固体的原水。

4. 螺旋卷式反渗透膜组件

螺旋卷式反渗透膜组件是由美国 Gulf General Atomics（缩写为 GGA）公司于 1964 年开发研制成功的。这种膜的结构是双层的，中间为多孔支撑材料，两边是膜，其中三边被密封成膜袋状，另一个开放边与一根多孔中心产品收集管密封连接，在膜袋外部的原水侧再垫一网眼型间隔材料，也就是把膜—多孔支撑体—膜—原水侧间隔材料依次叠合，绕中心产品水收集管紧密地卷起来形成一个膜卷，再装入圆柱形压力容器里，就成为一个螺旋卷式膜组件，见图8-25。

在实际应用中，把几个膜组件的中心管密封串联起来构成一个组件，再安装到压力容器中，组成一个单元，供给水（原水）及浓缩液沿着与中心管平行的方向在网眼间隔层中流动，浓缩后由压力容器另一端引出。产品水则沿着螺旋方向在两层膜间的膜袋内的多孔支撑材料中流动，最后流入中心产品水收集管而被导出（见图8-26）。

为了增加膜的面积，可以通过增加膜的长度，但膜长度的增加有一定的限制。因为随着膜长度增加，产品水流入中心收集管的阻力就要增加。为了避免这个问题，可以在膜组件内装几叶膜，以增加膜的面积，这样做的好处是不会增加产品水流动的阻力。

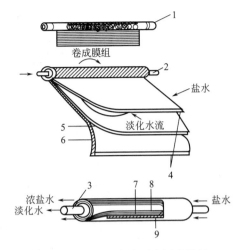

图 8-25　螺旋卷式反渗透膜组件

1,2,3—中心管；4,7—膜；5—多孔支撑板；
6—进料液隔网；8—多孔支撑层；9—隔网

5. 毛细管式膜组件

毛细管式膜组件由许多直径为 0.5～1.5mm 的毛细管组成，其结构如图8-27所示。料液从每根毛细管的中心通过，透过液从毛细管壁渗出。毛细管由纺丝法制得，无支撑。

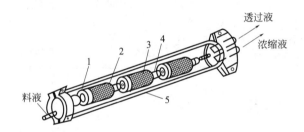

图 8-26　螺旋卷式反渗透膜

1—端盖；2—密封圈；3—卷式膜组件；4—联结器；5—耐压容器

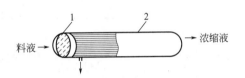

图 8-27　毛细管式膜组件

1—毛细管；2—外壳

6. 槽条式膜组件

槽条式膜组件如图8-28所示。由聚丙烯或其他塑料挤压而成槽条，直径为3mm左右，上有3～4条槽沟，槽条表面织编上涤纶长丝或其他材料，再涂刮上铸膜液，形成膜层，并将槽条的一端密封，然后将几十根到几百根槽条组装成一束，装入耐压管中，形成一个槽条式反渗透单元。将一系列单元组件装配起来，就组成反渗透装置。

图 8-28　槽条式膜组件

1—膜；2—涤纶纺织层；3—槽条膜；4—耐压管；5,8—橡胶密封；6—端板；7—套封；9—多孔支撑板

各种反渗透装置的优缺点与应用范围见表 8-1。

表 8-1　各种反渗透装置的优缺点与应用范围

类型	优点	缺点	应用范围
板框式	结构紧凑，可以使用强度较高的平板膜，保留体积小，能耗介于管式与螺旋卷式之间。能承受高压，性能稳定，换膜方便	死体积大，易堵塞，不易清洗，易浓差极化，设备费用较大。膜的堆积密度小	适于建造每天产水百吨以下的水厂及产品的浓缩提纯。已商品化
管式	料液流速可调范围大，浓差极化较易控制，流道畅通，压力损失小，易安装，易清洗，易拆换，无死角，适合处理含悬浮固体较多的体系	单位体积膜面积小，设备体积大，安装成本高，管口密封较困难	适于建造中小型水厂，以及医药化工产品的浓缩提纯。已商品化
毛细管式	毛细管一般可由纺丝法制得，无支撑，价格低，组装方便，料液流动状态容易控制，单位体积膜面积大	操作压力受到一定限制，系统对操作条件的变化比较敏感，料液必须适当预处理	中小型工厂产品的浓缩提纯。已商品化
螺旋卷式	结构紧凑，单位体积膜面积很大，组建产水量大，工艺较成熟，设备费用低。可用强度好的平板膜	浓差极化不易控制，易堵塞，不易清洗，换膜困难，不宜在高压下操作	适用大型水厂。已商品化
中空纤维式	单位体积膜面积大，保留体积小，不需外加支撑材料，设备费用低，能耗少	膜容易堵塞，不易清洗，原料液的预处理要求高，单根纤维损坏时需换整个膜组件	适用大型水厂。已商品化
槽条式	单位体积膜面积较大，设备费用低，组装方便，换膜方便，容易放大	运行经验少	已商品化

二、纳滤膜分离技术与设备

1. 纳滤膜分离的特点

纳滤（NF）是介于反渗透与超滤之间的一种压力驱动型膜分离技术，能从溶液中分离出分子量为 300 ～ 10000 的物质的膜分离过程。纳滤膜在分离应用中表现出两个显著特性：①对水中的分子量为数百的有机小分子成分具有分离性能；②对无机盐有一定的截留作用。物料的荷电性、离子价数和浓度对膜的分离效应有很大影响。从结构上来看纳滤膜大多是复合膜，即膜的表面分离层和它的支撑层的化学组成不同。根据其第一个特征，推测纳滤膜的表面分离层可能拥有 1nm 左右的微孔结构，故称为"纳滤"。

2. 纳滤膜分离机理

NF 膜与 RO 膜均为无孔膜，通常认为其传递机理为溶解 - 扩散方式。但 NF 膜大多为荷电膜，其对无机盐的分离行为不仅由化学势梯度控制，同时也受电势梯度的影响，即 NF 膜的行为与其荷电性能以及溶质荷电状态和相互作用都有关系。

3. 纳滤膜设备

纳滤膜装置主要有板框式、管式、螺旋卷式和中空纤维式四种，与反渗透相同，在此不再赘述。

三、超滤膜分离技术与设备

1. 超滤膜分离原理与操作模式

超滤是一种筛分过程。溶液在静压力的作用下，通过超滤膜，在常压和常温下收集透过液，溶液中一个或几个组分在截留中富集，高浓度的溶液留在膜的高压端。膜分离过程是按分离物质的大小来进行的。由于超滤膜的孔径在 0.001～0.02μm 之间，大于该范围的分子、微粒胶团、细菌等均截留在高压侧，反之，则透过膜存在于渗透液中。

虽然超滤的分离机理被认为是一种筛分分离过程，但是，其膜表面的化学性质也是影响超滤分离的重要因素。超滤过程中溶质的截留主要有以下三种：膜表面的机械截留、在膜孔中停留而被除去、在膜表面及膜孔内的吸附。

超滤膜的材料主要有醋酸纤维、聚砜、芳香聚酰胺、聚丙烯、聚乙烯、聚碳酸酯和尼龙等高分子材料。

超滤膜的操作模式可分为重过滤和错流过滤两大类。常用的超滤操作模式分为：间歇错流操作；单级连续操作；多级连续操作。

2. 超滤膜设备

超滤膜设备主要有平行叶片式、板框式、螺旋卷式、中空纤维式。其中板框式、螺旋卷式、中空纤维式在反渗透中已详尽讲述，在此不再赘述。以下简单介绍一下平行叶片式超滤器。平行叶片式超滤器见图 8-29 所示。由两片平行膜，将其三

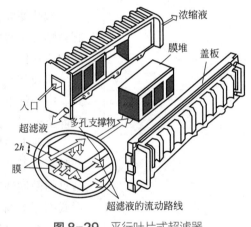

图 8-29　平行叶片式超滤器

边密封，形成膜套，支撑在一纸板的多孔材料上。多个膜套平行连接在同一个头上，形成一个组合单元。透过膜的超滤液可以流向这个单元的头部。料液纵向流过组合单元与膜套平行。

四、微滤膜分离技术与设备

1. 微滤膜分离原理

微滤是以多孔细小薄膜为过滤介质，压力为推动力，使不溶物浓缩过滤的操作。微滤膜孔径为 0.025～4μm。一般微滤膜孔分布均匀，可以将大于孔径的微粒、微生物截留在滤膜表面，适合于过滤悬浮的微生物和微粒。

一般认为微滤的分离机理为筛分机理，其过滤行为与膜的物理结构和过滤对象的物理化学特性有关。现以悬浮液中固液分离为例说明微孔滤膜截留作用。

① 过筛截留　指膜具有截留比其孔径大或孔径相当的微粒等杂质的作用。

② 吸附截留　微滤膜也可以通过物理或化学吸附的方法将尺寸小于孔径的固体微粒截留。

③ 架桥截留　固体颗粒在膜孔入口处起架桥作用而使颗粒截留。

④ 网络截留　指微粒不是留在膜的表面，而是将微粒截留在膜的内部。一般是通过膜孔的曲折而形成。

⑤ 静电截留　当分离悬浮液中的颗粒带电时，可以采用电荷相反的微滤膜。这样可以采用孔径比微粒稍大的微滤膜，既可达到分离效果，又可增大通量。

2. 微滤膜材料

微滤膜材料主要有：纤维素酯类、再生纤维、聚酰胺、聚氯乙烯、聚四氟乙烯、聚丙烯、聚碳酸酯等。

3. 微滤膜设备

微孔滤膜由于本身性脆易碎，机械强度较差，因而在实际使用时，必须把它衬贴在平滑的多孔支撑体上，最常用的支撑体是以烧结不锈钢或烧结镍等制成的，其他还有尼龙布或丝绸等，但需以密孔筛板作支撑。

和反渗透、超滤一样，工业用微滤的膜组件也有板框式、管式、螺旋卷式、中空纤维式、普通筒式及折叠筒式等多种结构。根据操作方式又可分为高位静压过滤、减压过滤和加压过滤。

工业上应用的微孔过滤设备主要为板框式。对于大量液体的过滤，可采用一种折叠筒式过滤装置，其特点是单位体积中的膜面积大，因而过滤效率高，常见的微滤滤芯为长245mm、外径70mm、内径25mm，滤膜呈折叠状。这种形式的滤器与其他滤材的滤器（如滤纸、滤布、砂棒及烧结的多孔材料滤器）相比，具有体积小、孔隙率大、过滤面积大、滤速快、强度高、滤孔分布均匀、使用寿命长等特点。实验室用最简单的微孔过滤设备和普通的吸滤装置相同，当需要收集滤液时，可用吸滤管代替吸滤瓶，滤筒的上下两部分可由不锈钢或塑料等制成，用螺纹旋紧或夹子夹紧，中间有聚四氟乙烯的"O"形垫圈，此外，也可采用玻璃滤筒用夹钳固定的形式。

在过滤前，微孔滤膜一般要用适当的液体浸润，最好将滤膜先漂放在溶液的表面，让它自然浸润沉降，以将滤膜空穴中的空气赶出，充分发挥滤膜的有效过滤面积。其次，在加入滤样前，应以相应的溶液吸滤，以清洗滤膜。

📄 总结

○ 破碎的方法包括非机械法（酶溶法、化学法、物理法和干燥法）以及机械法（高速珠磨机、高压匀浆器、超声波振荡器）。

○ 生物加工过程中的中间产物常由固相与液相组成，大多数黏度大和成分复杂，固液分离比较困难。

○ 固液分离的方法很多，生物工业中运用的方法有分离筛、重力沉降、浮选分离、离心分离和过滤等。最常用的主要是过滤和离心分离。

○ 过滤原理：迫使液体通过固体支撑物或过滤介质，把固体截留，从而达到固液分离的目的。

○ 离心分离原理：利用惯性离心力和物质的沉降系数或浮力密度的不同而进行的分离、浓缩等操作。

○ 离心分离使用范围：固体颗粒很小且黏度很大、过滤速度很慢甚至难以过滤的悬浮液分离有效，对忌用助滤剂的悬浮液也可分离。

○ 分离方法的确定因待处理溶液的性质而异，需要考虑的重要参数包括：分离粒子的大小和尺寸；介质的黏度；粒子和介质之间的密度差；固体颗粒的含量；粒子聚集或絮凝作用的影响；产品稳定性助滤剂的选择；料液对设备的腐蚀性；操作规模及费用；不要带入新的杂质，方便后续工序等。

课后练习

一、问答题

1. 微生物细胞破碎的技术有哪些？
2. 如何选择细胞破碎的方法？各有什么优缺点？
3. 离心分离设备可分为几类？
4. 常用的膜分离过程有哪几种？
5. 膜分离技术的优点有哪些？
6. 常用的膜分离设备包括哪四种类型？

题一答案

二、多选题

1. 发酵工业中，常用的固液分离设备有（　　　）。
   A. 分离筛　　　　　　B. 重力沉降　　　　C. 离心分离　　　　D. 过滤
2. 常用的固液分离设备有（　　　）和（　　　）两大类。
   A. 离心分离设备　　　B. 过滤设备　　　　C. 结晶设备　　　　D. 蒸发设备

题二答案

三、思考题

　　假设新冠病毒疫苗的分子质量为150kDa，而在制备这种抗体疫苗的过程中会有10kDa以下的多肽或小分子物质产生，那么要获得高纯度的新冠病毒疫苗，你会设计怎么的膜过滤流程，选择膜型号和膜设备的依据又是什么？

题三答案

第九章 萃取设备

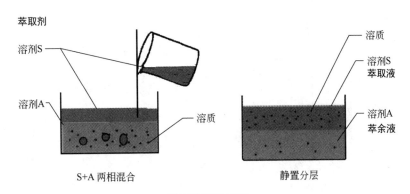

溶剂萃取的原理

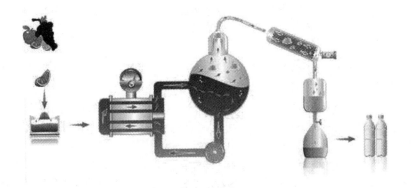

超临界流体萃取过程具有安全、无毒、不污染环境等优点，常用来提取植物天然产物等有效成分，如图可以采用温度和压力的改变用超临界 CO_2 作萃取剂，萃取果蔬中的有效成分。

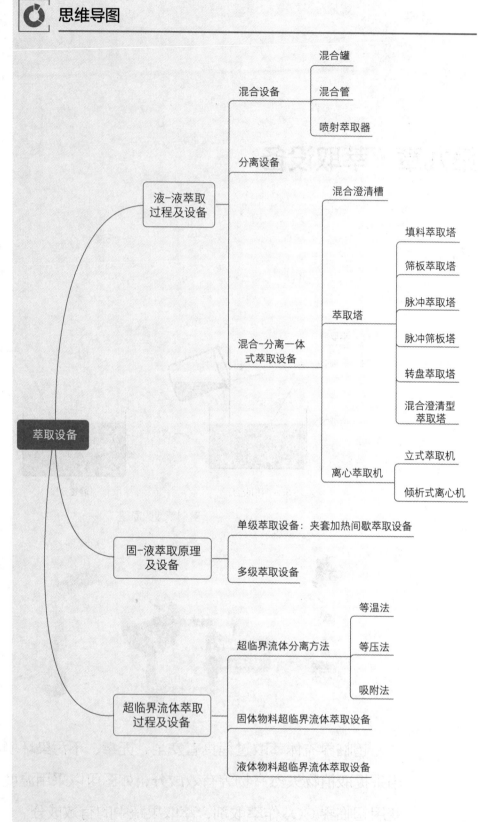

思维导图

为什么学习萃取设备？

　　萃取，特别是溶剂萃取，是生物工业复杂体系中提取目标产物的重要方法，可以为后续目标产物更进一步纯化分离奠定基础。萃取过程就是在原来的某种液体或固体物质中加入萃取剂，将其中的某种物质溶解到萃取剂中，简单来说相当于 A 拥有一个货物 B，而 C 的能力更强，可以将 B 从 A 手中抢过来据为己有，并且 B 在 C 这里感觉更舒服。而在这个过程中要为它们提供合适的场所，帮助 C 能够更顺利地抢夺 B，萃取过程及其设备就是提供这个场所的。通过学习萃取过程及其设备可以为后续生产过程中流程的设计、设备的选型、计算等提供帮助。

学习目标

○ 萃取的概念、原理、分类及流程。
○ 影响萃取操作的主要因素。
○ 液 – 液萃取的主要流程及萃取设备。
○ 超临界流体及超临界流体萃取过程及设备。
○ 萃取操作的主要流程及萃取设备。
○ 超临界流体萃取过程中流体分离方法。

　　萃取指利用物质在两种互不相溶（或微溶）的溶剂中溶解度或分配系数的不同，使物质从一种溶剂中转移到另外一种溶剂中的单元操作。按广义的理解，萃取过程包括了从液相到液相（如碘从水中被萃入四氯化碳）、固相到液相（如用白酒浸泡中草药制取药酒）、气相到液相（如用水吸收二氧化碳气体）、固相到气相，以及液相到气相等多种传质过程。

　　在生物化工行业中，萃取是一种重要的提取方法。萃取与其他分离溶液组分的方法相比，优点在于常温操作，节省能源，不涉及固体、气体，操作方便。萃取法具有如下优点：①传质速度快，生产周期短，便于连续操作，容易实现自动控制；②分离效率高、生产能力大等一系列优点，应用相当普遍；③能量消耗较少，设备投资费用不高；④采用多级萃取可使产品达到较高纯度，便于下一步处理，减少以后工序的设备和操作费用。

第一节　液 – 液萃取过程及设备

一、液 – 液萃取分类

　　在萃取操作中，若萃取的混合物料是液体，则此过程是液 - 液萃取。至于哪些产品可以采用萃取方法来提取，主要是根据物料的理化性质来决定。首先应该了解需要提取的产品是极性化合物还是非极性化合物，如果水溶液是极性化合物，一般采用离子交换方法提取较为有利；非极性的化合物，可以采用萃取法提取；非水溶性化合物或既能溶于水又能溶于溶剂的极性化合物，也可以采用萃取法提取。常用的

液-液萃取方法有溶剂萃取、双水相萃取、反胶团萃取，以及近年来发展的液膜萃取技术等。

 概念检查 9-1

○ 思考工业生产中，哪些生产过程可以采用萃取的
　方法？

1. 溶剂萃取

溶剂萃取法是用一种溶剂将物质从另一种溶剂中提取出来的方法，这两种溶剂不能互溶或只部分互溶，能形成便于分离的两相，利用混合物中不同组分在同种溶剂中的溶解度不同，而将所需要的组分分离出来。溶剂萃取法又分为物理萃取和化学萃取。物理萃取的理论基础是分配定律，而化学萃取服从相律及一般化学反应的平衡规律。

（1）物理萃取　在溶剂萃取中，被提取的溶液称为料液，其中欲提取的物质称为溶质，而用以进行萃取的溶剂称为萃取剂。经接触分离后，大部分溶质转移到萃取剂中，得到的溶液称为萃取液，而被萃取除溶质以后的料液称为萃余液。将萃取剂和料液放在萃取器中，经充分振荡，静置待分层形成两相，即萃余相和萃取相，进行萃取的体系是多相多组分体系。在一个多组分两相体系中，溶质自动地从化学位大的一相转移到化学位小的一相，其过程是自发进行的。

分配定律的应用条件：①必须是稀溶液；②溶质对溶剂的互溶度没有影响；③溶质在两相中必须是同一种分子类型，即不发生缔合或离解。

（2）化学萃取　与物理萃取不同，对于许多液-液萃取体系，在萃取过程中溶质与萃取剂间发生了化学反应，这类萃取过程称为化学萃取。根据溶质与萃取剂之间发生的化学反应机理，大致可分为五类，即络合反应、阳离子交换反应、离子缔合反应、加合反应和带同萃取反应等。

2. 双水相萃取

传统的溶剂萃取是指在两种不相溶的相中分配一种溶质，比较典型的体系是有机溶剂和水溶液形成的双相体系。它的主要特点是能够使用许多不同的稀释剂、萃取剂和水溶液体系，并且适用于多种溶质体系。溶剂萃取能够实现高效和高选择性的大规模生产，速度快，处理量大。溶剂萃取法用于提取生物大分子（如蛋白质、核酸等）则可能带来不可逆变形失活，而且有些蛋白质有很强的亲水性，很难溶于有机溶剂中，因此，有机溶剂用于这类物质的提取是有困难的。对于这类物质的萃取通常采用双水相萃取体系。

双水相系统形成的两相均为水溶液，当两种聚合物、一种聚合物与一种亲液盐或是两种盐（一种是离散盐且另一种是亲液盐）在适当的浓度或是在一个特定的温度下相混合在一起时就形成了双水相系统。双水相的制备简单，仅需加入价格低、无毒的聚乙二醇（PEG）或其他聚合物和盐就可以形成双水相，

如葡聚糖（Dextran）和 PEG 按照一定的比例与水混合，溶液混浊，静置平衡后，分成互不相溶的两相，上相富含 PEG，下相富含葡聚糖（图 9-1）。

　　双水相萃取技术多应用于蛋白质、酶、核酸、人生长激素、干扰素等的分离纯化，它将传统的离心、沉淀等液 - 固分离转化为液 - 液分离，工业化的高效液 - 液分离设备为此奠定了基础。另外，双水相易于放大并可连续化操作，工作条件比较温和，节省能耗。已经广泛应用在细胞的回收、从发酵液中提取蛋白质和酶以及与产物的萃取分离相结合的生物转化。例如，现在已知的胞内酶有数千种，但因提取困难，投入生产的很少，胞内酶提取的第一步是破碎细胞，但一般得到的匀浆液黏度很大，且存在着微小的细胞碎片，靠离心分离十分困难，若采用双水相系统则可除去细胞碎片，还可以进行酶的精制。因此，双水相萃取在生物分离操作中具有重要性。

3. 反胶团萃取

　　反胶团是表面活性剂在非极性有机溶剂中超过一定浓度后自发形成的一种亲水性基团向内的、内含微小水滴的纳米级集合性胶体，是一种具有热力学稳定的有序结构。表面活性剂在水中超过一定浓度后也会形成一种亲水基团向外的、疏水基团向内的胶体，可用来分离萃取不同性质的蛋白质等生物物质，同时达到浓缩的效果。反胶团萃取示意图如图 9-2 所示。

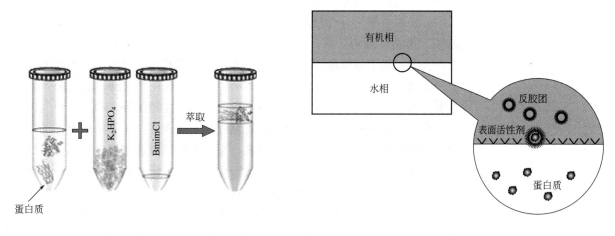

图 9-1　基于离子液体 BmimPF6 的双水相系统　　　　图 9-2　反胶团萃取示意图
　　　　　萃取牛血清白蛋白

　　反胶团萃取的研究始于 20 世纪 70 年代，是一种发展中的生物分离技术。反胶团萃取的本质仍是液 - 液有机溶剂萃取，但与一般有机溶剂萃取所不同的是，反胶团萃取利用表面活性剂在有机相中形成的反胶团，从而在有机相内形成分散的亲水微环境，使生物分子在有机相（萃取相）内存在于反胶团的亲水微环境中，消除了生物分子，特别是蛋白质类生物活性物质难溶于有机相中或在有机相中发生不可逆变性的现象。

　　影响反胶团萃取生物分子的主要因素包括原料液的 pH 值、离子强度、表面活性剂和有机溶剂种类等，此外，对于蛋白质来说，其等电点、亲水性、电荷密度及分布也是影响其萃取的重要因素。

　　（1）表面活性剂　表面活性剂是反胶团萃取的一个关键因素，不同结构的表面活性剂形成的反胶团含水量和性能有很大差别。

　　（2）亲和助剂　在反胶团中导入与目标蛋白质有特异亲和作用的助剂可形成亲和反胶团。亲和助剂的极性头是一种亲和配基，可选择性地结合目标蛋白质。该系统使蛋白质的萃取率和选择性大大提高。

（3）水相 pH 值　pH 值对蛋白质萃取过程的影响主要体现在改变蛋白质的表面电荷上。一定条件下，当原料相 pH 值小于蛋白质的等电点时，蛋白质表面带正电，如选用的反胶团内核带负电，蛋白质会在静电作用下由水相转入反胶团相，从而实现不同等电点的蛋白质分离。

（4）离子强度　离子强度影响蛋白质表面电荷的分布及表面活性剂的电离程度，一个重要因素是萃取过程中随蛋白质一起进入反胶团极性核的离子会产生"屏蔽"作用，减小表面活性剂极性头之间的相斥力，反胶团变小，性能改变。

（5）其他因素　温度是影响反胶团提取蛋白质的另一重要因素，温度升高使反胶团含水量下降，不利于蛋白质的萃取。因此升高温度可以实现蛋白质的反萃取，由于蛋白质对温度变化较为敏感，所以这种方法值得探讨。蛋白质的溶解方法及其在原液相中的初始浓度也是影响其萃取的重要因素。蛋白质的溶解通常有三种方法：蛋白质的缓冲溶液直接注入反胶团相中；反胶团溶液与固相蛋白质粉末接触将蛋白质引入反胶团；蛋白质水溶液与反胶团相混合，蛋白质转移到反胶团中。第三种方法相对较慢，形成的最终体系是稳定的，它是反胶团技术用于生化分离的基础，是今后研究的重点。

反胶团萃取具有选择性高、萃取过程简单，且正向萃取、反向萃取可同时进行，并能有效防止大分子失活、变性等优良特性，因此，在制药、食品工业、农业、化工等领域的应用得到了大量研究和开发。目前应用此技术处理的蛋白质或其混合物包括 α- 淀粉酶、细胞色素 c、核糖核酸酶、溶菌酶、α- 胰凝乳蛋白酶、脂肪酶、胰蛋白酶、胃蛋白酶、过氧化氢酶等。大量的研究工作已经证明了反胶团萃取法提取蛋白质的可行性与优越性。不管是自然细胞还是基因工程细胞中的产物都能被分离出来。不仅发酵滤液和浓缩物可以通过反胶团萃取进行处理，发酵清液也可同样进行加工。不仅蛋白质和酶都能被提取，核酸、氨基酸和多肽也可顺利地溶于反胶团。

然而，反胶团萃取技术还有许多问题有待于研究和解决，例如表面活性剂对产品的沾染、工业规模所需要的基础数据、反胶团萃取过程的模拟和放大技术等。尽管如此，用反胶团萃取法大规模提取蛋白质由于具有成本低、溶剂可循环使用、萃取和反萃取率较高等优点，正越来越多地为各国科技界和工业界所研究和开发。

4. 液膜萃取技术

液膜萃取，也称液膜分离，是将第三种液体展成膜状以隔开两个液相，使料液中的某些组分透过液膜进入接收液，从而实现料液组分的分离。液膜模拟生物膜的结构，通常由膜溶剂、表面活性剂和流动载体组成。它利用选择透过性原理，以膜两侧的溶质化学浓度差为传质动力，使料液中待分离溶质在膜内相富集浓缩，分离待分离物质。

液膜分离技术利用这种分离原理分离、纯化，属于物理分离过程，是一种有效的工业化分离技术。它是受生物膜选择性透过运输功能和固膜技术的启发，将膜分离与溶剂萃取相结合，使选择性渗透、膜相萃取和膜内相反萃取 3 个传质环节同时完成。一般认为膜两侧相界面上传质分离过程存在简单扩散、化学反应、选择性渗透、萃取和反萃取及吸附等。液膜的分离效率，关键在于其稳定性和选择性载体的选择。

　　液膜分离涉及三种液体（如图 9-3 所示）：通常将含有被分离组分的料液作连续相，称为外相；接受被分离组分的液体，称为内相；成膜的液体处于两者之间，称为膜相。在液膜分离过程中，被分离组分从外相进入膜相，再转入内相，浓集于内相。如果工艺过程有特殊要求，也可将料液作为内相，接受液作为外相。这时被分离组分的传递方向，则从内相进入外相。

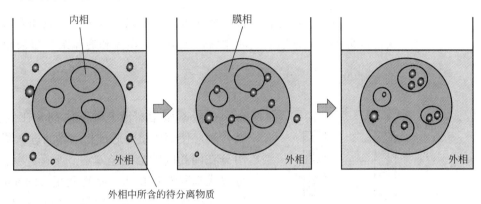

图 9-3　液膜萃取示意图

　　目前，液膜萃取分离技术在废水处理、湿法冶金、石油化工、气体分离及生物医药等领域中，已显示出广阔的应用前景。

　　（1）应用于酶反应过程　液膜分离技术用于酶反应，实际上是液膜包酶，类似于生化工程中的固定化酶，它是将含有酶的溶液作为内相制成乳液，再将此乳液分散于外相中。液膜包酶有许多优点：首先包裹后的酶可免受外相中各组分对其活性的影响，避免了酶与底物和产物的分离，乳液可以重复使用，不必破乳。另外，由于物质在液体中的扩散速率比在固体中快得多，而且可以根据需要，在膜相添加载体促进底物从外相向内相的传递或产物从内相向外相的传递，这是固定化酶无法做到的。

　　（2）应用于废水处理过程　液膜分离技术是处理工业废水的重要手段之一，可用以脱除铜离子、汞离子、铵离子、银离子、铬离子、镉离子等阳离子，也可用以脱除硫化物、磷酸根、硝酸根、氰根等阴离子，还可用以分离酚、烃类、胺、有机酸等有机物。例如，为了从盐酸溶液中除去 Hg^{2+}，可以采用三辛胺为载体，聚胺为表面活性剂，二甲苯为膜溶剂，NaOH 溶液为接受相构成的液膜体系。处理含铬废水时，使用叔胺或季铵盐作为载体，以 NaOH 或 H_2SO_4 溶液为接受相，可得到很好的效果。处理含铜废水时，最常用的载体是 Lix 型萃取剂（脂类化合物），此外，P17、P50、SME529、Kelex100、D2EHPA、苯酰丙酮等都可以作为载体。表面活性剂（乳化剂）可用 ENJ3029、Span80。常用的有机溶剂为 S100N（异链烷烃）、煤油、环己烷、甲苯。接受相（解脱剂）可用 H_2SO_4、HCl、HNO_3 溶液。根据连续实验结果估算，采用液膜法处理相同的含铜废水比萃取法的投资低约 40%。

　　（3）应用于生物化工过程　除上述领域外，液膜萃取技术在生物化工、生物制药等领域中也具有一定的应用前景，包括分离制备氨基酸、乙酸、丙酸、柠檬酸、乳酸和青霉素等。例如，利用乳化液膜法，在恒界面反应器中，以 TOA 为膜载体，煤油为膜相，有机溶剂 Span80 为表面活性剂，Na_2CO_3 为内相试剂所组成的液膜体系，可以提取柠檬酸。采用三辛基甲基氯化铵为流动载体，聚单丁二酰亚胺为表面活性剂，内外相 Cl^- 浓度梯度为推动力，可以实现 L- 苯丙氨酸的提取和浓缩。

　　经过 30 多年的发展，液膜萃取在机理探讨和应用研究方面都有很大的进展，但是液膜萃取过程中，

不同相之间的相互渗透，大面积支撑液膜的形成，以及支撑液体的流失等问题仍然难以解决。因而，液膜萃取分离技术尚没有大规模应用，但其操作简便、萃取剂用量少、传质推动力大、传质速率快、分离效果好、富集浓缩倍数高等优势是传统萃取分离技术无法比拟的。

二、液 – 液萃取过程与计算

工业萃取操作过程，按其操作方式，可以分为单级萃取和多级萃取，后者又可以分为错流萃取和逆流萃取，还可以将错流和逆流结合起来操作。

1. 单级萃取

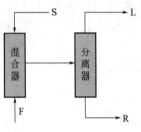

图 9-4 单级萃取示意图

单级萃取指料液 F 与萃取剂 S 在混合过程中密切接触，使溶质组分通过相际界面进入萃取剂，直到组分在两相间的分配基本达到平衡。然后静置沉降，分离成萃取液 L 和萃余液 R 两相（图 9-4）。

如分配系数为 K，料液的体积为 V_F，溶剂的体积为 V_S，经过萃取后，溶质在萃取相中的浓度为 c_1，在萃余相中的浓度为 c_2，则：

$$K = \frac{c_1}{c_2}$$

$$E = \frac{c_1 V_S}{c_2 V_F} = K \frac{V_S}{V_F} = \frac{K}{m}$$

式中 E——萃取因数；

m——体积浓缩倍数，即料液体积与溶剂体积之比。

由 E 可求得未被萃取的分率 φ 为：

$$\varphi = \frac{c_2 V_F}{c_2 V_F + c_1 V_S} = \frac{1}{E+1}$$

理论收得率 $1-\varphi$ 为：

$$1-\varphi = \frac{E}{E+1} = \frac{K}{K+m}$$

2. 多级错流萃取

多级错流萃取是指料液 F 经萃取后，萃取液 L 再与新鲜萃取剂 S 接触，再进行萃取。图 9-5 表示三级错流萃取过程，第一级的萃余液 R_1 进入第二级作为料液，并加入新鲜萃取剂进行萃取。第二级的萃余液 R_2 再作为第三级的料液，也同样用新鲜萃取剂进行萃取。此法特点在于每级中都加新鲜的萃取剂，故萃取剂消耗量大，而得到的萃取液平均浓度较稀，但萃取较完全。

经一级萃取后，未被萃取的分率 φ_1 为：

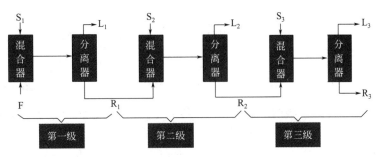

图 9-5 三级错流萃取过程

$$\varphi_1 = \frac{1}{E+1}$$

经二级萃取后：

$$\varphi_2 = \frac{1}{(E+1)^2}$$

依次类推，经 n 级萃取后，未被萃取的分率为 φ_n：

$$\varphi_n = \frac{1}{(E+1)^n}$$

而理论收得率为：

$$1-\varphi_n = 1-\frac{1}{(E+1)^n} = \frac{(E+1)^n-1}{(E+1)^n} \tag{9-1}$$

在计算时，可以用图 9-6 代替式（9-1）比较方便。由此可见，在萃取剂用量一定的情况下，萃取次数愈多，萃取愈完全。

3. 多级逆流萃取

多级逆流萃取是指在第一级中加入料液 F，并逐渐向下一级移动，而在最后一级中加入萃取剂 S，并逐渐向前一级移动。料液移动的方向和萃取剂移动的方向相反，故称为逆流萃取，示意图如图 9-7 所示。在逆流萃取中，只在最后一级中加入萃取剂，故和错流萃取相比，萃取剂的消耗量较少，因而萃取液平均浓度较高。

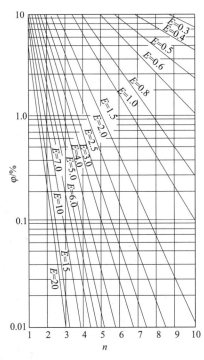

图 9-6 错流萃取中未被萃取的分率 φ 与级数 n、萃取因数 E 之间的关系

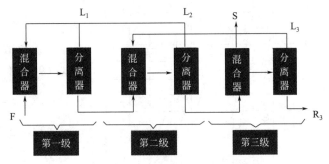

图 9-7 三级逆流萃取过程

如求多级逆流萃取的理论收得率，设共有 n 级，每一级包括一个混合器和一个分离器。

令 Q_K 代表第 K 级中溶质总量（包括萃取相和萃余相），如为连续操作，则表示单位时间内通过第 K

级的溶质总量。

先求相邻三级 $K-1$、K、$K+1$ 级中所含溶质总量 Q_{K-1}、Q_K 和 Q_{K+1} 之间的关系。

自第（$K+1$）级进入第 K 级的溶质的量为 $\dfrac{1}{E+1}Q_{K+1}$，而自第（$K-1$）级进入第 K 级的溶质的量为 $\dfrac{E}{E+1}Q_{K-1}$，两者之和应等于 Q_K，故有：

$$\frac{E}{E+1}Q_{K-1} + \frac{1}{E+1}Q_{K+1} = Q_K$$

即：

$$EQ_{K-1} + Q_{K+1} - (E+1)Q_K = 0$$

对于第 1 级，有：

$$Q_1 = \frac{1}{E+1}Q_2 = \frac{E-1}{E^2-1}Q_2 \tag{9-2}$$

对于第 2 级，有：

$$Q_2 = \frac{E}{E+1}Q_1 + \frac{1}{E+1}Q_3 \tag{9-3}$$

由式（9-2）、式（9-3）化简可得：

$$Q_1 = \frac{E-1}{E^3-1}Q_3 \tag{9-4}$$

根据式（9-3）、式（9-4）依次类推，可得：

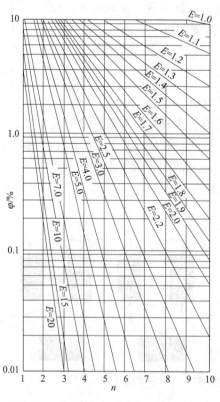

图 9-8 逆流萃取中未被萃取的分率 φ 与级数 n、萃取因数 E 之间的关系

$$Q_1 = \frac{E-1}{E^n-1}Q_n \tag{9-5}$$

在式（9-5）中，设 n 为 $n-1$，可得：

$$Q_1 = \frac{E-1}{E^{n-1}-1}Q_{n-1} \tag{9-6}$$

对于第 n 级：

$$Q_n = F + \frac{E}{E+1}Q_{n-1} \tag{9-7}$$

其中 F 代表料液中溶质的量，以式（9-5）、式（9-6）代入上式，并化简得：

$$F = \frac{E^{n+1}-1}{(E-1)(E+1)}Q_1 \tag{9-8}$$

未被萃取的分率 φ 为 $(1/E+1)Q_1/F$，以式（9-8）代入，得：

$$\varphi = \frac{E-1}{E^{n-1}-1} \tag{9-9}$$

而理论收得率为：

$$1-\varphi = \frac{E^{n+1}-E}{E^{n+1}-1} \tag{9-10}$$

和错流萃取一样，式（9-10）也可以用图来表示，见图 9-8。

三、液－液萃取设备

萃取设备包括三个部分：混合设备、分离设备和溶剂回收设备。根据生产的需要，三个部分会独立工作或整合为混合－分离一体式萃取机。

液－液萃取设备的类型很多，各具特点，适用于不同的场合，也有各种不同的分类方法。按萃取设备的结构特点，工业上应用的混合－分离一体式萃取设备可分为箱式、塔式和离心式三大类。液－液萃取设备的分类见图9-9。

（一）混合设备

混合设备是进行萃取操作的场所，将料液与萃取剂充分混合形成乳浊液，预分离的产品自料液转入萃取剂中。用于两相混合的设备有混合罐、混合管、喷射式混合器及泵等。

1. 混合罐

常用的混合罐可分为机械搅拌混合式和气流搅拌混合式两种。

机械搅拌混合罐结构（图9-10）类似于带机械搅拌的密闭式反应器，罐壁设有挡板，罐顶有进口管，

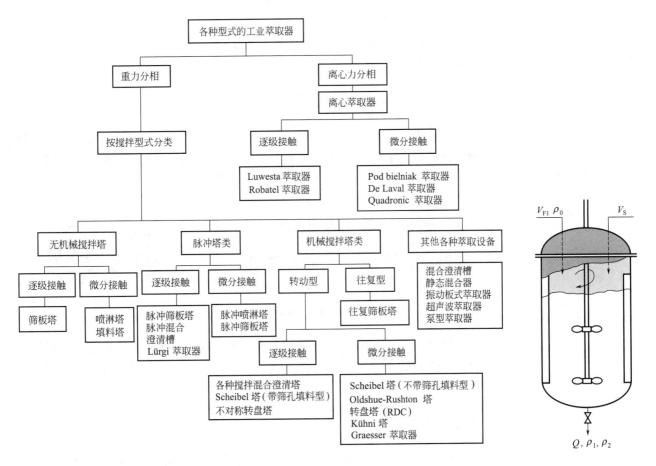

图 9-9　液－液萃取设备的分类

图 9-10　机械搅拌混合罐结构示意图

可供萃取剂、料液、pH 调节剂及去乳化剂等溶液进入罐体，底部有排料管。可采用螺旋桨式搅拌器或涡轮式搅拌器进行混合，前者转速一般为 400～1000r/min，后者转速一般为 300～600r/min。

除机械搅拌混合罐外，还有气流搅拌混合罐，即在罐内通入压缩空气，利用鼓泡作用进行搅拌，特别适用于化学腐蚀性强的料液，但不适用于挥发性强的料液。

混合罐为间歇操作，停留时间较长，传质效率低。但由于其装置简单、操作方便，仍被应用于工业生产中。

2. 混合管

图 9-11 混合排管示意图

通常采用混合排管，如图 9-11 所示，萃取剂及料液在一定流速下进入管道一端，混合后从另一端导出。为了保证较高的萃取效果，使两相充分混合，确保管内流体的流动呈完全湍流状态，一般要求雷诺数 Re 为 $(5～10)\times10^4$，料液在管道内平均停留时间为 10～20s。

混合管为连续操作，萃取效果高于混合罐，具有生产能力大、易制造、价格低等优点，但若出现堵塞，清洗较难。

3. 喷射式混合器

喷射式混合器是一种体积小、效率高的混合装置，特别适用于低黏度、易分散的料液。常见的喷射式混合器有三种类型（图 9-12）：弯头交错喷嘴混合器（a）、同向射流混合器（b）和孔板射流混合器（c）。

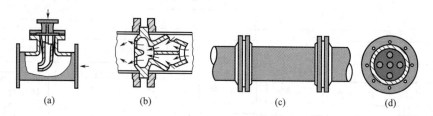

(a)　　　　　　(b)　　　　　　(c)　　　　　　(d)

图 9-12 三种喷射式混合器

图 9-12（a）为器内混合过程，即萃取剂及料液由各自导管进入器内进行混合；图 9-12（b）（c）则是两液相在器外汇合，后经喷嘴或孔板进入器内，从而加强了湍流程度，提高了萃取效率。

（二）分离设备

在分级式萃取过程中，物料及萃取剂经混合设备混合萃取后，可由分离设备进行分层分离。就生物加工过程而言，所得发酵液中含有一定量的蛋白质等表面活性物质，导致两相间产生相当稳定的乳浊液，虽然后期萃取分离过程中会加入某些去乳化剂，但依靠重力仍难将两者在短时间内分开。离心沉降设备为分离乳浊液的有效设备，工厂常用的分离设备有管式离心机、碟片式离心机等。

（三）混合－分离一体式萃取设备

1. 混合澄清槽

混合澄清槽是最早使用且目前仍广泛应用于工业生产的一种萃取设备，它是一种逐级接触式的传质设备。该设备结构简单、投资低廉，且运行稳定、萃取效率高，可实现连续逆流萃取操作。

混合澄清槽是由混合设备和澄清设备两部分组成，料液和溶剂在混合设备中密切接触，进行传质，然后进入澄清设备进行分相。混合设备可以是采用不同搅拌方式的容器，也可以是各种类型的液流混合器或管道混合器。澄清设备则可以分为非机械类型（包括重力澄清器和水力旋流器型的澄清器）和机械类型（即离心萃取器）。由于常用的混合和澄清设备的结构型式多为槽式，故一般将其称为混合澄清槽。由一个混合槽和一个澄清槽组成的混合澄清单元，即称为混合澄清槽的一级，实际应用的混合澄清槽常是由多个级串联组合而成的。

随着萃取理论和实践方面的迅速发展，不同结构的混合澄清萃取设备被不断开发和应用，已获应用的混合澄清槽就有一二十种不同的结构型式，如箱式混合澄清槽［图9-13（a）］。简单的箱式混合澄清槽被设计成分隔的箱式结构，将混合室和澄清室连成一个整体，内部用隔板分隔开，流体的流动靠其中的密度差来推动。理想液流的级间走向示意图如图9-13（b）所示。

在箱式混合澄清槽中，利用水力学平衡关系并借助于搅拌器的抽吸作用，重相由次一级澄清室经重相口进入混合室，而轻相由上一级澄清室自行流入混合室。在混合室中，经搅拌两相充分接触而进行萃取。然后，两相混合液进入同级澄清室进行澄清分相。就混合澄清槽的同一级而言，两相是并流的；但就整个混合澄清槽而言，两相则是逆流的。图9-14显示了两相在槽内的流动途径。水相从第一级混合室进入，从最后一级澄清室流出；有机相从最后一级混合室加入，从第一级澄清室流出。

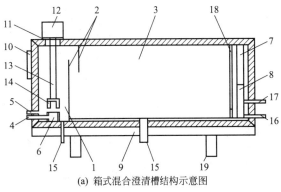

(a) 箱式混合澄清槽结构示意图

1—混合搅拌室；2—溢流挡板组件；3—分离室；4—轻相入口管；
5—重相入口管；6—搅拌机；7—重相溢流堰；8—轻相溢流堰；
9—弧形底板；10—控制器；11—盖板；12—搅拌电机；
13—搅拌棒；14—搅拌器；15—倒液阀；16—重相出口管；
17—轻相出口管；18—分离挡板；19—支撑腿

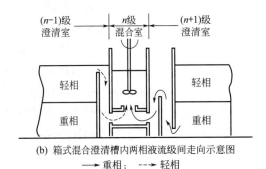

(b) 箱式混合澄清槽内两相液流级间走向示意图
　→重相；　---→轻相

图9-13　箱式混合澄清槽结构和两相液流级间走向示意图

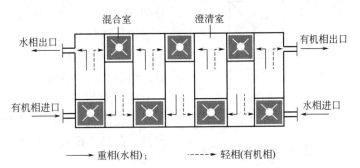

　→重相(水相)；　-----→轻相(有机相)

图9-14　混合澄清槽内两相逆流流动示意图

在混合室内，搅拌器不但要使两相得到充分的接触，而且还要使重相由次一级澄清室抽入混合室，所以搅拌器的设计是非常重要的。人们研究了各种不同型式搅拌器的操作性能，目前一般采用的有泵式和桨叶式（又分为平桨和涡轮桨）两大类型。基于所采用的搅拌器类型不同，箱式混合澄清槽又可分为简单重力混合澄清槽和泵混合式混合澄清槽两种。前者输送液流的推动力主要来自级间的密度差，因此其推动力是有限的，液流的通量也很小；后者利用泵式搅拌器加大了抽吸能力，从而加大了液流的通量。

2. 萃取塔

萃取塔是垂直安装的萃取设备，多为圆柱形。轻相自塔底进入，由塔顶溢出，重相自塔顶加入，由塔底流出，两者在塔内做逆向流动，其中一相为分散相，另一相为连续相，分散相以滴状分散在连续相之中，以增大接触面积，有利于传质。塔的中部是工作段，上下两端是分离段，分别用于分散相液滴的聚集分相以及连续相夹带的细微液滴的沉降分离。

该类萃取设备具有占地面积小、处理能力大、密封性能好等优点，目前在石油化工、核化工、湿法冶金和环境工程等领域得到了广泛应用。按其结构和操作特性的不同可分为无搅拌的萃取塔（如喷淋塔、填料塔和筛板塔等）和有搅拌（机械搅拌或脉冲搅拌）的萃取塔（如振动筛板塔、转盘塔、脉冲填料塔和脉冲筛板塔等）。

（1）填料萃取塔　填料萃取塔的结构如图9-15所示，填料有环形、鞍形与金属丝网等各种型式，可以用陶瓷、塑料或金属材料制成，其材料应浸润连续相，以免分散相液滴在填料表面上聚合而减小两相的接触表面积。为了减少沟流现象，对于较高的填料萃取塔通常隔一定距离安装一个液体再分布器。填料尺寸应小于塔径的1/8，以减小壁效应和使填料填充得较为密实。填料萃取塔适用于一些萃取体系界面张力较低、要求处理能力较大和所需理论级数不多的场合。

（2）筛板萃取塔　筛板萃取塔是一种逐级接触式的塔式萃取设备。其示意图如图9-16所示，在塔体内安装有一系列的筛板，并且在每块筛板的一侧安装有弓形溢流管。图9-16中所示为轻相作为分散相的情况，轻相通过筛板上的小孔并被分散成小液滴；重相从上一层筛板的溢流管中流下，沿着水平方向流过筛板上方，与分散相液滴接触并传质，然后又沿着溢流管流向下一层筛板。

筛板萃取塔结构简单，制造成本低，处理量大，在设计良好时，也具有较高的传质效率和操作弹性。此外，筛板萃取塔也可用于洗涤和溶剂回收等场合。

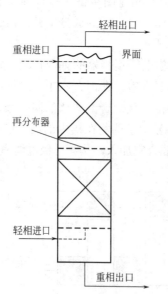

图 9-15 填料萃取塔
结构示意图

（3）脉冲填料塔和脉冲筛板塔 采用脉冲搅拌的方法可以明显地改善简单的填料塔和筛板塔的性能。脉冲使塔内流体做快速的往复脉动，既可以粉碎液滴，增加两相的接触面积，又可以增大流体的湍动，因此，脉冲萃取塔的传质效率比简单的重力作用萃取塔高得多。同时，采用脉冲搅拌，萃取塔内没有运动部件和轴承，对处理强腐蚀性和强放射性的物料特别有利，因此脉冲萃取塔在核化工和湿法冶金中得到了广泛应用。

脉冲由装在塔下端的脉冲发生器产生，机械脉冲发生器和空气脉冲发生器分为活塞型、膜片型、风箱型等，它们一般与萃取塔的下澄清段相连接，也可与有机相（轻相）进料管合而为一。

脉冲填料塔的结构与一般填料塔相似。但由于脉冲的引入，与无脉冲填料塔相比较，对于某些萃取体系，其传质单元高度可降低 1/3 ～ 1/2。

脉冲筛板塔的结构与无脉冲筛板塔略有不同，它们没有降液管。筛板孔径一般为 3mm，板间距约为 50mm，筛板的开孔率为 20% ～ 25%。

（4）转盘萃取塔 转盘萃取塔结构如图 9-17 所示。在塔内沿垂直方向等距离安装了若干固定环，在柱中央的转轴上安装有旋转圆盘，其位置介于相邻的两固定圆环之间。两相借快速旋转的圆盘的剪切力作用而得到良好的分散混合。固定环的作用在于减小液体的纵向混合，并使从转盘上甩向塔壁的液体返回，在每个塔段内形成循环。两相经充分混合并传质后，在重力作用下实现逆向流动。

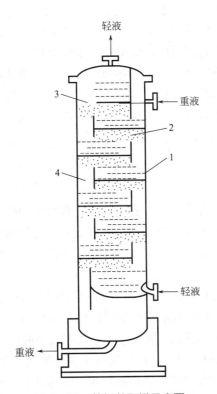

图 9-16 筛板萃取塔示意图

1—筛板；2—轻液分散在重液内的混合液；3—分散相聚集界面，
即轻重液的界面；4—溢流管

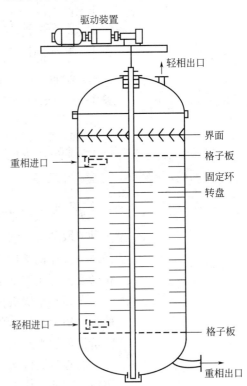

图 9-17 转盘萃取塔示意图

转盘萃取塔在石油化工和其他化学工业中应用广泛，特别是在糠醛精制润滑油、丙烷脱沥青、芳烃抽提及己内酰胺的精制等工艺中得到了成功应用。

在转盘萃取塔的基础上还发展了不对称转盘萃取塔，它实际上是一种逐级接触式萃取塔。塔内安装

了偏心的转轴，混合室之间用水平挡板隔开，在萃取塔的一侧隔出一个圆环形的澄清区，每一级的澄清区被装在两个混合室挡板之间的环形过流挡板隔开，从混合室流出的两相混合物在澄清区内得到分离后，轻、重相分别进入上、下两级。不对称转盘萃取塔可用于石油化工、制药工业、润滑油精制和废水处理等领域。

（5）混合澄清型萃取塔　　混合澄清型萃取塔实为槽、塔结合的产物，也称为塔式混合澄清器，相当于一个垂直放置的混合澄清槽，两相间的传质属于逐级接触传质方式。它综合了槽、塔两者的优点，既可实现真正的逐级相接触，而无级间的返混，级效率可接近100%，同时又可以克服混合澄清槽的溶剂滞留量大和占地面积大的缺点。

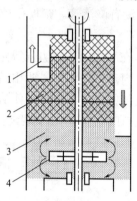

==> 连续相；　⟹ 分散相

图9-18　MS柱（单级）
　　　　　示意图

1—液封；2—澄清区；
3—混合区；4—搅拌器

混合澄清型萃取塔在其发展过程中出现有多种型式，其中有Treybal所设计的塔形混合澄清萃取器，Kühni公司开发的MS柱，Lürgi公司研制的Lürgi塔形萃取器，还有在塔内设填料的改进的混合澄清萃取塔。

图9-18为Kühni公司开发研制的一种类型。如图9-18所示，整个萃取塔按垂直方向被分割成多个级，每一级分为两个区，即混合区和澄清区。两相在混合区内充分混合，然后在相邻的澄清区内将两相进行分离。澄清的分散相通过液封进入上一级，连续相沿一分开的通道通过澄清区进入下一级，从而实现两相的逆流操作。

3. 离心萃取机

离心萃取机是进行两相快速充分混合，并利用离心力代替重力快速分相的一种萃取装置。它特别适用于处理两相密度差小、黏度大和易乳化的体系。如在重力分相的萃取设备中要求两相密度差大于 $0.1g/cm^3$，而在离心萃取机中两相密度差可允许小至 $0.01g/cm^3$。

在离心萃取机内两相物料的滞留量小，其相应的停留时间短（一般只有几秒），从而使离心萃取机特别适用于要求短相接触时间的萃取体系。例如，某些抗生素的生产为了保持产品的生物活性，就要求很短的相接触时间。

离心萃取机从20世纪30年代问世至今，已经发展了多种型式，并在香料、燃料、石油、化工、水法冶金、废水处理，特别是制药工业等多项领域中得到了应用。

离心萃取机可有多种分类方法，按其安装方式可以分为立式和卧式；按其转速可以分为高速和低速；按每台设备所包含的级数可以分为单台单级和单台多级；而按两相在离心萃取机内的接触方式又可分为逐级接触和连续接触两大类。

对于逐级接触的离心萃取机，一台装置即相当于一个萃取级或者在其中容纳多个萃取级。其两相接触方式和混合澄清槽内类似，是逐级进行的。对于连续接触的离心萃取机，其两相接触方式和萃取塔内类似，是连续进行的，一台装置可以给出若干萃取理论级的萃取效果。

（1）Alfa-Lava 立式离心萃取机　Alfa-Lava ABE-216 离心萃取机（图9-19）的主要组成部分为高速旋转的转鼓，转鼓中有 11 个同心圆筒，从中心往外排列顺序为第 1、2、3、…、11 同心圆筒，每个筒均在一端开孔，单数筒的孔在下端，双数筒的孔在上端。第 1～3 筒的外圆柱上各焊有 8 条钢筋，第 4～11 筒的外圆柱上均焊有螺旋形的钢带，将筒与筒之间的环形空间分隔成螺旋形通道。第 4～10 筒的螺旋形钢带上开有不同大小的缺口，使螺旋形长通道中形成很多短路。在转鼓的两端各有轻、重液的进出口。重液进入转鼓后，经第 4 筒上端开孔进入第 5 筒，沿螺旋形通道往外顺次流经各筒，最后由第 11 筒经溢流环到向心泵室，被向心泵排出转鼓。

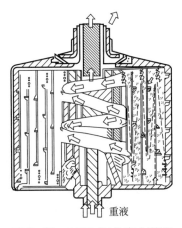

图 9-19　ABE-216 离心萃取机转鼓剖视图

轻液由装于主轴端部的离心泵吸入，从中心管进入转鼓，流至第 10 筒，从其下端进入螺旋形通道，向内顺次流过各筒，最后从第 1 筒经出口排出转鼓（图9-20）。转鼓两端有轻、重液的进出口装置和机械传动部分。

在大尺寸的 Alfa-Lava ABE-216 离心萃取机内，两相接触路线可长达 25.5m，相当于 20 个萃取理论级以上。标准装置的处理量高达 21.2m³/h，相应的停留时间为 10s。该设备结构比较紧凑，但比较复杂，主要用于抗生素的萃取和石油化工的处理过程。

（2）倾析式离心机　倾析式离心机是 20 世纪 80 年代由德国的 Westfalia 公司研制的新型设备，英国 Beecham（比切姆）公司、日本东洋酿造公司已将其用于青霉素生产。倾析式离心机的工艺流程见图 9-21。

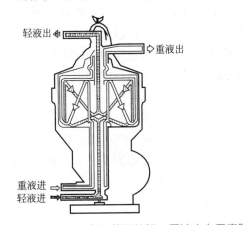

图 9-20　ABE-216 离心萃取机轻、重液走向示意图

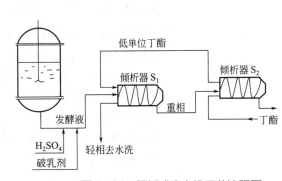

图 9-21　倾析式离心机工艺流程图

三相倾析式离心机是一种转鼓水平放置的离心机，可同时分离重液、轻液和固体，实现发酵液与萃取有机相的逆流流动和离心分离，即实现所谓的"全发酵液萃取"。图9-22 为 Westfalia 生产的三相倾析式离心机，该设备由圆柱-圆锥形转鼓及螺旋输送器、差速驱动装置、进料系统、润滑系统及底座组成。作为萃取机，与常用的卧式螺旋离心机的不同点是，该机在螺旋转子柱的两端分别设计配有调节环和分离盘，以调节轻、重相界面，并在轻相出口处配有向心泵，在泵的压力作用下，将轻液排出。进料系统上设有中心套管式复合进料口，使轻、重两相均由中心进入。且在中心管和外套管出口端分别配置了轻相分布器和重相布料孔，其位置是可调的，通过两者位置可把转鼓柱端分为重相澄清区、逆流萃取区和轻相澄清区。

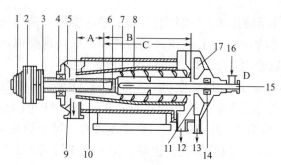

图9-22　Westfalia 三相倾析式离心机

A—干燥段；B—澄清段；C—分离段；D—入口

1—三角皮带；2—差速变动装置；3—转鼓皮带轮；4—轴承；5—外壳；6—分离盘；7—螺旋输送器；
8—轻相分离器；9—排渣口；10—转鼓；11—调节环；12—重液出口；13—轻液出口；
14—转鼓主轴承；15—轻相送料管；16—重相送料管；17—向心泵

倾析式离心机运转过程中监测手段较齐全，自动控制程度较高：倾析式离心机转鼓前后轴承温度系用数字温度显示；料液 pH 值的控制靠玻璃电极，发酵液流量的控制靠电磁流量变送器；破乳剂、新鲜醋酸丁酯、低单位丁酯等料液流量的变化靠控制器控制气动薄膜阀等，从而达到要求的流量。

第二节　固－液萃取原理及设备

固-液萃取是在一定条件下，采用浸出溶剂从固体原料中浸出有效成分的过程。根据所用溶剂性质和固体原料的特性，可以采用不同的浸出方法。按照溶剂流动与否可分为静态浸出和动态浸出。静态浸出是间歇地加入溶剂和一定时间的浸渍；动态浸出是溶剂不断地流入和流出系统或溶剂与固体原料同时不断地进入和离开系统。

固-液萃取的相平衡关系，是溶液相的溶质浓度与包含于固体相中溶液的溶质浓度之间的关系。固-液萃取过程达到相平衡的条件是两者浓度相等，而只有在前一浓度小于后一浓度时，萃取过程才能发生。对于固-液萃取溶剂的选择基本上还是考虑以下几点：选择性、溶质的溶解度、有利于分离、价廉易得、化学性能稳定、毒性小、黏度低等。

一、固－液萃取原理

固-液萃取主要分为两个过程：第一步是固相中产物的溶解过程；第二步是产物在液相中的扩散过程，此时溶质在固-液两相中达到溶解平衡。

严格地讲，固相在液相中的溶解过程和固相在液相中的扩散过程事实上是固相和液相这两相间特定组分的平衡过程，即固相在液相中的溶解扩散和液相中特定组分被固相吸附这两个过程的平衡。在萃取过程一开始，溶解扩散速度大于吸附速度，而当溶剂逐渐变成饱和溶液时，溶解扩散和吸附这两个速度则相等，这时溶剂中的固相溶解浓度不可能再增加。

按照贝克曼（Bikerman）理论，在固 - 液萃取过程中，某一固体（被萃取物）其溶解部分的质量 dm 和其自由表面有特定的关系，假定被研究的系统中某一小颗粒表面积为 dS$_1$，溶解物质质量为 dm，σ 为界面的表面张力，则此小颗粒的自由表面能为：

$$\sigma \frac{dS_1}{dm} dm$$

当达到平衡时，表面积变为 dS$_2$，则此小颗粒的自由表面能变为：

$$\sigma \frac{dS_2}{dm} dm$$

设在溶解前，固体表面的渗透压（或蒸气压）为 p_1，而达到传质平衡后其渗透压（或蒸气压）变为 p_2，在此过程中传质溶解的质量为 dm，则溶解前至溶解平衡时所作之功为：

$$W = \frac{RT}{M} \ln \frac{p_1}{p_2} dm \tag{9-11}$$

式中　　R——气体常数，R=8.315J/(mol·K)；

　　　　T——热力学温度，K；

　　　　M——分子量。

于是有：

$$\frac{RT}{M} \ln \frac{p_1}{p_2} = \sigma \left(\frac{dS_1}{dm} - \frac{dS_2}{dm} \right) \tag{9-12}$$

假设此小颗粒为正立方体，平衡时在固相中的边长为 l_1，溶解开始时的体积为 $(l_1+dl_1)^3$，表面积为 $6(l_1+dl_1)^2$，于是有溶解量：

$$dm = 3l_1^2 dl_1 \times \gamma = 3l_2^2 dl_2 \times \gamma$$

溶解表面积：

$$dS_1 = 12l_1 dl_1, \quad dS_2 = 12l_2 dl_2$$

式中　　　　　　γ——固体密度，kg/m³；

　　$3l_2^2 dl_2$，dS_2——转入液相的部分体积，表面积。

代入式（9-12），有：

$$\frac{RT}{M} \ln \frac{p_1}{p_2} = \frac{4\sigma}{\gamma} \left(\frac{1}{l_1} - \frac{1}{l_2} \right) \tag{9-13}$$

设溶解前溶剂中的固体浓度为 C_1，溶解后达到平衡时的浓度为 C_2，以浓度比代替渗透压之比，则上式变为：

$$\frac{RT}{M} \ln \frac{C_1}{C_2} = \frac{4\sigma}{\gamma} \left(\frac{1}{l_1} - \frac{1}{l_2} \right) \tag{9-14}$$

由上式可知，颗粒越小其扩散推动力就越大。

固 - 液萃取中，萃取速度与萃取时间、温度以及萃取物的黏度都有关系。

在单效萃取中，萃取达到平衡后，固体产物未被萃取的分数与萃取时间的关系（在恒定温度下，且溶剂和被萃取固体的黏度相差很大时）近似计算式为：

$$E = \frac{8}{\pi^2} e^{\frac{\pi^2 D\theta}{L^2}} \quad\quad (9\text{-}15)$$

式中　E——固体产物未被萃取的分数，%；

　　　D——扩散系数，m^2/h；

　　　θ——萃取时间，h；

　　　L——固体颗粒的平均尺寸，m。

　　式（9-15）说明了要缩短萃取时间，必须使固体颗粒的尺寸减小。扩散系数 D 需经实验测定。扩散系数与溶剂及产物黏度乘积的 $-k$ 次方成反比，即：

$$D = a(\mu_0 \mu_S)^{-k} \quad\quad (9\text{-}16)$$

式中　a——比例常数；

　　　μ_0——溶剂的黏度，$Pa \cdot s$；

　　　μ_S——产物的黏度，$Pa \cdot s$；

　　　k——指数。

　　提高萃取系统的温度往往可以提高萃取速度，但温度对各种发酵产物的影响程度并不相同，同时还需考虑温度对产物的破坏，故应按具体情况选择合适的温度。

二、固 – 液萃取设备

　　固 - 液萃取设备可分为单级与多级两大类，多级萃取设备按固液流向又分为错流和逆流。按照操作方式又有间歇、连续与半连续之分。间歇操作时固、液物料都是一次投入，待充分接触后进行分离。连续操作时固液两相均以一定的流量通过萃取器，对于固体物料做到这一点需要专门的输送机械，而且这种连续、定量的移动与流体的流动有着本质的区别。所谓半连续固 - 液萃取指液体为连续、定量流动，而固体原料在萃取时并没有在萃取器内发生移动。这种方式可以有较好的传质效果，而且溶剂量少、热量消耗少、设备构造也比较简单，因此使用广泛。

（一）单级间歇萃取

　　小批量的固体或含部分水分的半固体在萃取时由于使用的溶剂量小，处理时间不长，故没有必要采用多级连续操作，一般均采取单级间歇萃取以减少设备投资和操作费用。常用的单级间歇萃取设备如夹套间歇萃取器。

　　图 9-23 所示为带蒸汽加热夹套的单级间歇萃取装置。为了保证产品质量，萃取器材料常用不锈钢等材料制造。物料和溶剂均从器顶一次加入，

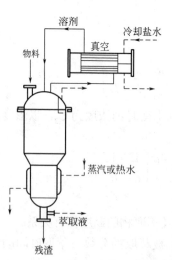

图 9-23　带蒸汽加热夹套的
单级间歇萃取装置

器身下部带夹套部分为萃取室，在萃取室中溶剂和物料充分接触，夹套中通入蒸汽或热水使萃取在最适温度下进行。有很多物质对温度较为敏感，为了防止局部温度过高和降低溶剂的沸腾温度，萃取器可接真空系统使其维持在某一真空度下操作。对应于某一真空度，就有一个相应的溶剂。

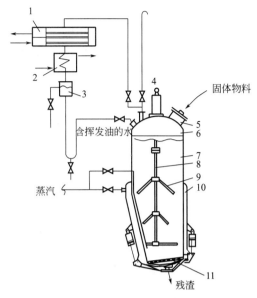

图 9-24　多功能提取罐及萃取流程

1—冷凝器；2—冷却器；3—油水分离器；4—气动装置；5—固体进料口；6—盖；7—罐；8—上下移动轴；9—料叉；10—夹层；11—带筛板活底

（二）多级逆流连续及半连续萃取

1. 多功能提取罐

多功能提取罐广泛应用于中药制剂工业。其设备如图 9-24 所示，罐体是斜锥形，下半部分配有夹套，可通蒸汽加热。罐体下部是带有筛板的活底，活底借助于气动系统进行启闭。萃取液可从筛板流下，而被萃取的固体物料堆放在筛板上面，因此筛板可以起固液分离和支承固体物料的作用。固体物料从上部加料孔投入，如果加入的萃取剂为水，可在罐内用直接蒸汽加热至沸腾，再用夹套蒸汽间接加热。冷凝器、冷却器和油水分离器是为水蒸气蒸馏获取挥发油的过程而设置，没有挥发油成分的固体物料在萃取时可将管线阀门关闭而将放空阀门打开。萃取液在达到规定浓度时可从罐底放出，进行过滤和浓缩。萃余的残渣可自底部卸出，通过气动装置开启活底，利用气动装置使中心轴发生上下移动，轴上的料叉帮助料渣自罐内卸出。

2. 多级逆流固 - 液萃取罐组

图 9-25 是溶剂连续回收使用的多级逆流半连续固 - 液萃取装置。图 9-25 中的 4 台萃取罐总有 3 台运转，1 台轮空进行卸渣和装料。萃取剂依次串联通过 3 台萃取罐，新鲜溶剂首先接触的是即将卸渣的萃取罐，最后通过的是新装料的萃取罐，从而与固体物料呈逆向流动，保持整个系统最大的传质推动力。图 9-25 中（a）是 4 号轮空，1、2、3 号操作；（b）是 1 号轮空，2、3、4 号操作。各罐操作次序的组织完全靠阀门的启闭来完成。

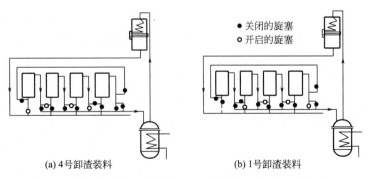

| ● 关闭的旋塞 |
| ○ 开启的旋塞 |

(a) 4号卸渣装料　　　　(b) 1号卸渣装料

图 9-25　溶剂连续回收使用的多级逆流半连续固 - 液萃取装置

图 9-26 进一步说明了多级逆流罐组各级的操作轮转次序。图 9-26 中 6 个罐中一个轮空，5 个逆流操作，下一轮的位置刚好是上一轮顺时针方向转动一格。多级逆流罐组在中药材浸取方面有一定的进步，

如某厂建成年处理 3000 t 的中药浸取车间，6 个多功能提取罐逆流串联操作（5个操作，1 个轮空卸渣装料），结合加压（147kPa 压力），可节约萃取剂 40%、节约能量 58%，比目前采用的多功能提取罐两次错流萃取有明显的优越性。

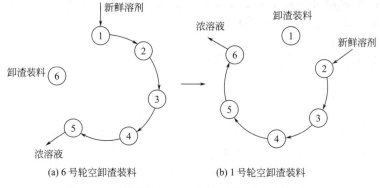

(a) 6 号轮空卸渣装料　　　　　　　　(b) 1 号轮空卸渣装料

图 9-26　逆流多级固 - 液萃取罐操作轮转示意图

3. 微分半连续固 - 液萃取设备

　　微分半连续固 - 液萃取器是一类固定床固 - 液接触设备，固体原料装填成固定床静止不动，萃取剂以一定流量自上而下流经固体将溶质溶出，萃取液在流动过程中浓度增加，最后自固定床下部流出。在整个固定床内萃取液的浓度和原料固体内溶质含量的变化都是连续的，因此称为微分萃取。

　　微分萃取设备主要是一个萃取塔。常见的三种典型设备结构主要包括：多层填料萃取塔、多级搅拌萃取塔以及转盘萃取塔。

第三节　超临界流体萃取过程及设备

　　超临界流体萃取是指用超临界流体，即温度和压力略超过或靠近临界温度和临界压力介于气体和液体之间的流体作为萃取剂，从固体或液体中萃取可溶组分的传质分离操作。在超临界状态下，将超临界流体与待分离的物质接触，使其有选择性地依次把极性大小、沸点高低和分子量大小不同的成分萃取出来。

　　超临界流体萃取技术是近 30 年来出现的一门新的分离技术。它具有以下特点：①可在接近常温下完成萃取工艺，适合对一些对热敏感、容易氧化分解、破坏的成分进行提取和分离；②在最佳工艺条件下，能将提取的成分几乎完全提出，从而提高产品的收率和资源的利用率；③萃取工艺简单，无污染，分离后的超临界流体经过精制可循环使用。

　　由于超临界流体萃取具有传统萃取无法比拟的优势，使得其应用领域相当广泛。例如在食品工业中，超临界流体萃取技术用于茶叶、咖啡豆脱咖啡因，食品脱脂，酒花有效成分提取，植物色素的萃取，植物及动物油脂的萃取。在医药工业中，超临界流体萃取技术用于酶、维生素等的精制，动植物体内药物成分的萃取，医药品原料的浓缩、精制，糖类与蛋白质的分离以及脱溶剂脂肪类混合物的分离精制等。在化妆品工业中，超临界流体萃取技术用于天然香料的萃取，合成香料的分离精制，化妆品原料的萃取、精制等。

一、超临界流体

所谓超临界流体是指温度和压力均在本身的临界点以上的高密度流体，具有和液体同样的凝聚力和溶解力。然而其扩散系数又接近于气体，是液体的近百倍，因此超临界流体萃取具有很高的萃取速度。另外该流体随着温度与压力的连续变化，对物质的萃取具有选择性，而且萃取后分离也很容易。表 9-1 列举了气体、超临界流体和液体的密度、黏度以及扩散系数三种性质。

表 9-1　气体、超临界流体和液体性质的比较

性质	相态		
	气体	超临界流体	液体
密度 /（g/cm³）	10^{-3}	0.7	1.0
黏度 /×10^{-3}Pa·s	$10^{-3} \sim 10^{-2}$	10^{-2}	10^{-1}
扩散系数 /（cm²/s）	10^{-1}	10^{-3}	10^{-2}

注：超临界流体是指在 32℃和 13.78MPa 时的二氧化碳。

超临界流体的密度接近于液体，这使它具有与液体溶剂相当的萃取能力；超临界流体的黏度和扩散系数又与气体相近似，而溶剂的低黏度和高扩散系数的性质是有利于传质的。由于超临界流体也能溶解于液相，从而也降低了与之相平衡的液相黏度和表面张力，并且提高了平衡液相的扩散系数。超临界流体的这些性质有利于流体萃取，特别是传质的分离过程。

普遍认为，超临界流体的萃取能力作为一级近似，与溶剂在临界区的密度有关。超临界流体萃取的基本原理就是利用超临界流体的特殊性质，使之在高压条件下与待分离的固体或液体混合物相接触，萃取出目的产物，然后通过降压或升温的办法，降低超临界流体的密度，从而使萃取物得到分离。

可以按照分离对象与目的不同，选定超临界流体萃取中使用的溶剂。表 9-2 列出了某些萃取剂的超临界物性。

表 9-2　某些萃取剂的超临界物性

流体名称	临界温度 /℃	临界压力 /MPa	临界密度 /(g/cm³)	流体名称	临界温度 /℃	临界压力 /MPa	临界密度 /(g/cm³)
乙烷（C_2H_6）	32.3	4.88	0.203	二氧化碳（CO_2）	31.3	7.38	0.460
丙烷（C_3H_8）	96.9	4.26	0.220	二氧化硫（SO_2）	157.6	7.88	0.525
丁烷（C_4H_{10}）	152.0	3.8	0.228	水（H_2O）	374.3	22.11	0.326
戊烷（C_5H_{12}）	296.7	3.38	0.232	笑气（N_2O）	36.5	7.17	0.451
乙烯（C_2H_4）	9.9	5.12	0.227	氟里昂	28.8	3.90	0.578
氨（NH_3）	132.4	11.28	0.236				

作为萃取剂的超临界流体必须具备以下条件：

① 萃取剂需具有化学稳定性，对设备没有腐蚀性；

② 临界温度不能太低或太高，最好在室温附近或操作温度附近；

③ 操作温度应低于被萃取溶质的分解温度或变质温度；

④ 临界压力不能太高，可节约压缩动力费；

⑤ 选择性要好，容易得到高纯度制品；

第九章

⑥ 溶解度要高，可以减少溶剂的循环量；

⑦ 萃取剂要容易获取，价格要便宜。

二氧化碳具有合适的临界条件、无毒无害、不燃烧、不腐蚀、价格便宜和易于处理等优点，是最常用的超临界萃取剂。

二、超临界流体萃取过程

超临界流体萃取过程基本上是由萃取阶段与分离阶段所组成的，如图 9-27 所示。

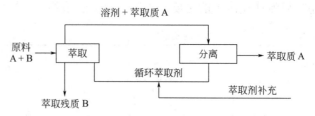

图 9-27 超临界流体萃取基本过程

在萃取阶段，超临界流体将所需组分从原料中萃取出来；在分离阶段，通过改变某个参数，使萃取组分与超临界流体分离，从而得到所需组分并使萃取剂循环使用。根据分离方法的不同，可将超临界流体萃取流程分为等温变压法、等压变温法和吸附法三种。

（1）等温变压法　该流程是利用不同压力下超临界流体溶解能力的差异，通过改变压力而使溶质与超临界流体分离的操作。即在一定的温度下，使超临界流体和溶质减压，经膨胀、分离，溶质经分离槽下部取出，萃取剂气体经压缩机返回萃取槽内循环使用。

（2）等压变温法　该流程是利用不同温度下溶质在超临界流体中溶解度的差异，通过改变温度使溶质与超临界流体分离的操作。即萃取槽和分离槽中压力基本相同的情况下，经加热、升温，使气体和溶质分离，从分离槽下部取出萃取物，气体经冷却、压缩后返回萃取槽内循环使用。

（3）吸附法　该流程是指在分离槽内放置吸附剂，经萃取出的溶质被吸附剂吸附而与萃取剂分离，萃取剂气体经压缩后返回萃取槽内循环使用。

图 9-28 给出了超临界流体萃取分离过程的三种典型流程。其中前两种流程主要用于萃取相中的溶质为需要精制的产品的场合，最后一种流程则适用于萃取的溶质为需要除去有害成分而萃取槽中流下的萃余物为所需要的提纯组分的场合。

还有一种分离方法是添加惰性气体的等压分离法。在超临界流体中加入 N_2、Ar 等惰性气体，可以改变物质的溶解度，如图 9-29 所示，在超临界 CO_2 中加入 N_2，使咖啡因在 CO_2 中的溶解度显著下降。根据这一原理建立起来的超临界流体萃取过程叫做添加惰性气体的分离法流程。此流程的操作都在等温等压下进行，故能耗低。但关键是必须有使超临界流体与惰性气体分离的简便方法。

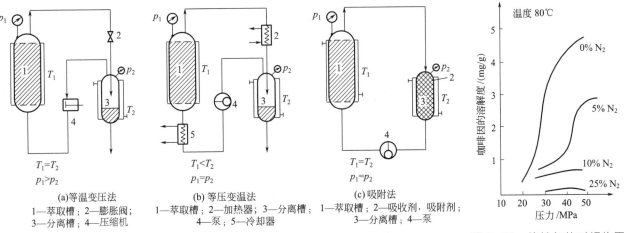

(a)等温变压法
1—萃取槽；2—膨胀阀；
3—分离槽；4—压缩机

(b) 等压变温法
1—萃取槽；2—加热器；3—分离槽；
4—泵；5—冷却器

(c) 吸附法
1—萃取槽；2—吸收剂，吸附剂；
3—分离槽；4—泵

图9-28　超临界流体萃取典型流程

图9-29　惰性气体对超临界流体中咖啡因溶解度的影响

三、超临界流体萃取系统

（一）固体物料的超临界流体萃取系统

在超临界流体萃取研究中，大部分萃取对象是固体物料，而且多数用容器型萃取器进行间歇式提取。

1. 高压索氏提取器

图9-30所示的是一种简单的用液态CO_2萃取固体物料的高压索氏提取器。

该设备将一只玻璃索氏提取器装入一只高压腔内，适量的CO_2以干冰的形式被放入高压容器的下部。随后封盖，并被放入加热水浴。干冰蒸发，压力增加，并达到CO_2液化的值，该值由容器顶部冷凝器的温度来确定，例如，温度为15℃时，则可以获得5.1MPa的压力。被冷凝器液化的萃取溶剂滴入索氏提取器，并在套管内萃取样品。萃取过程中，萃取物在圆底瓶中保持沸腾的液态CO_2中逐渐被浓缩。萃取结束后，气体通过减压阀减压释放，打开高压容器，从圆底瓶中取出萃取物。

该设备仅限于少量样品的液态CO_2萃取，被用于样品分析。设备的改进几乎是不可能的，因为萃取条件仅仅依靠冷凝器的温度变化，改变非常有限。除了CO_2之外，其他气体的使用，也仅仅限于在10MPa压力下$0 \sim 20$℃温度范围内能液化的气体。在此情况下，设备也需要用液化的气体填装。

2. 普通的间歇式萃取系统

普通的间歇式萃取系统是固体物料最常用的萃取系统。这种系统结构最简单，一般由一只萃取釜、一只或两只分离釜构成，有时还有一只精馏柱。图9-31为最基本的几种结构。

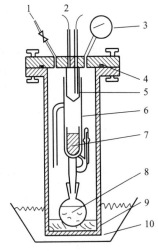

图9-30　高压索氏提取器

1—截止阀；2—冷却；3—压力表；4—"O"形环；5—冷凝器；6—玻璃索氏提取器；7—样品；8—沸腾的液态CO_2；9—传热盘；10—加热水浴

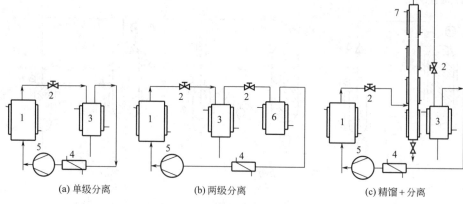

(a) 单级分离   (b) 两级分离   (c) 精馏 + 分离

图 9-31 几种典型的间歇式萃取系统

1—萃取釜；2—加压阀；3，6—分离釜；4—换热器；5—压缩机；7—精馏柱

3.半连续式萃取系统

半连续式萃取系统是指采用多个萃取釜串联的萃取流程。在萃取条件下向高压釜输入和送出固体原料，完成连续萃取是非常困难的，相反，若将萃取体积方便地分解到几个高压釜中，从而批处理就变成逆流萃取，流程如图 9-32 所示。四个萃取釜依次相连（实线），当萃取釜 1 萃取完后，通过阀的开关它将脱离循环，其压力被释放，重新装料，再次进入循环，这样又成为系列中最后一只萃取釜被气体穿过（虚线）。在该程序中，各阀必须同时操作。这可以依靠气动简单地完成操作控制。

图 9-33 是另一种半连续萃取流程。该流程的特点是依靠从压缩机出来的压缩气体过剩的热量，来加热从萃取釜出来携带有萃取物的 CO_2，使 CO_2 释放出萃取物，进入下一个循环。

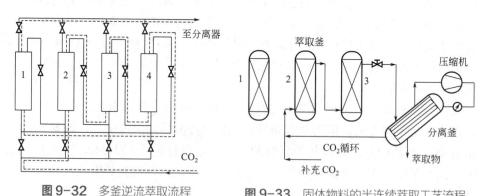

图 9-32 多釜逆流萃取流程   **图 9-33** 固体物料的半连续萃取工艺流程

4.连续式萃取系统

目前已应用的固体连续进料装置基本上采用固体通过不同压力室的半连续加料以及螺旋挤出方式。这种气锁式或挤出式加料系统按固体在其中的性质可分为以下几类。

① 原料形状不发生变化的固体连续加料系统　如咖啡豆脱除咖啡因时，要求保持咖啡豆颗粒的完整性，可采用处于不同压力条件下的移动式或固定式压力室进行批式装料。当气锁室是固体式且有固定体积时，可用锥形阀、球阀等来实现系统的密封。该装置的缺点是半连续操作，气锁系统有气体损失，会引起压力波动；优点是制造简单、处理量大。

② 原料形状发生变化的固体连续加料系统　如油籽脱油和啤酒花提取浸膏等。因为固体物料在压力作用下会发生变形，其自身起到了密封的作用。当物料受压通过一筛板形成小颗粒密封时效果更佳。与轴向压缩进料不同的另一种连续进料设备是螺旋挤出机（图 9-34）。在油籽萃取中，该装置不仅起到预脱油的作用，而且密封和输送效果都比较好。

③ 悬浮液加料系统　可考虑使用机械位移泵，如柱塞泵或隔膜泵等适于悬浮液输送的设备。由于摩擦和密封问题的存在，用流体置换代替机械置换是可选的方法之一。

（二）液体物料的超临界流体萃取系统

超临界流体萃取技术大多被用于固体原料的萃取，但大量的研究实践证明，超临界流体萃取技术在液体物料的萃取分离上更具优势，其原因主要是液体物料易实现连续操作，从而大大减小了操作难度、提高了萃取效率、降低了生产成本。

液体物料超临界流体萃取的系统从构成上讲大致相同。但对于连续进料而言，在溶剂和溶质的流向、操作参数、内部结构等方面有不同之处。

1. 按溶剂和溶质的流向分类

按照溶剂和溶质的流向不同，液体物料的超临界流体萃取流程可分为逆流萃取、顺流萃取和混流萃取。一般情况下，溶剂都是从柱式萃取釜的底部进料。逆流萃取是指液体物料从萃取釜的顶部进入，顺流萃取是指从底部进入，混流萃取是指从中部进入。图 9-35 是早期 Schultz 等提出的一种逆流萃取系统。近几年，也出现了不少逆流萃取的研究。

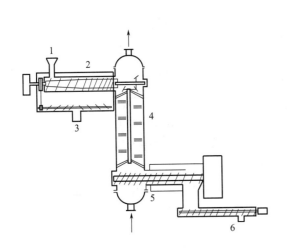

图 9-34　固体连续加料装置

1—油籽进料；2—螺旋加料器；3—挤出油口；4—夹套式
萃取器；5—螺旋卸料器；6—油饼出口

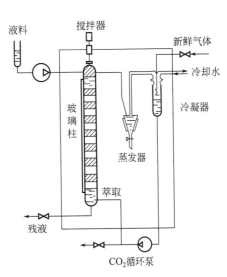

图 9-35　逆流萃取流程

2. 按操作参数的不同分类

由于温度对溶质在超临界流体中的溶解度有较大的影响，在这种情况下，可在柱式萃取釜的轴向设置温度梯度。所以按照操作参数的不同可分为等温柱和非等温柱操作。不过，许多情况下在萃取釜的后面装设精馏柱，精馏柱也设有轴向温度梯度，这是为了实现精确分离。不过精馏柱相对后面的分离器而言就是一只柱式萃取釜。

3. 按柱式萃取釜内部结构的不同分类

为了使液料与溶质充分接触，一般需在柱式萃取釜中装入填料，这时称之为填料柱。有时不装填料，而使用塔板（盘），则构成塔板（盘）柱。在目前已有的液体物料的超临界流体萃取流程中，大部分使用的是填料柱。在填料柱中填料的种类是影响分离效果的重要因素。

图 9-36 是吉卡特·帕特等发明的一种用于液相原料超临界流体逆流萃取的柱式萃取器。萃取器内装有一组多孔塔盘，从塔顶部供给较重的待萃取的液体混合物，在逆向流动状态下进行萃取。多孔盘依靠薄壁管状的间隔元件使其位置保持不变，这种间隔元件的外径比构成萃取塔的管内径稍小。所有的塔盘都是相同的，并且是交替旋转 180° 安装。塔顶的电容传感器用于液面位置的控制。萃取时，液料沿着降液管连续向下流动，分散相通过塔盘孔自下而上流动。在这种条件下，分散相分割液料成为气泡并在相邻塔盘下的区域内再次形成连续相。为了保持超临界流体的鼓泡效应，孔下液柱的高度应该保持一定值。超临界流体经历多次液料接触，大大强化了传质过程。

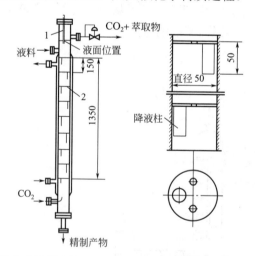

图 9-36　装有多孔塔盘的液相原料萃取系统及塔盘结构（单位：cm）

1—电容传感器；2—塔盘

📄 总结

- 工业萃取操作过程，按其操作方式，可以分为单级萃取和多级萃取，后者又可以分为错流萃取和逆流萃取，还可以将错流和逆流结合起来操作。
- 液-液萃取设备包括三个部分：混合设备、分离设备和溶剂回收设备。根据生产的需要，三个部分会独立工作或整合为混合-分离一体式萃取机。
- 混合设备是进行萃取操作的场所，将料液与萃取剂充分混合形成乳浊液，预分离的产品自料液转入萃取剂中。用于两相混合的设备有混合罐、混合管、喷射式混合器及泵等。
- 混合-分离一体式萃取设备包括混合澄清槽、萃取塔（填料萃取塔、筛板萃取塔、脉冲填料塔和脉冲筛板塔、转盘萃取塔、混合澄清型萃取塔）和离心萃取机（Alfa-Lava 立式离心萃取机、倾析式离心机）。
- 固-液萃取设备可分为单级萃取设备（夹套加热间歇萃取装置）与多级萃取设备（多功能提取罐、多级逆流固-液萃取罐组和微分半连续固-液萃取设备）两大类，多级萃取设备按固液流向又分为错流和逆流。
- 在超临界流体萃取分离阶段，通过改变某个参数，可使萃取组分与超临界流体分离，从而得到所需组分并使萃取剂循环使用。根据分离方法的不同，可将超临界流体萃取流程分为等温变压法、等压变温法和吸附法三种。

✏️ 课后练习

1. 萃取的原理是什么？
2. 常用的溶剂萃取设备有哪些？
3. 什么是超临界流体萃取？
4. 下列哪种方法不是超临界流体萃取过程中分离超临界流体所使用的方法（　　　）
　　A. 等温法　　　　　B. 等压法　　　　　C. 加压法　　　　　D. 吸附法

题1~2答案

题3~4答案

第十章 离子交换、吸附和色谱分离设备

五大色谱分离过程的原理，包括（a）分子筛、（b）离子交换、（c）疏水色谱、（d）反相色谱、（e）亲和色谱。

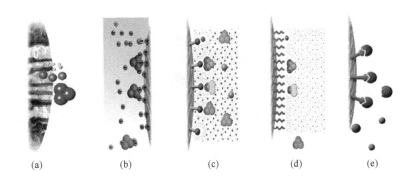

(a)　　　(b)　　　(c)　　　(d)　　　(e)

在工业生产中，常采用大型离子交换柱（如图中间设备所示），经过离子交换、色谱等分离纯化，实现目标产品的分离纯化。

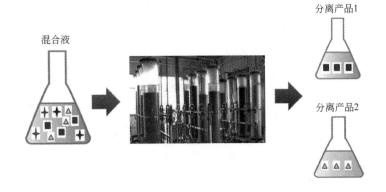

混合液

分离产品1

分离产品2

思维导图

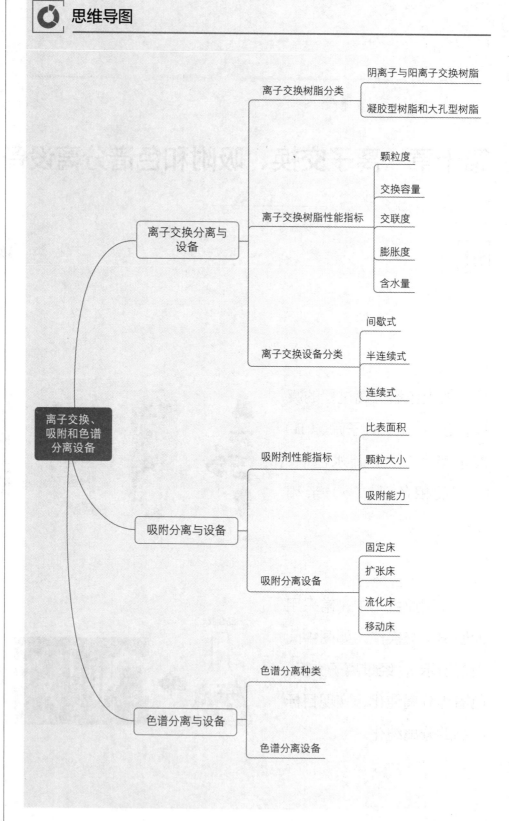

为什么学习离子交换、吸附和色谱分离设备?

物料如果为非极性化合物，可以采用萃取技术进行分离纯化；而若为极性化合物，则离子交换技术更具优势，与此相似的技术还包括吸附和色谱等。本章讲述离子交换、吸附和色谱分离过程原理及其设备，为物质进一步分离纯化的工艺设计、设备选型等提供借鉴。

 学习目标

○ 离子交换、吸附和色谱分离的原理。
○ 常用的离子交换、吸附和色谱分离设备的主要构造及其工作原理。
○ 常用的离子交换、吸附和色谱分离设备的操作方式和选型计算。

第一节　离子交换过程原理与设备

离子交换是利用离子交换剂与溶液中的离子发生交换而进行分离。离子交换剂分为无机离子交换剂和有机离子交换剂两大类。在生物工业中，常用的交换剂为离子交换树脂（有机离子交换剂），在交换分离过程中，基于各种离子与离子交换树脂的交换能力不同，被适当的洗脱剂依次洗脱，从而达到分离的目的。离子交换法一般分离效率较高，能用于带相反电荷的离子分离，也能用于带相同电荷或性质相近的离子分离；应用较为广泛，在医药、食品、冶金、能源等工业中主要用于产物的提取纯化、分离除杂、净化分析等；但同时分离过程周期较长，一般用于解决较为困难的分离问题。

一、离子交换过程与原理

 概念检查 10-1

○ 离子交换作用的原理是什么?

（一）离子交换树脂的种类及性能

离子交换树脂一般为含有若干离子基团的不溶性高分子固体物质，其分子结构包括具有不溶于有机溶剂的三维立体网络骨架、结合于网络骨架的基团以及与活性基团带相反电荷的可交换离子。

（1）根据骨架结构连接的可交换活性基团的酸碱性不同，可以分为阳离子交换剂和阴离子交换剂。阳离子交换树脂呈酸性，分为强酸性和弱酸性离子交换树脂，对阳离子具有交换能力，其中强酸性离子交换树脂常使用磺酸基交换基团，弱酸性离子交换树脂常用羧基、磷酸基、酚羟基交换基团。同样地，阴离子交换树脂可以分为强碱性和弱碱性离子交换树脂，对阴离子具有交换能力，前者可以为季铵基，

后者一般为叔胺基或者仲胺基。强离子交换剂的离子化率基本不受溶液 pH 的影响，适用于所有的酸性和碱性溶液；而弱离子交换剂的离子化率受 pH 的影响较大，离子交换作用适应的 pH 范围较小，但是交换容量较大，容易再生。

有时为了调节离子树脂的性能，会在同一骨架上连接不同的官能团，产生多功能团树脂。较为常见的为两性树脂，即既具有阳离子树脂性能又具有阴离子树脂性能。两性树脂可以分为两大类：一类是不形成内盐键，只是使阴、阳基团分布于同一树脂颗粒内，可以提高离子交换反应速度并改善交换的平衡特性；另一类是形成内盐键，使原有树脂产生新的特性，包括树脂的选择性、膨胀性、吸附容量等。

（2）根据离子交换树脂的内部结构不同，可以分为凝胶型树脂和大孔型树脂。凝胶型树脂是由纯的单体混合物聚合而成的，其外观呈透明状，具有均相凝胶结构。溶液中的离子通过由交联大分子链间距离形成的孔隙扩散到交换基团附近从而进行离子交换。凝胶型树脂的优点在于交换容量较大，合成工艺简单，但是容易受到有机物污染，不易进行再生洗脱。大孔型树脂是由单体聚合物制备过程中掺入的致孔剂在聚合后脱去而使骨架中留下许多永久性孔道的一类树脂。它提供了良好的通道，有利于结合其他官能团以及让较大的离子进入孔道。与凝胶型树脂相比，大孔型树脂的离子交换速度更高，耐渗透压能力更强。

（二）离子交换树脂的性能指标

1. 颗粒度

离子交换树脂的粒度大小和均匀性，对运行的影响较大。粒度大，比表面积就小，交换速度就慢；粒度太小，虽然交换速度快，但运行时的阻力也大。因此，离子交换树脂形状大多为球形，以提高其机械强度、减少流体阻力，直径约在 0.2～1.2mm。一般对进行离子交换树脂填充料的粒度、有效粒径、均一系数都有相关的标准，以保证离子交换的质量。

2. 交换容量

离子交换树脂的交换容量是表征树脂交换能力的重要参数，是指单位质量（或体积）离子交换树脂所能交换离子的物质的量，通常以质量交换容量（mmol/g 干树脂）和体积交换容量（mmol/mL 干树脂）来表示，主要由网状结构中活性基团的数量来决定。干树脂的交换容量为 3～6mmol/g，而浸泡过的树脂的交换容量还与树脂的溶胀性能有关，一般为 1～2mmol/mL。如果交联度过大，将使交换反应的速度过慢，使树脂的有效交换容量下降。

3. 交联度

离子交换树脂的交联度是骨架结构的重要因素，也是骨架强度的关键，它与树脂的许多性能都有密切关系。如用 9∶1 的苯乙烯和二乙烯苯合成树脂，交联度为 10%，通常用"X-10"表示。在商品树脂中，交联度通常在

8%～12%。一般说来，交联度越大，树脂越坚固，在水中不易溶胀。而交联度减小，树脂变得柔软，容易溶胀。

4. 膨胀度

树脂在干燥的状态下（惰性树脂除外），遇水会迅速膨胀。因此，当树脂脱水时，不能直接与水接触，而要用饱和的食盐水浸泡，减缓膨胀速度，防止树脂的破裂。具有不同交联度的树脂，其膨胀系数也不同，体积改变率的大小与交联度成反比。交换容量的大小与溶胀率成正比。可交换离子价数越高，溶胀率越小；同价离子水合能力越强，溶胀率越大。树脂转型膨胀率的规律在实际应用中较为复杂，因为它往往是多种离子间的交换，但这些规律的掌握，对设计不同交换器床型预留的膨胀空间具有重要的参考价值。

5. 含水量

离子交换树脂颗粒内所含的水一般处于平衡状态，称之为平衡水量，是树脂的固有特性。离子交换树脂的含水量一般用每克干树脂吸收水分的数量来表示。不同树脂或者同种树脂具有不同的离子型时，其含水量是不同的。树脂在使用的过程中，随着各种因素对树脂的损害，含水量也会发生变化。因此，树脂含水量的变化是判断树脂受损性程度的依据之一。

（三）离子交换过程及操作条件

离子交换的一般流程如下：①原料液的预处理，使流动相易于被吸附剂吸附；②原料液和离子交换树脂的充分接触，使吸附进行；③淋洗离子交换树脂，以去除杂质；④把离子交换树脂上的目标产物洗脱下来；⑤离子交换树脂的再生。离子交换过程如图10-1所示。

运用离子交换法进行物质分离时，首先要选择离子交换树脂。根据使用环境，结合被分离物质的理化性质和分离的最终目标，选择特定树脂以保证分离的完全性。一般而言，对于碱性强的待分离物选用弱酸性树脂，而对于弱碱性分离物往往选取强酸性树脂。同时，在选择过程中还应综合考虑离子交换树脂的交联度、交换容量、膨胀系数等参数，尽可能提高分离效率。

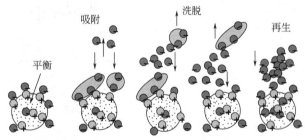

图 10-1　离子交换过程

进行离子交换操作时，要注意选择合适的操作条件，其中发生离子交换时溶液的 pH 值是最重要的因素，要求包括待分离物在该 pH 条件下保持稳定，并使待分离产物离子化以及树脂能够解离。在树脂的选择方面，对于弱酸性或弱碱性树脂，采用 Na^+ 型树脂或 Cl^- 型树脂，能使树脂易离子化；而对于强酸性或强碱性树脂可以采用任何型式。

根据离子交换反应的化学平衡，洗脱过程中应尽量使溶液中被洗脱离子的浓度降低。洗脱条件与吸附条件相反，如吸附在酸性条件下进行，解吸应在碱性条件下进行；相反，如果吸附是在碱性条件下进行，则解吸应在酸性条件下进行。为使解吸过程中 pH 变化不会过大，可选用缓冲液作为洗脱剂。如产物在碱性条件下易破坏，可以采用氨水等较缓和的碱性洗脱剂。如单靠 pH 变化无法洗脱，可以使用有机溶剂。选择有机溶剂的原则是能和水混合，且对产物溶解度较大。

二、离子交换设备

根据离子交换的操作方式可分为静态和动态交换设备两大类。静态设备为一带有搅拌器的反应罐，反应罐仅作静态交换用，交换后利用沉降、过滤或水力旋风将树脂分离，然后装入解吸罐（柱）中洗涤和解吸。这种设备目前较少采用，生产中多采用动态离子交换罐或交换柱。

动态交换设备可分为间歇操作和连续操作的离子交换设备两类。固定床设备是目前应用最多的间歇式离子交换设备，具有结构简单、操作管理方便、树脂磨损少等优点，但同时也存在管线复杂、阀门多、树脂利用率相对较低等缺点。固定床有单床（单柱或单罐操作）、多床（多柱或多罐串联）、复床（阳柱、阴柱）及混合床（阳、阴树脂混合在一个柱或罐中）。连续式离子交换设备是指溶液与离子交换树脂以相反方向连续不断流入并进行交换分离的设备，包括连续移动床设备、连续流化床塔式设备、多级串联设备等，它们的设计构思与应用各具特色，多已成功用于各种工业生产过程并取得明显的技术、经济和社会效益。

（一）间歇式离子交换设备

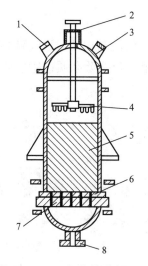

图 10-2　具有多孔支撑板的离子交换罐

1—视镜；2—进料口；3—手孔；
4—液体分布器；5—树脂层；6—多孔板；7—尼龙布；8—出液口

常用的离子交换罐是一个具有椭圆形顶及底的圆筒形设备（图 10-2）。圆筒体的高径比一般为 2～3，最大为 5。树脂层高度约占圆筒高度的 50%～70%，上部留有充分空间，以备反冲时树脂层的膨胀。筒体上部设有溶液分布装置，使溶液、解吸液及再生剂均匀通过树脂层。筒体底部装有多孔板、筛网及滤布，以支持树脂层，也可用石英、石块或卵石直接铺于罐底来支持树脂。罐顶上有人孔或手孔（大罐可在壁上），用于装卸树脂，还有视镜孔和灯孔。另外，罐顶有压力表、排空口及反洗水出口。溶液、解吸液、再生剂、软水进口可共用一个进口管与罐顶连接。各种液体出口、反洗水进口、压缩空气（疏松树脂用）进口也共用一个与罐底连接。几个单床串联起来便成为多床设备，操作时溶液用泵压入第一罐，然后靠罐内空气压力依次压入下一罐。离子交换罐的附属管道一般用硬聚氯乙烯管，阀门可用塑料、不锈钢或橡皮隔膜阀，在阀门和多交换罐之间常装一段玻璃短管，作观察之用。

1. 反向吸附离子交换罐

反向吸附离子交换罐的特点在于进料分布器在罐的下部，上部增加解吸液分布器，底部为淋洗水、解吸液和再生液出口，反洗水进口（图10-3）。溶液由罐的下部以一定流速导入，使树脂在罐内呈沸腾状态，交换后的废液则从罐顶的出口溢出。为了减少树脂从上部溢出口溢出，可设计成上部成扩口形的反吸附交换罐，以降低流体流速而减少对树脂的夹带。反吸附可以省去菌丝过滤，且液固两相接触充分，操作时不产生短路、死角。因此生产周期短，解吸后得到的生物产品质量高。但反吸附时树脂的饱和度不及正吸附的高，理论上讲，正吸附时可能达到多级平衡，而反吸附时由于返混只能是一级平衡。此外，为防止树脂外溢，罐内树脂层高度比正吸附的低。

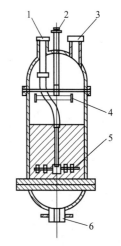

图 10-3 反向吸附离子交换罐

1—被交换溶液进口；2—淋洗水、解吸液和再生液进口；3—废液出口；4,5—分布器；6—淋洗水、解吸液和再生液出口，反洗水进口

2. 固定床离子交换罐

固定床离子交换罐结构比较简单，操作比较方便，是使用较为广泛的离子交换设备。离子交换树脂的下部需要支撑体，如多孔陶土板、粗粒无烟煤、石英砂等。被处理的溶液从树脂上方加入，经过分布管使液体均匀分布于整个树脂的横截面。加料可以是重力加料，也可以是压力加料。对于压力加料，则要求整个离子交换设备严格密封。料液与再生剂从离子交换树脂的上方通过各自的管道和分布器进入交换器，树脂支撑下方的分布管则用于水的逆洗。柱式离子交换器可用不锈钢、硬塑料制作，常常用有衬里的碳钢制造，管道、阀门一般均用塑料制成。固定床离子交换器的再生方式分为顺流与逆流两种。逆流再生有较好的效果，再生剂用量可减少，但会发生树脂层的上浮。

如将阳、阴两种树脂混合起来，则制成混合离子交换设备。将混合床用于抗生素等生物产品的精制，可避免采用单床时溶液变酸（通过阳离子柱时）及变碱（通过阴离子柱时）的现象，因而可减少目标产物的破坏。单床及混合床固定式离子交换装置见图10-4所示。

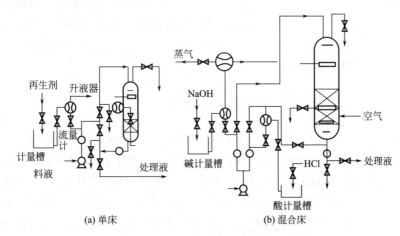

(a) 单床　　　　　　　　　(b) 混合床

图 10-4 固定式离子交换装置

有一些离子交换设备既可用于固定床的操作，也可用于流化床的操作。如图10-5所示，该设备由正相计量泵、玻璃柱体和活塞组成。在泵的上游有三个储槽，装有去离子水、HCl和NaCl溶液，每个储槽下面各带一个阀门。在泵的下游有一个四通阀，可以决定料液向上或者向下的方向。当料液向下流过床层时，则为固定床的操作；而当料液向上流过床层时，则为流化床的操作。

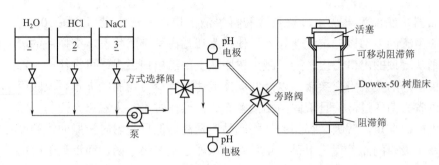

图 10-5　可用于固定床和流化床操作的离子交换设备

3. 薄膜压滤式离子交换设备

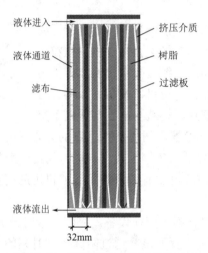

图 10-6　薄膜压滤式离子交换设备

当溶质的吸附扩散变得非常慢的时候，细微分开的树脂就会有利于吸附。而大颗粒的树脂由于可利用的表面积非常小或者溶质到达颗粒内部需要较长的时间，而不利于吸附。但是细微分开的树脂存在着严重的水力方面的问题。在通常的工业生产条件下，液体用相同的方式通过它们，几乎是不可能的。原因是树脂的细微分开的粉状结构使得流体流过时阻力非常大。与普通的箱式压滤机类似的薄膜压滤器可以很好地解决这个问题。它的内部是由一系列的塑胶过滤板排列而成许多小腔，并包有滤布。这种薄膜压滤器在每一层滤布后面都有膨胀膜，当腔内的树脂饼扩张或压缩时，膨胀膜就会被扩张或被压缩。这样就能保证当液体流过树脂饼时，树脂饼的状态始终是稳定的，也解决了流体阻力的问题。其设备结构见图 10-6。

4. 混合床离子交换罐（混合床）

混合床离子交换罐是由阳、阴两种树脂混合所制成的混合离子交换设备。利用混合床离子交换罐可将原水中的阴、阳离子除去，而从树脂上交换出来的 H^+ 和 OH^- 结合成水，可避免溶液中 pH 的变化而破坏生物产品。混合床也分为体内同步再生式混合床和体外再生式混合床。体内同步再生式混合床在运行及整个再生过程均在混合床内进行，再生时树脂不移出设备外，且阳、阴树脂同时再生，因此所需附属设备少，操作简便。

一般的混合床离子交换罐体主要由直立设置的圆柱形筒体和上、下封头组成，上封头上设有进水口及进水管系，下封头下部设有出水口及出水管系，罐体中的弓形多孔板的上部设有不同粒径的石英砂滤料层，自上而下粒径分布各不相同。原水由罐体上方的进水口经布水喷头喷入，依次进入阴、阳离子交换树脂层，石英砂滤料层得到过滤，过滤后的清水由罐体下方设置的出水口流出，从而实现分离过程（图10-7）。

（二）半连续移动床离子交换设备

移动床离子交换设备是一种半连续式离子交换装置，交换、再生、清洗过程在装置中特定位置完成，而将这些过程在装置中串联在一起，各种液体周期性地在特定部位流动。该设备的特点：离子交换与树脂再生、清洗分别在设备的不同单元中进行。系统中设置多个阀门用来控制树脂流向，并根据工艺要求，借助水力将树脂输送到相应单元进行各种操作。

移动床的主要优点是：生产率相同时所需树脂量比固定床少；再生剂利用率及树脂饱和程度高，因而再生剂用量少；被处理物料的纯度高，质量均匀；操作自动化程度高，可连续出料等。它的缺点是设备数量较多，操作管理较为复杂。

早期的移动床设备，如希金斯连续离子交换设备、阿萨希移动床设备，已经在工业上得到了应用，并取得了较好效果。20世纪80年代以来，仍不断出现各种改进的移动床设备。如Carlson等人研制的半连续移动床离子交换系统（图10-8），包括水处理柱、再生清洗柱和一些辅助的中间循环柱。系统运行过程为：待处理液进入处理柱后，树脂随待处理液一起在柱内流动，同时进行交换反应。树脂悬浮液流到中间循环柱，进行固液分离，处理水外排。当再生信号发出，水处理系统内部分树脂进入饱和树脂存贮柱，补进再生树脂。存贮柱内的树脂进入再生柱再生。该装置可实现水处理、饱和树脂再生以及再生树脂返回等过程同时进行，从而达到连续产水的目的。与传统移动床设备不同的是，该装置设有一些传感器，用以监测水中某种离子浓度、pH值等指标。当指标达到预定值时，可发出信号，控制树脂进出再生系统。这种控制方式比时控方法更灵活可靠，科学性更强。

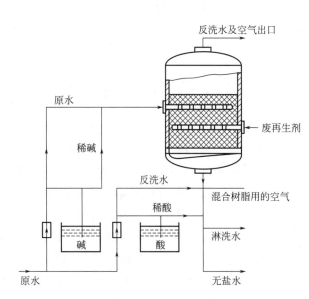

图 10-7　混合床离子交换罐

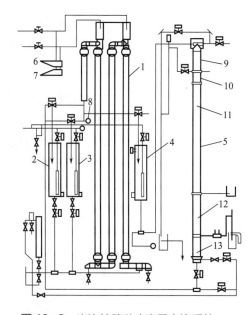

图 10-8　半连续移动床离子交换系统

1—处理柱；2,3—中间循环柱；4—饱和树脂存贮柱；
5—再生柱；6,7,8—传感器；9—树脂计量段；10—缓冲段；
11—再生段；12—清洗段；13—快速清洗段

第十章

（三）一般连续式离子交换设备

固定床正吸附离子交换操作中，交换仅限于很短的交换带中，树脂利用率低，生产周期长。采用连续离子交换设备操作，交换速度快，产品质量均匀，连续化生产便于自动控制，但这种操作过程中树脂破坏大，设备及操作较复杂且不易控制。连续逆流离子交换设备包括筛板式（图10-9）和旋涡式（图10-10）。

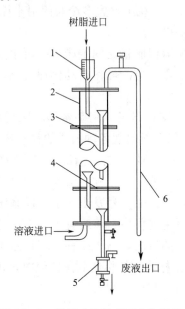

图 10-9 筛板式连续离子交换设备

1—树脂计量及加料口；2—塔身；3—漏斗式树脂加料口；4—筛板；5—饱和树脂受器；6—虹吸管

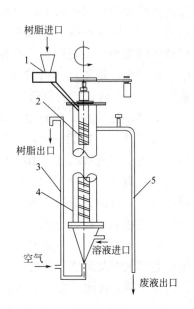

图 10-10 旋涡式连续离子交换设备

1—树脂加料器；2—含螺旋带转子；3—树脂提升管；4—塔身；5—虹吸管

连续式离子交换设备按料液流动的方法又可分为重力和压力两种。压力流动式是由再生洗涤塔和交换塔组成（图10-11）。交换塔为多室式，每室树脂和溶液的流动为顺流，而对于全塔来说树脂和溶液却为逆流，连续不断地运行。再生和洗涤共用一塔，水及再生液与树脂均为逆流。从树脂层来看，连续式装置的树脂在装置内不断流动，但它又在树脂内形成固定的交换层，具有固定床离子交换器的作用；另外，它在装置中与溶液顺流呈沸腾状态，因此又具有沸腾床离子交换的作用。重力流动式又称双塔式，这种装置的主要优点是被处理液与树脂的流向为逆流，其工作流程见图10-12。

（四）离子交换膜

离子交换膜是将离子交换树脂制

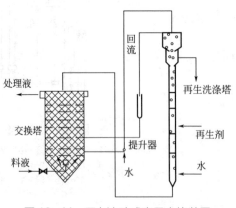

图 10-11 压力流动式离子交换装置

成很薄的膜，利用它对不同的离子进行选择性交换，从而使离子选择性透过膜而达到分离目的。离子交换膜的构造和离子交换树脂相同，但为膜的形式。根据功能及结构的不同，离子交换膜可分为阳离子交换膜、阴离子交换膜、两性交换膜、双极离子交换膜等类型。根据膜体结构或按制造工艺的不同，离子交换膜分为异相膜、均相膜和半均相膜三种。异相膜是将离子交换树脂磨成粉末，借助于惰性黏合剂（如聚氯乙烯、聚乙烯或聚乙烯醇等），由机械混炼加工成膜。由于粉末之间充填着黏合剂，因而膜的组成是不均匀的。均相膜以聚乙烯薄膜为载体，首先在苯乙烯、二乙烯苯溶液中溶胀，并以偶氮二异丁腈为引发剂，在加热加压条件下，在聚乙烯主链上接枝聚合而生成交联结构的共聚体。如果用浓硫酸磺化则制得阳膜；如以氯甲醚使共聚体氯甲基化，再经胺化制成阴膜。无论是均相膜还是非均相膜，在空气中都会失水干燥而变脆或破裂，所以必须于水中进行保存。

　　离子交换膜由于分离效率高、能耗低、污染少等优势，在许多方面得以广泛应用。在蛋白质的分离和纯化时，使用吸附多孔膜色谱可克服许多传统的填充床色谱的限制因素。微孔膜的载体相对于传统的珠式载体有很多优点，因为它们不被压缩而且不受扩散的限制。因此，使用微孔膜具有生产能力高、操作时间短等优点。近年来，在蛋白质的分离和纯化时，人们将功能化多聚物刷连到微孔膜上制成了一种新的色谱剂。这种功能化的多聚物刷均匀地附在微孔中空纤维膜的孔表面，通过光诱导聚合以及后来的化学修饰交叉形成一定厚度的膜。通过多聚物刷的静电排斥，蛋白质的三维结构形成过程中，通过离子交换多聚物刷，在多层被俘获。通过小孔上的多聚物刷，蛋白质溶液渗入膜，通过离子交换作用，可获得理想的蛋白质捕获率，而且扩散阻力可忽略。蛋白质的捕获过程如图 10-13 所示。

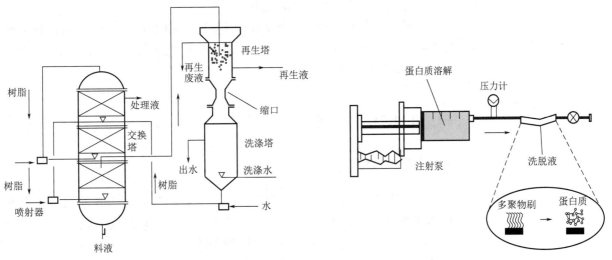

图 10-12　重力流动式离子交换装置　　　　　图 10-13　离子交换膜捕获蛋白质过程

　　在氯碱工业中，所使用的离子交换膜一般为氟纤维增强的全氟磺酸、全氟羧酸阳离子复合膜，其特点是只允许钠离子或者水分子透过，而其他离子难以透过。电解时从电解槽的下部往阳极室注入经过严格精制的氯化钠溶液，往阴极室注入水。在阳极室中通过氯离子释放电子，生成 Cl_2，从电解槽顶部流出。于此同时，钠离子和少量水透过阳离子交换膜流向阴极室，在阴极室中氢离子通过释放电子生成 H_2，从电解槽顶部放出。剩余的氢氧根离子由于受阳离子交换膜的阻隔，不能移向阳极室，这样就在阴极室里逐渐富集，形成 NaOH 溶液。通过该方法制得的产品浓度高、纯度好，且能耗低、污染少，是广泛使用的生产工艺。

　　离子交换膜技术用于废水处理中，可以有效分离和回收工业废水中的金属、稀有金属、贵金属和氯碱等，大幅度减轻工业排放水对环境的污染程度。此外，离子交换膜也广泛用于生物分子的脱盐、海水

淡化、饮用水及工业用水的制备、制药领域目标产物的分离等。

第二节　吸附过程原理与设备

吸附分离是利用具有较强吸附能力的固体吸附剂，一般为多孔性材料，选择性地将流体相（气体或者液体）中一种或者一类物质吸附到固体表面，再以适当的洗脱剂将被吸附物质从吸附剂上解吸下来，从而实现流体混合物中不同组分的分离。作为一种低能耗的固相萃取分离技术，吸附分离广泛应用于石油化工、医药、冶金和电子等工业过程。

吸附作用可以分为三类：物理吸附，即溶质和吸附剂之间通过范德华力而产生的吸附；化学吸附，即溶质与吸附剂之间化学反应，形成较为牢固的吸附化学键和表面络合物；交换吸附，指的是溶质的离子由于静电引力作用聚集在吸附剂表面带电点上，并置换出原来固定在带电点上其他离子的过程。物理吸附可以是单分子层吸附，也可以是多分子层吸附，其放热量小，是可逆的过程，但是选择性差。化学吸附一般是单分子层吸附，放热量大，选择性较强。交换吸附的吸附速率较快，吸附速率与温度无关，不涉及能量变化，吸附剂吸附后同时释放等量的离子到溶液中。

在吸附分离过程中，物理吸附是最常见的吸附方式，而交换吸附在生物工程下游技术中应用越来越重要。近年来，随着新型吸附剂的开发利用和吸附技术的进步，吸附分离逐渐体现其优势。

一、吸附过程与原理

（一）吸附过程

典型的吸附过程包括四个步骤：①待分离的料液通入吸附剂；②吸附质被选择性吸附在吸附剂的表面；③料液流出吸附体系；④以适当的洗脱剂将被吸附质从吸附剂上解吸，并实现吸附剂的再生，过程如图10-14所示。其传质过程包括外扩散，即吸附质通过吸附剂颗粒周围的液膜到颗粒的表面；内扩散，即从吸附剂颗粒表面传向颗粒孔隙内部；以及溶质在吸附剂内表面上发生吸附。

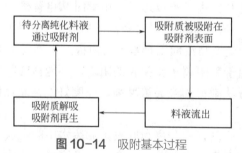

图10-14　吸附基本过程

吸附过程可以是变温吸附、变压吸附和变浓度吸附。变温吸附指的是通常情况下在环境温度吸附，在加热条件下解吸，利用温度的变化实现吸附和解吸再生的循环操作，常用于从气体或液体中分离杂质。变压吸附是指在较高组分分压的条件下选择性吸附气体混合物中的某些组分，然后降低压力或抽真空使吸附剂解吸，利用压力的变化完成循环操作，一般用于气体混合物的主体分离。变浓度吸附是指液体混合物中某些组分在环境条件下选择吸附，然后用少量的强吸附性液体解吸再生，主要用于液体混合物的主体分离。

影响吸附的主要因素包括吸附质和吸附剂的性质、吸附操作条件（温度、pH、流速等）。温度和压力对吸附有影响，适当升高温度有利于化学吸附，低温有利于物理吸附；温度对气相吸附的影响比对液相吸附的影响大；对于气体吸附，压力的增大有利于吸附。对于吸附剂而言，吸附剂的性质如孔隙率、孔径、粒径等影响比表面积，从而影响吸附效果。吸附剂的活性是吸附能力的标志，常以吸附剂上所吸附的物质质量与所有吸附剂质量比来表示，直接影响吸附效率。

（二）吸附剂

1. 吸附剂分类

吸附剂按化学结构分，可以分为无机吸附剂、高分子吸附剂、炭质吸附剂等。按吸附机理分，化学吸附剂可以分为离子交换剂、螯合剂、可再生高分子试剂和催化剂；物理吸附剂分为非极性吸附剂、中极性吸附剂和极性吸附剂；交换吸附剂包括仿生吸附剂和免疫吸附剂等。根据形态和孔结构可分为大孔、凝胶、大网的球形树脂，离子交换纤维，无定形颗粒吸附剂等。

（1）无机吸附剂　无机吸附剂是具有一定晶体结构的无机化合物，最典型的天然无机吸附剂为沸石类。其他一些天然的硅铝酸盐和长石类矿物也可作为无机吸附剂使用。人工合成的无机吸附剂包括分子筛、硅胶、氧化铝、合成沸石等。

① 沸石　沸石是一种含水的碱或碱土金属铝硅酸盐矿物，包括方沸石、菱沸石、钙沸石、片沸石、钠沸石等。结构中含有许多通道或者小孔，这使得它们的表面积非常大。另外，它的结构中含有负电荷，这样就使得它具有非常大的阳离子交换能力。除了用于一般的气体和液体的吸附外，沸石还可用于离子交换。

② 硅胶　硅胶有天然和人工合成之分。天然的硅胶即多孔 SiO_2，通常称为硅藻土。人工合成的则称为硅胶。目前作为生物分离所用吸附剂一般都采用人工合成的硅胶，因为人工合成的多孔 SiO_2 杂质少、品质稳定、耐热耐磨性好，而且可以按需要的形状、粒度和表面结构制取。硅胶在吸附操作特别是色谱操作中应用广泛。

③ 活性氧化铝　活性氧化铝是最常用的一种吸附剂，特别适用于亲脂性成分的分离，广泛应用于醇、酚、生物碱、染料、核苷类、氨基酸、蛋白质以及维生素、抗生素等物质的分离。活性氧化铝价格便宜、再生容易、活性易控制，但操作不便、手续繁琐、处理量有限，因此限制了其在工业生产中的大规模应用。

（2）炭质吸附剂　炭质吸附剂包括活性炭、活性炭纤维和炭化树脂等。

活性炭是一种多孔含碳物质的颗粒粉末，主要成分除碳以外，还含有少量的硫、氧、氢等元素，化学性质稳定且具有良好的吸附性能，耐高温、高压和强酸碱条件，不易破碎。与其他吸附剂相比，活性炭具有较大的比表面积，通常可达 $500 \sim 1700 m^2/g$，因而吸附能力强大。

炭化树脂是由 C、H 等元素组成的聚合物，通过直接或者间接热处理得到的炭质吸附剂。

活性炭纤维可以制成多种形式，具有丰富的微孔结构和较大的比表面积，吸附速率快，且在振荡环境中不易产生装填松动或者过分密实的现象，可以克服在操作过程中形成沟槽或者沉降的问题。

（3）大孔网状聚合物吸附剂　大孔网状聚合物吸附剂在合成的过程中没有引入离子交换功能团，只有多孔的骨架，其性质与活性炭、硅胶的性质相似。大孔网状聚合物吸附剂是一种非离子型多聚物，它

能够借助范德华力从溶液中吸附各种有机物质。此类吸附剂机械强度高、使用寿命长、选择性吸附性能好，吸附质容易脱附，并且流体阻力小，常应用于微生物制药行业，如抗生素和维生素等的分离浓缩。

2. 吸附剂性能要求

在实际工业应用分离生物产品时，常常由于不同的生物产品及不同的纯化要求，而采用不同的吸附剂，但作为吸附剂一般都有如下的主要性能要求。

（1）大的比表面积　在分离过程中，应用较多的吸附一般多为物理吸附，吸附通常只发生在固体表面几个分子直径的厚度区域，单位面积固体表面所吸附量非常小，因此作为工业用的吸附剂，必须有足够大的比表面积。

（2）颗粒大小均匀　固体吸附剂的外形通常为球形和短柱形，也有其他如无定形颗粒的，其颗粒直径通常为 0.6 ~ 15mm，工业固定床用吸附剂颗粒一般为直径 1 ~ 10mm；吸附剂颗粒大小均匀，可使流体通过床层时分布均匀，避免产生流体的返混现象，提高分离效果。吸附剂的颗粒大小及形状将影响固定床的压力降，因此应根据工艺的具体条件适当选择。

（3）具有一定的吸附分离能力　使用吸附剂的目的在于实现工艺上对生物有效成分的分离浓缩，因此，吸附剂均应具有在某一特定条件下对某种产品的分离纯化能力。

（4）具有一定的商业规模及合理的价格　工业用吸附剂由于使用量较大及连续性操作，因此要求具有商业化生产的规模及稳定的物理、化学性质。同时由于在工业上大量使用，其价格的合理性也是重要参数之一。

二、吸附设备

根据吸附剂在吸附设备中的工作状态，吸附设备可分为固定床吸附器、扩张床吸附器、移动床吸附器和流化床吸附器。当穿床速度小于吸附剂的悬浮速度时，吸附剂颗粒基本处于静止状态，属于固定床；当穿床速度与吸附剂颗粒悬浮速度相等时，吸附剂颗粒处于上下沸腾状态，属于流化床；当穿床速度大于吸附剂颗粒悬浮速度时，吸附剂颗粒被气体输送出吸附器，属于移动床。

（一）固定床吸附设备

固定床吸附是分离溶质所采用的最普遍也是最重要的操作形式之一。固定床吸附设备一般来说结构较为简单、造价低，对吸附剂磨损小且操作易掌握，可用于气相吸附，分离效果好，是最常用的吸附分离设备。吸附剂被固定在装置内特定部位，当气流通过吸附剂层时，吸附剂保持静止不动。固定床吸附设备按水流方向可分为升流式和降流式，按连接方式可分为单床、多床串联式和多床并联式，按吸附剂的布置形式可分为立式、卧式，按壳体形状则可以分为圆柱形、方形、圆环形等多种。

图 10-15 为一种新型的立式固定床吸附器。由吸附器筒体、吸附填料、蒸汽系统和冷却协同组成。在吸附器筒体上加有上封盖和下封盖，其中上封盖的顶部留有废气进口，其两侧设置了进料口、脱附气排出口和安全阀接口。在下封口的底部安装了净化气体的出口和检修口。在筒体内部设置了多孔板，吸附填料置于多孔板上，在吸附填料内部又设置了冷却管。

在吸附过程中，待净化的混合气体从上封盖顶部的废气进口进入吸附器，经过吸附填料吸附后，从净化气体出口排出。废气在吸附的同时，从冷却进口通入冷却水，冷却管将填料冷却。当吸附剂达到吸附饱和后，吸附器的进气阀关闭，从蒸汽入口通入蒸汽对吸附填料进行再生，从脱附气排出口排出蒸汽和吸附质，吸附器进入冷却阶段后，再次进行吸附操作。

该吸附器构型简单、易于安装和维修，且使用寿命较长，吸附过程中和吸附剂再生后及时进行冷却操作，保证吸附装置能在最佳状态下运行，使吸附器处理能力和处理效率大大提高。

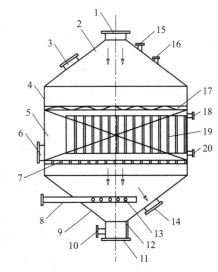

图 10-15　立式固定床吸附设备示意图

1—废气进口；2—上封盖；3—进料口；4—吸附器筒体；5—吸附填料；6—卸料口；7—多孔板；8—蒸汽进口；9—下封盖；10—冷凝水排放；11—检修口；12—液位计；13—蒸汽扩散器；14—净化气体出口；15—脱附气排出口；16—安全阀接口；17—网格；18—冷却水出口；19—冷却管；20—冷却水进口

（二）扩张床吸附设备

扩张床的设备包括充填介质的柱子、在线检测装置和收集器、转子流量计、恒流泵、床层高度调节器和上下两个速率分布器。其中转子流量计用来确定混浊液进料时床层上界面的位置，并调节操作过程中变化的床层膨松程度，保证捕集效率。恒流泵用于不同操作阶段不同方向上的进料。床层高度调节器的位置可自由改变。速率分布器对床层内流体的流动影响较大，它应使料液中固体颗粒顺利通过，又能有效地截留较小的介质颗粒，除此之外，上端速率分布器还应易于调节位置，下端速率分布器要保证床层中实现平推流。

扩张床与固定床的区别在于：扩张床的床层上部安装有可调节床层高度的调节器，当液体（料液或洗脱液等）从床底以高于吸附剂最小流化速率的流速输入时，吸附剂床层产生膨胀，高度调节器上升，如图 10-16 所示。而固定床吸附的料液是从柱上部的液体分布器流经色谱介质层，从柱的下部流出并分部收集，流体在介质层中基本上呈平推流，返混小，柱效率高。但固定床无法处理含颗粒的料液，因为它会堵塞床层，造成压力降增大而最终使操作无法进行，所以在固定床吸附前需先进行培养即预处理和固液分离。扩张床状态下床层高度一般为固定床状态的 2～3 倍，床层空隙率高，允许菌体细胞或细胞碎片自由通过。因此，扩张床吸附操作可直接处理菌体发酵液或细胞匀浆液，回收其中的目标产物，从而可节省离心或过滤等预处理过程，提高目标产物收率，降低分离纯化过程成本。

（三）流化床吸附设备

流化床吸附与扩张床的床层膨胀状态不同，流化床内吸附剂粒子呈流化状态。利用流化床的吸附过程可间歇或连续操作，图 10-17 为间歇流化床吸附操作示意图。吸附操作时料液从床

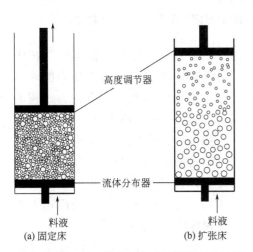

图 10-16　固定床与扩张床吸附设备的比较

（图中标注：高度调节器、流体分布器、料液、(a) 固定床、料液、(b) 扩张床）

底以较高的流速循环输入，使固相产生流化，同时料液中的溶质在固相上发生吸附或离子交换作用。连续操作中吸附剂粒子从床上方输入，从床底排出；料液在出口仅少量排出，大部分循环流回流化床，以提高吸附效率。与扩张床一样，流化床的主要优点是压降小，可处理高黏度或含固体微粒的粗料液。与扩张床不同的是，流化床不需特殊的吸附剂，结构设计也比扩张床容易，操作简便。与后述的移动床相比，流化床中固相的连续输入和排出方便，即流化床的连续化操作较容易，所以，流化床的吸附剂利用效率远低于固定床和扩张床。

（四）移动床吸附设备

如果吸附操作中固相可连续输入和排出吸附塔，与料液形成逆流接触流动，则可实现连续稳态的吸附操作，这种操作法称为移动床操作（图10-18）。对于移动床吸附设备来说，一般吸附剂由上向下移动，气体由下向上流动，形成逆流操作。被处理的气体从塔底进入，向上通过吸附床流向塔顶。塔底设有支承格栅，有下流式移动填料塔和板式塔两种型式，适用于要求吸附剂气体比率高的场合，较少用于控制污染。优点是处理气体量大，吸附剂可循环使用。但是吸附剂的磨损和消耗比较大，要求选用耐磨能力强的吸附剂。

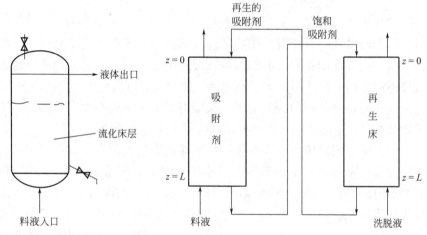

图 10-17　间歇流化床吸附操作示意图　　　图 10-18　连续循环移动床吸附操作

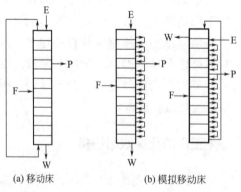

图 10-19　移动床和模拟移动床吸附操作
F—料液；P—吸附质；E—洗脱液；W—非吸附质

因为稳态操作条件下移动床吸附操作中溶质在液固两相中的浓度分布不随时间改变，设备和过程的设计与气体吸收塔或液-液萃取塔基本相同。但在实际操作中，最大的问题是吸附剂的磨损和如何通畅地排出固体粒子。为防止固相出口的堵塞，可采用床层振动或用球形旋转阀等特殊装置排出固相。

图 10-19 为移动床和模拟移动

床吸附操作示意图，真正的移动床操作是料液从床层中部连续输入，固相自下向上移动。被吸附（或吸附作用较强）的溶质和不被吸附或吸附作用较弱的溶质从不同的排出口连续排出。溶质的排出口以上部分为吸附剂洗脱回收和吸附剂再生段。模拟移动床操作时，液相的入口和出口分别向下移动了一个床位，相当于液相的入、出口不变，而固相向上移动了一个床位的距离，形成液固逆流接触操作。由于固相本身不移动而通过切换液相的出、入口而产生移动床的分离效果，故称该操作法为模拟移动床。模拟移动床在化学工业、生物制备等方面具有重要应用。

第三节　色谱分离过程原理与设备

色谱分离也称层析分离，是利用不同物质理化性质的差异而建立起来的技术，包括分子形状、大小、极性、吸附力、亲和力和分配系数等，色谱系统都由固定相和流动相组成，其中固定相为固体物质或者是固定于固体物质上的成分，流动相一般为水和各种溶剂。当待分离的混合物随流动相通过固定相时，由于各组分的理化性质存在差异，与两相发生相互作用，包括吸附、溶解、结合等的能力不同，在两相中的分配则不同，随流动相向前移动，各组分不断地在两相中进行再分配。与固定相相互作用力越弱的组分，随流动相移动时受到的阻滞作用小，向前移动的速度快。反之，与固定相相互作用越强的组分，向前移动速度越慢。分部收集流出液，可得到样品中所含的各单一组分，从而达到将各组分分离的目的。

色谱分离按原理可分为吸附色谱、分配色谱、离子交换色谱、凝胶色谱、亲和色谱等，按操作形式不同可分为柱色谱、薄层色谱、纸色谱等，按流动相的状态不同可分为液相色谱和气相色谱等。由于色谱法具有分辨率高、灵敏度高、选择性好、速度快等特点，因此适用于杂质多、含量少的复杂样品分析，尤其适用于生物样品的分离分析。近年来，色谱分离已成为生物化学及分子生物学常用的分析方法，在医药卫生、环境化学、高分子材料、石油化工等方面也得到了广泛应用。

一、色谱分离过程与原理

（一）凝胶色谱

凝胶色谱是利用凝胶粒子为固定相，按照被分离物质大小，经过具有一定孔径的多孔物质进行分离的一种方法，又称为凝胶过滤法、分子筛过滤或排阻色谱。

1. 凝胶分离原理

凝胶是一种不带电荷的具有三维空间的多孔网状结构的物质。当混合物随流动相经过凝胶柱时，较大分子不能进入所有的凝胶网孔而受到排阻，它们将与流动相一起首先排出；较小的分子能进入部分凝胶网孔，流出的速率较慢；更小的分子能进入全部凝胶网孔，最后从凝胶柱中流出，如图 10-20 所示。

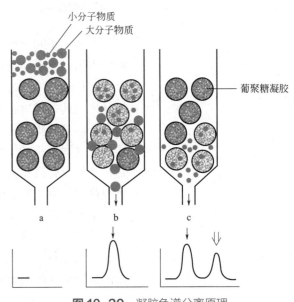

图 10-20　凝胶色谱分离原理

2.凝胶分类

根据凝胶的特性，可分为以下几种类型：

（1）聚丙烯酰胺凝胶　是一种人工合成的惰性凝胶，由丙烯酰胺与亚甲基双丙烯酰胺交联而成，经干燥粉碎或加工成形制成粒状，控制交联剂的用量可制成各种型号的凝胶。一般来说，交联剂越多孔隙越小。其优点为不会与一些杂蛋白发生非特殊性吸附。缺点是遇强酸时酰胺键会水解。

（2）聚丙烯酰胺葡聚糖凝胶　由亚甲基双丙烯酰胺交联丙烯葡聚糖形成的球形凝胶颗粒，其特点是反压很低、机械性能好、分离速度快、分辨率高、理化稳定性好，在 SDS、6 mol/L 盐酸胍及 8 mol/L 尿素中均可使用。具体型号有 S1000HR、S-200HR、S-300HR、S-400HR、S-500HR、S-1000SF 等六种。可用于分离分子质量 $1 \times 10^3 \sim 1 \times 10^8$ Da 的蛋白质，也可用于分离多糖和核酸。

（3）琼脂糖凝胶　属于大孔胶，其工作范围的下限几乎相当于葡聚糖凝胶和聚丙烯酰胺凝胶的上限，多用于分离分子量较大的物质，如核酸和病毒等。网状结构的疏密度取决于琼脂糖浓度。一般情况下结构稳定，可以在多种条件下使用。

（4）聚苯乙烯凝胶　具有大网孔结构，可用于分离分子质量为 $1.6 \times 10^3 \sim 4 \times 10^7$ Da 的生物大分子，适用于有机多聚物分子量测定和脂溶性天然物的分级，凝胶机械强度好，洗脱剂一般可用甲基亚砜。

（二）亲和色谱

亲和色谱是利用待分离物质与其特异性配基之间的特异性亲和力进行分离的一种色谱技术。

1.亲和色谱原理

生物分子间存在很多特异性的作用力，如抗原与抗体的作用力、酶与底物的作用力、激素与受体的作用力等，它们彼此之间都能够进行专一且可逆的结合，这种结合力称为亲和力。亲和色谱根据物质间亲和力的特异性和可逆性进行分离。其中基质也称为载体，是构成固定相的骨架。配体是被固定在基质上的分子，与基质之间通过共价键结合，共同构成固定相。当含有混合物组分的样品通过固定相时，只有和固定相分子有特异亲和力的物质能被固定相吸附结合，其他没有亲和力的无关组分随流动相流出。通过改变流动相成分，进一步将被结合的亲和物洗脱下来，如图 10-21 所示。

亲和色谱上样量大，纯化过程相对简单、快速，且分离效率高，被分离的物质活性不易丧失，特别适用于分离纯化一些含量低、稳定性差的生物大分子。缺点是每分离一种物质都必须找到合适的配体，并将其制备成固相载体，在洗脱中交联在色谱介质上的配体可能脱落并进入产品，造成污染。

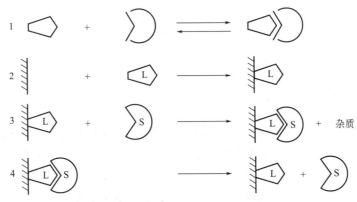

图10-21　亲和色谱分离原理

1—酶与底物反应生成复合物；2—活性基质与配体（L）结合产生亲和吸附剂；3—亲和吸附剂与样品中有效成分（S）
结合产生偶联复合物和未结合的物质；4—偶联复合物经解体后得到有效成分（S）

2. 亲和色谱载体和基质的选择

根据偶联配体的不同可将亲和色谱分为特异性配体亲和色谱和通用性配体亲和色谱两类。前者的偶联配体为生物分子，如受体和抗体等；后者的配体主要为非生物分子，如金属螯合物和染料等。

亲和色谱的载体一般选择多孔的立体网状结构，能够使被亲和吸附的大分子自由通过，颗粒要求保持均匀，具有良好的流速。一般为惰性物质，尽量减少非专一性的吸附，且载体要求在温和条件下能够与配体进行共价偶联。

琼脂糖是使用最为广泛的载体材料，但溶液在琼脂糖中流速较低，因而造成分辨率低，容易被微生物分解，且琼脂糖的连接容量不大，不适应于大规模纯化过程。目前相继开发了能取代琼脂糖的基质材料，包括交联琼脂糖、聚丙烯酰胺、合成的多聚物以及硅类等无机材料。

亲和配体是亲和色谱中最为关键的分子识别部分，要求与被纯化对象之间具有较强的亲和力，一般来说，配体对大分子物质的亲和力越高，在亲和色谱时分辨率越好。但是亲和力也不能太高，以免引起因解离配体复合物需要较强烈条件而使生物分子变性。此外，配体必须具有适当的化学基团，可用于和载体相连，同时又不影响配体与被吸附物质之间的亲和力。

（三）分配色谱

分配色谱是利用混合物中各组分在两相中分配系数不同而达到分离目的的色谱技术，相当于一种连续性的溶剂萃取方法。

1. 分配色谱分离原理

在分配色谱中固定相是极性溶剂，如水、稀硫酸、甲醇等，此类溶剂能和多孔的支持物（主要是吸附力小、反应性弱的惰性物质如淀粉、纤维素粉、滤纸等）紧密结合，呈不流动状态。流动相则是非极性的有机溶剂。分配系数是指在一定温度和压力条件下物质在固定相和流动相中浓度达到平衡时的浓度比值。

分配色谱过程中，当有机溶剂流动相流经样品点时，样品中的溶质便按其分配系数部分转入流动相向前移动。当经过前方固定相时，流动相中的溶质就会进行分配，一部分进入固定相。通过这样不断进行流动和再分配，溶质沿着流动方向不断前进。各种溶质由于分配系数不同，向前移动的速度也各不相

同。分配系数较大的物质，由于分配在固定相多些，分配在流动相少些，溶质移动较慢；而分配系数较小的物质，移动速度较快。从而将分配系数不同的物质分离开来。

2. 分配色谱载体和溶剂的选择

作为分配色谱的载体一般要具备的条件包括：中性的多孔粉末，无吸附作用，不溶于色谱的溶剂系统中；能吸附一定量的固定相，能够使流动相自由通过；能吸附的固定相的量要尽量大，最好能达到载体的50%以上，而流动相通过此固定相的载体的自由容量一般为250～350mL/100g。常用的载体有硅胶、硅藻土、淀粉、微晶纤维素粉等。硅胶能吸收相当于本身质量700%左右的水分，硅藻土可以吸收100%的水分。

分配色谱用的溶剂系统种类很多，一般针对欲分离物质的性质来选择。被分离的物质若是亲水性强的化合物，则溶剂系统的极性要强；若被分离的物质是亲脂性的，则溶剂的亲脂性也要相对加强。

二、色谱分离设备

1. 柱色谱分离设备

一般的柱色谱装置就可以用于凝胶色谱。图10-22为几种常用的柱色谱分离设备。柱的两端均密闭，为了使用方便起见，柱两端的形式是一样的。滤板用400目的尼龙布或聚四氟乙烯布，样品和洗脱液均用微量泵传送，这样可使底部的死体积减少到最小值。除一般的下层色谱外，也可用于上向或循环色谱。图10-22（b）、（c）柱还具有双层管，管间可通温水保温，进出口处可用

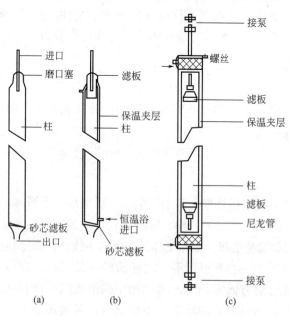

图10-22 常用的柱色谱分离设备

尼龙管伸入柱内，连接一个附有滤板的漏斗状托盘，以减少底部死体积，托盘周围用橡皮圈与柱壁密封。

　　图 10-23 为一种反转式分离柱。两根支柱支撑在两法兰之间，在支柱的中部装有转轴，支撑在支架轴承中，这样分离柱就可以上下反转，工作时可用定位螺丝固定。这种结构可避免柱中凝胶压紧。

　　一般的色谱柱也能用于亲和色谱，如图 10-24 所示，一套亲和色谱柱系统主要包括：①原料及溶液系统；②输液泵，可提供一定流速的稳定液流；③柱，一定的色谱方法（如亲和色谱）需装填的固定相介质；④检测器，动态检测柱末端流动相内已分离的各组分分布情况；⑤记录仪，如实描述检测器发出的信号；⑥分部收集器，分段收集色谱流分。原料经由泵供给的流动相推动与柱内装填的固定相介质相互作用，分离后的各组分由检测器检测信号输出到记录仪上，流过检测器的各组分再由分部收集器收集而获得目的组分。

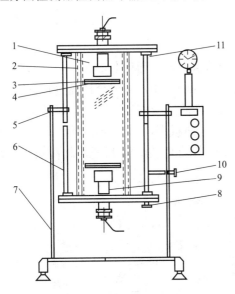

图 10-23　反转式分离柱

1—柱体；2—保温夹套；3—密封橡胶圈；4—滤板；5—转圈；6—支柱；
7—支架；8—保温液进出口；9—固定螺丝；10—尼龙管；11—压力表

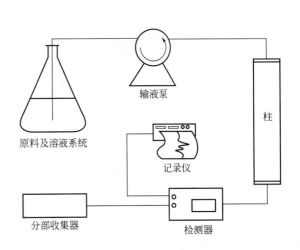

图 10-24　基本的亲和色谱柱系统

2. 封闭连续柱色谱装置

　　柱色谱是分离提纯复杂组分的有效手段。使用非封闭的柱色谱装置时，溶剂会挥发扩散造成环境污染，而封闭连续柱色谱装置洗脱液处于基本封闭的循环利用状态，易于实现自动控制。此外，还将洗脱和产品浓缩结晶两道工序结合起来，缩短了生产周期，洗脱液的用量显著减少。如图 10-25 所示，封闭连续柱色谱装置主要由集热式磁力搅拌器、色谱柱、回流冷凝管和真空负压装置组成。集热式磁力搅拌器由 DF-101B 集热式恒温磁力搅拌器改装而成，内装液体石蜡，工作温度用电接点温度计自动控制。色谱柱由色谱主体柱、洗脱液蒸汽通道管、洗脱液流出控制管等组成。工作时，以干法或湿法装柱，硅胶层上部装有适量拌有待分离样品的硅胶，最上面铺一层脱脂棉，并注意略低于蒸汽通道出口。冷凝回流效果关系重大，因此不能使用温度较高的水泵循环水，在良好的冷凝条件

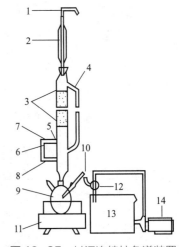

图 10-25　封闭连续柱色谱装置

1—接头；2—回流冷凝管；3—色谱柱；4—蒸汽
通道；5,6—活塞；7—分析取样孔；8—滴液口；
9—烧瓶；10—温度计；11—集热式磁力搅拌器；
12—射流泵；13—水槽；14—水泵

第十章

下，蒸汽泄漏极少，分别一次加液就能完成杂质淋洗或产品洗脱的任务。真空负压装置由射流泵、水泵及循环水箱组合而成。水泵抽取循环水箱中的水加压注入射流泵，使柱系统形成负压，射流泵流出的水复流入循环水箱。通过控制水流速度来控制系统真空度，进而使洗脱液在设定的温度下沸腾。

与普通柱色谱比较，封闭连续柱色谱有其自己的特点和优势：能阻止或缓解不稳定的物质的分解或变性；有利于稳定色谱条件，提高柱子的分离效能；减轻了产品浓缩结晶和溶剂蒸馏回收的工作量，缩短了产品制备周期；封闭连续柱色谱是在封闭状态下工作，溶剂泄漏很少，污染大大减轻。

3. 薄层色谱分离设备

薄层色谱因分离是在一平面薄层上进行而得名。它是以合适的溶剂为流动相，以涂布于支持板上的支持物作为固定相，对混合样品进行分离、鉴定和定量的一种色谱分离技术。图 10-26 为薄层凝胶色谱装置，凝胶膨化后铺在薄层色谱的玻璃板上，厚约 1 ～ 2mm。薄板上的凝胶自始至终不能变干，色谱常用下行方式。当薄板与平面成 10°～ 20° 角时，流速控制在 6cm/h 为宜。

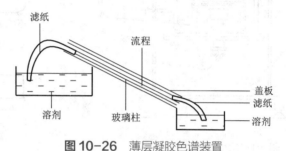

图 10-26 薄层凝胶色谱装置

薄层凝胶排阻色谱与薄层色谱相比，虽有相似之处，但也有显著的不同，包括：

① 薄层由凝胶构成，即由凝胶构成固定相，并且不加黏合剂；

② 自始至终不能让凝胶干燥；

③ 必须平衡 12 h 以上，以便使固定相和流动相之间的体积比标准化。

这一类装置可用于亲水性样品物质的分离分析，如蛋白质、多肽和核酸等。

📄 **总结**

○ 离子交换、吸附和色谱是进行物质分离的重要手段。

○ 离子交换属于传质分离过程的单元操作，是利用离子交换剂与料液中离子发生交换作用进行物质分离的方法。

○ 离子交换设备按操作方式不同可分为静态和动态交换设备两大类，其中动态交换设备主要分为间歇操作的离子交换设备和连续操作的离子交换设备两类。

○ 吸附分离是利用具有较强吸附能力的多孔性固体吸附剂，选择性地将一种或一类物质吸附在固体表面，从而实现流体混合物中不同组分分离的方法，具体包括物理吸附、交换吸附和化学吸附等形式。

○ 根据吸附剂在吸附设备中的工作状态，吸附设备可分为固定床吸附设备、扩张床吸附设备、移动床吸附设备和流化床吸附设备。

○ 色谱分离是利用样品中各组分理化性质的差别，使其以不同程度分布在两个相中，并使各组分以不同速度移动，从而达到分离的方法，具有分离效率高、操作简单等优点。

○ 色谱分离设备按操作形式不同可以分为柱色谱设备、薄层色谱设备、纸色谱设备等。

○ 离子交换、吸附和色谱设备的设计构思与应用各具特色，多已成功用于各种工业生产过程并取得明显的技术、经济和社会效益。

📝 课后练习

1. 影响离子交换速度的因素有哪些？
2. 离子交换罐的设计主要确定哪些参数？
3. 请举例说明离子交换、吸附和色谱分离在大分子物质和小分子物质分离纯化中的具体应用。
4. 请比较说明固定床和移动床吸附分离设备在物质分离过程中的优势和劣势分别有哪些？
5. 吸附法的原理、优缺点有哪些？吸附的主要类型有哪些？
6. 影响吸附过程的因素有哪些？
7. 反吸附离子交换罐中液体的流速是如何考虑的？
8. 对离子交换罐及其附属设备的制造材料有何要求？

题1答案

题2答案

题3答案

题4答案

题5答案

题6答案

题7~8答案

第十一章 蒸发与结晶设备

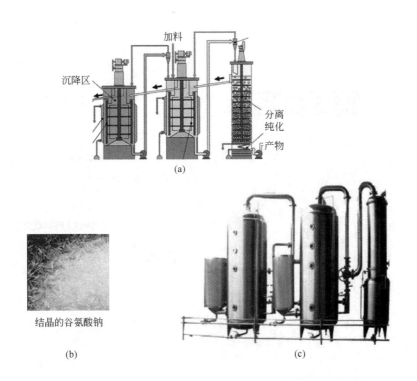

加料

沉降区

分离
纯化

产物

(a)

结晶的谷氨酸钠

(b)

(c)

结晶操作［过程如图（a）所示］是现代生物加工过程中
获得纯净固相产品的重要方法之一，图（b）所示的结晶谷氨
酸钠（味精）是采用图（c）中的三联结晶装置分离纯化得到的，
其中的设备包含两个结晶罐和一个分离纯化装置。

思维导图

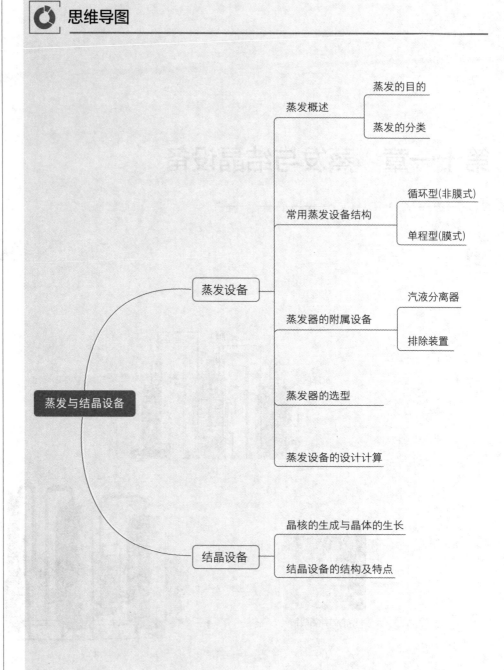

为什么要学习蒸发与结晶设备？

　　很多生物制品，如鸡精、味精、药品等均以固体形式出售，而之前所学习的章节中涉及的生物反应体系主要为液相，液相与固体两者之间是如何转换的？生物企业如何获得固体成品制品？通过本章的学习将了解产品浓缩及结晶的相关工艺与设备。

👁 **学习目标**

○ 了解蒸发的目的。
○ 熟悉蒸发操作的选择。
○ 掌握3种以上蒸发主要设备的原理与结构，蒸发操作中主要蒸发设备的分类及主要结构。
　能够根据实际需求对蒸发设备进行选型。
○ 掌握蒸发与结晶的区别。
○ 了解结晶过程的分类。
○ 掌握结晶设备的主要类型和常用的结晶设备。
○ 能够简要描述味精结晶生产工艺。

　　蒸发操作为化工领域中重要单元操作之一，在生物制造工业中被广泛采用，但应特别注意生物工业所生产的产品通常是具有生物活性的物质或对温度较为敏感。

　　在发酵工业中，蒸发操作常用于将溶液浓缩至一定的浓度，使其他工序更为经济合理。如将稀酶液浓缩到一定浓度再进行沉淀处理或喷雾干燥；或将稀溶液浓缩到规定浓度以符合工艺要求，如将麦芽汁浓缩到规定浓度再进行发酵；或将溶液浓缩到一定浓度以便进行结晶操作。

　　结晶操作是获得纯净固体物质的重要方法之一。发酵工业的许多产品，如谷氨酸单钠、柠檬酸、葡萄糖、核苷酸等都是用结晶的方法提纯精制的。

　　蒸发与结晶之间最大区别在于：蒸发是将部分溶剂从溶液中排出，使溶液浓度增加，溶液中的溶质没有发生相变；而结晶过程则是通过将过饱和溶液冷却、蒸发，或投入晶种使溶质结晶析出。结晶过程的操作与控制比蒸发过程要复杂得多。有的工厂将蒸发与结晶过程置于蒸发器中连续进行，这样虽然可以节约设备投资，但对结晶晶体质量、结晶提取率即产品提取率将造成负面影响。

第一节　蒸发设备

一、概述

　　蒸发是将溶液加热后，去除其中部分汽化的溶剂，从而提高溶液浓度即溶液被浓缩的过程。进行蒸发操作的设备称为蒸发器。

　　工业上的蒸发是一种浓缩溶液的单元操作，是具有挥发性的溶剂与不挥发的溶质的分离过程。当溶液受热时，靠近加热面的溶剂汽化，使原溶液浓度提高，而被浓缩。汽化生成的蒸汽在溶液上方空间若不除去，则蒸汽与溶液之间将逐渐趋于平衡，使汽化不能继续进行。所以，进行蒸发操作时，一方面应

该不断供给热能，另一方面应该不断排除蒸汽。

蒸发的方式有自然蒸发与沸腾蒸发两种。自然蒸发是溶液中的溶剂在低于其沸点下汽化，此种蒸发仅在溶液表面进行，故速率缓慢，效率很低。沸腾蒸发是在沸点下的蒸发，溶液任何部分都发生汽化，效率很高。为了强化蒸发过程，工业上通常是在沸腾状态下进行蒸发的，因为沸腾状态下传热系数高，传热速度快。同时根据物料特性及工艺要求采取相应的强化传热措施，以提高蒸发浓缩的经济性。

当被蒸发的溶液是水时，蒸发过程等于是用蒸汽作为加热剂产生蒸汽。为了便于区分，把作为热源的水蒸气称作加热蒸汽或一次蒸汽，把从溶液中汽化出来的蒸汽称作二次蒸汽。

（一）蒸发的目的

蒸发的目的主要有三方面：
① 利用蒸发操作取得浓溶液。
② 通过蒸发操作制取过饱和溶液，进而得到结晶产品。
③ 将溶液蒸发并将蒸汽冷凝、冷却，以达到纯化溶剂的目的。

（二）蒸发的分类

1. 按操作压力

按操作空间的压力可分为常压、加压或减压蒸发。

减压蒸发也称真空蒸发。它是在减压或真空条件下进行的蒸发过程。真空使蒸发器内溶液的沸点降低，其装置如图 11-1 所示，图中排气阀是调节真空度的，在减压下当溶液沸腾时，会出现冲料现象，此时可打开排气阀，吸入部分空气，使蒸发器内真空度降低，溶液沸点升高，从而沸腾减慢。

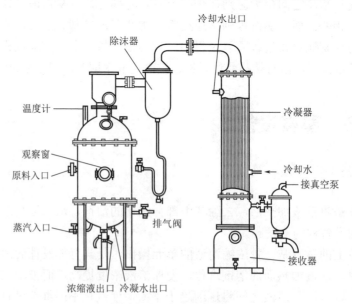

图 11-1 真空蒸发装置

采用减压或真空蒸发其优点如下：

① 由于减压，沸点降低，加大了传热温度差，使蒸发器的传热推动力增加，使过程强化。

② 适用于热敏性溶液和不耐高温的溶液，即减少或防止热敏性物质的分解。

③ 可利用二次蒸汽作为加热热源。

④ 蒸发器的热损失减少。

但另一方面，在真空下蒸发需要增设一套抽真空的装置以保持蒸发室的真空度，从而消耗额外的能量。保持的真空度愈高，消耗的能量也愈大。同时，随着压力的减小，溶液沸点降低，其黏度亦随之增大，常使对流传热系数减小，从而也使总传热系数减小。此外，由于二次蒸汽的温度的降低使得冷凝的传热温度差相应降低。

2. 按蒸汽利用情况

按蒸汽利用情况可分为单效蒸发、二效蒸发和多效蒸发。

如前所述，要保证蒸发的进行，二次蒸汽必须不断地从蒸发室中移除，若二次蒸汽移除后不再利用时，这样的蒸发称为单效蒸发；若二次蒸汽被引入另一蒸发器作为热源，在另一蒸发器中被利用，称为二效蒸发；依次类推，如蒸汽多次被利用串联操作，则称为多效蒸发。多效蒸发可提高初始加热蒸汽的利用率。

3. 按操作流程

按操作流程可分为间歇式、连续式。

4. 按加热部分的结构

按加热部分的结构可分为膜式和非膜式。

薄膜蒸发具有传热效果好、蒸发速度快等优点，而且不会产生静压头使沸点升高，因此，薄膜式蒸发技术得到了很大的发展，成为目前蒸发设备的主流。

（三）蒸发设备的要求

无论哪种类型的蒸发器都必须满足以下基本要求：

① 充足的加热热源，以维持溶液的沸腾和补充溶剂汽化所带走的热量。

② 保证溶剂蒸汽，即二次蒸汽的迅速排除。

③ 一定的热交换面积，以保证传热量。

二、常用蒸发设备结构

蒸发器主要由加热室及分离室组成。按加热室的结构和操作时溶液的流动情况，可将工业中常用的间接加热蒸发器分为循环型（非膜式）和单程型（膜式）两大类。

（一）循环型蒸发器

循环型蒸发器，属于非膜式蒸发器。这一类型的蒸发器，溶液都在蒸发器中做循环流动，因而可提高

传热效果。由于引起循环的原因不同，又可分为自然循环和强制循环两类，前者主要有以下几种结构型式。

1. 中央循环管式蒸发器

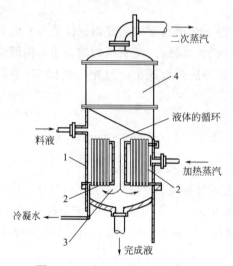

图 11-2 中央循环管式蒸发器

1—外壳；2—加热室；3—中央循环管；4—蒸发室

这种蒸发器的结构如图11-2所示。其加热室由垂直管束组成，中间有一根直径很大的管子，称为中央循环管。当加热蒸汽通入管间加热时，由于中央循环管较大，其中单位体积溶液占有的传热面比其他加热管内单位溶液占有的要小，即中央循环管和其他加热管内溶液受热程度各不相同，后者受热较好，溶液汽化较多，因而加热管内形成的汽液混合物的密度就比中央循环管中溶液的密度小，从而使蒸发器中的溶液形成中央循环管下降而由其他加热管上升的循环流动。这种循环，主要是由于容易的密度差引起的，故称为自然循环。

采用自然循环的蒸发器，是蒸发器的一个发展。过去所用的蒸发器，其加热室多为水平管式、蛇管式或夹套式。采用竖管式加热室并装有中央循环管后，虽然总的传热面积有所减少，但由于能促进溶液的自然循环、提高管内的对流传热系数，反而可以强化蒸发过程。而水平管式之类蒸发器的自然循环很差，故除特殊情况外，目前在大规模工业生产上已很少应用。

为了使溶液有良好的循环，中央循环管的截面积，一般为其他加热管总截面积的40%～100%；加热管高度一般为1～2m；加热管直径在25～75mm之间。这种蒸发器由于结构紧凑、制造方便、传热较好及操作可靠等优点，应用十分广泛，有所谓"标准式蒸发器"之称。但实际上，由于结构上的限制，循环速度不大。溶液在加热室中不断循环，使其浓度始终接近完成液的浓度，因而溶液的沸点高，有效温度差就减小。这是循环式蒸发器的共同缺点。此外，设备的清洗和维修也不够方便，所以这种蒸发器难以完全满足生产的要求。

2. 悬筐式蒸发器

其结构如图11-3所示。加热室4像个篮筐，悬挂在蒸发器壳体的下部，并且以加热室外壁与蒸发器内壁之间的环形孔道代替中央循环管。加热蒸汽由中央加热蒸汽管2进入加热室，二次蒸汽上升时所夹带的液沫则与中央加热蒸汽管2相接触而继续蒸发。溶液沿加热管上升，而后循着悬筐式加热室外壁与蒸发器内壁间的环隙向下流动而构成循环。这种蒸发器的加热室，可由顶部取出进行检修或更换，因而适用于易结晶和结垢溶液的蒸发。其热损失也较小。

它的主要缺点是结构复杂，单位传热面的金属消耗量较多。

3. 外加热式蒸发器

这种蒸发器如图 11-4 所示。其加热室安装在蒸发室外面，不仅可以降低蒸发器的总高度，且便于清洗和更换，有的甚至设两个加热室轮换使用。它的加热管束较长，同时循环速度较快。

4. 列文式蒸发器

上述几种自然循环蒸发器，其循环速度均在 1.5m/s 以下，一般不适用于蒸发黏度较大、易结晶或结垢严重的溶液，否则，操作周期就很短。为了提高自然循环速度以延长操作周期和减少清洗次数，可采用图 11-5 所示的列文式蒸发器。

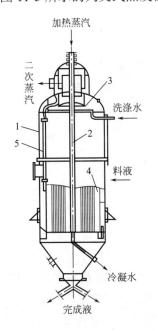

图 11-3 悬筐式蒸发器

1—外壳；2—加热蒸汽管；3—除沫器；
4—加热室；5—液沫回流管

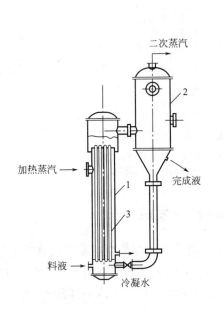

图 11-4 外加热式蒸发器

1—加热室；2—蒸发室；3—循环管

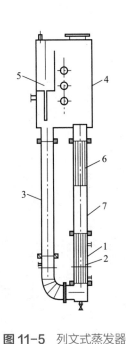

图 11-5 列文式蒸发器

1—加热室；2—加热管；3—循环管；4—蒸发室；5—除沫器；6—挡板；7—沸腾室

这种蒸发器的结构特点是在加热室之上增设沸腾室。这样加热室中的溶液因受到这一段附加的液柱静压力的作用而并不沸腾，只是在上升到沸腾室内当其所受压力降低后才能开始沸腾，因而溶液的沸腾汽化由加热室移到了没有传热面的沸腾室。另外，这种蒸发器的循环管的截面积约为加热管的总截面积的 2～3 倍，溶液流动时的阻力小，因而循环速度可达 2.5m/s 以上。这些措施，不仅对减轻和避免加热管表面结晶和结垢有显著的作用，从而可在较长时间内不需要清洗，且总传热系数亦较大。列文式蒸发器的主要缺点是液柱静压头效应引起的温度差损失较大，为了保持一定的有效温度差要求加热蒸汽有较高的压力。此外，设备庞大，消耗的材料多，需要高大的厂房，也是它的缺点。

除了上述自然循环蒸发器外，在蒸发黏度大、易结晶和结垢的物料时，还常用到强制循环蒸发器，其结构如图 11-6 所示，这类蒸发器的主要结构为加热室、蒸发室、除沫器、循环管、循环泵等。与自然循环蒸发器的结构相比较，强制循环蒸发器增设了循环泵，从而料液形成定向流动，速度一般为

1.5 ～ 3.5m/s，最高达 5m/s。其蒸发原理与上述几种蒸发器是相同的。传热系数可达 930 ～ 5800W/(m²·K)，每平方米加热面的动力消耗量为 0.4 ～ 0.8kW，因此限制了过大的加热面积。该设备适用于高黏度和易于结晶析出、易结垢或易于产生泡沫的溶液的蒸发。

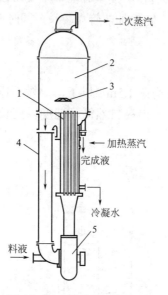

图 11-6 强制循环蒸发器

1—加热室；2—蒸发室；3—除沫器；
4—循环管；5—循环泵

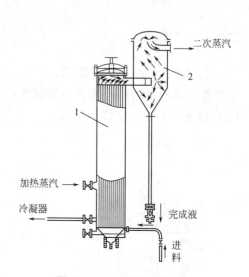

图 11-7 升膜式蒸发器

1—蒸发器；2—分离器

（二）单程型蒸发器

单程型蒸发器比循环型蒸发器具有更多优点。由于溶液在单程型蒸发器中呈膜状流动，因而对流传热系数大为提高，使得溶液能在加热室中一次通过不再循环就达到要求的浓度。溶液不再循环，带来的好处有：①溶液在蒸发器中的停留时间很短，因而特别适用于热敏性物料的蒸发；②整个溶液的浓度，不像循环型那样总是接近于完成液的浓度，因而其温度差损失相对地就较小；③膜状流动时，液柱静压头引起的温度差损失可以忽略不计，所以在相同操作条件下，这种蒸发器的有效温差较大。因此，近年来，单程型蒸发器获得了广泛的应用。其主要缺点是：对进料负荷的波动相当敏感，当设计或操作不适当时不易成膜，此时，对流传热系数将明显下降；另外，它也不适用于易结晶和结垢的物料。

这一大类蒸发器的主要特点是：溶液在蒸发器中只通过加热室一次，不做循环流动即成为浓缩液排出。溶液通过加热室时，在管壁上呈膜状流动，故习惯上又称为液膜式蒸发器（实际上这一名称不够确切，因在循环型蒸发器的加热管壁上溶液亦可做膜状流动）。根据物料在蒸发器中流向的不同，单程型蒸发器又分为以下几种。

1.升膜式蒸发器

升膜式蒸发器的加热室由许多垂直长管组成，如图 11-7。常用的加热管直径为 25 ～ 50mm，管长和管径之比约为 100 ～ 150。料液经预热后由蒸发器底部引入，进到加热管内受热沸腾后迅速汽化，生成的蒸汽在加热管内高速上升。溶液则被上升的蒸汽所带动，沿管壁成膜状上升，并在此过程中继续蒸发，汽、液混合物在分离器 2 内分离，完成液由分离器底部排出，二次蒸汽则在顶部导出。为了能在加热管内有效地成膜，上升的蒸汽应具有一定的速度。例如，常压下操作时适宜的出口汽速一般为 20 ～ 50m/s，减压下操作时汽速更高。料液中蒸发的水量不多，就难以达到上述要求的汽速，即升膜式蒸发器不适用于较浓溶液的蒸发，也不适用于黏度很大、易结晶或易结垢的物料的蒸发。

2. 降膜式蒸发器

这种蒸发器（如图 11-8 所示）和升膜式蒸发器的区别在于，料液是从蒸发器的顶部加入，在重力作用下沿管壁成膜状下降，并在此过程中不断被蒸发而浓缩，在其底部得到完成液。为了使液体在进入加热管后能有效地成膜，每根管的顶部装有液体分布器，其型式很多，图 11-9 列出几种常见的分布器。降膜式蒸发器可以蒸发浓度较高的溶液，对于黏度较大的物料也能适用。但因液膜在管内分布不易均匀，传热系数比升膜式蒸发器的较小。

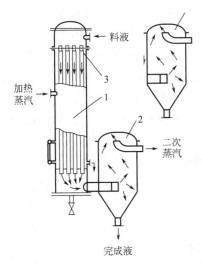

图 11-8　降膜式蒸发器

1—蒸发器；2—分离器；3—液体分布器

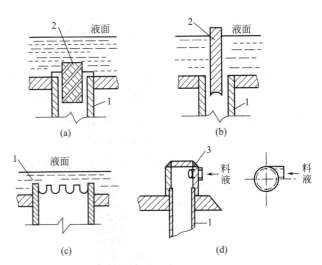

图 11-9　降膜式蒸发器的液体分布器

1—加热管；2—导流管；3—旋液分配头

3. 升 - 降膜式蒸发器

将升膜和降膜式蒸发器装在一个外壳中即成升 - 降膜式蒸发器，如图 11-10 所示。预热后的料液先经升膜式蒸发器上升，然后从降膜式蒸发器下降，在分离器中和二次蒸汽分离即得完成液。这种蒸发器多用于蒸发过程中溶液黏度变化很大、溶液中水分蒸发量不大和厂房高度有一定限制的场合。

4. 刮板式蒸发器

这是一种利用外加动力成膜的单程型蒸发器，其结构如图 11-11 所示。蒸发器外壳带有夹套，内通入加热蒸汽加热。加热部分装有旋转的刮板，刮板本身又可分为固定式和转子式两种，前者与壳体内壁的间隙为 0.5 ～ 1.5mm，后者与器壁的间隙随转子的转数而变。料液由蒸发器上部沿切线方向加入（亦有加

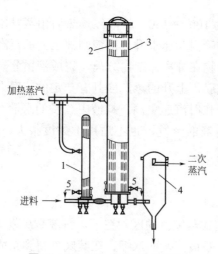

图 11-10　升 - 降膜式蒸发器

1—预热管；2—升膜加热器；3—降膜加热器；
4—分离器；5—加热蒸汽冷凝排出口

至与刮板同轴的甩料盘上的），在重力和旋转刮板刮带下，溶液在壳体内壁形成下旋的薄膜，并在下降过程中不断被蒸发，在底部得到完成液。这种蒸发器的突出优点是对物料的适应性很强，适用于高黏度和易结晶、结垢的物料。其缺点是结构复杂，动力消耗大，每平方米传热面约需 1.5 ～ 3kW。受夹套传热面的限制，其处理量也很小。

（三）直接接触传热的蒸发器

除了上述循环型和单程型两大类间壁传热的蒸发器外，实际生产中，还应用直接接触传热的蒸发器，其构造如图 11-12 所示。它是将燃料（通常为煤气和油）与空气混合后，在浸于溶液中的燃烧室内燃烧，产生的高温火焰和烟气经燃烧室下部的喷嘴直接喷入被蒸发的溶液中。高温气体和溶液直接接触，同时进行传热使水分迅速汽化，蒸发出的大量水汽和废烟气一起由蒸发器顶部出口管排出。这种蒸发器又常称为浸没燃烧蒸发器。其燃烧室在溶液中的浸没深度一般为 200 ～ 600mm，出燃烧室的高温气体的温度可达 1000℃以上，但由于气液直接接触时传热速率快，气体离开液面时只比溶液温度高出 2 ～ 4℃。喷嘴由于浸没在高温液体中，较易损坏，故应采用耐高温和耐腐蚀的材料制作喷嘴，并便于更换。

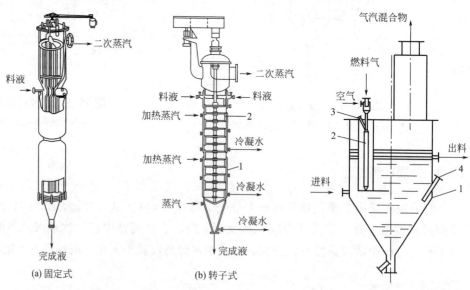

(a) 固定式　　　　(b) 转子式

图 11-11　刮板式蒸发器

1—夹套；2—刮板

图 11-12　浸没燃烧蒸发器

1—外壳；2—燃烧器；3—点火管；
4—测温管

浸没燃烧蒸发器不需要固定的传热壁面，因而结构简单，特别适用于易结晶、结垢和具有腐蚀性物料的蒸发。由于是直接接触传热，故它的传热效果很好，热利用率高。目前在废酸处理和硫酸铵溶液的蒸发中，它已得到了广泛应用。但若蒸发的料液不允许被烟气所污染，则浸没燃烧蒸发器一般不适用。此外由于有大量的烟气存在，也限制了二次蒸汽的利用。

从上述的介绍可以看出，蒸发器的结构型式较多，各有其优缺点和适用的场合。在选型时，除了要求结构简单、易于制造、金属消耗少、维修方便、传热效果好等外，首要的，还需看它能否适应所蒸发物料的工艺特性，包括物料的黏性、热敏性、腐蚀性，以及是否容易结晶或结垢等。这样全面综合地加以考虑，才能免于失误。

三、蒸发器的附属设备

蒸发器的附属设备有汽液分离器及冷凝与不凝气体的排除装置。

（一）汽液分离器（捕沫器）

从蒸发器溢出的二次蒸汽带有液沫，需要加以分离和回收。在分离室上部或分离室外面装有阻止液滴随二次蒸汽跑出的装置，称为分离器或捕沫器。

一种是装于蒸发器顶盖下面的分离器，如图 11-13 所示的装置能使蒸汽的流动方向突变，从而分离雾沫。图（c）是用细金属丝、塑料丝等编成网带，分离效果好、压强降较小，可以分离直径小于 10μm 的液滴。图（d）是蒸汽在分离器中做圆周运动，因离心作用将气流中液滴分离出来。

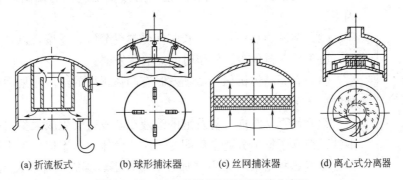

(a) 折流板式　　(b) 球形捕沫器　　(c) 丝网捕沫器　　(d) 离心式分离器

图 11-13　装于蒸发器顶盖下面的分离器

另一种是装于蒸发器外面的分离器，如图 11-14 所示，（a）是隔板式，（b）、（c）、（d）是旋风分离器，其分离效果较好。

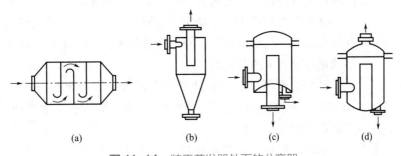

(a)　　(b)　　(c)　　(d)

图 11-14　装于蒸发器外面的分离器

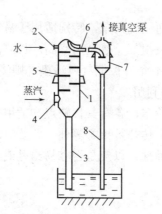

图 11-15　高位逆流混合式冷凝器

1—外壳；2—进水口；3,8—气压管；
4—蒸汽进口；5—淋水板；6—不凝性
气体引出管；7—分离器

（二）冷凝与不凝气体的排除装置

在蒸发操作过程中，二次蒸汽若是有用物料，应采用间壁式冷凝器回收；二次蒸汽不被利用时，必须冷凝成水方可排除，同时排除不凝性气体。对于水蒸气的冷凝，可采用汽、水直接接触的混合式冷凝器。

图 11-15 为高位逆流混合式冷凝器，气压管 3 又称大气腿，大气腿的高度应大于 10m，才能保证冷凝水通过大气腿自动流至接通大气的下水系统。

无论使用哪种冷凝器，都要设置真空装置，不断排出不凝性气体并向系统提供一定的真空度。水环真空泵、往复式真空泵及喷射泵是常用的抽真空设备。

四、蒸发器的选型

设计蒸发器之前，必须根据任务对蒸发器的型式有恰当的选择。一般选型时应考滤以下因素。

（1）溶液的黏度　蒸发过程中溶液黏度变化的范围，是选型首要考虑的因素。

（2）溶液的热稳定性　长时间受热易分解、易聚合以及易结垢的溶液蒸发时，应采用滞料量少、停留时间短的蒸发器。

（3）有无晶体析出　对蒸发时有晶体析出的溶液应采用外加热式蒸发器或强制循环蒸发器。

（4）是否易发泡　易发泡的溶液在蒸发时会生成大量层层重叠不易破碎的泡沫，充满了整个分离室后即随二次蒸汽排出，不但损失物料，而且污染冷凝器。蒸发这种溶液宜采用外加热式蒸发器、强制循环蒸发器或升膜式蒸发器。若将中央循环管式蒸发器和悬筐式蒸发器设计大一些，也可用于这种溶液的蒸发。

（5）有无腐蚀性　蒸发腐蚀性溶液时，加热管应采用特殊材质制成，或内壁衬以耐腐蚀材料。若溶液不怕污染，也可采用直接接触式蒸发器。

（6）是否易结垢　无论蒸发何种溶液，蒸发器长久使用后，传热面上总会有污垢生成。垢层的热导率小，因此对易结垢的溶液，应考虑选择便于清洗和溶液循环速度大的蒸发器。

（7）处理量　溶液的处理量也是选型应考虑的因素。要求传热面积大于 $10m^2$ 时，不宜选用刮板搅拌薄膜蒸发器；要求传热面在 $20m^2$ 以上时，宜采用多效蒸发操作。

总之，应视具体情况，选用适宜的蒸发器。表 11-1 列出常见蒸发器的一些性能，以供参考。

表 11-1　蒸发器的主要性能

蒸发器型式	造价	总传热系统		溶液在管内流速 /（m/s）	停留时间	完成液浓度能否恒定	浓缩比	处理量	对溶液性质的适应性					
		稀溶液	高黏度						稀溶液	高黏度	易生泡沫	易结垢	热敏性	有结晶析出
水平管型	最廉	良好	低	—	长	能	良好	一般	适	适	适	不适	不适	不适
标准型	最廉	良好	低	0.1 ~ 0.5	长	能	良好	一般	适	适	适	尚适	尚适	稍适
外加热式（自然循环）	廉	高	低	0.4 ~ 1.5	较长	能	良好	较大	适	尚适	较好	尚适	尚适	稍适
列式式	高	高	良好	1.5 ~ 2.5	较长	能	良好	较大	适	尚适	较好	尚适	尚适	稍适
强制循环	高	高	良好	2.0 ~ 3.5	—	较难	较高	大	适	好	好	适	尚适	适
升膜式	廉	高	高	0.4 ~ 1.0	短	尚能	高	大	适	尚适	好	尚适	良好	不适
降膜式	廉	良好	良好	0.4 ~ 1.0	短	尚能	高	大	较适	好	适	不适	良好	不适
刮板式	最高	高	高	—	短	尚能	高	较小	较适	好	较好	不适	良好	不适
甩盘式	较高	高	低	—	较短	尚能	较高	较小	适	尚适	适	不适	较好	不适
旋风式	最廉	高	良好	1.5 ~ 2.0	短	较难	较高	较小	适	适	适	尚适	尚适	适
板式	高	高	良好	—	较短	尚能	良好	较小	适	尚适	适	不适	尚适	不适

五、蒸发设备的设计计算

（一）单效蒸发的设计计算

单效蒸发是蒸发时二次蒸汽移除后不再利用，只是单台设备的蒸发。对于单效蒸发，在给定生产任务和确定了操作条件后，通常需要计算水分蒸发量、加热蒸汽消耗量和蒸发器的传热面积。这些问题，可以应用物料衡算、焓衡算和传热速率方程来解决。

1. 物料衡算和焓衡算

（1）蒸发量的计算　如图 11-16，设 F 为溶液的进料量，kg/h；W 为水分的蒸发量，kg/h；L 为完成液流量，kg/h；x_0 为料液中溶质的浓度，质量分率；x 为完成液中溶质的浓度，质量分率。溶质在蒸发过程中不会挥发，进料中的溶质将全部进入完成液。故溶质的物料衡算应为：

$$Fx_0 = Lx = (F - W)x$$

由此，可求得水分蒸发量为：

$$W = F\left(1 - \frac{x_0}{x}\right) \tag{11-1}$$

完成液的浓度：

$$x = \frac{Fx_0}{F - W} \tag{11-2}$$

（2）加热蒸汽的消耗量的计算　设 D 为加热蒸汽消耗量，kg/h；t_0 为料液温度，℃；t 为蒸发器中溶液温度，℃；h_0 为料液的焓，kJ/kg；c_0 为料液的比热容，kJ/(kg·K)；h 为完成液的焓，kJ/kg；c 为完成液的比热容，kJ/(kg·K)；c^* 为水的比热容，kJ/(kg·K)；h_s 为加热器中冷凝水的焓，kJ/kg；T_s 为加热蒸汽的饱和温度，℃；H_s 为加热蒸汽的焓，kJ/kg；H 为二次蒸汽（温度为 t 的过热蒸汽）的焓，kJ/kg；R 为加热蒸汽的蒸发潜热，kJ/kg；r 为温度为 t 时二次蒸汽的蒸发潜热，kJ/kg；Q_1 为热损失，kJ/h。

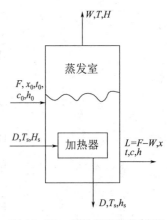

图 11-16　单效蒸发的物料衡算及焓衡算示意图

当加热蒸汽的冷凝液在饱和温度下排出时，由焓衡算，见图 11-16，可得：

$$DH_s + Fh_0 = Lh + WH + Dh_s + Q_1 \tag{11-3}$$

整理后得：

$$D(H_s - h_s) + Fh_0 = (F - W)h + WH + Q_1 \tag{11-4}$$

用式（11-3）进行计算时，必须预知溶液在一定浓度和温度下的焓。对于大多数物料的蒸发，可以不计溶液的浓缩热，而由比热容求得其焓。习惯上取 0℃为基准，即令 0℃液体的焓为零，故有：

$$h_s = c^* T_s - 0 = c^* T_s$$

$$h_0 = c_0 t_0 - 0 = c_0 t_0$$

$$h = ct - 0 = ct$$

代入式（11-4）并整理之，得：

$$D(H_s - c^* T_s) + Fc_0 t_0 = (F - W)ct + WH + Q_1 \tag{11-5}$$

料液的比热容 c_0 和完成液的比热容 c 可按下式近似地计算：

$$c_0 = c^*(1 - x_0) + c_B x_0$$

$$c = c^*(1 - x) + c_B x$$

式中 c_B——溶质的比热容，kJ/(kg·K)。

由式（11-3）或式（11-4）可得加热蒸汽消耗量为：

$$D = \frac{F(h - h_0) + W(H - h) + Q_1}{H_s - h_s} \tag{11-6}$$

若忽略浓缩热，则：

$$D = \frac{F(ct - c_0 t_0) + W(H - ct) + Q_1}{H_s - h_s} \tag{11-6a}$$

考虑到 $H_s - c^* T_s = R$，$H - ct \approx r$，故得：

$$D = \frac{F(ct - c_0 t_0) + Wr + Q_1}{R} \tag{11-6b}$$

若为沸点进料，即 $t_0 = t$，并忽略热损失和比热容 c 和 c_0 的差别，则有：

$$D = \frac{W(H - ct)}{R} \approx \frac{Wr}{R}$$

或

$$\frac{D}{W} = \frac{H - ct}{R} \approx \frac{r}{R} \tag{11-7}$$

式中 $\dfrac{D}{W}$——单位蒸汽消耗量，用以表示蒸汽利用的经济程度。

由于蒸汽的潜热随温度的变化不大，即溶液温度 t 和加热蒸汽的饱和温度 T_s 下的潜热 r 和 R 相差不多，故单效蒸发时，$\dfrac{D}{W} \approx 1$，即蒸发 1kg 的水，约需 1kg 的加热蒸汽。考虑到 r 和 R 的实际差别以及热损失等因素，$\dfrac{D}{W}$ 约为 1.1 或稍多。

2. 蒸发器传热面积的计算

由传热速率方程得：

$$A = \frac{Q}{K\Delta t_\mathrm{m}}$$

式中　　A——蒸发器的传热面积，$\mathrm{m^2}$；

　　　　Q——传热量，显热 $Q = DR$，W；

　　　　K——传热系数，$\mathrm{W/(m^2 \cdot K)}$；

　　　　Δt_m——平均传热温度差，K。

由于蒸发过程为蒸汽冷凝和溶液沸腾之间的恒温差传热，$\Delta t_\mathrm{m} = T_\mathrm{s} - t$，故有：

$$A = \frac{Q}{K(T_\mathrm{s} - t)} = \frac{DR}{K(T_\mathrm{s} - t)} \tag{11-8}$$

（二）多效蒸发的设计计算

1. 操作原理

在大规模工业生产中，往往需蒸发大量水分，这就需要消耗大量加热蒸汽。为了减少加热蒸汽的消耗，可采用多效蒸发。将加热蒸汽通入一蒸发器，则溶液受热而沸腾，而产生的二次蒸汽其压力与温度较原加热蒸汽（即生蒸汽）为低，但此二次蒸汽仍可设法加以利用。在多效蒸发中，则可将二次蒸汽当作加热蒸汽，引入另一个蒸发器，只要后者蒸发室压力和溶液沸点均较原来蒸发器中的为低，则引入的二次蒸汽即能起加热热源的作用。同理，第二个蒸发器产生的新的二次蒸汽又可作为第三个蒸发器的加热蒸汽。这样，每一个蒸发器即称为一效，将多个蒸发器连接起来一同操作，即组成一个多效蒸发系统。加入生蒸汽的蒸发器称为第一效，利用第一效二次蒸汽加热的称为第二效，依此类推。

2. 生蒸汽的利用率

在多效蒸发中，末效或后几效总是在真空下操作，足以使得各效（除末效外）的二次蒸汽均作为下一效的加热蒸汽，故可大大提高生蒸汽的利用率，即经济性。即蒸发同样数量的水（W），采用多效蒸发所需要的生蒸汽量（D）远较只采用单效时为小。

所以，在蒸发大量水分时，采用多效蒸发，其节省生蒸汽的效果是很明显的，在工程中应用也是很广泛的。常用的有双效、三效、四效蒸发，甚至有多达六效的。

3. 多效蒸发流程

按照加料方式的不同，常见的多效蒸发流程有三种，现以三效为例加以说明。

（1）并流　如图 11-17 所示，溶液和蒸汽的流向相同，即均由第一效顺序流至末效，此种流程称为并流。操作时生蒸汽通入第一效加热室，蒸发的二次蒸汽引入第二效加热室作加热蒸汽，第二效的二次蒸

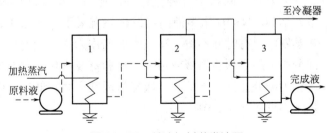

图 11-17　并流加料蒸发流程

汽又引入第三效加热室作为加热蒸汽，作为末效的第三效的二次蒸汽则送至冷凝器被全部冷凝。同时，原料首先进入第一效，经浓缩后由底部排出，再依次进入第二效和第三效被连续浓缩，完成液由末效的底部排出。

（2）逆流　图11-18为逆流加料蒸发流程。

该流程是将原料液由末效引入，并用泵依次输送至前效，完成液由第一效底部排出。而加热蒸汽仍是由第一效进入并依次流向末效。因蒸汽和溶液的流动方向相反，故称为逆流。

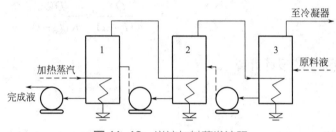

图 11-18　逆流加料蒸发流程

逆流蒸发流程的主要优点：随着各效溶液浓度的不断提高，温度也相应提高。因此各效溶液的黏度接近，使各效的传热系数也大致相同。其缺点是效间溶液需用泵输送，能量消耗较大，且各效进料温度均低于沸点，与并流相比较，产生的二次蒸汽量较少。

（3）平流　平流加料蒸发流程如图11-19所示。

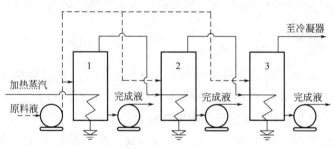

图 11-19　平流加料蒸发流程

原料液分别加入每一效中，完成液也是分别自各效中排出。蒸汽的流向仍是由第一效流至末效。

上述并流在工业中采用得最多。而逆流适用于处理黏度随温度和浓度变化较大的溶液，但不适用于处理热敏性溶液。平流适用于处理蒸发过程中伴有结晶析出的溶液。

多效蒸发除以上几种流程外，还可根据实际情况采用上述基本流程的变型，例如，NaOH水溶液的蒸发，亦有采用并流和逆流结合的流程。此外在多效蒸发中，有时并不将二次蒸汽全部作为次一效的加热蒸汽用，而是将其中一部分引出用于预热料液或用于其他和蒸发操作无关的传热过程。这种引出的蒸汽称为额外蒸汽。末效的二次蒸汽因其压力较低，一般不再引出作为他用，而是全部进入冷凝器中。

第二节　结晶设备

结晶是指溶质自动从过饱和溶液中析出形成新相的过程。这一过程不仅包括溶质分子凝聚成固体，并包括这些分子有规律地排列在一定晶格中，这种有规律的排列与表面分子化学键力变化有关。因此结晶过程又是一个表面化学反应过程。

概念检查 11-1

○　物质的溶解度如何表示？它和饱和曲线有何关系？

结晶是制备纯物质的有效方法。溶液中的溶质在一定条件下因分子有规律地排列而结合成晶体，晶体的化学成分均一，具有各种对称的晶状，其特征为离子和分子在空间晶格的结点上有规则地排列。固体有结晶和无定形两种状态。两者的区别就是构成单位（原子、离子或分子）的排列方式不同，前者有规则，后者无规则。在条件变化缓慢时，溶质分子具有足够时间进行排列，有利于结晶形成；相反，当条件变化剧烈，强迫快速析出，溶质分子来不及排列就析出，结果形成无定形沉淀。

通常只有同类分子或离子才能排列成晶体，所以结晶过程有很好的选择性，通过结晶溶液中的大部分杂质会留在母液中，再通过过滤、洗涤等就可得到纯度高的晶体。许多抗生素、氨基酸、维生素等就是利用多次结晶的方法制取高纯度产品的。但是结晶过程是复杂的，有时会出现晶体大小不一、形状各异甚至形成晶簇等现象，因此附着在晶体表面及空隙中的母液难以完全除去，需要重结晶，否则将直接影响产品质量。

由于结晶过程成本低，设备简单，操作方便，所以目前广泛应用于微生物药物的精制。

一、晶核的生成和晶体的生长

（一）结晶过程的推动力

结晶是一个传质过程，结晶的速率与推动力成正比。

在结晶的实践中可以观察到推动力愈大，结晶速率愈大的现象，而在这种情况下往往获得的结晶颗粒数多且颗粒细微；结晶速率缓慢而推动力不很大的情况，则可以得到较少的颗粒数和较大的晶粒。将析出结晶的细微颗粒，连同母液一起放置，结果是颗粒数减少而颗粒增大。因此可以认为，在结晶析出过程中存在着晶核的生成和晶体的生长两个并存的子过程。

（二）晶核的生成

成核的过程在理论上分为两大类：一种是在溶液的过饱和之后自发形成的，称为"一次成核"，此时可以是自发成核，也可以是外界干扰（如尘粒、结晶器的粗糙内表面等）；另一种成核是加入晶种诱发的"二次成核"。

有关晶核形成的理论本书不作讨论，但在结晶过程中一定要把握好下面几点。首先要尽可能避免自发成核过程，以防止由于晶核的"泛滥"而造成晶体无法继续生长，一般可在介稳区内投放适量晶种，

第十一章

诱发成核，使结晶过程得以启动；第二，要避免使用机械冲击或研磨严重的循环泵，可使用气升管、隔膜泵或衬里的、叶片数很少的低转速开式叶轮泵；第三，结晶器的内壁应当光滑，要求表面光洁、少焊缝、无毛刺和粗糙面，避免对成核的诱发；第四，待结晶料液中的固体悬浮杂质要预先清除。总之，要避免自发成核的发生，以及由此而造成的晶核过多、结晶过细；结晶的推动力不宜过大，即使要在不稳区启动结晶过程，在启动后也要设法降低推动力，甚至要取出部分晶核以控制结晶颗粒的总数。

（三）晶体的生长

按照最普遍使用的扩散理论，晶体的生长大致分为三个阶段：首先是溶质分子从溶液主体向晶体表面的静止液层扩散；接着是溶质穿过静止液层后到晶体表面，晶体按晶格排列增长并产生结晶热；然后是释放出的结晶热穿过晶体表面静止液层向溶液主体扩散。实际上晶体的生长与晶核的形成在速度上存在着相互的竞争。当推动力（即过饱和程度）变得较大的时候，晶核生成速度 $u_{核}$ 急剧增加，尽管晶体生长速度 $u_{晶体}$ 也在增大，但是竞争不过晶核的生成，数量多而粒度细的晶体的析出就成为必然。

当结晶逐渐析出，过饱和度最终下降为0时，随着时间的推延，晶核的数量会逐渐减少而晶体会逐渐增大。解释这种现象要用动态平衡的观点，此时作为结晶-溶解过程虽处于平衡状态，但是结晶、溶解的微观过程从来也没有停止，只不过是结晶速度和溶解速度相等而已。既然如此，大小不等的晶体都有同等的晶体生长和被溶解的机会。但是粒度小的晶体相对于粒度大的晶体有较大的比表面积，这一情况使得细微晶粒被溶解的可能性大而晶体增大的可能性要小。因此结晶时间的延长有利于晶体的生长。

二、结晶设备的结构及特点

按照生产作业方式，结晶器分成间歇和连续两大类，连续式结晶器又可分为线性的和搅拌的两种。早期的结晶装置多为间歇式，而现代结晶装置多数采用连续作业，而且逐渐发展为大型化，操作自动化。

按照形成过饱和溶液途径的不同，可将结晶设备分为冷却结晶器、蒸发结晶器、真空结晶器、盐析结晶器和其他结晶器五大类，其中前三类使用较广。

（一）冷却结晶器

冷却结晶设备是采用降温来使溶液进入过饱和（自然起晶或晶种起晶），并不断降温，以维持溶液一定的过饱和浓度进行育晶，常用于温度对溶解度影响比较大的物质结晶。结晶前先将溶液升温浓缩。

1. 槽式结晶器

通常用不锈钢板制作，外部有夹套通冷却水以对溶液进行冷却降温。连续操作的槽式结晶器，往往采用长槽并设有长螺距的螺旋搅拌器，以保持物料在结晶槽的停留时间。槽的上部要有活动的顶盖，以保持槽内物料的洁净。槽式结晶器的传热面积有限，且劳动强度大，对溶液的过饱和度难以控制；但小批量、间歇操作时还比较合适。槽式结晶器的结构如图 11-20 及图 11-21 所示。

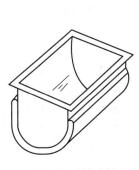

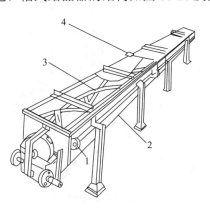

图 11-20　间歇槽式结晶器　　　　　图 11-21　长槽搅拌式连续结晶器

1—冷却水进口；2—水冷却夹套；3—长螺距螺旋搅拌器；4—两段之间接头

2. 结晶罐

这是一类立式带有搅拌器的罐式结晶器，冷却采用夹层，也可用装于罐内的鼠笼冷却管（图 11-22）。在结晶罐中冷却速度可以控制得比较缓慢。因为是间歇操作，结晶时间可以任意调节，因此可得到较大的结晶颗粒，特别适合于有结晶水的物料的晶析过程。但是生产能力较低，过饱和度不能精确控制。结晶罐的搅拌转速要根据对产品晶粒的大小要求来定：对抗生素工业，在需要获得微粒晶体时采用高转速，即 1000 ~ 3000r/min，一般结晶过程的转速为 50 ~ 500r/min。

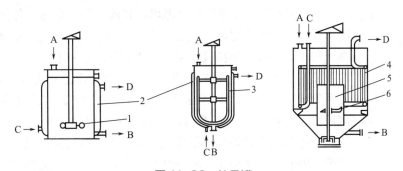

图 11-22　结晶罐

1—桨式搅拌器；2—夹套；3—刮垢器；4—鼠笼冷却管；5—导液管；6—尖底搅拌耙
A—液料进口；B—晶浆出口；C—冷却剂入口；D—冷却剂出口

3. 粒析式冷却结晶器

这是一种能够严格控制晶体大小的结晶器，如图 11-23 所示，料液沿入口管进入器内，经循环管于冷却器中达到过饱和（呈介稳态），此过饱和溶液经循环泵沿中央管路进入结晶器的底部，由此向上流动，通过一层晶体悬浮体层，进行结晶。不同大小的晶体因沉降速度不同，大的颗粒在下，小的颗粒在上进行粒析。晶体长大的沉降速度大于循环液上升速度后而沉降到器底，连续或定期从出口管处排出。小的

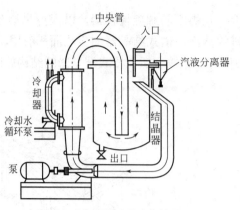

图 11-23 粒析式冷却结晶器

晶体与溶液一同循环，直到长大为止。极细的晶粒浮在液面上，用分离器使之分离，设有冷却水循环泵，在结晶器中可按晶体大小予以分类。

（二）蒸发结晶器

蒸发结晶设备是采用蒸发溶剂，使浓缩溶液进入过饱和区起晶（自然起晶或晶种起晶），并不断蒸发，以维持溶液在一定的过饱和度进行育晶。结晶过程与蒸发过程同时进行，故一般称为煮晶设备。

对于溶质的溶解度随温度变化不大，或者单靠温度变化进行结晶时结晶率较低的场合，需要蒸除部分溶剂以取得结晶操作必要的过饱和度，这时可用蒸发结晶器。

蒸发操作的目的就是达到溶液的过饱和度，便于进一步的结晶操作。传统的蒸发器较少考虑结晶过程的规律，往往对结晶的析出考虑较多而对结晶的成长极少考虑。随着人们对结晶操作认识的逐步深化，才开始重视在蒸发操作及设备中对结晶过程的控制作相应的研究。

蒸发结晶器是一类蒸发-结晶装置。为了达到结晶的目的，使用蒸发溶剂的手段产生并严格控制溶液的过饱和度，以保证产品达到一定的粒度标准。或者讲，这是一类以结晶为主、蒸发为辅的设备。

图 11-24 为奥斯陆蒸发结晶器，料液经循环泵送入加热器加热，加热器采用单程管壳式换热器，料液走管程。在蒸发室内部分溶剂被蒸发，二次蒸汽经捕沫器排出，浓缩的料液经中央管下行至结晶成长段，析出的晶粒在液体中悬浮做流态化运动，大晶粒集中在下部，而细微晶粒随液体从成长段上部排出，经管道吸入循环泵，再次进入加热器。对加热器传热速率的控制可用来调节溶液过饱和程度，浓缩的料液从结晶成长段的下部上升，不断接触流化的晶粒，过饱和度逐渐消失而晶体也逐渐长大。蒸发结晶器的结构远比一般蒸发器复杂，因此对涉及结晶过程的结晶蒸发器在设计、选用时要与单纯的蒸发器相区别。

对于在减压条件下蒸发的结晶器，可以增加大气腿接导管（图 11-25），这样的装置可以将蒸发室单独置于负压下操作，其他部分仍在常压下操作。

（三）真空结晶器

真空结晶器比蒸发结晶器要求有更高的操作真空度。另外真空结晶器一般没有加热器或冷却器，料液在结晶器内闪蒸浓缩并同时降低了温度，因此在产生过饱和度的机制上兼有蒸除溶剂和降低温度两种作用。由于不存在传热面积，从根本上避免了在复杂的传热表面上析出并积结晶体。真空结晶器由于省去了换热器，其结构简单、投资较低的优势使它在大多数情况下成为首选的结晶器。只有溶质溶解度随温度变化不明显的场合才选用蒸发结晶器；而冷却结晶器几乎都可为真空结晶器所代替。

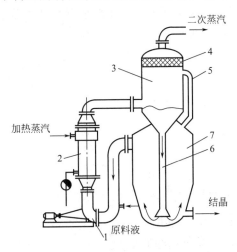

图 11-24 奥斯陆蒸发结晶器

1—循环泵；2—加热器；3—蒸发室；4—捕沫器；
5—通气管；6—中央管；7—结晶成长段

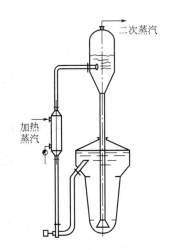

图 11-25 有大气腿接导管的
奥斯陆蒸发结晶器

1. 间歇式真空结晶器

图 11-26 是一台间歇式真空结晶器。原料液在结晶室被闪蒸，蒸除部分溶剂并降低温度，以浓度的增加和温度的下降程度来调节过饱和度。二次蒸汽先经过一个直接水冷凝器，然后再接到一台二级蒸汽喷射泵，以造成较高的真空度。

2. 奥斯陆真空结晶器

图 11-27 是奥斯陆真空结晶器，有细微晶粒的液料自结晶室的上部溢流入循环泵，在其入口处同新加

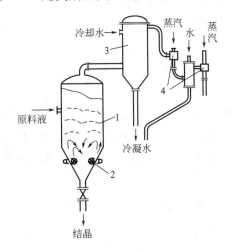

图 11-26 间歇式真空结晶器

1—结晶室；2—搅拌器；3—直接水冷凝器；
4—二级蒸汽喷射泵

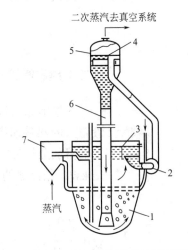

图 11-27 奥斯陆真空结晶器

1—结晶室；2—循环泵；3—挡板；4—液体均布环；
5—蒸发室；6—大气腿；7—结晶分布器

入的料液一起打入蒸发室闪蒸，浓缩降温的过饱和溶液经中央大气腿进入结晶室底部，与流化的晶粒悬浮液接触，在这里消除过饱和度并使晶体生长，液体上部的细晶在分离器中通蒸汽溶解并送回闪蒸。奥斯陆真空结晶器也同样要设置大气腿，除了蒸发室以外，其他部分均可在常压下操作。

三、结晶设备的设计计算

（一）物料衡算

结晶器的物料衡算式为：

$$w_{h1} = w_{h2} + w_{h3} + w_h \tag{11-9}$$

式中　w_{h1}——进入结晶器的物料量，kg/h；

　　　w_{h2}——自结晶器取出的结晶量，kg/h；

　　　w_{h3}——自结晶器取出的母液量，kg/h；

　　　w_h——结晶器蒸发走的溶剂量，kg/h。

式（11-9）用于间歇操作时可将单位改为 kg/ 批。

对溶质进行衡算的方程是：

$$w_{h1}x_{w1} = w_{h2}x_{w2} + w_{h3}x_{w3} \tag{11-10}$$

式中　x_{w1}——进入结晶器物料中溶质的质量分率；

　　　x_{w2}——结晶的纯度，质量分率；

　　　x_{w3}——自结晶器取出的母液中溶质的质量分率。

对结晶器不蒸除溶剂的情况，$w_h = 0$，则：

$$w_{h2} = w_{h1} - w_{h3} \tag{11-11}$$

由式（11-10）和式（11-11）联立，求得结晶产量为：

$$w_{h2} = \frac{w_{h1}(x_{w1} - x_{w3})}{x_{w2} - x_{w3}} \tag{11-12}$$

（二）热量衡算

热量衡算的目的是计算冷却水用量。出入结晶器的热流有五股：待结晶溶液带入的热量速率 q_1，结晶带出的热流速率 q_2，母液带出的热流速率 q_3，蒸发的溶剂蒸气带走的热流速率 q_4，冷却水带走的热流速率 q。热流速率的单位是 kW。结晶器的热量衡算式为：

$$q_1 = q_2 + q_3 + q_4 + q \tag{11-13}$$

其中：

$$q_1 = w_{h1}c_1T_1 \tag{11-14}$$

式中　T_1——待结晶溶液的温度，K；

　　　c_1——待结晶溶液的平均比热容，kJ/(kg·K)。

也有：

$$q_2 = w_{h2}(c_{晶}T_2 + \Delta H_{结晶}) \tag{11-15}$$

式中　T_2——晶体与母液离开结晶器时的温度，K；

　　　$c_晶$——晶体的平均比热容，kJ/(kg·K)。

　$\Delta H_{结晶}$——晶体的结晶热，kJ/kg。

而：
$$q_3 = w_{h_3} c_3 T_2 \tag{11-16}$$

式中　c_3——母液的平均比热容，kJ/(kg·K)。

还有：
$$q_4 = w_h i_T \tag{11-17}$$

式中　i_T——温度为 T 的溶剂蒸气的热焓量，kJ/kg；

　　下标 T——离开结晶器的溶剂蒸气温度，K。

（三）结晶设备体积和尺寸计算

设备的生产能力 G（kg/h）：

$$G = \frac{V \rho \varphi \omega}{t}$$

式中　V——结晶设备总体积，m³；

　　　ρ——浓液的密度，kg/m³；

　　　φ——结晶设备最终充填系数，对于煮晶锅一般为 0.4～0.5；

　　　ω——结晶溶液中晶体的质量分数比；

　　　t——每批结晶操作总时间，h。

所以：
$$V = \frac{Gt}{\rho \varphi \omega}$$

计算出整个设备体积后，即可根据选定设备的型式来确定设备的其他尺寸，如采用球形底的煮晶锅，则：

$$V = \frac{Gt}{\rho \varphi B} = \frac{2Gt}{\rho B} = V_1 + V_2 = \frac{1}{12} \pi D^3 + \pi D^2 H$$

式中　B——结晶溶液中晶体的质量分数；

　　　V_1——煮晶锅球形底部分体积；

　　　V_2——煮晶锅圆柱形部分体积；

　　　D——煮晶锅球形底直径；

　　　H——煮晶锅圆柱形部分高。

一般 $H/D=2～3$，取 2.5 时：

$$D = \sqrt[3]{\frac{24Gt}{8.5 \pi \rho B}}$$

计算出直径 D 后，要验算蒸发时器内二次蒸汽流速是否为 1～3m/s 范围，过大会造成雾沫夹带严重，需要修正。

（四）结晶设备传热面积

使用冷凝结晶设备时，通常是将经过浓缩但还未能自然起晶（在该温度下）的热溶液送进结晶器，在设备内迅速冷却，使溶液进入不稳定的过饱和区而起晶，或达到介稳区的过饱和浓度时加入晶种育种。

在育种过程中，溶液中溶质的含量随着不断析出晶体而减少，因此，要求保持较大的结晶速度，则要维持溶液较高的过饱和浓度，采用降温的办法来改变溶液的溶解度。随着溶液中结晶的增加，结晶速度的下降，降温速度也应逐渐减慢。在整个结晶过程中，最终迅速冷却阶段的传热量为最大，传热面积是以最大的传热量进行计算的。若冷却结晶设备的传热面积以最佳条件（即送入的溶液都已达到育晶条件）计算，这时需要的传热面积比较小，可以用结晶速度与维持溶液一定过饱和浓度的降温速度相等的联立方程进行计算。热交换面应平整光滑，避免因晶体积聚而影响育晶阶段的传热效果。

间歇式蒸发结晶设备通常是在蒸发过程中连续不断补充溶液，以维持设备内溶液一定容积和一定过饱和浓度条件下进行育晶，这样可取得较快的结晶速度和较大的晶体。浓缩最初阶段是把溶液从进料的不饱和浓度快速浓缩到育晶过程所需的过饱和浓度，同时不断进入溶液，以保持设备内最大的容积系数，此时所需要的传热面积最大。当溶液达到一定的过饱和浓度以后，加入晶种育晶，此时的蒸发量是所补充的原料溶液浓缩到育晶过饱和浓度所蒸发的溶剂量，随着晶体不断增加，补充溶液量和蒸发量也不断减少。通常加热面积的确定是以最大蒸发量进行计算的。若溶液以介稳区育晶浓度进料，则所需要的传热面积较小，这时的传热面积可用结晶速度和进料溶液所需要的蒸发速度相等的联立方程来计算。

📄 总结

○ 蒸发是浓缩操作的一种手段，在生物工业中被广泛采用。

○ 生物工业产品常为具有生物活性、对温度较为敏感的物质。
蒸发浓缩：将稀溶液中的部分溶剂汽化并不断排除，使溶液浓度增加。

○ 蒸发的强化：蒸发设备通常是在沸腾状态（传热系数高、速度快）下进行，并采取相应的强化传热措施。

○ 蒸发器都必须满足以下基本要求：①充足的加热热源，以维持溶液的沸腾和补充溶剂汽化所带走的热量；②保证溶剂蒸汽（二次蒸汽）迅速排除；③一定的热交换面积，以保证传热量。

○ 结晶是指溶质从过饱和溶液中析出形成新相，是获得纯净固体物质的重要方法之一。发酵工业的谷氨酸钠、柠檬酸等都是用结晶方法提纯精制的。

○ 蒸发与结晶之间的区别：①蒸发是将部分溶剂从溶液中排出，使溶液浓度增加，溶液中的溶质没有发生相变；②结晶过程则是通过将过饱和溶液冷却、蒸发，或投入晶种使溶质结晶析出；③结晶过程的操作与控制比蒸发过程复杂。

○ 按照形成过饱和溶液途径的不同，可将结晶设备分为冷却结晶器、蒸发结晶器、真空结晶器、盐析结晶器和其他结晶器五大类，其中前三类使用较广。

📝 课后练习

一、问答题

1. 物料在管式薄膜蒸发器中如何被浓缩?
2. 为了改善物料溶液在降膜式蒸发器中的分布状态可以采取何措施?

题一答案

题二答案

二、多选题

1. 选择结晶设备时要考虑(　　　)因素。
   A. 溶解度曲线的斜率
   B. 结晶过程能耗
   C. 被结晶物质的物性
   D. 结晶设备的处理量
2. 强化薄膜蒸发浓缩操作的要点是(　　　)。
   A. 料液超过于沸点温度进料
   B. 蒸发器中的温差大
   C. 足够的冷凝能力
   D. 合适的真空度
3. 蒸发设备节能的手段有(　　　)。
   A. 多效蒸发
   B. 单次蒸汽利用
   C. 提高设备传热效果
   D. 选择合适的操作条件

⚡ 设计问题

设计一个年产 1 万吨味精粗品工艺中的结晶工段流程,并查阅相关文献进行结晶设备的选型。

(www.cipedu.com.cn)

第十二章　蒸馏过程与设备

图（a）是烧酒蒸馏装置（天锅式蒸馏器）。图（b）是现代化酿酒企业中大生产使用的蒸馏设备（分体式蒸馏器），它采用不锈钢材料，并漆上统一的防腐漆，不仅从外观上比图（a）装置显得更加大气，而且设计更科学，效率也大大提升。

(a)

(b)

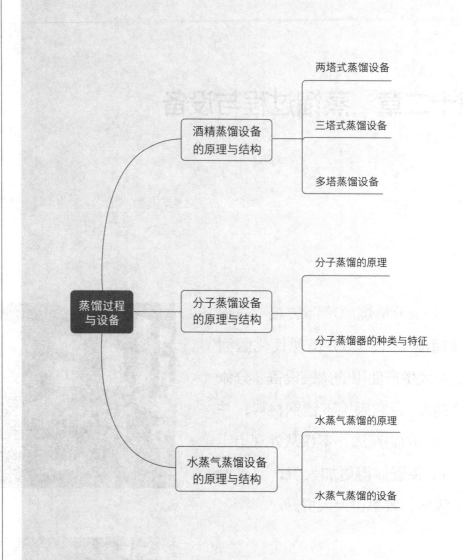

为什么要系统学习蒸馏过程与设备？

　　　　生化分离过程是生物产品的中下游工段，经常要处理由若干组分所组成的混合物，其中大部分是均相物系。生产中为了满足贮存、运输、加工和使用的要求，时常需要将这些混合物分离成纯净物质或组分。对于均相物系，必须要造成一个两相物系，才能将均相混合物分离。根据物系中不同组分间某种物性的差异，使其中某个组分或某些组分从一相向另一相转移以达到分离的目的，通常将物质在相间的转移过程称为传质过程或分离操作，如酒精蒸馏或分子蒸馏。

　　　　白酒生产所使用的蒸馏甑与威士忌生产所使用的蒸馏设备，它们有何不同？是间歇式蒸馏还是连续式蒸馏，是两塔式蒸馏还是多塔蒸馏？这将是本章学习的重点内容。

👁 **学习目标**

○ 了解蒸馏的目的。
○ 熟悉蒸馏操作的基本过程。
○ 掌握酒精蒸馏主要设备的原理与结构，熟悉分子蒸馏的主要设备的原理与结构。
○ 能够根据实际需求对蒸馏设备进行选型。
○ 能够详细描述在制备酒精过程中蒸馏单元的生产工艺。

　　蒸馏是分离液体混合物的典型单元操作。这种操作是将液体混合物部分汽化，利用其中各组分挥发度不同的特性以实现分离的目的。它是通过液相和气相间的质量传递来实现的。蒸馏过程可以按不同方法分类。按照操作方式可分为间歇和连续蒸馏。按蒸馏方法可分为简单蒸馏、平衡蒸馏（闪蒸）、精馏和特殊精馏等。当一般较易分离的物系或对分离要求不高时，可采用简单蒸馏或闪蒸，较难分离的可采用精馏，很难分离的或用普通精馏不能分离的可采用特殊精馏。工业中以精馏的应用最为广泛。按操作压力可分为常压、加压和减压精馏。按待分离混合物中组分的数目可以分为两（双）组分和多组分精馏。因两组分精馏计算较为简单，故常以两组分溶液的精馏原理为计算基础，然后引申用于多组分精馏的计算中。

　　蒸馏应用十分广泛，其历史也最为悠久，因此它是分离（传质）过程中最重要的单元操作之一。

第一节　酒精蒸馏

　　酒精的蒸馏分为间隙蒸馏和连续蒸馏。目前国内外都已经采用连续蒸馏。根据产品的质量要求，又有单塔、两塔、三塔及多塔（三塔以上）的蒸馏。根据采用原料的不同、蒸汽耗用量的多少和产品品质的不同，两塔以上的连续蒸馏又有几种方式的组合流程。以下介绍能生产食用酒精的几种蒸馏流程。

一、两塔式蒸馏

1. 气相过塔的两塔式蒸馏流程

　　如图 12-1，发酵成熟醪经预热器 3 与酒精塔的酒精蒸气进行热交换，加热至 40℃ 以上后进入醪塔（粗

馏塔 1）的顶部。馏塔底用直接蒸汽加热。酒精含量为 50%（体积分数）左右的酒精 - 水蒸气从醪塔顶部引入精馏塔 2 的中部。酒精糟由塔底部排出。精馏塔底部也用直接蒸汽加热。酒精蒸气从塔顶顺次经过成熟醪预热器 3 和分凝器 4、5 和冷凝冷却器 6。预热器 3 和分凝器 4、5 中的冷凝液全部回入酒精塔作为回流。冷凝冷却器 6 中的冷凝液作为醛酯馏分（工业酒精）取出，没有冷凝的少量的 CO_2 气体和一些低沸点杂质，由排醛管经处理后排至大气。

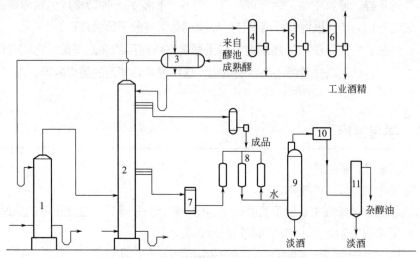

图 12-1　气相过塔的两塔式蒸馏流程

1—粗馏塔；2—精馏塔；3—预热器；4,5,8—分凝器；6,9—冷凝冷却器；
7,10—冷却器；11—杂醇油分离器

　　成品酒精在塔顶回流管以下 4～6 层塔板上液相取出，经冷却器、检酒器进入酒库。废水从精馏塔底部排出。杂醇油从料层往上 2～4 层塔板液相取出（也可从进料层往下 2～4 层塔板气相取出），经冷却、乳化和分离得杂醇油，再经盐析后进入贮器，淡酒回入精馏塔底部相应的塔板中。

　　当酒精塔精馏段的塔板层数达到一定数量时（其他条件稳定），以淀粉质为原料，完全可以生产出符合标准的食用酒精，且节省加热蒸汽和冷却用水，故该流程多被淀粉质原料厂家采用。

2. 液相过塔的两塔式蒸馏流程

　　如图 12-2，这种流程大多数用于糖蜜为原料的酒精厂。

　　该流程的特点是粗馏塔塔顶的酒精 - 水蒸气经过三个冷凝器后，则以酒精 - 水冷凝液（液相）进入精馏塔。可以看出，该流程较两塔式气相过塔多一次排出头级杂质的机会。故此酒精流程所得的成品酒精质量较高，但蒸汽消耗量也较多。

二、三塔式蒸馏

　　三塔式蒸馏流程是由粗馏塔（醪塔）、排醛塔、精馏塔 3 个塔组成。根据排醛塔和精馏塔的进料情况，可分为直接式、半直接式和间接式三类。另外有一类是在两塔式蒸馏的基础上，精馏塔后再增加一个排醛塔，也组成三塔蒸馏。

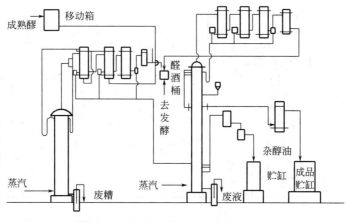

图12-2　液相过塔的两塔式蒸馏流程

1. 直接式

粗酒精由醪塔进入排醛塔以及脱醛酒进入酒精塔都是气相塔。该流程虽然蒸汽消耗量较低，但排除杂质的效率不高，酒精的质量不易保证，且操作不稳定，废气与酒精糟一起排放，增加了酒精处理的难度。因此工厂不再采用。

2. 半直接式

粗酒精由粗馏塔进入排醛塔是气相过塔，而脱醛酒进入酒精塔是液相进。如图12-3，这种流程的热能虽比直接式大一些，但操作稳定，酒精质量也较好。因此，在我国酒精工业得到广泛应用。

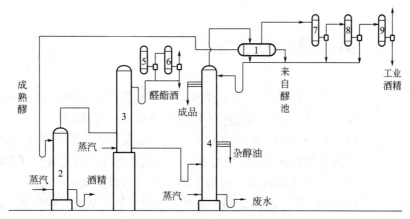

图12-3　半直接式三塔蒸馏流程

1—预热器；2—精馏塔；3—排醛塔；4—杂醇油分离器；5,7,8—分凝器；6,9—冷凝器

3. 间接式

粗酒精进入排醛塔以及脱醛酒进入精馏塔都是液相进塔，如图12-4所示。可以较半直接式多一次去

除头级杂质的机会，因此可以产出高纯度的酒精。该流程具有优良的操作性能，操作稳定，控制和调节都很方便。其缺点是蒸汽消耗量较大和设备投资较高。

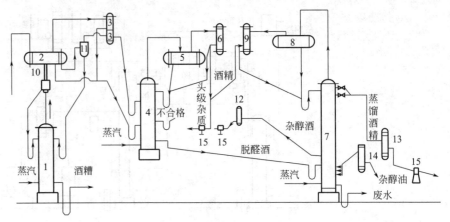

图 12-4　间接式三塔蒸馏流程

1—醪塔；2—冷凝器；3—附加冷凝器和分离器蒸汽冷凝；4—排醛塔；5—排醛塔分凝器；
6—排醛塔冷凝器；7—精馏塔；8—精馏塔分凝器；9—精馏塔冷凝器；10—捕集器；
11—分离器；12,14—杂醇油冷却器；13—精馏塔冷却器；15—检酒器

三、多塔蒸馏

多塔式酒精连续蒸馏是有 3 个以上的塔。根据产品质量的特殊要求增加一个或数个蒸馏塔。如为了加强杂醇油的提取，则在精馏塔后增加一个除杂醇油的塔；为了排除甲醇，可单独增设甲醇塔。试剂厂生产试剂用酒精采用六塔蒸馏，但一般工厂以不超过四塔为宜，各个塔的任务和要求不同，因此，各塔的塔板类型和板间距都有差异。

第二节　分子蒸馏

分子蒸馏技术是在很高的真空条件下，对物料在极短的时间里加热、汽化、分离，以达到提纯的目的，分离的对象都是沸点高、受热容易分解的物质。系统压力一般在 0.133 ~ 1.33Pa 范围内，物料受热时间仅为 0.05s 左右。因而它可以在低温中进行操作，这使热稳定性差与高分子的物质蒸馏亦有了可能。分子蒸馏技术广泛用于维生素 A、维生素 E、甾醇类、甘油酯、二聚酸、脂肪酸、脂肪酸甘油酯、香料等高附加值产品的提纯和精制。

概念检查 12-1

○ 分子蒸馏的原理是什么？

一、分子蒸馏的原理

在高真空条件下，分子蒸馏最大的特点是蒸发面与冷凝面的距离在物料分子的平均自由程之内，在这样的条件中，蒸发的分子不与其他分子碰撞即可达到冷凝面。所谓自由程，是指一个分子与其他气体分子每连续两次碰撞走过的路程。相当多的不同自由程的平均值，叫做平均自由程。此时，物质分子间的引力很小，自由飞驰的距离较大，这样由蒸发面飞出的分子可直接落到冷凝面上凝聚，从而达到分离的目的。

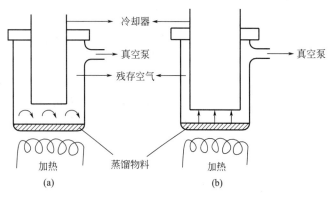

图 12-5 分子蒸馏的原理示意图

图 12-5 直观地说明了分子蒸馏的原理。在图 12-5（a）的状态中，因为真空度低，残存有空气，从蒸气一面得到热能飞出的物质，在途中与其他分子碰撞又返回到蒸发面。但是，若进而提高真空度，则可变为图（b）的状况。在图 12-5（b）的状态中，真空度充分提高，从蒸发面飞出的分子，可不与其他物质分子碰撞，即能达到冷却面，像这样的蒸馏即称为分子蒸馏。

分子蒸馏因为在高真空中进行，与通常的常压蒸馏、减压蒸馏相比，其主要优点是：①蒸发速度快；②蒸发温度低；③分离效果好（因为相对挥发度增大）；④分解、聚合现象少；⑤热损失少；⑥共沸混合物消失；⑦在常压中不能蒸馏的物质也可以。

为了便于分析分子蒸馏的原理，特作如下的叙述。假如容器内液体维持在一定温度 T，使上方蒸气空间的压强逐渐降低。最初，由于总压大于该温度下液体的饱和蒸气压 p_s，故必有空气存在以补充液体蒸气的不足。此时蒸气分子是借扩散或对流的作用传递至冷凝器，液体蒸发速率取决于传递速率。当上方空间压强继续下降至 p_s，液体即开始沸腾，此时蒸气则依靠压差的推动而流向冷凝器。蒸发速率取决于加热速率，而压强则不可能降低到 p_s 以下。但是，对于类似油一类的物质，它是在非常高的温度下沸腾。即使在安全加热的最高温度下，p_s 仍然极低。在这种情形下，就不可能达到形成沸腾所需的蒸气压，因而，液体也不可能沸腾。此时，就有可能将总压强降低至 p_s 以下，且不存在一确定的沸点，但存在一个蒸发的温度范围（一般约 50℃），这就是分子蒸馏的温度范围。这时，蒸发速率就取决于所谓的"绝对蒸发速率"，即分子蒸发面逸出的速率。

绝对蒸发速率可由气体分子运动理论导出。对于不含有杂质的空间内的饱和蒸气（低压下可视为理想气体），在单位时间内，气体分子撞击的单位面积壁上的物质的量为：

$$n = \frac{1}{4} n_V u_{av} \qquad (12-1)$$

式中 n_V——单位体积内气体的物质的量；

u_{av}——气体分子的平均速度。

由气体的分子运动理论可推出气体分子的平均速度为：

$$u_{av} = \sqrt{\frac{8RT}{\pi M}} = 1.45 \times 10^2 \sqrt{\frac{T}{M}} \qquad (12-2)$$

式中 R——通用气体常数；

M——摩尔质量。

将上式代入式（12-1），得到：

$$n = \frac{1}{4}\frac{p}{RT}\sqrt{\frac{8RT}{\pi M}}$$ （12-3）

当密闭容器内气体分子运动达到动平衡时，蒸发的分子数应等于冷凝的分子数。这样，单位时间单位面积上的蒸发量 m_0 为：

$$m_0 = nM = \frac{M}{4}\left(\frac{p}{RT}\right)\sqrt{\frac{8RT}{\pi M}} = 0.44p\sqrt{\frac{M}{T}}$$ （12-4）

式（12-4）称为 Langmuir 方程。

实际上，蒸馏时不可能达到上述平衡，即气体空间的压强 p 不等于蒸发面的饱和蒸气压 p_s。所以上述蒸发速率虽然维持不变，但冷凝速率却变为：

$$m_C = m_0\frac{p}{p_S}$$ （12-5）

而蒸馏速率 m_D 则等于蒸发速率 m_0 减去冷凝速率 m_C。

$$m_D = m_0 - m_C = m_0\left(1 - \frac{p}{p_S}\right)$$ （12-6）

当冷凝器温度极低，并且与蒸发面非常靠近，蒸馏速率就趋近绝对蒸发速率。若蒸发面和冷凝面之间有温差存在时，分子蒸馏可在任何温度下进行。蒸馏的速率主要取决于温度。为了避免蒸发的分子重新返回，通常压强必须降低到其中惰性气体分子平均自由程大于蒸发面与冷凝面的距离。实际上，当压强等于 $1.42\times10^{-2}Pa$ 时，此时两面的距离约为 $2\sim3cm$。在进行分子蒸馏之前，所有存在于原溶液中的不相干的物质（溶解的气体、水及易挥发液体）均需预先除去。最后，为了使馏出物能完全冷凝，蒸发面与冷凝面之间必须保持约 $100\ ℃$ 的温度差。

分子蒸馏的主要缺点是：①需要真空排气装置，整体机组需要高真空，设备费较高；②单位生产量的维修费用高；③一般精馏能力只能采取单级进行。

二、分子蒸馏器的种类与特征

分子蒸馏器大体可分为简单蒸馏型和精密蒸馏型，但现今可使用的装置大多为简单蒸馏型。在简单蒸馏型装置中，有圆筒式、降膜式和离心式分子蒸馏器三种。

（一）圆筒式分子蒸馏器

图 12-6 为圆筒式分子蒸馏器。该装置处于真空状态下装入物料，采用加热器等方式使之加热蒸发，在冷凝器上凝聚。该装置有结构简单、操作安全等优点，但分离程度和蒸馏效率较其他方式低。另外，还有物料加热时间长、浪费热能和

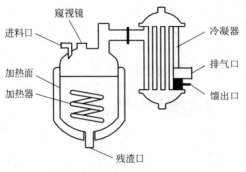

图 12-6　圆筒式分子蒸馏器

容易引起热分解等缺点，不适合对热不稳定物料的蒸馏。

（二）降膜式分子蒸馏器

图 12-7 为降膜式分子蒸馏器。该装置采用重力使蒸发面上的物料变为液膜降下。为将物料加热，蒸发物可在相对方向的冷凝面上凝聚。该装置的操作要点是如何使物料在蒸发面上形成均一的液膜，采用旋转刷等机构或将蒸发面转动，都可促进液膜的均匀化，然后将在蒸馏中分解的物质及其他杂质去除。但是，即使如此，也很难得到均匀的液膜，同时加热时间也较长。另外，从塔顶到塔底的压力损失也相当大，所以有蒸馏温度升高的特点，对热不稳定的物质使用范围有限。

（三）离心式分子蒸馏器

图 12-8 是离心式分子蒸馏器，该装置是将物料送到高速旋转的转盘中央，并在旋转面扩展形成薄膜，同时加热蒸发，使之在对面的冷凝器中浓缩。这是较为理想的一种分子蒸馏器，但需要高真空密封技术。

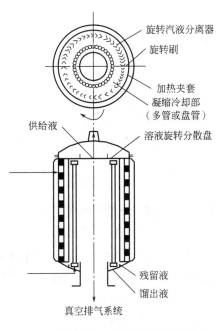

图 12-7　降膜式分子蒸馏器

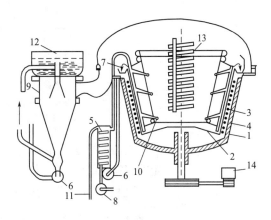

图 12-8　离心式分子蒸馏器

1—蒸馏器外壳；2—转子；3—加热器；4—冷凝器；5—热交换器；
6—泵；7—残液槽；8—加料泵；9—冷凝泵；10—馏出液出口；
11—残液出口管；12—蒸发器；13—冷却蛇管；14—电动机

与降膜式分子蒸馏器相比，离心式分子蒸馏器的主要优点有：①液体加热时间非常短；②可得到极薄的均匀液膜（表 12-1）；③几乎没有压力损失；④蒸发效率、热效率及分离度高；⑤可处理高黏度的液体。主要缺点有：①蒸发盘的高速旋转需要高真空技术，设备费用高；②离心式分子蒸馏器在其结构上，按比例放大有一定的限度。与降膜式分子蒸馏器相比，蒸发面积小，虽然每单位蒸发面的处理量大，但每单一装置的处理量少。

现在以美国 CVC 公司出品的 LAB-3 型离心式分子蒸馏器（图 12-9）为例，说明其工艺流程。物料以减量法加入原料储罐 1，通过针形阀来控制进料速度。物料进入蒸发室转盘（蒸发面）3 的中心。转盘

的转速为1400r/min，并预热到所要求的温度。物料在转盘上因离心力的作用，形成厚度0.01～0.02mm的薄膜，其中沸点较低的组分，因为受热和高真空度的作用迅速蒸发，并在转盘3平行的冷凝面上冷凝，进入馏出物收集罐5，沸点较高的组分则进入残留物收集罐6，而这一切都是在极短时间内完成的。整个蒸馏过程中物料受热时间仅为0.55s左右，因而不存在物料因受热而改变其性质的问题，使常规条件下难以分离的组分得到分离。

表12-1   液膜厚度和滞留时间

分子蒸馏器的类型	液膜厚度/mm	滞留时间
实验用圆筒式分子蒸馏装置	10～50	1～5h
实验用降膜式分子蒸馏装置	1～3	2～10min
工业用降膜式分子蒸馏装置	0.1～0.3	10～50s
实验用离心式分子蒸馏装置	0.03～0.06	0.1～1s
工业用离心式分子蒸馏装置	0.01～0.02	0.04～0.06s

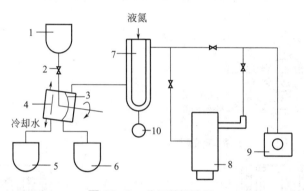

图12-9　分子蒸馏流程

1—原料储罐；2—针形阀；3—转盘（蒸发面）；4—冷凝面；5—馏出物收集罐；
6—残留物收集罐；7—冷阱；8—扩散泵；9—真空泵；10—收集罐

离心式分子蒸馏器的特点：必须维持长时间稳定的高真空度；有飞沫的不稳定的液料也能够在旋转蒸发面上形成均匀的薄膜；提高每一蒸发面的蒸发效率等。

几种不同规模的离心式分子蒸馏器的主要技术参数见表12-2。

表12-2   不同规模的离心式分子蒸馏器的主要技术参数

技术参数	MS-1000	MS-700	MS-380
操作形式	连续（间歇）	连续（间歇）	连续（间歇）
蒸发盘直径/mm	1000	700	380
蒸发盘转速(max)/(r/min)	1200	1200	1800
进料量(max)/(L/h)	250	120	30
操作压力/Pa	10^{-2}～10^{-3}	10^{-2}～10^{-3}	10～10^{-2}
操作温度(max)/℃	300	300	300
加热器功率/kW	30	13	3.5
排气口	350	250	150
凝缩面结构	水冷式、夹套结构		
材料（不锈钢）	SUS304		

另外，在进行分子蒸馏时，除了蒸馏器主体之外，还必须按照处理物料的性质、规模等配备相对应的各种附属装置，其中主要有脱气器、各种真空泵、

冷阱、冷冻机、耐真空性液料泵等。

第三节 水蒸气蒸馏

水蒸气蒸馏是用水蒸气来加热混合液体，使具有一定挥发度的被测组分与水蒸气分压成比例地自溶液中一起蒸馏出来，蒸馏流程如图 12-10 所示。当某些物质沸点较高，直接加热蒸馏时，因受热不均匀易局部炭化；还有些被测成分，当加热到沸点时可能发生分解，这些成分的提取，可用水蒸气蒸馏。

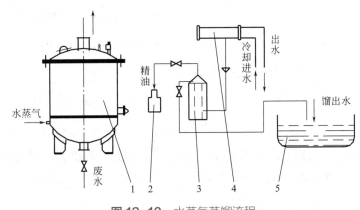

图 12-10 水蒸气蒸馏流程
1—蒸馏锅；2—精油受器；3—油水分离器；4—换热器；5—馏出水储罐

水蒸气蒸馏原理与蒸馏原理是有区别的，蒸馏是广义的，除了水蒸气蒸馏外，它还包含了精油的蒸馏和分馏。前者是指不相混合或基本分为两相的液体混合物的蒸馏，如水蒸气蒸馏，就是用水蒸气将植物性芳香原料中所含精油提取出来，而后者是指完全互相混合成单相的液体混合物的蒸馏，一般它不直接采用水蒸气，而是用间接热源通过蒸馏达到提纯和分离的目的。

一、水蒸气蒸馏的过程和原理

（一）水蒸气蒸馏的原理

当植物性芳香原料浸在水中并加热至沸腾（如水中蒸馏）或用蒸汽通过芳香原料的料层时，其在原料组织表面的芳香油分与沸水或蒸汽直接接触，从而产生水和油的两个蒸汽分压，而这种混合蒸汽的总压始终等于锅内所采用的压力，如锅内采用常压蒸馏，则混合蒸汽温度总在 100℃以上。混合蒸汽通过导气管进入冷凝器进行冷凝冷却，然后再经过油水分离后，即得精油。当沸水或水蒸气在对原料表面油分发生作用时，其沸水或水蒸气同时向植物原料组织内部进行渗透、扩散，从而使组织内部的精油以水为载体，连续扩散到组织表面。由于表面油分不断汽化，这种扩散过程可以持续进行，直至芳香油分几乎全部扩散至表面而被蒸发出时为止。

水蒸气蒸馏中所产生的混合蒸汽的两种成分的质量比率等于其部分蒸气压（即分压）的比率乘其分子量的比率。

即：
$$m_水 / m_油 = (p_水 / p_油) \times (M_水 / M_油) \tag{12-7}$$

式中　$m_水$——馏出液中水的质量；

　　　$m_油$——馏出液中油的质量；

　　　$p_水$——在蒸锅内温度下水的蒸气压；

　　　$p_油$——在蒸锅内温度下油的蒸气压；

　　　$M_水$——水的分子量（已知）；

　　　$M_油$——油的分子量（可以根据各馏分阶段所含主要成分进行假定）。

　　如果求水油混合蒸汽中的各自百分含量（如以 A、B 分别代表油和水的百分含量），则：

$$A = m_油 / (m_水 + m_油) \times 100\% \tag{12-8}$$

$$B = m_水 / (m_水 + m_油) \times 100\% \tag{12-9}$$

　　由上述公式可得：

$$A = m_油 p_油 / (m_水 p_水 + m_油 p_油) \times 100\%$$

$$B = m_水 p_水 / (m_水 p_水 + m_油 p_油) \times 100\%$$

　　因而，在两相互不相溶液体混合物蒸馏时，蒸汽混合物中该组分含量取决于该组分的分压，而不是取决于液相中组分的比例。

（二）水蒸气蒸馏过程的"水散"作用

　　水散是指水向原料组织进行渗透，并以它作为载体，将精油逐步扩散到组织表面的现象。只有当精油传递到组织表面，才能形成水和油两个分压，精油才能被蒸出，所以水散作用在水蒸气蒸馏过程中十分重要。水散方法有锅外"水散"和锅内"水散"两种。

1. 锅内"水散"作用

　　不论哪种蒸馏方式，其水散作用是完全一样的。水首先向组织内部逐渐进行渗透，随着升温的进行，渗透速度也不断加快，最后热水渗透入油囊、油腺中，然后使油囊、油腺膜壁膨胀，壁孔变大，从而为精油从油囊、油腺中得以顺利扩散出来提供了条件。由于组织内外的精油浓度不同，在油囊、油腺中水油混合后（包括部分油已经溶解于水中），其单位体积中精油含量要高于组织的外部，这样就形成一种扩散推动力，精油就由高含量的油囊、油腺中逐渐地向低含量的组织表面扩散。精油扩散到表面后，与组织表面的蒸汽相遇，形成水油两个分压，不断被蒸汽蒸出，组织表面的精油含量又相应降低，促使渗透和扩散不会趋向于平衡，精油的扩散过程也就会连续地进行，从而使水蒸气蒸馏过程连续进行。

2. 锅外"水散"作用

　　锅外"水散"作用和过程与锅内"水散"基本相同，只是由于温度低进行得比较缓慢，同时精油扩散到组织表面，不是逐步被蒸出，而是积聚在组织表面，使之减慢，所以锅外扩散的时间不宜过长。锅外水散后的原料应马上投料蒸馏。如果水散后长期放在锅外，已扩散到组织表面的精油会自动挥发，造成精油损失，影响得油率。

二、水蒸气蒸馏的方式与设备

水蒸气蒸馏的常规方法大致可分为三种形式，即水中蒸馏、水上蒸馏与直接蒸汽蒸馏（有的书上也叫水汽蒸馏）。这三种蒸馏形式（原理简图如图 12-11 所示），又可以根据原料的特性或产品质量的要求，选择在常压、减压或加压下进行。

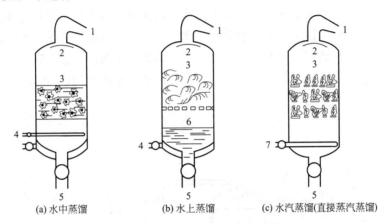

(a) 水中蒸馏　　　(b) 水上蒸馏　　　(c) 水汽蒸馏(直接蒸汽蒸馏)

图 12-11　水蒸气蒸馏三种形式

1—冷凝器；2—挡板；3—植物原料；4—加热蒸汽；5—出液口；6—水；7—水蒸气入口

1. 水中蒸馏

这种蒸馏方式一般是先将原料放入蒸馏锅内，然后加入清水或上一锅馏出水，加水高度一般是刚好浸过料层。有的在锅底上部设置筛板，而加大锅底阀，出料时连水和料一起从锅底冲出，流程示意图如图 12-12 所示。

水中蒸馏采用的热源：①间接热气资源，即由锅底蒸汽送入锅底部盘中进行加热；②直接蒸汽热源，即由锅炉蒸汽通经锅底开孔盘直接与锅内水液接触进行加热；③锅底直接热源，也就是蒸锅锅底用电、煤气、煤油、煤、木材等直接火源进行加热。

蒸馏开始时，水和原料同时受热，在加温过程中，热水不断渗入原料组织，水散作用开始。当锅内水达到沸腾温度时，在水液的上方就不断形成了水和油的混合蒸汽，从锅顶经鹅颈（蒸汽导管）进入冷凝器，经冷凝冷却后的馏出液进入油水分离器中进行油水分离，即得精油。

水中蒸馏的特点：①由于原料始终泡在水里，蒸

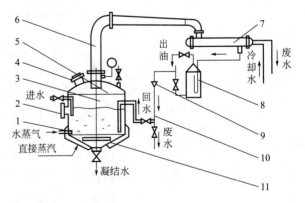

图 12-12　水中蒸馏流程

1—直接蒸汽喷管；2—液位视镜；3—锅体；4—加料门（人孔）；5—挡板；6—蒸出管；7—换热器；8—油水分离器；9—回水漏斗；10—回流装置；11—加热器

馏较为均匀；②水中蒸馏不会产生原料黏结成块的现象，从而避免了蒸汽的短路；③水中蒸馏一般水散效果较好，但精油中酯类成分易水解。水中蒸馏时，一般除了直接蒸汽热源外，以采用"回水式"为宜。所谓"回水式"是指油水分离后的馏出水再回到锅内。"回水式"一般能使锅内水量保持恒定。

这种蒸馏方式适宜于白兰花、橙花和玫瑰花等鲜花的蒸馏，也适合破碎后果皮和易黏结原料的蒸馏，如柑橘类果皮和檀香粉等。采用锅底直接热源的水中蒸馏时，要防止原料被烧焦，否则会影响香气质量。

2. 水上蒸馏

水上蒸馏又称隔水蒸馏。这种蒸馏方式是把原料置于蒸馏锅内筛板上，筛板下锅底层部位盛放一定水量，这一水量必须能满足蒸馏操作所需的足够的饱和蒸汽，筛板下水层高度以水沸腾时不溅湿筛板上料层为原则。水上蒸馏流程示意图如图 12-13 所示，水上蒸馏设备如图 12-14 所示。

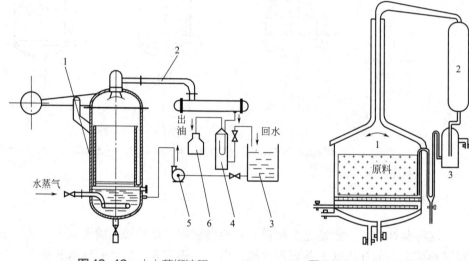

图 12-13　水上蒸馏流程
1—水上蒸馏锅；2—冷凝器；3—回水储槽；
4—油水分离器；5—回水泵；6—精油受器

图 12-14　水上蒸馏设备
1—蒸馏器；2—冷凝器；3—油水分离器

水上蒸馏可以采用水中蒸馏所采用的三种加热方式进行加热。但采用直接蒸汽热源，锅底层水量要少，以防止沸腾时水温升得过高。

蒸馏开始后，锅底水层首先受热，直至沸腾。由沸腾所产生的低压饱和蒸汽，通过筛板上筛孔逐步由下而上加热料层，同时饱和蒸汽也逐步被料层冷凝，这就形成了原料被加热，蒸汽被冷凝的现象。这也为原料的水散作用提供了良好的条件。从饱和蒸汽开始升入料层到锅顶形成水油混合蒸汽的整个过程也被称为"锅内水"过程。这一过程以缓慢进行为宜，一般需要 20 ～ 30min。当锅顶上方不断形成水油混合蒸汽后，该组合蒸汽经锅顶鹅颈导入冷凝器中，经冷凝冷却后进入油水分离器而获得精油。

水上蒸馏特点：①原料只与蒸汽接触；②水上蒸馏时所产生的低压饱和蒸汽由于含湿量大，有利于原料的水散；③水上蒸馏在蒸馏一段时间后，易改为直接蒸汽蒸馏或加压直接蒸汽蒸馏，这有利于缩短蒸馏时间和提高精油得率与质量。

水上蒸馏时，其馏出水回入锅内底层，也就是要"回水"蒸馏以保持锅底层水量的稳定。为了观察锅底层水位，在锅底层常装有窥镜，这种装置尤其适合于直接蒸汽加热的热源。

水上蒸馏方式适合于破碎后干燥原料的蒸馏，也适合于某些干花的蒸馏，如树兰花干。

3. 直接蒸汽蒸馏

这种蒸馏方式是由外来的锅炉蒸汽直接进行蒸馏的。通常在筛板下锅底部位装有一条开有许多小孔的环形管，外来蒸汽通过小孔直接喷出。直接蒸汽蒸馏流程示意图如图 12-15 所示。

蒸馏开始后，由小孔喷出的蒸汽，通过筛孔直接进入料层。一般由锅炉送来的蒸汽是具有一定的压力、温度较高而含湿量较低的饱和蒸汽，能很快加热料层。这时料层上蒸汽较少被冷凝成水。因而这一加热过程中，干料不能充分水散，需要预先进行锅内水散。由于水油混合蒸汽形成较快，精油也就较快蒸出。

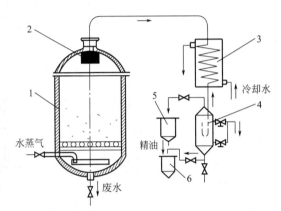

图 12-15　直接蒸汽蒸馏流程示意图

1—直接蒸馏锅；2—捕集器；3—冷凝器；4—轻重油水分离器；5—轻油受器；6—重油受器

直接蒸馏的特点：①蒸馏速度快，干料如锅外水散得充分，出油也较快；②直接蒸汽蒸馏一段时间后，较易改成加压直接蒸汽蒸馏；③馏出水不回入锅内，但馏出水所含有的水溶性油分或悬浮油粒要求用复馏和萃取方法，把它们回收回来。

这种蒸馏方式适合于鲜叶鲜料的蒸馏，如白兰叶、橙叶等。对于某些干料在锅外水散后，也采用此方式进行蒸馏。

4. 减压或加压蒸汽蒸馏

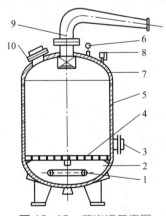

图 12-16　蒸汽锅示意图

1—加热蒸汽管；2—锅底；3—出料门；4—承料格栅；5—锅壁；6—压力表；7—锅盖；8—安全阀；9—蒸出管；10—加料门

减压蒸汽蒸馏常在水中蒸馏时结合进行。有些富含不饱和烯烃类成分的精油，如柑橘类精油，因温度高，易引起热聚，减压蒸馏就能降低蒸馏温度，以减轻因热而聚合的现象。常在冷凝器馏出段处进行减压，减压虽然加快了蒸馏速度，但温度下降时，水的蒸气压降低远比油慢，所以水对油的质量比率相对增高，因而要求冷凝器有较大的冷凝。

加压蒸馏，一般常采用加压直接蒸汽蒸馏的方式。由于压力升高，锅内温度也随之升高，而水蒸气压力升高并不随温度升高而成正比增长，油的蒸气压力却随温度升高成正比增长，于是这就加大了油水比例中油的比例。同时，在加压过程中，由于蒸馏温度升高，加快了"水散"作用，使精油中黏度大、沸点高的以及挥发低的成分得以扩散和蒸出，从而也缩短了蒸馏时间。但加压不能过高，否则会引起精油中一部分成分热解，一般加压范围为 0.1 ~ 0.4MPa。这种蒸馏方式常适合于沸点高、黏度大及含有较高含氧倍半萜类精油的蒸馏。蒸汽锅设备如图 12-16 所示。

5."串蒸"及具复馏装置的蒸馏方式

"串蒸"就是两锅或两锅以上的串联蒸馏。常采用加压直接蒸汽蒸馏方式。它的过程是：从第一只蒸锅出来的混合蒸汽，未经冷却直接导入第二只蒸锅的底部，作为第二只蒸锅蒸馏的有效蒸汽。如果两锅以上，第二锅出来的混合蒸汽再导入第三锅，作为第三锅蒸馏用的蒸汽。从第二锅或第三锅馏出的水油混合蒸汽经冷凝冷却，和油水分离后获得精油。串蒸时，第一锅加压应高些，以防备第二锅或第三锅的蒸汽压力自然下降。串联蒸馏流程示意图如图 12-17 所示。

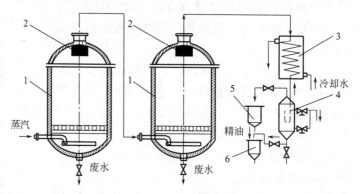

图 12-17　串联蒸馏流程示意图

1—直接蒸汽蒸馏锅；2—捕集器；3—冷凝器；4—轻重油水分离器；5—轻油分离器；6—重油分离器

蒸锅锅顶上装有复馏装置，以水中蒸馏方式进行，从锅顶导出的水油混合蒸汽进入复馏装置后与从油水分离器来的馏出水相遇，进行热交换，使馏出水中油分获得热量再蒸馏，这时，与锅中来的水油混合蒸汽一起导入冷凝器冷却及经油水分离后获得精油，同时在复馏装置中大部分馏出水经复馏后仍然回入锅中，其中也包括一部分水油混合蒸汽被冷凝的水分。这一过程是连续进行的，它的优点是不但节能，而且省去复馏或萃取馏出水的工序。具有萃取与复馏装置的工艺流程如图 12-18。香根草等蒸馏就采用了这一种蒸馏方式，对节约蒸汽和节省辅助设备起到一定的作用。

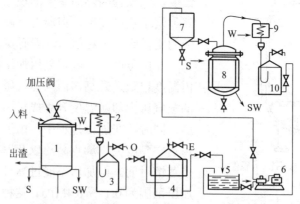

图 12-18　具有萃取与复馏装置的工艺流程

1—蒸汽锅；2—冷凝器；3,10—油水分离器；4—馏出水提取器；5—储水槽（提后馏出水）；
6—蒸汽往复泵；7—高位槽；8—复馏锅；9—冷凝器
S—蒸汽；SW—蒸汽冷凝水；O—油；E—提取液；W—冷水

6. 水扩散蒸汽蒸馏装置

它的特点是水蒸气从锅顶导入，然后蒸汽由上向下逐渐地往料层扩散渗透，同时把锅内与料层中空气推出。蒸汽与料层接触后，首先按一般蒸馏原理进行水散和传质，但水散和传质出来的精油，无须全部汽化，就可以向下进入锅底下部冷凝器。且由于蒸汽是在加压下导入的，就迫使料层中出现的水油冷凝液、水油混合蒸汽均向下进入锅底冷凝器，再往下进行油水分离。水扩散蒸汽蒸馏流程如图 12-19 所示，这种装置和过程恰好与常规蒸汽蒸馏相反，但它却具备了常规蒸汽蒸馏所不具备的优点，包括：蒸汽呈渗滤形式往下进行渗透、扩散和传质；料层不会打洞，蒸汽不会走短路，蒸馏较均匀、一致、完全。另外，由于料层中出现的水油冷凝液能很快进入锅底冷凝器，

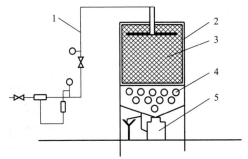

图 12-19　水扩散蒸汽蒸馏流程

1—蒸汽；2—蒸汽锅；3—料层；4—冷凝器；
5—油水分离器

避免了精油因受高热时间长而造成破坏性分解、水解和聚合反应。因此，具有所得的油质量好、得率高、蒸馏时间短、能耗低、设备简单等优点。

另外分子蒸馏常用的换热器结构如图 12-20 ～图 12-22 所示。

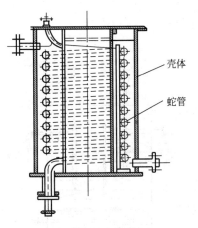

壳体

蛇管

图 12-20　沉渗式蛇管换热器

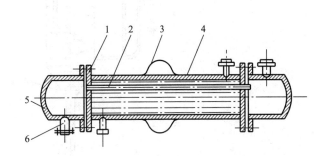

图 12-21　固定管板式换热器

1—管板；2—管束；3—膨胀节；4—外壳；5—端盖；6—接管

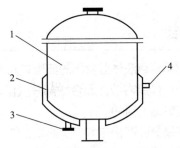

图 12-22　夹套式换热器

1—锅体；2—夹套；3—下接管；4—上接管

常见的油水分离器的结构如图 12-23 ～图 12-25 所示。

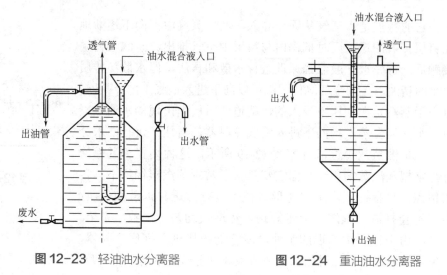

图 12-23　轻油油水分离器　　　　图 12-24　重油油水分离器

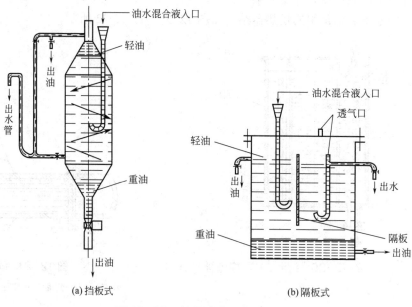

(a) 挡板式　　　　　　　　　(b) 隔板式

图 12-25　轻重油联用油水分离器

📑 总结

○ 蒸馏是分离液体混合物的典型单元操作。

○ 蒸馏操作是将液体混合物部分汽化,利用其中各组分挥发度不同的特性以实现分离的目的。

○ 蒸馏是通过液相和气相间的质量传递来实现的。

○ 蒸馏过程可以按不同方法分类。按照操作方式可分为间歇和连续蒸馏。按蒸馏方法可分为简单蒸馏、平衡蒸馏(闪蒸)、精馏和特殊精馏等。

○ 分子蒸馏技术是在很高的真空条件下,对物料在极短的时间里加热、汽化、分离，以达到提纯的目的，分离的对象都是沸点高，而又不耐高温、受热容易分解的物质。系统压力一般在 0.133 ~ 1.33Pa 范围内，物料受热时间仅为 0.05s 左右。

○ 水蒸气蒸馏的常规方法大致可分为三种形式，即水中蒸馏、水上蒸馏与直接蒸汽蒸馏。这三种蒸馏形式，又可以根据原料的特性或产品质量的要求，选择在常压、减压或加压下进行。

✎ 课后练习

一、问答题

水蒸气蒸馏的原理及其应用场景有哪些？

题一答案

二、单选题

1. 蒸馏是气液两相间的传质过程，常用（　　　）来衡量传质推动力的大小。
   A. 两相中的组分浓度差
   B. 组分在两相中的浓度（组成）偏离平衡的程度
   C. 两相的沸点差
   D. 两相的熔点差

题二答案

2. 下列不属于水蒸气蒸馏过程的工艺是（　　　）。
   A. 装料
   B. 降温
   C. 水油混合蒸汽的冷凝冷却
   D. 馏出液的油水分离

⚡ 设计问题

如果你是茅台酒厂的总设计师，你会怎么设计一个年产 1000 万吨茅台酒的蒸馏工段流程，并查阅相关文献进行蒸馏设备的选型。

（www.cipedu.com.cn）

第十二章

第十三章　干燥设备

　　传统的干燥方法大多是利用自然风干、晒干等，如水果干的生产过程是人们利用日晒等方式去除水果内的水分，从而达到干燥的目的［如图（a）果干的传统干燥过程］。基于各种机械化设备的干燥技术被不断开发和应用，干燥技术也成为工业发展的一个重要领域，发展出众多干燥设备，如喷雾干燥设备、真空冷冻干燥设备［图（b）］。

(a)

(b)

思维导图

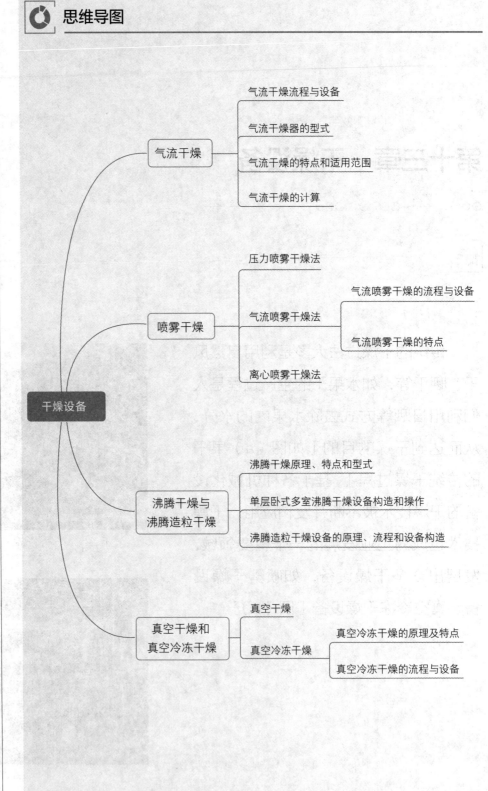

✿ 为什么要学习干燥技术及其设备？

　　我们小时候吃的麦芽糖会和苞米放在一起，让苞米吸收空气和麦芽糖中的水分，防止麦芽糖吸潮结块，延长贮藏时间。很多袋装食品中放有干燥剂防止食品受潮，延长贮藏时间。这些都是干燥技术在生活中的体现。干燥技术的应用可以追溯到古代，如造纸、茶叶加工等。随着社会的发展，人们生活水平不断提高，各类产品被生产出来，而生物产品在保存过程中容易变性、变质，为了保持其原有性能，同时压缩体积便于运输，生物产品加工需要经过干燥处理，将物料的湿分降低到适当的范围内。如通过干燥可将悬浮液或滤饼状的物料干燥成固体，更利于运输和包装。很多化工原料和产品由于水分的存在，微生物很容易繁殖，导致其变质，因此这类物料需经过干燥以便于贮藏。基于此需求，各种基于机械化设备的干燥技术被不断开发和应用，干燥技术也成为工业发展的一个重要领域。

◉ 学习目标

　○ 干燥的定义及原理。
　○ 气流干燥的流程和设备。
　○ 喷雾干燥的两种设备。
　○ 沸腾干燥与沸腾造粒干燥的原理和设备。
　○ 真空干燥和真空冷冻干燥。

　　干燥是指将湿物料的湿分（水分或其他溶剂）除去的加工过程，往往是整个生物加工过程中在包装之前的最后一道工序，与最终产品的质量密切相关。干燥方法的选择对于保证产品的质量至关重要。根据不同的分类方式，干燥方法可以分为直接干燥、间接干燥、介电加热干燥，间歇操作和连续操作等。
　　按照热能传递给湿物料的方式可分为：
　　（1）直接干燥　热空气与物料直接接触，物料干燥所需的热量主要依靠物料与热空气的对流传热。这类干燥方法包括：表面干燥、气流干燥、喷雾干燥、振动干燥及沸腾造粒干燥等。直接干燥法可以使用较高温度的热空气，干燥速度快，设备投资少，但热效率低。直接干燥是目前应用最广泛的干燥方法。
　　（2）间接干燥　物料干燥所需要的热量通过金属等材料间接传递，干燥速度慢，设备造价高，但热效率高。间接干燥方法有：真空干燥、冷冻干燥、辐射干燥（红外线和远红外干燥）等。
　　（3）介电加热干燥　主要有高频干燥和微波干燥等。
　　按照干燥的操作方式可以分为连续操作和间歇操作。连续操作或间歇操作的选择由下列原则决定：
　　（1）间歇操作　通常用于小批量生产，处理量少或多品种生产；与干燥衔接的前后工段生产不连续；物料的供给、成品的排出和物料在干燥器内连续输送有困难；干燥时间极长的物料。间歇操作的优点是设备简单，操作中故障少，投资和操作费用少。其缺点是物料受热时间长，不适用热敏物料；劳动强度大；自动控制比较麻烦。
　　（2）连续操作　如果与干燥衔接的前后工段整个是连续的，则通常采用连续干燥。连续干燥的特点是热效率比间歇干燥高，容易实现自动化，操作人员少，故在处理量大时应采用连续操作。同时由于干燥的时间短，对于处理量少的热敏性的物料有时也需采用连续操作。

第一节 气流干燥

气流干燥是把含有水的泥状、块状、粉粒状物料，通过适当的方法分散到热空气中，在与热气流并流输送的同时进行干燥而获得粉状干燥制品的过程。

一、气流干燥流程与设备

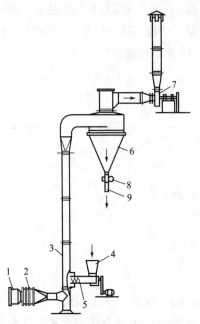

图 13-1 气流干燥流程

1—空气过滤器；2—预热器；3—干燥管；
4—加料斗；5—螺旋加料器；6—旋风分离器；
7—风机；8—锁气管；9—产品出口

气流干燥流程见图 13-1。湿物料由加料斗 4 经螺旋加料器 5 送入干燥管 3。空气通过空气过滤器 1 滤取灰尘，经预热器 2 加热到一定温度后送入干燥管。由于热气流的高速流动，物料颗粒分散于气流之中，气固两相之间发生传热和传质作用，使物料获得干燥。已干燥的物料随气流带出，经旋风分离器 6 分离气体和固体，产品通过锁气管 8 从产品出口 9 卸出。废气经风机 7 排走。由此流程可知，气流干燥装置中除了干燥器本身外，还包括：空气过滤器、风机、加料斗、卸料器、分离器等附属设备。

空气过滤器的型式由产品所要求的清洁程度及周围空气的情况决定，如药品、食品等的干燥，空气都需经过一定程度的过滤，有时甚至还需进行无菌处理。空气过滤介质为铁丝网。

风机的选择由整个干燥系统的流体阻力和所需风量而定。风机放置位置（在干燥器的前或后）由干燥器的操作压力决定。若风机置于分离器之后，则干燥器在负压下操作，可以避免粉尘由于设备密封不严向外泄漏，同时负压操作有利于物料水分的汽化，但风机却处在较高温度和湿度的不利情况下工作；若风机置于空气加热器之前，干燥器则在正压下操作，适合用于清洁严格的场合。在实际生产中常使用两台风机，分别放置在干燥器的前和后，使干燥器的操作压力控制在 $-10 \sim 10 \text{mm H}_2\text{O}$❶ 的范围内，以避免大量漏气。

空气加热器通常采用蒸汽加热的翅片式加热器（如螺旋翅片式）和管式换热器，加热蒸汽压力一般为 $0.2 \sim 0.3 \text{MPa}$，加热后空气温度为 $80 \sim 90 \text{℃}$。小型干燥器也有采用电加热的，但成本较高。

---

❶ $1 \text{mm H}_2\text{O} = 9.80665 \text{Pa}$。

干燥管一般采用圆形，其次有方形和不同直径交替的脉冲管，如图 13-2 所示。

为了充分利用气流干燥中的颗粒加速运动段具有很高的传热和传质作用来强化干燥过程，可以采用管径交替缩小与扩大的脉冲气流干燥管。即加入的物料颗粒首先进入管径小的干燥管内，气流以较高速度流过，使颗粒产生加速运动，当其加速运动终了时，干燥管径突然增大，由于颗粒运动的惯性，使该段内颗粒速度大于气流速度，颗粒在运动过程中，由于气流阻力而不断减速，直至减速终了时，干燥管径再突然缩小，如此颗粒又被加速，重复交替地使管径缩小与扩大，使颗粒的运动速度在加速后又减速，不进入等速运动阶段，使气流与颗粒间的相对速度与传热面积较大，从而提高了传热、传质速率。另外，在扩大段气流速度大大下降，也相应地增加了干燥的时间。

加料器和卸料器对保证稳定的连续生产和成品质量很重要，图 13-3 所示的加料器适用于散状物料。为了防止在加料过程中物料结块，可采用振动加料器。

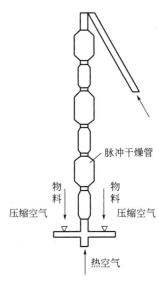

图 13-2　脉冲干燥管

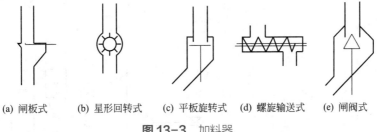

(a) 闸板式　(b) 星形回转式　(c) 平板旋转式　(d) 螺旋输送式　(e) 闸阀式

图 13-3　加料器

干燥装置中最常用的气 - 固分离器是旋风分离器，具有结构简单、占地面积小、清洗方便等优点，颗粒大于 5μm 时可获得较高的分离效率。为了提高收率，可在旋风分离器后再串联一个袋滤器作为第二级分离。湿法净化在干燥装置中很少采用，这是因为干燥的目的是为了获得干的固体产品，仅当放空的废气要求严格净化时才采用。

二、气流干燥器的型式

（一）按照加料方式分类

为了适应各种物料在干燥前的不同状态，应采用不同的加料方式，加料方式有三种：

1. 直接加料型

原料从加速管中间直接投入，利用高速气流的冲击使物料分散而进行干燥 [图 13-4（a）]。

2. 带分散机型

某些含水颗粒体物料，如在热气流中不易分散，或进料过程中易结块，可在进料口设分散机。分散机由带放射状棒的转轮和锁气外壳组成，在分散机中无热风流过 [图 13-4（b）]。

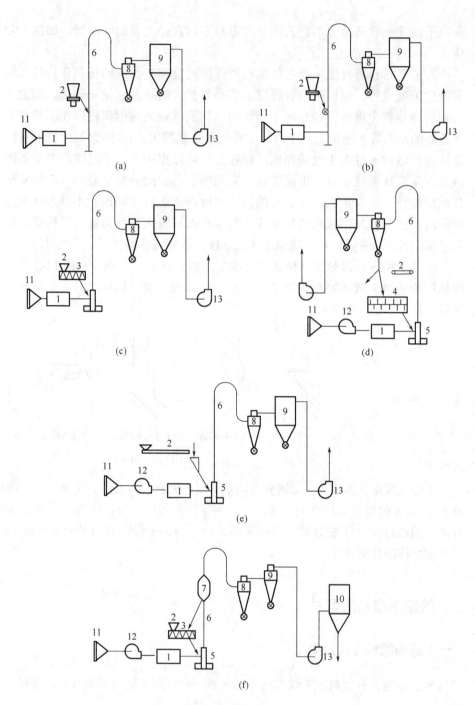

图 13-4　气流干燥器

1—预热器；2—加料器；3—混合器；4—分散机；5—粉碎机；6—干燥管；7—分级器；8—旋风分离器；
9—袋滤器；10—空气净化器；11—空气过滤器；12,13—风机

3. 带粉碎机型

在干燥管前设置粉碎机，其结构见图 13-5。由于粉碎机具有高速回旋的鼠笼式转子，能把物料和热风高速搅拌，所以热容量系数极高，可达 3000～

10000kcal/(m³·h·℃)。在粉碎机中可除去全部蒸发水的 50%～80%。

采用粉碎机加料的流程有如下几种：

（1）图 13-4（c）适用于滤饼等泥状物料，经粉碎机粉碎后进入干燥管。

（2）如物料含水较多而加料有困难，可将一部分已干燥的成品粉末返回到原料中去混合，以减少原料的含水率增加其流动性。由于成品循环受热，对热敏性物料需注意物料因重复加热而变质的问题。这种流程见图 13-4（d）。

（3）图 13-4（e）的流程适用于干燥管处在很小的负压下操作，不能适用密封加料装置的湿物料。

（4）图 13-4（f）为在干燥管上附设分级器，粗粒子在此分级并返回粉碎机，使成品粒子水分均一。

（二）按干燥管形状分类

1. 直管式

直管式［图 13-6（a）］适用于比较容易干燥的物料，如以除去附着水为主或临界含水率不高的场合，而且要求成品含水率在 0.5%～1%。

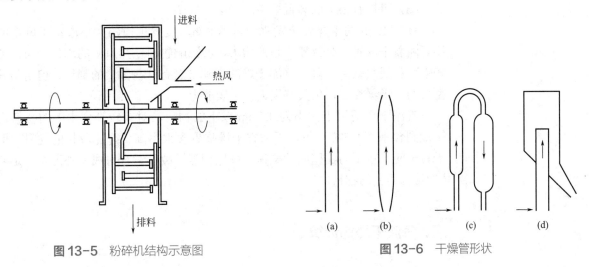

图 13-5　粉碎机结构示意图　　　　　　　　图 13-6　干燥管形状

2. 变径管式

变径管的形式很多，图 13-6（b）、（c）、（d）为几种应用较多的变径管。变径管是将颗粒等速运动段的直径扩大，使物料与气流的相对速度加大，有利于颗粒表面气膜更新，加速传热，并使物料在干燥管内的停留时间增加。适用于较难干燥的物料，以及成品含水率要求较低（<0.5%）的场合。图 13-6（d）所示的变径管具有占地面积小的优点。

三、气流干燥的特点和适用范围

气流干燥有如下特点：

（1）可获得高度干燥的成品：由于物料加到热风中去被逐步分散成很小的粒子，和热空气的接触面积极大，传热速度也很大，而且在气流干燥过程中可使物料中所含的水分几乎都成为附着水，水分全部

以表面蒸发的形式除去，因此物料的临界含水率极低。例如粒径 50μm 以下的颗粒几乎可一直干燥到平衡水分。对目前常用的气流干燥的物料分析表明一般临界含水率为 1%～3%。

（2）适用于热敏性物料的干燥：气流干燥时间极短，一般为 0.5～2s，最长也不过 5～7s，而且干燥过程基本上是以表面干燥的形式进行，物料表面温度始终为空气的湿球温度（一般为 55～60℃），即使经历降速干燥阶段，由于气流干燥均为并流操作，物料也不易过热，成品温度一般不超过 70～90℃。

（3）热效率高：干燥管的热效率通常为 50%～60%。热风温度在 400℃ 以上时，每千克干空气可蒸发水分 0.1～0.15kg。

（4）热损失少：干燥器结构紧凑，散热面积小，风量损失也少。

（5）设备简单，操作容易，投资少。

（6）操作稳定，便于自动化。

（7）干燥过程伴随着颗粒的空气输送，整个过程都是连续的，便于与前后工序衔接。

（8）可以有很大的装置规模。

直径 1.5m 的干燥管蒸发水分可达 8t/h，装置规模的大小取决于风量的大小。随着干燥管、分离器直径的增大，会影响物料在热风中的均匀分布，使干燥效率和捕集效率下降。气流干燥的规模虽然有这些因素的制约，但是与其他型式的干燥器相比，仍具有很大的干燥能力。

气流干燥适用于大小为 0.7mm 以下的物料，对有较高含水率的物料也能干燥到含水率 0.5% 以下，不适宜干燥临界含水率高、降速段长的物料。但由于粒子间、粒子与器壁间的碰撞、摩擦剧烈，故不适合对成品外形有一定要求（如结晶体）的物料。

四、气流干燥的计算

气流干燥的计算主要涉及干燥管的尺寸，即干燥管的长度与直径。确定干燥管长度的方法有两种：一种是按同类型产品的工厂在生产上查定数据为依据，如测定在生产中干燥管内的气流速度、物料与空气的接触时间来计算干燥管的长度；另一种方法，是按照理论进行计算，下面着重介绍此方法。

1. 通过基尔比切夫数求出物料的悬浮速度和干燥过程中空气与物料的给热系数 α

基尔比切夫数：
$$Ki = d \sqrt[3]{\frac{4g(\rho_{粒} - \rho_{气})}{3v_{气}^2 \rho_{气}}} \tag{13-1}$$

式中　d——微粒平均直径，可用筛子分级，根据筛孔平均直径计算，m；

　　　g——重力加速度；

　　　$\rho_{粒}$——微粒的平均密度，kg/m³；

　　　$\rho_{气}$——空气在干燥管内平均温度时的密度，kg/m³；

$v_{气}$——空气在干燥管内平均温度时的运动黏度，m^2/s。

求得 Ki 后，可根据图 13-7 所示的关系求出颗粒悬浮雷诺数 $Re_{浮}$，这样便可以求出颗粒的悬浮速度（m/s）。

$$w_{浮} = \frac{Re_{浮} v_{气}}{d} \qquad (13-2)$$

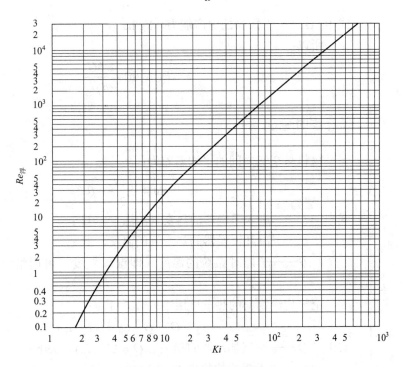

图 13-7　Re 浮与 Ki 的关系

同时应用图 13-8 可以从雷诺数 $Re_{浮}$ 查出努塞尔特数 Nu，这样就能确定空气与物料颗粒之间的给热系数 α。

$$\alpha = \frac{Nu \lambda_{气}}{d} \qquad (13-3)$$

式中　$\lambda_{气}$——在平均温度时，空气的热导率，$kJ/(m^2 \cdot h \cdot ℃)$。

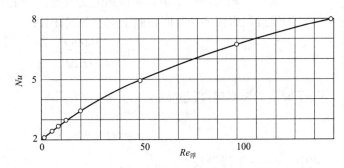

图 13-8　Nu 与 Re 浮的关系

2. 微粒总表面积的计算

设微粒为规则的球形，表面积为：

$$F = n\pi d^2 \qquad (13\text{-}4)$$

式中　n——每小时进入干燥管的微粒个数。

$$n = \dfrac{G}{\dfrac{\pi d^3}{6}\rho_{粒}}$$

式中　G——干燥器的生产能力，kg/h。

所以：

$$F(\text{m}^2/\text{h}) = \dfrac{6G}{d\rho_{粒}}$$

3. 干燥时间的计算

物料与空气之间的平均温差为：

$$\Delta t = \dfrac{t_1 + t_2}{2} - \theta \qquad (13\text{-}5)$$

式中　t_1——进入干燥器的热空气的温度，℃；

　　　t_2——离开干燥器的热空气的温度，℃；

　　　θ——干燥时微粒的温度，即湿球温度，可由焓湿图查得（可自行上网查）。

空气传给物料的热量可用下列公式计算：

$$Q' = Q - Q_{损} - L(I_2' - I_0)$$

式中　Q——空气加热器的损失，$Q = L(I_1 - I_0)$，kJ/h；

　　　$Q_{损}$——干燥器的热损失，kJ/h；

　　　I_1——空气离开加热器时的热焓量，kJ/kg；

　　　I_2'——当初始空气湿含量为x_0，离开干燥器的温度为t_2时的热焓量，这样$L(I_2' - I_0)$即表示空气在通过加热室和干燥器之后，仅本身温度升高而使其热焓量增加的量（不计水蒸气带来的热焓量），kJ/kg；

　　　I_0——初始空气的热焓量，kJ/kg；

　　　L——通过物料平衡计算得到的空气量（干空气），kg/h。

干燥过程所需要的时间按照下面的公式计算：

$$\tau(\text{s}) = \dfrac{3600Q'}{\alpha F \Delta t}$$

4. 干燥管的长度与直径的确定

$$l = \tau(w_{气} - w_{浮}) \qquad (13\text{-}6)$$

式中　l——干燥管长度，m；

　　　$w_{气}$——空气在干燥管内流速，根据物料性质选用，一般为 $10 \sim 20\text{m/s}$；

　　　$w_{浮}$——颗粒悬浮速度，m/s。

所以：

$$D = \sqrt{\frac{l}{3600 \times 0.785 \times w_{\text{气}} \times \rho_{\text{气}}}}$$

式中　D——干燥管的直径，m。

第二节　喷雾干燥

喷雾干燥是利用不同的喷雾器，将悬浮液和黏滞的液体喷成雾状，形成具有较大表面积的分散微粒与热空气发生强烈的热交换，迅速排除本身的水分，在几秒至几十秒内被干燥。成品以粉末状态沉降于干燥室底部，连续或间歇地从卸料器排出。根据不同的工作原理，可以将喷雾干燥分为压力喷雾干燥法、气流喷雾干燥法和离心喷雾干燥法。

① 压力喷雾干燥法（又称机械喷雾法）：此法是利用往复运动的高压泵，以 5～20MPa 的压力将液体从 5～1.5mm 喷孔喷出，分散成 50～100μm 的液滴。但因高压泵的加工精度及材料强度都要求比较高，喷嘴易磨损、堵塞，对粒度大的悬浮液不适用。

② 气流喷雾干燥法：此法是依靠压力为 0.25～0.6MPa 的压缩空气通过喷嘴时产生的高速度，将液体吸出并被雾化。由于此种喷嘴孔径较大，一般在 1～4mm，故能够处理悬浮液和黏性较大的液体，在制药工业中广泛使用，有的工厂用于核苷酸、农用细菌杀虫剂和蛋白酶的干燥。

③ 离心喷雾干燥法：此法是利用在水平方向做高速旋转的圆盘给予溶液以离心力，使其高速甩出，形成薄膜、细丝或液滴，同时又受到周围空气的摩擦、阻碍与撕裂等作用形成细雾。目前酶制剂的大规模生产大多采用此法，同时也用于酵母粉的干燥。

一、气流喷雾干燥设备

（一）气流喷雾干燥流程

气流喷雾干燥设备除了喷雾干燥塔、喷嘴外，还有空气加热器、压缩空气系统和空气过滤器等。空气加热可用电热或蒸汽加热，流程见图 13-9 所示。

压缩空气从切线方向进入喷雾器外面的套管，由于喷头处有螺旋线，因此形成高速度旋转的圆锥状空气涡流，并在喷嘴处形成低压区，吸引液体在内部或外部混合后，使之微粒化。由空气加热器加热的热风，经过滤器从干燥塔的上部经空气分配盘进入，与喷雾后的液体微粒相遇，使之干燥，干燥后的物料由塔底部排出，废气沿回风管导入袋滤器或旋风分离器，收集随废气带走的粉末状产品，然后经排风机排入大气中。这种设备的特点是结构简单，操作方便和可靠，产品质量好。

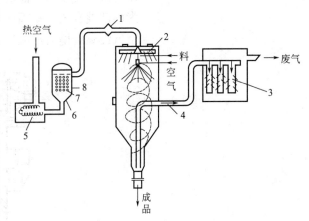

图13-9　气流喷雾干燥流程

1, 6—过滤器；2—空气分配盘；3—袋滤器；
4—回风管；5—电加热器；7—瓷环；8—棉兰

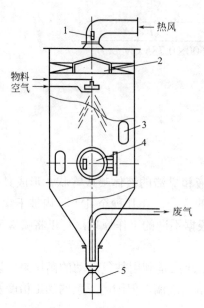

← 热风

物料
空气 →

→ 废气

图 13-10　气流喷雾干燥塔

1—温度计；2—扩散盘；3—视镜；
4—人孔；5—成品收集器

（二）气流喷雾干燥塔的构造

气流喷雾干燥塔由圆柱圆锥形构成，如图 13-10 所示。塔直径与高度之比为 1：(2.4 ～ 3)，直径与锥体高度之比为 1：(1.3 ～ 1.6)，空塔时的气流速度约为 0.15 ～ 0.2m/s，回风管空气流速约为 10 ～ 12m/s。干燥室由 1mm 左右厚度的不锈钢衬里焊接而成，顶部装有空气分配盘，空气分配盘的形式有旋风扩散式和叶片旋风式，其作用是使空气形成旋流与雾滴接触，提高干燥效果。

图 13-11 是叶片旋风式空气分配盘，它是由 30 片叶子均匀焊接于分配盘顶的周边，并与水平面成 30°角，热风排出的方向依旋风方向而定。

设备的下部有螺旋排风管，螺旋排风管是在回风管的下部外侧焊上螺旋形的导风板，使气流沿螺旋导风板旋转向下，增大了气流阻力，使密度较大的产品向下沉降，密度较小的粉末状产品随废气沿回风管导入袋滤器。因此，螺旋排风管的作用是使气固两相分离。塔内还装有气流喷雾器，喷雾器有两种形式，一种为内部混合式，另一种为外部混合式。前者是气体与液体在喷嘴内部混合后才由喷嘴喷出，喷出雾滴比较均匀；后者是气体与液体在喷嘴外面混合，喷成雾滴。常用的为内部混合式。喷嘴（图 13-12）上有螺旋槽，空气经螺旋槽后形成湍流，将料液喷成雾状。

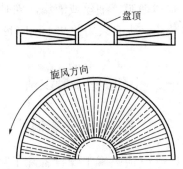

盘顶

旋风方向

图 13-11　叶片旋风式空气分配盘

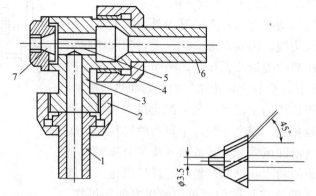

图 13-12　气流喷雾干燥喷嘴

1—空气管；2，4—压紧螺帽；3—喷嘴座；5—喷嘴；6—进液管；7—喷嘴口

二、离心喷雾干燥设备

（一）离心喷雾干燥流程

1. 间歇卸料的离心喷雾干燥流程

间歇卸料的离心喷雾干燥流程见图 13-13。含有 8%～10% 固形物的发酵液进入干燥塔前先用塔顶上的小罐加温至 50℃ 再进塔，小罐内液面控制一定，以保持进料均匀，加热后的发酵液由罐底的管路经观察玻璃圆筒流入高速度旋转的离心喷雾盘，喷雾盘转速为 3000～7000r/min。液体通过六个喷嘴甩成雾状，与从顶部进风口以旋转方式进入喷雾盘四周的热空气进行充分接触（热空气进塔的温度根据被干燥物料的性质而定，如淀粉酶的干燥温度为 150℃），造成强烈的传热和水分蒸发，空气温度随之降低，微粒在气流和自身重力作用下旋转而下，当达到出口时已干燥完毕，间歇通过双闸门的卸料阀，定期卸料。空气经过滤器与离心通风机进入空气加热器，加热后从塔顶分内外两圈进入干燥室，内圈即由热风盘进入干燥室，外圈由固定均布的方形进风口进入干燥室，从干燥室内排出的废气（排风温度在 85℃ 左右）经锥部中央管通过旋风分离器由离心通风机排至大气，旋风分离器收集随废气带走的粉末状产品。排风机的排风量比进风机的进风量要大，以便塔内形成负压。负压的作用是使沸点降低，有利于物料内水分的蒸发。

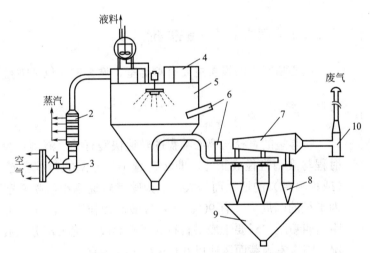

图 13-13　间歇卸料的离心喷雾干燥流程

1—空气过滤器；2，10—离心通风机；3—空气加热器；4—保温炉；5—干燥塔；6—温度计；7—粉尘回收器；8—旋风分离器；9—料斗

2. 连续卸料的离心喷雾干燥流程

连续卸料的离心喷雾干燥流程如图 13-14 所示。连续卸料主要是通过气力输送进行的，从干燥室排出的成品连续进入振动供料器 12，通过旋转阀进入气力输送系统中，由出气导管 14 带出的粉末经旋风分离器 15 回收，然后一并进入气力输送系统，送至旋风分离器 18 中收集。成品通过贮罐 19 的旋转阀连续排出。从旋风分离器 18 排出的废气经风机 21 与干燥室的出气导管排出的废气一并进入旋风分离器 15，然后由排风机 16 排至大气中。有的流程在塔底部和旋风分离器 15 的底部不是用旋转阀排料，而是采用涡流气封阀。

第十三章

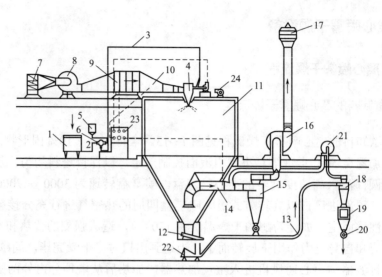

图13-14　连续卸料的离心喷雾干燥流程

1—供料罐；2—供料泵；3—供料管路；4—喷雾器；5—水罐；6—三通活门；7—空气过滤器；8—鼓风机；9—空气加热器；10—空气导管；11—干燥室；12—振动供料器；13—气力输送系统；14—出气导管；15，18—旋风分离器；16—排风机；17—风帽；19—贮罐；20—旋转阀；21—用于气力输送的风机；22—空气过滤；23—仪表嵌板；24—用于冷却喷雾器的风机

（二）离心喷雾干燥设备的构造

离心喷雾干燥设备主要有喷雾室、喷雾机（包括喷盘）和热风盘等。

1. 喷雾室

喷雾室的直径与离心喷盘的转速快慢有关，液滴直径与转速成反比，液滴射程与液滴直径成正比，即转速越小，液滴的射程就越大，而塔径是随射程（或称喷距）的增大而增大，因此喷盘转速越小，喷雾室直径就越大。在喷距为半径的圆周内，有 90%～95% 液滴微粒下落，即不再具有水平速度，这个距离叫喷距。只要干燥塔直径大于喷距时，绝大部分液滴就不会碰壁。一般情况，喷雾室内截面风速以 0.1～0.4m/s 为宜。

在喷雾室内中部位置，有走道及扶梯，方便工人清扫塔壁。当干燥完毕，待室内通风降温后，人在扶梯上取下离心喷盘清洗。有的工厂在干燥塔顶部用电葫芦把整个离心喷雾机吊起，再卸下喷盘清洗，此法较前者更安全，因为停机后虽通风降温，但塔内温度仍较高，尤其夏季，可避免人进塔内。喷雾室应安装塔门（人孔）、灯孔、视孔、温度计、水银真空计等。塔门应装在走道的一边，以便停机后可进入塔内清理。整个塔内壁要求光滑，尽量避免少挂粉；塔外壁用石棉、木屑或膨胀珍珠岩作保温层。

2. 喷雾机、喷盘的形式及构造

喷盘的形式有平板形、皿形、碗形、多翼形、喷枪形、锥形和圆帽形等，形式繁多，但目前用于酶制剂生产的通常为喷枪形、锥形和圆帽形，构造如图

13-15 所示。喷枪形是由一组喷嘴（一般为 6 个）伸在离心盘外，中心形成负压，被喷物料容易卷起，粘在顶壁上，而锥形和圆帽形可避免此问题，通过生产实践证明，后两种形式较好。圆帽形的喷孔出口向下倾斜 45°，避免被喷物料向上翻。锥形喷盘是一组喷嘴装在离心盘内，避免中心形成负压，导致物料易粘顶壁。喷盘和喷嘴的材料均用不锈钢制造，轴和离心盘加工要求精度为二级，加工及安装时要求做动平衡试验，否则产生振动较大，轴承容易损坏。

3. 热风盘

热风进塔后分配不均匀是造成塔内局部贴壁的主要原因。除部分热风从塔顶外风道固定均布的方形进风口进入塔内之外，大部分的热风是从热风盘（即内风道）通过风向调节板进入塔内。风向调节板向下倾斜的角度可调节，进入塔内的热风风向与喷盘甩出的料液方向可以相同，也可以相反。为了使热风在热风盘进入塔内的速度相等，热风盘一般为蜗壳形，如图 13-16 所示。热风以 6～10m/s 的高速度进入热风分配盘，热风分配盘应与喷雾机配合安装，一定要使热风进口与喷盘位置尽量靠近。热风分配盘应使热风均匀分配进入喷雾室，因此要求进入塔内的速度相等，尽量避免与减少涡流形成，否则容易发生物料焦化现象。热风分配盘的出口风速一般为 8～12m/s。由于喷盘的高速旋转，中心形成负压，使甩出的物料卷起，粘在喷雾机上，即此处是热风吹不到的死角，设计时可在喷雾机的周围进入少量热风，避免此现象的产生。

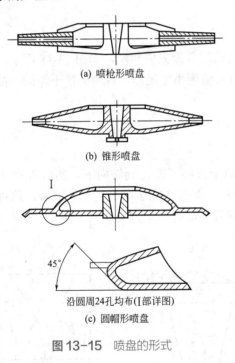

图 13-15　喷盘的形式

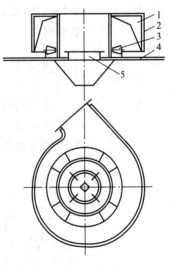

图 13-16　热风盘构造

1—热风盘；2—保温层；3—风向调节板；4—塔顶壁；5—喷雾机座

（三）离心喷雾干燥设备的型式

按气流与雾滴的运动方向不同，喷雾装置可分为三种型式。

1. 并流干燥

这种装置的特点是雾滴运动的方向与气流运动方向一致。温度较高的热空气首先与刚刚甩出的雾滴接触，表面水分迅速蒸发，因此产品不会形成过热的现象。并流的方式有：旋转向下的并流，垂直向下的并流，垂直上升的并流，水平并流，前三种如图13-17所示。

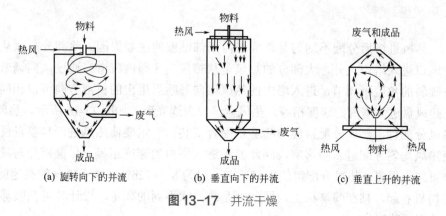

(a) 旋转向下的并流   (b) 垂直向下的并流   (c) 垂直上升的并流

图 13-17 并流干燥

2. 逆流干燥

这种装置的特点是雾滴的运动与气流方向相反，如图13-18所示。由于产品与高热气流接触，故干燥时气流温度不能过高，否则会使干燥的产品形成过热现象。

3. 混合流干燥

这种装置的特点是气流有两个方向（即先旋转向下，然后再垂直向上），而雾滴只有一个方向（从上向下），如图13-19（a）所示。或者，这种装置是气流与雾滴的运动方向垂直，或者气流有一个方向（从上向下），而雾滴有两

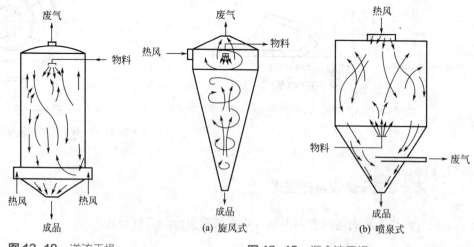

(a) 旋风式   (b) 喷泉式

图 13-18 逆流干燥   图 13-19 混合流干燥

个方向（即从下向上，然后从上向下），如图 13-19（b）所示。无论哪种方式，气流与产品较充分接触，脱水效率较高，耗热量较少，但产品有时与湿的热空气流接触，故干燥不均匀。

第三节　沸腾干燥与沸腾造粒干燥

一、沸腾干燥原理、特点和型式

沸腾干燥是利用流态化技术，即利用热的空气使孔板上的粒状物料呈流化沸腾状态，使水分迅速汽化达到干燥目的。在干燥时，使气流速度与颗粒的沉降速度相等，当压力降与流动层单位面积的质量达到平衡时（此时压力损失变成恒定），粒子就在气体中呈悬浮状态，并在流动层中自由地转动，流动层犹如正在沸腾，这种状态是比较稳定的流态化。沸腾干燥也称为流化床干燥。

沸腾造粒干燥是利用流化介质（空气）与料液间很高的相对气速，使溶液带进流化床就迅速雾化，这时液滴与原来在沸腾床内的晶体结合，进行沸腾干燥，故也可看作是喷雾干燥与沸腾干燥的结合。

沸腾干燥的特点是，传热传质速率高。由于是利用流态化技术，使气体与固体两相密切接触，虽然气固两相传热系数不大，但由于颗粒度较小，接触表面积大，故容积干燥强度为所有干燥器中最大的一种，这样需要的床层体积就大大减少，无论在传热、传质、容积干燥强度、热效率等方面都较气流干燥优良。干燥温度均匀，控制容易。干燥、冷却可连续进行，干燥与分级可同时进行，有利于连续化和自动化。由于容积干燥强度较大，所以设备紧凑，占地面积小，结构简单，设备生产能力高，而动力消耗少。但是当连续操作时物料在干燥器内停留时间不一，干燥度不够均匀，对结晶物料有磨损作用。

沸腾干燥器有单层和多层两种。单层的沸腾干燥器又分单室、多室及有干燥室和冷却室的二段沸腾干燥，其次还有沸腾造粒干燥等，以下介绍单层卧式多室沸腾干燥器和沸腾造粒干燥器。

二、单层卧式多室沸腾干燥设备构造和操作

单层卧式多室与单层卧式单室的沸腾干燥器的构造相似，其不同之处是前者将沸腾床分为若干部分，并单独设有风门，可根据干燥的要求调节风量，而后者只有一个沸腾床。这种设备广泛应用于颗粒状物料的干燥，构造如图 13-20 所示。

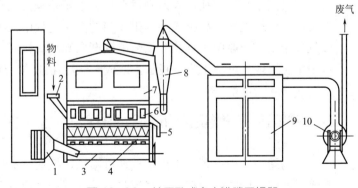

图 13-20　单层卧式多室沸腾干燥器

1—空气加热器；2—料斗；3—风道；4—风口；5—成品出口；6—视镜；7—干燥室；8—旋风分离器；9—细粉回收器；10—离心通风机

干燥箱内平放有一块多孔金属网板,开孔率一般在 4% ~ 13%。在板上面的加料口不断加入被干燥的物料,金属网板下方有热空气通道,不断送入热空气,每个通道均有阀门控制。送入的热空气通过网板上的小孔使固体颗粒悬浮起来,并激烈地形成均匀的混合状态。控制的干燥温度一般比室温高 3 ~ 4℃,热空气与固体颗粒均匀地接触进行传热,使固体颗粒所含的水分得到蒸发,吸湿后的废气从干燥箱上部经旋风分离器排出,废气中所夹带的微小颗粒在旋风分离器底部收集,被干燥的物料在箱内沿水平方向移动。在金属网板上垂直地安装数块分隔板,使干燥箱分为多室,这样可以使物料在箱内平均停留时间延长,同时借助物料与分隔板的撞击作用,使它获得在垂直方向的运动,从而改善物料与热空气的混合效果。热空气是通过散热器用蒸汽加热的。为了便于控制卸料速度以及避免卸料不均匀而产生的结疤现象,可在沸腾床上装往复运动的推料机构。

操作过程中可能出现沟流和层析现象。

1. 沟流

沸腾干燥过程中可能出现沟流,致使空气走短路,使干燥过程无法进行。由于床层密度不均匀性,使床内出现沟流,大量气体从此沟内通过,在沟内及旁边的颗粒,由于气流速度较高而先行流化,而其他部分仍处于固定状态。沟流可能是局部沟流,也可能是整体沟流。产生原因是气体分布不良,使气体在床层中走短路,更多的气体随着通过此低阻力的通道,导致越多越大的沟流。除床层深度和流化速度影响气体分布外,金属网板孔径的大小也是主要因素,大的孔径产生大气泡,结果造成床层密度的不均匀性,床层越浅,而孔径越大时,则不均匀性越大,因此金属网板的孔径不宜太大。孔径的选择与物料的特性有关,以不堵塞和不漏料为原则,对较细物料孔径用 0.5 ~ 1.5mm,对较大颗粒的物料可用 5mm。物料的黏性也是导致沟流的原因,高黏性床层的特征是产生大气泡,使床层大大失去均匀性,故对黏性物料不宜采用沸腾干燥。

2. 层析

在气固系统中,往往因为固体颗粒大小相差较大或密度不同,在操作过程中会产生层析现象。如卧式沸腾干燥箱的操作过程中,细颗粒或粉末状的物料被气体带出,一般中等颗粒的物料能逐渐向卸料口接近而卸出,而大颗粒的物料由于层析现象沉降于床层底部,造成无法流化或结疤现象。

三、沸腾造粒干燥设备的原理、流程和设备构造

沸腾造粒干燥设备由压缩空气通过喷嘴,把液体雾化同时喷入沸腾床进行干燥。在沸腾床中由于高速的气流与颗粒的湍动,使悬浮在床中的液滴与颗粒具有很大的蒸发表面积,增加了水分由物料表面扩散到气流中的速度,并增加物料内部水分由中央扩散到表面的速度。因此,当液滴喷入沸腾床后,在接触

种子之前，水分已完全蒸发，自己形成一个较小的固体颗粒，即"自我成粒"，或者附在种子的表面，然后水分才完全蒸发，在种子表面形成一层薄膜，而使种子颗粒长大，犹如滚雪球一样，即"涂布成粒"。如果雾滴附着在种子表面，还未完全干燥，即与其他种子碰撞时，有一部分可能与其他种子黏在一起而成为大颗粒，即"黏结成粒"。生产上要求第二种情况占主要组分为好。影响产品颗粒大小的因素有下列几种。

（1）停留时间：物料在床内停留时间越长，则颗粒的增长也越大，如欲得到颗粒状的产品，必须设法增加其停留时间。

（2）摩擦：颗粒在沸腾床内剧烈运动，它们之间由于摩擦作用，造成产品粒度减小。摩擦的影响随着气流速度和喷嘴中分散液体用的压缩空气量的增大而增加。

（3）干燥温度：在操作过程中供料温度与沸腾床温度存在一定差值，如温度差较大，则当液体还没有与固体颗粒接触前，液滴中的水已经完全蒸发，因而形成一个干的新质点。反之，当温度差较小时，则液滴还未与床层中固体颗粒接触前，水分不能全部蒸发，因此液滴就可能黏附在固体颗粒表面，吸收固体颗粒的显热，使水分继续蒸发，这样就在固体粒子外表面结膜，使粒度增大。但如果液滴所需的水分蒸发热大于固体颗粒显热时，则形成一个湿的质点，而使其他小颗粒黏结聚合而成为较大的颗粒，甚至结块。

葡萄糖浓缩液沸腾造粒干燥流程见图13-21。糖液在蒸发器内预先浓缩到70%左右的浓度，为了避免糖液在管道中由于冷却后凝固而造成堵塞，在进入喷嘴前经过加热槽，糖液保持在60℃左右，与压缩空气一起经喷嘴喷入锥形沸腾床。喷嘴的位置一般多采用侧喷，直径较大的锥形沸腾床可用3～6个喷嘴，同时沿器壁周围喷入，喷嘴结构有二流式和三流式的。中心管走压缩空气，内环隙走糖液，外管走压缩空气，内管与外管间的环隙有螺旋线，即空气导向装置，压缩空气从此处喷出，此种喷嘴雾化较好。

沸腾造粒干燥塔的构造如图13-22所示。干燥塔的几何形状为倒圆锥形，锥角为30°，由于是锥形沸腾床，沿床气速有不断变化的特点，致使不同大小的颗粒能在不同的截面上达到均匀良好的沸腾和使颗粒在沸腾床中发生分级，使较大的颗粒先从下部排出，以免继续长大，而较细的颗粒在上面继续长大，小颗粒继续留在床层内以保持一定的粒度分布。

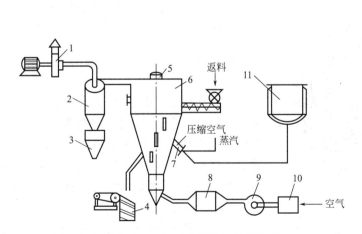

图13-21 葡萄糖浓缩液沸腾造粒干燥流程

1—抽风机；2—旋风分离器；3—收集器；4—分级筛；5—灯孔；6—干燥器；7—喷嘴；8—空气加热器；9—离心通风机；10—过滤器；11—保温槽

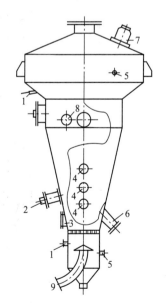

图13-22 沸腾造粒干燥塔构造

1—测压器；2—料液喷入口；3—人孔；4—视镜；5—测温口；6—出料口；7—灯孔；8—加料口；9—热空气入口

热风从干燥器底部的风帽上升，与雾化的料液相遇，进风温度为80℃，床层温度约50℃，废气从上部由排风机经旋风分离器排入大气，细粉末从分离器下部收集。在沸腾床中一边雾化，一边加入晶核，加入晶核的颗粒大小与产品粒度成正比。加入晶核，在操作上称返料。在葡萄糖生产中返料比高达50%以上。返料比也影响产品的粒度，返料比小时，则产品颗粒大，因此可用调节返料量来控制床层的粒度大小。此外进料液的浓度、温度、干燥速率也影响产品的粒度。在开始生产时必须预先在干燥器内加入一定量的晶核（称底料）才能喷入糖液，防止喷入的糖液粘壁。这种设备的优点是使葡萄糖溶液的蒸发、结晶合并为一个操作过程，不会剩下母液，简化了工艺操作，因而缩短了生产周期，节约了劳动力和降低劳动强度，缩小了占地面积。若用于蛋白酶的生产，与喷雾法比较，则解决了劳动保护的问题和产品的吸潮问题。但还存在下列问题有待解决：

（1）因返料比太大，设备生产能力较低。

（2）由于在葡萄糖生产中热风温度不能过高，与料液温度接近，故需要的空气量大，同时干燥塔的压力降也较大。

（3）维持连续稳定生产是采用返料的方法解决的，因此要增加辅助设备，如粉碎机等，生产过程复杂。

第四节　真空干燥和真空冷冻干燥

一、真空干燥

某些物料本身不能经受高温，在空气中具有易氧化、易燃、易爆等危险性，或在干燥过程中会挥发有毒有害气体以及在被除去的湿分蒸汽需要回收等场合，可采用真空干燥。真空干燥对于真空度的要求不高，真空装置可采用机械真空泵和蒸汽喷射泵等，其情况大致与真空蒸发相同。

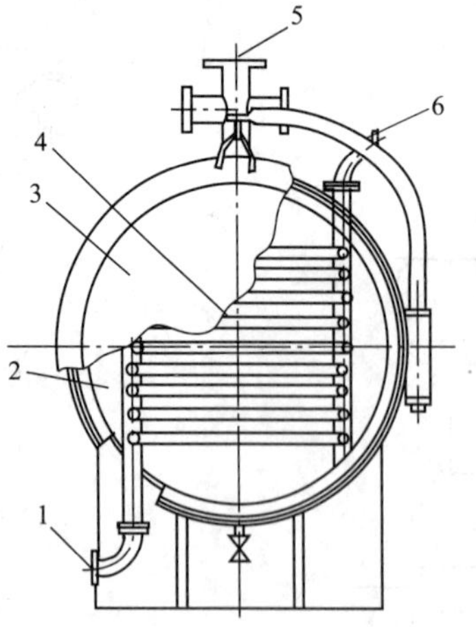

1. 箱式真空干燥器

图 13-23　箱式真空干燥器

1—冷凝水出口；2—外壳；3—盖；4—空心加热板；5—真空接口；6—蒸汽进口

箱式真空干燥器的结构见图13-23，盛有湿物料的托盘放置在空心加热板4上，空心加热板中通蒸汽进行间接加热，蒸发的蒸汽由真空接口5排出，真空接口连接真空系统使箱内保持一定的真空度。加热面的平均干燥强度为 $1 \sim 4kg\ H_2O/(m^2 \cdot h)$。

这种干燥箱也可以采用辐射加热方式，辐射加热器可直接置于干燥箱内。

箱式真空干燥器是间歇操作，它的主要

缺点是装卸料均由人工进行，劳动强度大。

2. 搅拌真空干燥器

搅拌真空干燥器的结构见图 13-24，外壳带有蒸汽加热夹套，内部装有水平搅拌器，搅拌叶圆周线速度为 20m/min 左右。蒸发蒸汽由接真空系统的排气口排出。加热面的干燥强度为 15 ~ 20kg H_2O/(m² · h)。

3. 滚筒真空干燥器

滚筒真空干燥器的结构见图 13-25。加热器是一个卧式回转空心滚筒 1，滚筒内用蒸汽加热，滚筒装在密闭的外壳内，外壳下部设置斜槽，高速旋转的甩料滚子 4 把溶液喷在滚筒壁上，形成一层薄薄的料层，滚筒约转 3/4 周后已经干燥的成品用刮刀 9 刮下，由螺旋出料器 8 送出。滚筒真空干燥器适宜处理不能经受长期烘烤的溶液状物料。

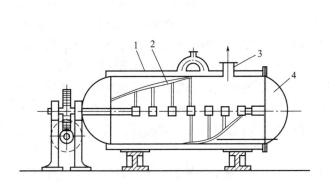

图 13-24　搅拌真空干燥器

1—蒸汽加热夹套；2—搅拌器；3—排气口；4—盖

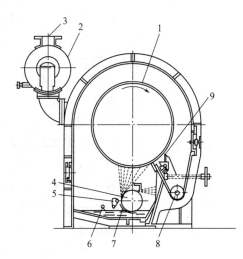

图 13-25　滚筒真空干燥器

1—滚筒；2—汽液分离器；3—排气口；4—甩料滚子；5—液膜控制器；
6—进料口；7—挡板；8—螺旋出料器；9—刮刀

二、真空冷冻干燥

（一）真空冷冻干燥的原理及特点

 概念检查 13-1

○ 冷冻干燥过程，什么水被升华？

真空冷冻干燥就是将待干燥的物料预先进行降温冻结成固体，在低温低压条件下利用水的升华性能，使物料低温脱水而达到干燥的新型干燥手段。由于真空冷冻干燥技术在低温、低氧环境下进行，大多数

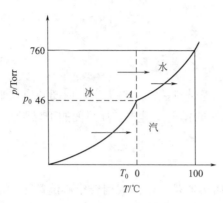

图 13-26 水的三相图
（1Torr=133.322Pa）

生物反应停滞，且处理过程水分以固体状态直接升华，使物料原有结构和形状得到最大程度保护，最终获得外观和内在品质兼备的优质干燥制品。目前，真空冷冻干燥技术已在许多领域得到了广泛应用，尤其是将该技术用于食品加工可获得高质量的脱水食品。

水的三相变化温度是与压力直接有关的，随着压力的降低，水的冰点变化不大，而沸点则迅速降低。当压力低到某一值时，水的沸点与冰点相重合，即达到水的三相平衡点，这时的压力称为三相点压力（p_0），相应的温度称为三相点温度（T_0）。水的三相图见图 13-26。

真空冷冻干燥技术涉及的理论内容非常丰富，但其最基本的原理可以简单地概括为：将待干燥的含水物料冻结后，置入密闭容器并维持系统的高真空，同时向系统供热，使水分直接从固态升华为气态，实现脱水。从水的相图上看，水的三相点的压力为 610.5Pa，温度为 0.0098℃。三相点以下的水只有固态和气态，相变只在这两相间发生。固态的水可通过吸收外部提供的热能，无需经过液态直接升华为水蒸气从物料中逸出，实现脱水。因此，真空冷冻干燥又被称为升华干燥。从理论上说，真空冷冻干燥的操作区域只需在水的三相点以下即可。但实际的操作条件要苛刻得多，通常在 0.5 ～ 1Torr（1Torr=133.322Pa）的真空度和 –25℃左右温度下，才能保证真空冷冻干燥的顺利进行。

真空冷冻干燥的过程见图 13-27，需要干燥的物料先经冻结阶段，使水分结成冰，然后置于真空干燥箱中升华蒸发。

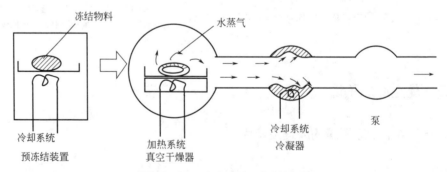

图 13-27 真空冷冻干燥的过程

真空冷冻干燥有下列优点：

① 真空冷冻干燥在低温下进行，因此对于许多热敏性的物质特别适用。如蛋白质、微生物之类不会发生变性或失去生物活力，因此在医药上得到广泛应用。

② 在低温下干燥时，物质中的一些挥发性成分损失很小，适合一些化学产品、药品和食品干燥。

③ 在冷冻干燥过程中，微生物的生长和酶的作用无法进行，因此能保持

原来的形状。

④由于在冻结的状态下进行干燥，因此体积几乎不变，保持了原来的结构，不会发生浓缩现象。

⑤干燥后的物质疏松多孔，呈海绵状，加水后溶解迅速而完全，几乎立即恢复原来的性状。

⑥由于干燥在真空下进行，氧气极少，因此一些易氧化的物质得到了保护。

⑦干燥能排除95%～99%以上的水分，使干燥后产品能长期保存而不致变质。

因此，真空冷冻干燥目前在生物制品、医药工业、食品工业等得到广泛应用。

（二）真空冷冻干燥过程设备

真空冷冻干燥过程分为两个阶段，第一阶段，在低于熔点的温度下，使物料中的固态水分直接升华，大约有98%～99%的水分在这一阶段除去。第二阶段中，将物料温度逐渐升高甚至高于室温，使水分汽化除去，此时水分可减少到0.5%。真空冷冻干燥系统主要由4部分组成，即冷冻部分、真空部分、水汽去除部分和加热部分（干燥室）。用于生物制品的真空冷冻干燥流程如图13-28所示。预冷冻和干燥均在一个箱内完成。待干燥的物料放入干燥室内，开动预冻用冷冻机10对物料进行冷冻，随之冷凝器2和真空装置前级泵5和6及后级泵7实现升华干燥操作。加热器8用于在冷凝器内化霜。第一阶段升华干燥结束后，开启油加热循环泵11对干燥室加热升温，使剩余水分汽化排除。这种冷冻干燥系统为间歇式操作，设备结构简单，投资少，但是效率不高，适用于50m²以下的设备。另一种为连续式冷冻干燥系统，即冷冻部分在速冻间完成，升华除水则在干燥室内进行。这类系统效率高，产量大，但设备复杂，投资较大。

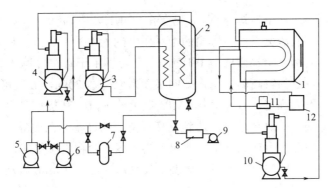

图13-28 真空冷冻干燥流程

1—干燥室；2—冷凝器；3,4—冷凝器用冷冻机；5,6—前级泵；7—后级泵；8—加热器；
9—风扇；10—预冻用冷冻机；11—油加热循环泵；12—油箱

1. 冷冻部分

真空冷冻干燥中冷冻及水汽的冷凝都离不开冷冻的过程。常用的制冷方式有蒸汽压缩式制冷、蒸汽喷射式制冷、吸收式制冷3种方式。最常用的是蒸汽压缩式制冷，流程如图13-29所示。

整个过程分为压缩、冷凝、膨胀和蒸发4个阶段。液态的冷冻剂经过膨胀阀后，压力急骤下降，因此进入蒸发器后急骤吸热汽化，使蒸发器周围空间温度降低；蒸发后的冷冻剂气体被压缩机压缩，使之压力增大，温度升高；被压缩后的冷冻剂气体经过冷凝后又重新变为液态冷冻剂，在此过程中释放热量，由冷凝器中的水或空气带走。这样，冷冻剂便在系统中完成一个冷冻循环。

常用的冷冻剂有氨、氟里昂、二氧化碳等。若蒸发温度高于-40℃，可用单级制冷压缩机，以F-22为冷冻剂。若要达到更低温度应采用双级制冷压缩机系统，流程见图13-30。双级系统以氨为冷冻剂时，

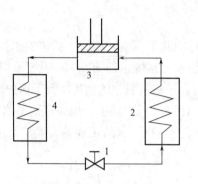

图 13-29　蒸汽压缩式制冷流程

1—膨胀阀；2—蒸发器；3—压缩机；
4—冷凝器

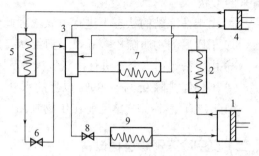

图 13-30　双级制冷压缩机系统

1—低压汽缸；2,5—冷凝器；3—分离器；4—高压汽缸；
6,8—膨胀阀；7—高压蒸发器；9—低压蒸发器

最低蒸发温度可达 –50℃；以 F-22 为冷冻剂时，则可达到 –70℃。在此指出的是，为了确保人类生存的地球环境不再恶化，氟里昂要被新型的环保制冷剂所取代。

　　在冷冻系统中，一般都要通过载冷剂作为介质。常用的载冷剂有空气、氯化钙溶液（冰点 –55℃）、乙醇（冰点 –112℃）等。

2. 真空部分

　　真空冷冻干燥时干燥箱中的压力应为冻结物料饱和蒸气压的 1/4 ～ 1/2，一般情况下，干燥箱的绝对压力约为 1.3 ～ 13Pa，质量较好的机械泵可达到的最高真空极限约为 0.1Pa，完全可以用于真空冷冻干燥。多级蒸汽喷射泵也可以达到较高的真空，如四级喷射泵可达 70Pa，五级可达到 7Pa。但蒸汽喷射泵不太稳定，且需大量 1MPa 以上的蒸汽，其优点是可直接抽出水汽而不需要冷凝。扩散泵是可以达到更高真空度的设备。在实际操作中，为了提高真空泵的性能，可在高真空泵排出口再串联一个粗真空泵等。

　　真空泵的容量大致要求使系统在 5 ～ 10min 内从大气压降至 130Pa 以下。

3. 水汽去除部分

　　真空冷冻干燥中冻结物料升华的水汽，主要是用冷凝法去除。所采用的冷凝器有列管式、螺旋管式或内有旋转刮刀的夹套冷凝器，冷却介质可以是低温的空气或乙醇，最好是用冷冻剂直接膨胀制冷，其温度应该低于升华温度（一般应比升华温度低 20℃），否则水汽不能被冷却。冷却介质应在冷凝器的管程或夹套内流动，水汽则在管外或夹套内壁冻结为霜。带有刮刀的夹套冷凝器可连续把霜除去，但一般冷凝器则不能，故在操作过程中霜的厚度不断增加，最后使水汽的去除困难。因此，冷冻干燥设备的最大生产能力往往由冷凝器的最大负霜量来决定，一般要求霜的厚度不超过 6mm。冷凝器还常附有热风装置，以作干燥完毕后化霜之用。

　　如不用冷凝器，也可以用大容量的真空泵直接将升华后的水汽抽走，但此

法很不经济，因为在真空下，水汽的比容很大。

4. 加热部分——干燥室

加热的目的是为了提供升华过程中的升华热（溶解热＋汽化热）。加热的方法有借夹层加热板的传导加热、热辐射面的辐射加热及微波加热等三种。传导加热的加热介质一般为热水或油类，其温度应不使冻结物料熔化，在干燥后期，允许使用较高温度的加热剂。

干燥室一般为箱式，也有钟罩式、隧道式等。箱体用不锈钢制作，干燥室的门及视镜要求十分严密可靠，否则不能达到预期的真空度。对于兼作预冻室的干燥室，夹层搁板中除有加热循环管路外，还应有制冷循环管路，箱内有感温电阻，顶部有真空管，箱底有真空隔膜阀。为了提高设备利用率，增加生产能力，出现了多箱间歇式、半连续隧道式及冷冻干燥器。图 13-31 为一隧道式冷冻干燥器。升华干燥过程是在大型隧道式真空箱内进行，料盘以间歇方式通过隧道一端的大型真空密闭门再进入箱内，以同样方式从另一端卸出，提高设备利用率。

图 13-32 为一种连续冷冻干燥器，采用辐射加热，辐射热由水平的加热板产生，加热板可分为不同温度的若干区段，每一料盘在每一温度区停留一定时间，这样可以缩短干燥总时间。操作中，预冻制品利用输送带从预冻间送到干燥室入口真空密闭门前 1 处，由这里提升到 2 处，接着料盘被推入密封门 3 处，关闭密封门抽气，当密闭室达到干燥箱内的真空度时，密闭室干燥箱的门打开，料盘进入干燥箱，同时料盘提升到 4 处，密闭门关闭。破坏密闭室的真空度，准备接收下一个物料盘的进入。如此，每一次开闭密封门就有一只新料盘送入干燥室。干燥结束后，料盘被推到出口升降器 5 上，再输送到密闭室 6，于是出口密封门关闭，密封室内真空度破坏，通空气的出口门打开，料盘被推到外面的运输系统。全部料盘的进出和输送的动作，完全实现自动化操作。

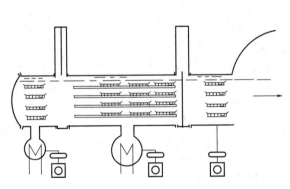

图 13-31　隧道式冷冻干燥器

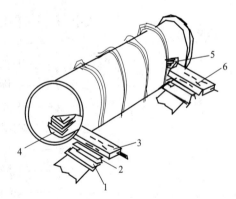

图 13-32　连续冷冻干燥器（一）

图 13-33 为另一种连续冷冻干燥器，不用料盘来进行颗粒制品的干燥，经预冻的颗粒制品，从顶部两个入口密封门之一轮流地加到顶部的圆形加热板上。干燥器的中央立轴上装有带铲的搅拌臂。旋转时，铲子搅动物料，不断地使物料向加热板外方移动，直至从加热板边缘落下到直径较大的下一加热板上，这时铲子又迫使物料向中心方向移动，一直移到加热板内缘而落入第三块加热板上，直到从最低一块加热板上掉落，并从两个出口密闭门之一卸出。

这种干燥器加热板的温度可固定于不同的数值，使冷冻干燥按照一种适当的温度程序来进行。设备侧方有两个独立的冷阱，通过大型的开关阀与干燥室联通。

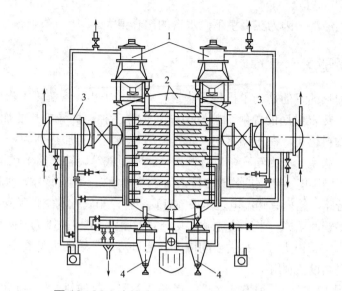

图 13-33 连续冷冻干燥器（二）

1—入口密封门；2—干燥室；3—冷阱；4—卸料室

（三）真空冷冻干燥的计算

真空冷冻干燥的时间由下式估算（推导从略）：

$$\tau = \frac{L_s \rho_s (x_1 - x_2) l^2}{2\lambda(T_d - T_i)} \tag{13-7}$$

式中　τ——干燥时间，s；

L_s——在 T_i 温度下升华热，kJ/m³；

ρ_s——干物料密度，kg/m³；

l——干物料层厚度，m；

λ——干燥层热导率，kW/(m·℃)；

x_1——物料初始湿度，kg/kg；

x_2——干燥料湿度，kg/kg；

T_d——干燥室温度，℃；

T_i——冻结物料汽化表面温度，℃。

📋 总结

○ 干燥是生物产品加工过程中重要一环，根据不同的分类方式，干燥方法可以分为直接干燥、间接干燥、介电加热干燥，间歇操作和连续操作等。

○ 气流干燥、喷雾干燥、沸腾干燥和沸腾造粒干燥都属于直接干燥，其特点是干燥速度大、设备投资少和操作简单等。

○ 真空干燥和真空冷冻干燥属于间接干燥，干燥速度慢，设备造价高，但热效率高，常用于热敏性物质的干燥。

○ 不同干燥方式的原理和设备组成差距很大，根据待干燥产品特点需选择不同的干燥方式。
○ 气流干燥可获得高度干燥的成品；适用于热敏性物料的干燥；热效率高，热损失少；设备简单，操作容易，投资少；操作稳定，便于自动化；干燥过程连续，便于与前后工序衔接；可以有很大的装置规模。
○ 离心喷雾干燥设备主要有喷雾室、喷雾机（包括喷盘）和热风盘等。按气流与雾滴的运动方向不同，喷雾装置可以分为并流干燥、逆流干燥和混合流干燥等。

课后练习

1. 干燥的定义是什么？其方式大概有哪几种？
2. 气流干燥的原理是什么？如何增加气流干燥的效率？
3. 气流干燥的特点是什么？
4. 喷雾干燥的原理是什么？
5. 离心喷雾干燥设备的主要构造是什么？可以分为哪些类型？
6. 沸腾干燥的原理是什么？其具有怎样的优缺点？
7. 真空冷冻干燥适用的产品范围是哪些？

题1答案

题2答案

题3答案

题4答案

题5答案

题6答案

题7答案

参考文献

[1]　孙德平. 锤式粉碎机的研讨与应用[J]. 机电信息, 2003(6): 20-22.

[2]　曹运齐, 解先利, 郭振强, 等. 木质纤维素预处理技术研究进展[J]. 化工进展, 2020, 39(2): 489-495.

[3]　Panda T. Bioreactors: analysis and design. McGraw-Hill Professional, 2014.

[4]　Liu S J. Bioprocess Engineering: Kinetics, Sustainability, and Reactor Design. Elsevier B V, 2019.

[5]　梁世中. 生物工程设备. 2版. 北京: 中国轻工业出版社, 2011.

[6]　储炬. 现代生物工艺学. 上海: 华东理工大学出版社, 2007.

[7]　岑沛霖. 生物反应工程. 北京: 高等教育出版社, 2005.

[8]　张嗣良. 发酵工程原理. 北京: 高等教育出版社, 2013.

[9]　许建和. 生物催化工程. 上海: 华东理工大学出版社, 2008.

[10]　Jagani H. An overview of fermenter and the design considerations to enhance its productivity. Pharmacologyonline, 2010, 1: 261-301.

[11]　Salehi-Nik N, Amoabediny G, Pouran B, et al. Engineering parameters in bioreactor's design: a critical aspect in tissue engineering [J]. BioMed Research International, 2013, 762132.

[12]　Dhanasekharan K. Design and Scale-Up of Bioreactors Using Computer Simulations[J]. Bioprocess Internal, 2006: 34-40.

[13]　Benz G T. Bioreactor design for chemical engineers. Chemical Engineering Progress, 2011, 107(8): 21-26.

[14]　Panda T. Bioreactors: Analysis and Design. McGraw-Hill Professional, 2014.

[15]　Liu Shijie. Bioprocess Engineering: Kinetics, Sustainability, and Reactor Design. Elsevier B V, 2019.

[16]　Zhu C, Zhai X, Xi Y, et al. Efficient CO_2 capture from the air for high microalgal biomass production by a bicarbonate pool [J]. Journal of CO_2 Utilization, 2020, 37: 320-327.

[17]　黄青山, 蒋夫花, 王连洲, 杨超. 大规模培养光合生物的光生物反应器设计[J]. Engineering, 2017, 3(3): 88-113.

[18]　李浪, 杨旭, 薛永亮. 现代固态发酵技术工艺、设备及应用研究进展[J]. 河南工业大学学报: 自然科学版, 2011, 32(1): 89-94.

[19]　刘延峰, 李雪良, 张晓龙, 徐显皓, 刘龙, 堵国成. 发酵过程多尺度解析与调控的研究进展. 生物工程学报, 2019, 35(10): 2003-2013.

[20]　夏建业, 谢明辉, 储炬, 庄英萍, 张嗣良. 生物反应器流场特性研究及其在生物过程优化与放大中的应用研究. 生物产业技术, 2018, (1): 41-48.

[21]　唐江伟, 吴振强. 新型生物反应器结构研究进展[J]. 中国生物工程杂志, 2007(5): 146-152.

[22]　骆海燕, 窦冰然, 姜开维, 洪厚胜. 搅拌式动物细胞反应器研究应用与发展. 生物加工过程, 2016, 14(2): 75-80.

[23]　Panda T. Bioreactors: analysis and design. McGraw-Hill Professional, 2014.

[24]　Liu S J. Bioprocess Engineering: Kinetics, Sustainability, and Reactor Design. Elsevier B V, 2019.

[25]　Schmidt F R. Optimization and scale up of industrial fermentation processes. Applied Microbiology and Biotechnology, 2005, 68(4): 425-435.

[26]　Thiry M, Cingolani D. Optimizing scale-up fermentation processes. Trends in Biotechnology, 2002, 20(3): 103-105.

[27]　Busse C, Biechele P, de Vries I, Reardon K F, Solle1 D, Scheper T. Sensors for disposable bioreactors. Engineering in Life Sciences, 2017, 17: 940-952.

[28]　Goldrick S, Stefan A, Lovett D, Montagure G. The development of an industrial-scale fed-batch fermentation simulation. Journal of Biotenololgy, 2015, 193: 70-82.

[29]　段须杰. 抗体生产用反应器放大中的问题及对策. 中国医药生物技术, 2013, 8(6): 466-469.

[30]　Davis R Z. Design and scale-up of production scale stirred tank fermentors. All Graduate Theses and Dissertations, 2010: 537.

[31]　Dhanasekharan K. Design and scale-up of bioreactors using computer simulations. BioProcess International, 2006: 36-40.

[32]　Garcia-Ochoa F, Gomez E. Bioreactor scale-up and oxygen transfer rate in microbial processes: An overview. Biotechnology Advances, 2009, 27: 153-176.

[33]　Xu S, Hoshan L, Jiang R, Gupta B, Brodean E, O'Neill K, Seamans T C, Bowers J, Chen H. A practical approach in bioreactor scale-up and process transfer using a combination of constant P/V and VVM as the criterion. Biotechnol Progress, 2017, 33(4): 1146-1159.

[34]　田锡炜, 王冠, 张嗣良, 庄英萍. 工业生物过程智能控制原理和方法进展. 生物工程学报, 2019, 35(10): 2014-2024.

[35]　庄英萍, 陈洪章, 夏建业, 唐文俊, 赵志敏. 我国工业生物过程工程研究进展. 生物工程学报, 2015, 31(2): 778-796.

[36]　张嗣良. 发酵过程多水平问题及其生物反应器装置技术研究——基于过程参数相关的发酵过程优化与放大技术. 中国工程科学, 2001, (8): 37-45.

[37]　任建新. 膜分离技术及其应用. 北京: 化学工业出版社, 2003.

[38]　安兴才, 翟建文, 高云青. 叠片式微孔膜过滤器的研制[J]. 膜科学与技术, 2000, 20(3): 54-56.

[39]　王湛. 膜分离技术基础. 北京: 化学工业出版社, 2000.

[40]　严希康. 生化分离工程. 北京: 化学工业出版社, 2001.

[41]　曾剑华, 杨杨, 石彦国, 等. 适度破碎微藻细胞释放功能性蛋白的技术研究进展[J]. 食品工业科技, 2018, 39(17): 319-327.

[42]　张友法, 刘平, 余新泉, 等. 一种改性纳米颗粒悬浮液及其制备方法与应用: CN109908767A[P]. 2019.

[43]　王希, 朱攀宇, 蒋荣娜, 等. 超声细胞破碎辅助提取江永香菇多糖工艺及其抗氧化活性研究[J]. 食品研究与开发, 2019, 40(8): 120-125.

[44]　陈佳妮, 黄占旺, 王素贞, 等. 纳豆芽孢杆菌胞壁肽聚糖提取工艺优化及其结构初步鉴定[J]. 江西农业大学学报, 2019, 41(1): 174-185.

[45]　戴国琛, 张泽天, 高文伟, 等. 油水乳液分离吸附材料的分离原理、构建方法和分离性能[J]. 化工进展, 2019, 38(4): 1785-1793.

[46]　Lee Sze Ying, Show Pau Loke, Ling Tau Chuan, et al.Single-step disruption and protein recovery from Chlorella vulgaris using ultrasonication and ionic liquid buffer aqueous solutions as extractive solvents[J]. Biochemical Engineering Journal, 2017: 124.

[47]　杨军, 曹菊秀, 杨文华, 等. 利用细胞破碎法提取螺旋藻中叶绿素的提取液研究[J]. 科技与创新, 2019, (17): 7-9.

[48]　Noh S E, Juhnn Y S. Inhibition of non-homologous end joining of gamma. Scientific Reports, 2020, 10(1): 21-29.

[49]　Iqbal M, Tao Y, Xie S, et al. Aqueous two-phase system (ATPS): an overview and advances in its applications[J]. Biological Procedures Online, 2016, 18(1): 1-18.

[50]　Ashish Prabhu A, et al. Reverse micellar extraction of papain with cationic detergent based system: an optimization approach. Prep Biochem Biotechnol, 2017, 47(3): 236-244.

[51]　朱屯, 李洲, 等. 溶剂萃取. 北京: 化学工业出版社, 2008: 35.

[52]　傅爱华. 液-液混合澄清萃取器的研究动态与发展方向. 化学工业与工程技术, 2004, 25(4): 9-12.

[53]　Treybal R E. A Versatile New Liquid Extractor. Chem Eng Progr, 1964, 60: 77.

[54]　Buhlmann U. Mixer-Settler Column, Anew Stagewise Contactor// Proc of ISEC'80, V. 1, 80-213. Liege-Belgium: 1980.

[55]　Mehner W, Muelber E, Hoehfels G. Lurgi Multi-Stage Liquid-Liquid Extrator// Proc of ISEC'71, V. 2, Hague: 1971. London: Society of Chemical Industry, 1971: 1265.

[56]   NII S, Suzuki J, Takahashi K. Effects of Internal Structure on Throughput of Mixer-Settler Extraction Column. J Chem Eng Japan, 1997, 30(2): 253.

[57]   Qu J, Escobar L, Li J, et al. Experimental study of evaporation and crystallization of brine droplets under different temperatures and humidity levels [J]. International Communications in Heat and Mass Transfer, 2020, 110.

[58]   Gro M B, Kind M. From microscale phase screening to bulk evaporative crystallization of proteins [J]. Journal of Crystal Growth, 2018, 498: 160-169.

[59]   李露, 黄帮福, 张桂芳, 等. 氨法脱硫副产物硫酸铵蒸发结晶研究与进展[J]. 现代化工, 2020, 40(4): 36-40.

[60]   郑诗怡. 煤制气浓盐水蒸发结晶制工业盐工艺研究[D]. 黑龙江: 哈尔滨工业大学, 2015.

[61]   刘晓鹏. 煤化工浓盐水蒸发结晶分离工业盐的实验研究[D]. 黑龙江: 哈尔滨工业大学, 2017.

[62]   巨朝飞. 蒸发结晶法制备Mo-20Cu复合材料的组织及性能研究[D]. 陕西: 西安理工大学, 2018.

[63]   李鹏飞. 高盐废水蒸发结晶工艺设计及CAD软件开发[D]. 湖北: 武汉工程大学, 2018.

[64]   石冰. 硫酸铵法制备硫酸钾过程研究——硫酸钾精制与低能耗母液蒸发结晶模拟[D].上海: 华东理工大学, 2019.

[65]   郭雯颖. 稀酸/氧化剂浸出-蒸发结晶联合工艺回收废电触头中有价金属研究[D]. 广东: 华南理工大学, 2019.

[66]   梁正兴. 脱硫废水喷雾形态及液滴非稳态蒸发结晶特性研究[D]. 重庆: 重庆大学, 2019.

[67]   甘结亮. 加工高酸原油常减压蒸馏装置腐蚀原因分析及防腐措施[J]. 石化技术, 2020, 08: 22-26.

[68]   Cong H, Li X, Li Z. Combination of spiral nozzle and column tray leading to a new direction on the distillation equipment innovation [J]. Separation & Purification Technology, 2016, 158: 293-301.

[69]   Ribeiro V P, Arruda C, da Silva J J M, Mejia J A A, Furtado N A J C, Bastos J K. Use of spinning band distillation equipment for fractionation of volatile compounds of Copaifera oleoresins for developing a validated gas chromatographic method and evaluating antimicrobial activity. Biomed Chromatogr, 2019, 33 (2).

[70]   Ma Q, Ahmadi A, Cabassud C. Direct integration of a vacuum membrane distillation module within a solar collector for small-scale units adapted to seawater desalination in remote places: Design, modeling & evaluation of a flat-plate equipment [J]. Journal of Membrane Science, 2018, 564: 617-633.

[71]   Krolikowski L J. Distillation limit dependence on feed quality and column equipment. Chem Eng Res Des, 2015, 99: 149-157.

[72]   Eun H C, Choi J H, Cho Y Z, Cho I H, Park H S, Park G I. Study on an Optimal Condition of Closed Chamber Distillation Equipment for Regeneration of Licl-Kcl Eutectic Salt Containing Rare Earth Phosphates. Nucl Technol, 2014, 188 (2): 185-191.

[73]   刘哲. 蒸馏过程和设备的现状与展望[J]. 化工管理, 2019, (30): 17-18.

[74]   左旗, 柳斌, 张俊梅. 刮膜式分子蒸馏设备研究现状[J]. 石油化工设备, 2020, 49(1): 45-51.

[75]   苗凯. 分子蒸馏设备的发展及其在样品前处理中的应用[J]. 中国化工贸易, 2018, 10(36): 152.

[76]   Joshi M, Kale N, Lal R, Ramgopal Rao V, Mukherji S. A novel dry method for surface modification of SU-8 for immobilization of biomolecules in Bio-MEMS. Biosens

Bioelectron, 2007. https://doi.org/10.1016/j.bios.2006.08.045.

[77]　Yao G, Li C, Liu Q, Li S, Hu H, Song W, Sun M. Effects of technical parameters of pneumatic drying at low velocity on cut stem processing quality. Tob Sci Technol, 2013. https://doi.org/10.3969/j.issn.1002-0861.2013.09.002.

[78]　Jokić S, Nastić N, Vidović S, Flanjak I, Aladić K, Vladić J. An approach to value cocoa bean by-product based on subcritical water extraction and spray drying using different carriers. Sustain, 2020. https://doi.org/10.3390/su12062174.

[79]　Zbiciński I, Piatkowski M. Spray drying tower experiments. Dry Technol, 2004. https://doi.org/10.1081/DRT-120038732.

[80]　Pinczewski W V, Fell C J D. Droplet projection velocities for use in sieve tray spray models. Can J Chem Eng, 1971. https://doi.org/10.1002/cjce.5450490421.

[81]　Wang H, Niu X, Li C, Li B, Yu W. Combined trapezoid spray tray (CTST)—A novel tray with high separation efficiency and operation flexibility. Chem Eng Process—Process Intensif, 2017. https://doi.org/10.1016/j.cep.2017.01.002.

[82]　Menth J, Maus M, Wagner K G. Continuous twin screw granulation and fluid bed drying: A mechanistic scaling approach focusing optimal tablet properties. Int J Pharm, 2020. https://doi.org/10.1016/j.ijpharm.2020.119509.

[83]　Yin L, Xia Q, Zhang C, Yang Y, Xia X, Zhao L. Optimization of boiling granulation technology of Puerariae radix. Nongye Gongcheng Xuebao/Transactions Chinese Soc Agric Eng, 2016. https://doi.org/10.11975/j.issn.1002-6819.2016.19.040.

[84]　Xu Y, Zhang M, Tu D, Sun J, Zhou L, Mujumdar A S. A two-stage convective air and vacuum freeze-drying technique for bamboo shoots. Int J Food Sci Technol, 2005. https://doi.org/10.1111/j.1365-2621.2005.00956.x.

[85]　Bobba S, Harguindeguy M, Colucci D, Fissore D. Diffuse interface model of the freeze-drying process of individually frozen products. Dry Technol, 2020. https://doi.org/10.1080/07373937.2019.1710711.